中国城市规划学会学术成果

中国城乡规划实施研究

——第六届全国规划实施学术研讨会成果

李锦生　主　编

郑振华　于　洋　副主编

U0202636

中国建筑工业出版社

图书在版编目（CIP）数据

中国城乡规划实施研究6——第六届全国规划实施学术研讨会成果 / 李锦生主编. —北京：中国建筑工业出版社，2019.5
中国城市规划学会学术成果
ISBN 978-7-112-23443-1

Ⅰ.①中…　Ⅱ.①李…　Ⅲ.①城乡规划–研究–中国　Ⅳ.①TU984.2

中国版本图书馆CIP数据核字（2019）第044298号

责任编辑：毋婷娴　万　李
责任校对：李美娜

中国城市规划学会学术成果

中国城乡规划实施研究6
——第六届全国规划实施学术研讨会成果

李锦生　主编

郑振华　于　洋　副主编

*

中国建筑工业出版社出版、发行（北京海淀三里河路9号）
各地新华书店、建筑书店经销
北京建筑工业印刷厂制版
北京建筑工业印刷厂印刷
*

开本：880×1230毫米　1/16　印张：20　字数：572千字
2019年5月第一版　　2019年5月第一次印刷
定价：105.00元
ISBN 978-7-112-23443-1
（33741）

本书编委会

主　　　　编：李锦生

副　主　　编：郑振华　于　洋

编委会成员（按姓氏拼音排序）：

陈锦富　陈一新　郭　海　韩昊英　何明俊

何子张　李春梅　李东泉　李锦生　林　坚

马天宇　孟兆国　缪　敏　施嘉泓　施卫良

孙　玥　谭纵波　田　燕　唐　震　王　伟

王富海　王　正　魏定梅　文超祥　吴志城

吴晓莉　许　槟　叶裕民　余　颖　俞滨洋

俞斯佳　张　磊　张　佳　张少康　赵　民

赵燕菁　赵迎雪　杨　明　周　婕　朱介鸣

朱子瑜　邹　兵

筹委会成员：宋　洁　张翼峰　陶　莎　孙　佳　童丹丹

穆　霖　王晓晖

编辑单位：中国城市规划学会

中国城市规划学会城乡规划实施学术委员会

武汉市土地利用和城市空间规划研究中心

武汉市城市规划协会

会议主办单位：中国城市规划学会

中国城市规划学会城乡规划实施学术委员会

会议承办单位：武汉市土地利用和城市空间规划研究中心

会议协办单位：武汉市城市规划协会

前　　言

改革开放以来，城乡规划对我国城乡经济社会的快速发展起到了重要的作用，一座座大都市、城市群的崛起和中小城市、小城镇的迅速壮大无不体现着中国特色城乡规划发展引领和实践探索，城乡规划也发展形成了完善的法律体系、管理体系和学科体系，特别是在城乡规划实施上，创造出不少中国实践、地区经验和优秀案例，促进了城镇化健康发展。但综观走过的路，城乡规划实施也出现过一些偏差及失误，城乡规划依法实施、创新实施、管理改革的任务还十分艰巨。今天，中国经济和社会发展进入重要的转型调整期，新型城镇化背景下城乡规划转型发展强烈呼唤规划实施主体、实施机制乃至实施效果评估全面转型，面对发展的"新常态"，我们城乡规划工作者也面临着规划实施的新任务、新挑战、新问题和新对策。

为了应对新时期规划实施发展的挑战和任务，2014年9月12日，中国规划学会在海口召开的四届十次常务理事会上，讨论通过了关于成立城乡规划实施学术委员会的决定，作为中国规划学会的二级学术组织。12月5日城乡规划实施学术委员会在广州市召开了成立会议，会议确定了学委会主任委员、副主任委员、秘书长及委员，通过了学委会工作规程，提出今后几年的学术工作规划。会议议定规划实施学术委员会的主要任务，一是总结规划实施实践，系统总结我国城乡规划在不同时期的实施经验，研究不同区域、典型城镇的城镇化实践；二是探讨和建设规划实施理论与方法，结合国情，研究大、中、小城市和小城镇、乡村的规划实施特点，提高城乡规划实施科学水平，促进城乡健康可持续发展；三是研究规划实施改革，开展城乡规划政府职能转变、依法进行政策改革创新和学术研究，探索实践机制和管理体制；四是交流规划实施经验，积极推进各地规划管理部门技术交流合作，加强管理能力建设，提升公共管理水平；五是开展国际交流合作，研究国外城市规划实施管理先进经验，扩大我国规划实施典范和实践经验的国际认知；六是普及规划科学知识，广泛宣传城乡规划法律法规、先进理念和科学知识，提高全社会对规划实施过程的了解、参与和监督，维护规划的严肃性。

围绕主要任务，学委会计划以系列化的形式逐年出版学术论文成果和典型实践案例，也欢迎大家踊跃投稿、参加学术交流活动、提供优秀案例。

目　录

分论坛四　规划实施技术与评估

分论坛一

城镇化与城市更新

从一元主导到多元共治的旧城更新——论旧城更新中的多方博弈

安　纳*

【摘　要】随着存量时代的到来，我国的旧城更新逐渐由自上而下的一元主导的更新，转变到了自下而上的重视多元共治，体现公众参与的旧城更新。但对于多元共治中多方主体的协调关注程度不够，大部分旧城更新面临着多方博弈矛盾升级的问题。故本文在对国内外公众参与的历程以及多元共治、多方参与理论和实践案例总结的基础上，分析我国现今多元共治的问题，提出我国多元共治的重点—多方博弈。通过政治博弈、经济博弈、生态博弈三个方面分析多方博弈特征，探索现阶段多元共治引导下旧城更新的优势与劣势，并提出适宜对策。最后得出基于多方博弈的旧城更新规划机制探寻策略。

【关键词】旧城更新，一元主导，多元共治，多方博弈

1　引言

随着经济的飞速发展和城市化过程的加快，我国城市规划从原有增量规划时代进入了以可持续发展为目标的存量规划时代。而旧城更新作为城市空间发展的主要手段和存量规划的重要途径，也由原来的自上而下、单一主导建设，逐步转变到了自下而上、体现公众意愿、多方参与的更新形式上。随着旧城更新中多元参与主体之间的利益冲突和博弈过程的矛盾升级，旧城改造大都面临着博弈多方矛盾突出的问题，原有更新不足以协调复杂的多元参与者的利益。这时，协调多方博弈的重要性越发突出。

本文在总结国内外公众参与过程以及实践案例的基础上，通过对我国多元共治问题总结和评价，指出旧城更新未来关注点—多方博弈，并从政治博弈、经济博弈、美学博弈方面全面地分析多方博弈的特点，找出现阶段多元共治下的优势和劣势，并提出相应的对策。最后总结旧城更新的规划策略，以协调多方博弈，探索旧城更新的新视角。

2　研究综述

一元主导是指由单一管理者作为城市更新中统领全局，推动全局发展的主导，并在城市更新的全过程中进行完全的统筹把控。而多元共治是指在旧城更新的历程中，多方主体直接或者间接地参与更新的规划立项、实施、监督、反馈各个阶段。通过多元共治对旧城更新改造进行相互引导和配合，从而实现自下而上的公众参与式的更新[1]。多方博弈是指旧城资源在利益相关者间的再分配，通过对旧城的共同治理，实现多方参与相互控制之间的相互制衡，最终达到共同发展。

---

* 安纳（1994-），女，重庆大学建筑城规学院硕士研究生。

旧城更新规划中的多元共治，实质上就是在一元主导到多元共治的过程中，通过多方博弈，恢复因原有内外条件不均衡、信息传递不稳而打破的原有制度平衡，各方博弈主体为维护自身利益，进行相应的策略和协商调整，最后重建新的平衡（图1）。

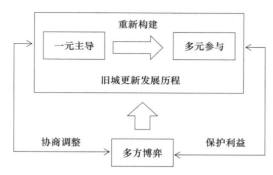

图1 一元主导、多元共治、多方博弈关系

2.1 国内旧城更新中公众参与发展历程

我国旧城更新在我国发展主要经历了无公众参与，完全政府主导阶段—借鉴国外理论，政府调整阶段—主体迅速发展，倡导多元共治阶段（表1）。

我国旧城更新的发展历程 表1

阶段	年代	表现特征	规划主体
无公众参与，完全政府主导阶段	1949～1980	处于计划经济时期，土地公有，城乡规划权利的主体在于政府，旧城更新组织由政府包揽，几乎没有公众参与	政府国家主导一元主导模式
借鉴国外理论，政府调整阶段	1980～1990	处于经济转型时期，旧城更新逐渐转变为政府调整，下属公司通过商业运作方式进行改造，公众参与逐渐增加，部分国外理念引入，但主动权仍在政府手中	政府调整为主多元共治萌芽
主体迅速发展，倡导多元共治阶段	1990至今	提出土地有偿使用制度，将公众参与引入旧城更新之中，使得旧城更新由开发商、政府、居民、自治组织等主体多元参与、共同治理，但出现利益矛盾问题	形成多主体多元共治理念，但仍有矛盾

从中国旧城更新发展历程可以看出，政府的职责随着时代变化而改变，从最初政府完全主导到之后的国外理念引入，再到最后的开发商、政府、居民、自治组织等主体多元共治阶段，由一元主导逐渐过渡到多元共治阶段，利益矛盾逐渐凸显。

2.2 国外旧城更新中公众参与发展历程

国外旧城更新的发展历程主要经历了自上而下阶段—自下而上过渡阶段—多元主体合作阶段这三个阶段（表2）。

从国外旧城更新发展历史可以看出，西方旧城更新起源于民众因个人利益开展的自下而上的利益博弈，通过自上而下到自下而上相结合，最终形成多元主体共同治理的合作关系。随着理论的更新和新技术的应用，旧城更新中的多元共治愈发丰富。

国外旧城更新的发展历程　　　　　　　　　　　　　　　　　表2

阶段	年代	表现特征	规划主体
自上而下阶段	1940～1960	处于战后繁荣时期，政府作为领导层控制城市更新基本导向，受到大量民众的自下而上抗议	政府主导 自上而下更新 民众抗议
自下而上 过渡阶段	1960～1990	非政府组织建立。更多的主体参与到更新决策过程中，同时相关的理论逐渐完善，多元价值观逐渐重视，各团体积极追求自身利益的最大化，不断地互动协商、相互牵制[2]，实现多元利益的博弈	自上而下与自下而上相结合 政府逐渐退出
多元主体合作阶段	1990至今	随着以人为本和可持续发展观的加入，旧城更新的目标多元化、公众参与面广、非政府组织（NGO）力量强大[3]；公众参与周期长。愈发注重政府、公司和社区居民等多方合作	政府进一步退出，政府与开发商等多元主体共同治理，形成合作关系

2.3　国外以及中国台湾地区多元共治理念借鉴

在中国大陆，旧城更新中公众参与的研究基于国外和中国台湾地区的理论借鉴（表3）。

各国家及地区多元共治理念以及著作　　　　　　　　　　　　表3

国家及地区	理念以及著作
美国	Paul Davidoff《规划中的辩护论和多元主义》"多元化倡导性规划"[4] Sherry Arnstein "市民参与阶梯"[5] "城市重建要求受影响区"的居民参与规划[6] 《马丘比丘宪章》城市规划应该在政府领导者、公众和各专业设计人员之间协同合作的基础上进行，强调多元共治理念
英国	《城乡规划法》中规定允许社会公众表明自己的意见 规划咨询小组（PAG）提出公众应该参与规划[7] 斯凯夫顿报告采用社区论坛和社区发展官员加强政府和公众联系
日本	西尾胜将村民参与按照程度分层次[8]； 川嵨雅章和岩田俊二提按照规划主体对旧城更新进行划分[9]； 星野敏旧城更新模式总结为"非参与型→村民参与型→村民主体型"的转变[10]。
德国	《谨慎的城市发展手段的12项指导原则》以及《社会城市计划》 《建筑法典》的规定规划必须坚持"自下而上"
中国台湾地区	顾晓伟（2007）总结了台湾社区营造的六个特点[11] 提出"社区总体营造"和"地方文化生活圈"概念，吸引居民参与社区事务

根据上述国外以及中国台湾地区旧城更新中多元共治经验，结合我国大陆的多元共治实际情况，对我国旧城更新中由一元主导到多元共治的机制建设具有一定的借鉴作用。具体体现在张昊哲（2008）基于马克思主义认识论，认为要建立一个和谐发展的城市规划体系，应当从多元利益主体价值观出发，对当城市规划工作进行全面的理解和认识[12]。沈静等（2009）城市空间结构演变将逐渐由各地方政府、开发商、市民组成的多元利益主体主导[13]。邬艳丽（2015）认为为了提高社区改造的质量，可以基于多元主体决策背景上，通过社区领袖提高公众参与的程度[14]。戴帅等（2010）提出由政府监督引导，村民自主建设，规划师进行全过程的技术支持、利益协调、联络衔接"上下结合"的乡村规划模式[15]；陆晓喻（2017）探索多元主体参与下旧城更新规划编制的新思路和新方法，并以宁波市庄市老街更新改造规划为

实例[16]。潜莎娅（2016）选择地方政府、村民（包括村自治组织）、规划师、开发公司和村规划委员会等多个主体，明确多主体参与的有机更新模式，实现规划权力委托与利益分配的平衡[17]。

3　我国旧城更新的困境分析

3.1　当前旧城更新中多方参与问题

规划过程中缺乏制度完善。从政治方面来看，虽然我国旧城更新已经从一元主导逐渐过渡到多元共治阶段，但由于我国的公众参与理念基于西方公众参与模式借鉴而来，并不完全适合我国特有现状。加上缺乏完善的相关法律体制、薄弱的公众参与意识等原因导致了我国多元共治规划仍处于探索和起步阶段[18]。

规划决策过程缺乏利益协调。旧城更新中的利益主体与更新目标由于多元主体的参与变得十分庞杂，加上城市国有土地有偿使用制度的建立，使得旧城更新中开发商过于追求经济利益而忽视了旧城居民作为弱势群体公共利益，出现一系列社会问题，没有兼顾到旧城更新的经济、利益、物质环境等多重要求。

规划运行过程忽视美学特性。随着城市化进程的迅速发展，旧城更新中对多元主体的美学要求不够重视，大肆修建的现代建筑对旧城历史风貌造成一定程度的破坏，历史文脉的美学传承被忽视。

3.2　旧城更新多元共治未来趋势—多方博弈

通过上述分析可以发现，我国现阶段的旧城更新中的多元共治仍存在一定问题。这些问题的出现的根本原因都是由于目前旧城更新中各利益相关方参与的程度和深度不足，随着存量时代的来临，"多元共治"的旧城更新理念就越发显现其重要性。旧城更新本质上是一个利益再分配过程，在这一过程中，各方主体都应采用不同措施从而实现利益最大化。但在实际过程中，由于各博弈主体存在信息不对等以及博弈形式上存在差异等原因，不能达到"多方共赢"的结果。

因此，只有建立"多元共治"旧城更新规划机制，通过多方博弈的多层次考虑，共同协调，规范旧城更新中各参与方的参与行为。在各参与主体各司其职的前提下，辅以科学的政策引导，使得多元主体在博弈互动中实现整体利益最大化，才能真正推动旧城的可持续更新。

4　旧城更新中的博弈分析

由于旧城更新的特殊性和复杂性，交融的社会、经济和文化环境，造就了错综复杂的产权关系，聚集了复合的多元参与主体。所以博弈在旧城更新的主要代表是：政府（主要为国土、规划等部门代表）、拆迁人（主要是开发商和拆迁公司、评估公司等）和被拆迁户（旧城居民）共同组成博弈群体（图 2），且各方的利益要求和目标均不同，博弈参与群体的多元化导致博弈结果多样性。而在这一博弈所导致的利益重新分配过程中，其矛盾的核心在于利益分配的不公。

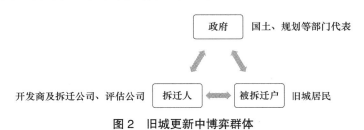

图 2　旧城更新中博弈群体

因此，解释这一核心问题的关键在于分析多方博弈规则以及博弈各方的利益需求等。强调博弈各方都能达到共赢，强调效率、公平、公正。故从政治、经济和美学入手进行讨论，试图分析多元共治下的博弈特征。

4.1 政治博弈

旧城更新中多元共治的过程实际上是政治的互动过程，体现为多群体之间的政治行为。通过系统的角度来认识多元共治过程。将公众参与看成一个政治互动过程，展现为多主体博弈之间的政治博弈[19]。旧城更新下的政治博弈以政治效益为目标，体现在保证公平正义的前提，群体的三元互动、策略上的三智结合上（图 3）。

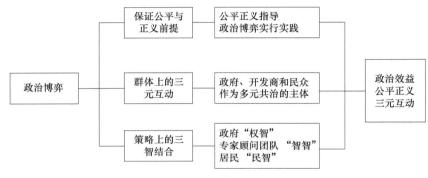

图 3　政治博弈

保证公平与正义前提。公平正义在旧城更新实施的体现不仅仅在完成空间再生产、解决困境的过程，更体现在旧城更新的目标中。公平正义的重点在于在城市空间再生产过程中，各利益相关方的利益获取、持有与分配是否公平正义，城市更新的成果是否满足多元的社会需求，公共利益的调配是否合理等。公平正义作为城市更新的前提，指导着政治博弈的实行和实践。

群体上的三元互动。旧城更新是多元主体参与下的资源再分配过程。追求公众利益的政府、追求利润最大化的开发商和追求个人利益的民众作为多元共治的主体。他们之间相互影响、相互作用，形成了密不可分的"三元关系"。而在旧城更新中，在地方政府、开发商和社区居民三方主体互动机制和博弈关系之下，基于整体需求而建立的三方互动与协作关系，被称为三元互动[20]。"三元互动"作为一种重要的补充方式将在旧城更新中通过互动沟通进行工作协作，发挥其强大的社会能力，最终获得政治共赢。

策略上的三智结合。为了协调城市更新中的博弈群体之间的博弈关系，实现博弈群体共赢的目标，通过策略上的三智结合利益均衡运作机制，从而促进城市更新[21]。以深圳的三智结合城市更新为例（图4）。通过政府"权智"结合专家顾问团队"智智"和居民"民智"的相互制约，相互结合的博弈模式。

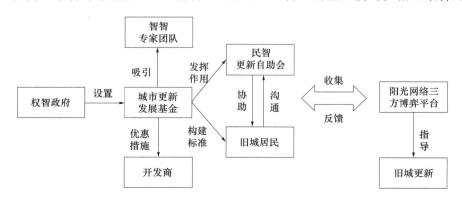

图 4　深圳城市更新三智结合利益平衡运作机制[25]

首先，"权智"政府通过设置"城市更新发展基金"的低息贷款以及无偿资助等优惠措施来支持吸引"智智"专家顾问团队（民间智囊机构）以及开发商，并结合优惠政策进行落实[22]。之后通过"智智"、"权智"的结合，构建差异化拆迁补偿标注，使得居民利益能够最大限度地得到满足。并成立社区更新自助会，积极发挥"民智"的作用，与政府的"权智"结合，深化深圳城市更新建设[23]。并构建阳光网络三方博弈平台，引导居民直接参与更新方案的讨论建议，最终实现旧城更新[24]。

4.2　经济博弈

旧城更新中的多方博弈目的上是参与各方采用各种方式以谋取利益最大化。本质上是经济博弈，是利益重新分配的过程。在此过程中，只有通过相互制衡的机制才能实现公平性，也只有相互协同才能实现整体利益最大化。旧城更新下的经济博弈以经济效益为目标，体现在方式上的多主体利益平衡、模式上的新经济概念（图5）。

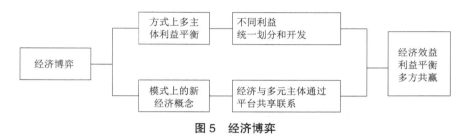

图5　经济博弈

方式上的多主体利益平衡。通过前文总结得知，旧城更新的多元共治包含政府、开发商、产权人多群体利益主题，三个利益主体相互有一定联系，但是彼此间的利益也存在一定差异。因此多方博弈往往体现为多主体的利益冲突。而深圳市通过《深圳市城市更新单元规划编制技术规定》，构建能协调多方利益主体的"城市更新单元"，从而有效地整合和发展整体的空间效益[27]。使得城市更新单元中公共利益体现为共同承担，与更新开发空间增量成正比[28]。将不同利益的主体置于同一平台的更新单位之中，通过统一划分和开发，保障多元主体的经济利益。

模式上的新经济概念。在2016年的《政府工作报告》中初次提出"新经济"的概念，认为"当今我国发展正处于这样一个关键环节，必须培养强大新动能，加快发展新经济"[29]，新经济模式是一个综合性的概念。具体体现在互联网等新平台共享模式的推动下，经济与多元主体的多方位、多角度共享联系。在新经济时代和自媒体时代的发展之下，经济博弈体现在各个方面，例如深圳在城市更新中构建阳光网络系统[25]，通过旧城更新专属官方网站构建，使得多元主体参与更新过程中，结合利益平衡机制，为多元主体提供经济博弈平台，增强城市更新的主体参与及相互监督。

4.3　美学博弈

旧城更新中的多方博弈在协调政治博弈、协同经济博弈的基础上，最终的结果体现为美学的博弈。而不同主体之间对美学形式的理解均不相同。旧城作为活的历史智慧的体现、历史文化的传承，背后蕴藏具有鲜明特色的多元美学。旧城更新最终以什么形式进行表达，这需要以美学效益为基础，进行形式上的美学弘扬以及传承上的历史文化沉积（图6）。

形式上的美学弘扬。在多方博弈以及旧城大规模改造的背景之下，旧城美学特征与城改模式的矛盾愈发显现。大多停留在旧城具体物象上的现有城改模式，与追求深层次的美学特征具有较大差异。因此，对于形式上的美学弘扬，除了要保持原有历史人文因素之外，还要在美学和文化的基础上进行扩展。突出文化自信，展现美学效益。既要做到古为今用、洋为中用，又要继承传统，并在此基础上自主创新。

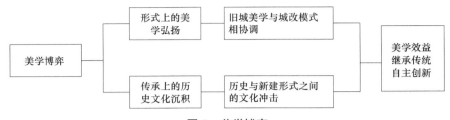

图 6 美学博弈

传承上的历史文化沉积。具体体现为原有历史与新建形式之间的文化冲击。城市史作为城市外部区位和内部价值的共存，既是城市曾经的动力，也是城市文化底蕴的直接体现[30]。研究应该将城市史作为美学博弈中的基础和方向。以城市发展过程中具有特殊记忆的对象和建筑物为保护对象，根据其在历史中的地位和地位确定保护更新方案。将多元主体对历史文化的感知留存下来，从而实现文脉的传承和民生的改善。

5　结论与展望

5.1　基于多方博弈的旧城更新规划机制探寻

公众参与在旧城更新改造中体现为多主体的博弈互动过程。为了保证旧城更新中多元主体的参与质量，就需要将这个过程改进成一个良性、有效的博弈互动过程。故针对本文提出的旧城更新中多元共治的多方博弈，就政治、经济、美学三个方面提出探寻机制。

政治博弈方面，增加多元共治主体。在政府引导下推行多元共治机制，将本地居民、各类专家、地方学者以及 NGO 组织联系起来。从居民的要求入手，激发旧城居民参与热情，增强居民的归属感和使命感。结合多元共治的制度保障，使得公众资源的扶持力度加强，从而保障多方博弈的实施。通过多元共治主体的相互连接和沟通，建立微博、网站、微信公众号等网络平台，及时收集反馈信息，从而保障多方博弈的运转。

经济博弈方面，提倡多方主体参与式投资。使得政府（公共部门）联合个人参与者和建筑、经营企业进行互相协调、协同决策，构成合作关系。政府通过特许权协议联合私人参与者和建筑、经营企业，为 PPP（Public-Private Partnership）模式提供支持和担保[31]。使得市场与居民在参与的基础上进行投资，从而激发产业活力，考虑多方博弈各个方面，促成良好的合作状态，达到共赢的目的。

美学博弈方面，通过协调多方美学博弈过程，规划来划定历史风貌保护区域，结合居民记忆和专业团队的评估，保护重大历史建筑以及场地，达到凝聚地区居民精神，提高居民社区归属感，强调居民的物权价值的目标[32]。

5.2　"多方博弈"规划机制的基础架构

本文在对旧城更新中多元共治的基础上，对多方博弈参与旧城更新机制进行构建，将政府、拆迁人和被拆迁户作为多方博弈主体，通过政治博弈、经济博弈和美学博弈体现多方博弈的特点，分析政治博弈中公平正义前提、群体上的三元互动与策略上三智结合；经济博弈中方式上的多主体利益平衡、模式上的新经济概念，以及美学博弈中的形式上的美学弘扬、传承上的历史文化沉积等，最终得出多方博弈策略，形成基于"多方博弈"的旧城更新规划机制的基础架构（图 7）。

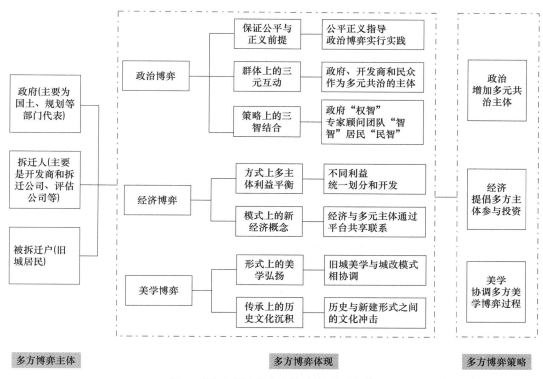

图 7 "多方博弈"规划机制的基础架构

5.3 分析与总结

随着公众参与模式在我国旧城更新中的应用与扩展，我国旧城更新已从原来的一元主导逐渐向多元共治进行过渡。但在多元共治中仍存在规划过程中缺乏政治制度完善、利益未达共赢、美学差异较大等问题。故本文在总结国内外公众参与的历程以及多元共治、多方参与理论和实践案例的基础上，结合新的发展趋势，得出旧城改造是一个多元共治多方博弈的过程，并从政治博弈、经济博弈、生态博弈、三个方面全面地分析多方博弈的特点。针对目前多方博弈的问题提出相应对策。通过增加多元共治主体、完善决策机制、提倡多方主体参与式投资、协调多方美学博弈过程等政策，提倡多元共治、协调多方博弈为原则的旧城更新规划策略。为今后旧城更新中的多元共治新提供借鉴作用。

参考文献

[1] 饶惟 . 基于"多元共治"的旧城更新规划机制研究 [D]. 华侨大学，2015.

[2] 孙施文，殷悦 . 西方城市规划中公众参与的理论基础及其发展 [J]. 国际城市规划，2009，24（S1）：233–239.

[3] 周婕，姚文萃，谢波，等 . 从博弈到平衡：中西方旧城更新公众参与价值观探析 [J]. 城市发展研究，2017，24（2）：84–90.

[4] Paul Davidoff. ADVOCACY AND PLURALISM IN PLANNING[J]. A Reader in Planning Theory，1973，31（4）：277–296.

[5] Sherry R. Arnstein. A Ladder Of Citizen Participation[J]. Journal of the American Institute of Planners，1969，35（4）：216–224.

[6] 梁鹤年 . 公众（市民）参与：北美的经验与教训 [J]. 城市规划，1999，23（5）：48–52.

[7] 杨贵庆：《试析当今美国城市规划的公众参与》，国外城市规划，2002（02）.

[8] 西尾胜，郝玉江 . 日本官僚制论的类型 [J]. 现代外国哲学社会科学文摘，1992，07：34–35.

[9] 荻原，正三，岩田，俊二，川嶋，雅章 . 彩適空間への道：住民参加による集落計画づくり [M]. 農林統計協会，1998.

[10] 星野敏，王雷 . 以村民参与为特色的日本农村规划方法论研究 [J]. 城市规划，2010，02：54–60.

[11] 顾晓伟.从我国台湾地区"社区总体营造"运动看我国旧城更新[J].现代城市研究，2007（04）

[12] 张昊哲.基于多元利益主体价值观的城市规划再认识[J].城市规划，2008（06）：84-87.

[13] 沈静，魏成.大都市边缘区空间结构演变中的多元利益主体格局——以广州市大石街为例[J].规划师，2009，25（03）：65-69.

[14] 邹艳丽，白梦圆.老社区改造决策中的多元主体博弈与平衡——以北京市某社区改造为例[J].规划师，2015，31（04）：48-54.

[15] 戴帅，陆化普，程颖.上下结合的乡村规划模式研究[J].规划师，2010，（01）：16-20.

[16] 陆晓喻.面向多元参与主体的旧城更新规划编制探索——以宁波市庄市老街更新改造规划为例[A].中国城市规划学会、东莞市人民政府.持续发展 理性规划——2017中国城市规划年会论文集（02城市更新）[C].中国城市规划学会、东莞市人民政府，2017：13.

[17] 潜莎娅.基于多元主体参与的美丽乡村更新建设模式研究[D].浙江大学，2015.

[18] 许锋，刘涛.加拿大公众参与规划及其启示[J].国际城市规划，2012，27（01）：64-68.

[19] 董慰，王智强.政府与社区主导型旧城更新公众参与比较研究——以北京旧城保护区更新实践为例[J].西部人居环境学刊，2017，32（4）：19-25.

[20] 吴丹.基于社区的"三元互动"旧城更新规划策略研究[D].华中科技大学，2012.

[21] 叶晓甦，陈坤龙.公共项目公私合作中政府定位研究——以香港地区的实践经验为鉴[J].建筑经济，2012（6）.

[22] 傅鸿源，何学礼.产业基金在旧城改造中的运用研究[J].建筑经济，2007（9）.

[23] 陈美丽.杭州市城中村改造与工业企业搬迁的共赢研究[J].经济师，2009（8）.

[24] 谢琳琳，杨宇.政府投资建设项目决策中公众参与实证研究[J].建筑经济，2012（8）.

[25] 廖艳，包俊.深圳政府引导下的城市更新博弈分析[J].建筑经济，2013（12）：100-103.

[26] 郭湘闽.走向多元平衡——制度视角下我国旧城更新传统规划机制的变革[M].北京：中国建筑工业出版社，2006.

[27] 深圳市规划与国土资源委员会.深圳市城市更新单元规划编制技术规定[R].深圳市规划与国土资源委员会，2010.

[28] 王嘉，郭立德.总量约束条件下城市更新项目空间增量分配方法探析——以深圳市华强北地区城市更新实践为例[J].城市规划学刊，2010（S1）：22-29.

[29] 中国科学网.新经济带来的新模式.[EB/OL].[2016-06-07]http：//news.163.com/16/0607/09/BOUS990F00014AED.html.

[30] 中国社会科学网，城市史研究能为旧城更新做什么[EB/OL].[2017-08-04].http：//ex.cssn.cn/zgs/zgs_zms/201708/t20170804_3601185.shtml

[31] 徐振强.城市更新中的集约利用资源与立法配套政策——以英国PPP模式推进旧城提质升级为例[J].上海城市管理，2015，24（04）：55-60.

[32] OLSONM. The logic of collective action[M]. London Cambridge University Press，2010：11.

居民回迁视角下城市历史街区更新探讨——
以杭州小河直街为例

胡淑芬 *

【摘　要】杭州作为国家历史文化名城，在城市范围内有许多历史街区，它们在过去的二十几年中进行了大规模的更新保护。在小河直街历史街区保护更新之前，绝大多数的历史街区都是通过政府主导、居民全部外迁、建筑拆掉仿古重建的方式进行的。而小河直街更新保护引导和鼓励原住民回迁，实施之初调查居民回迁意愿高达60%，并且通过设计方法兼顾历史文化遗存保护与居住质量提高，进而促进居民回迁。通过分析小河直街保护更新方法、相关政策以及实施近十年来的效果，评价其绩效以及探寻以人为本的历史街区更新保护方法。

【关键词】居民回迁，历史街区，保护更新，文脉传承，生活质量

1　项目概况

　　小河直街位于杭州拱墅区，运河杭州段南端，运河、小河、余杭塘河交汇口（图1），是杭州历史文化名城保护规划划定的历史地段之一，总面积12.70ha，杭州历史街区保护规划对其要求是严格按照建筑保护模式，居民适当保留[2]。2007年小河直街历史文化街区保护工程启动，2008年由浙江省古建筑设计研究院进行了小河直街区块的城市设计，编制了历史文化街区的保护规划。在实施之初调查显示有回迁意愿的居民占比达60%，受到了广泛的关注。杭州市于2002年开始全面启动大运河（杭州段）的综合保护工程，工程的目标是还河于民、申报世遗、打造世界级旅游产品，小河直街整治保护工程是杭州市运河综合保护二期工程首批重点项目之一。

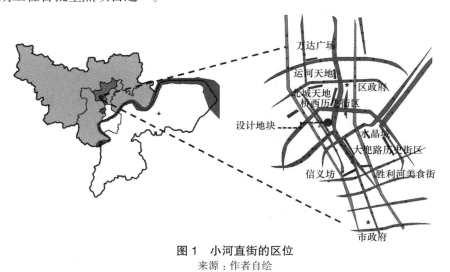

图1　小河直街的区位
来源：作者自绘

* 胡淑芬（1994-），女，同济大学硕士研究生。

2 项目背景

2.1 小河直街历史

小河直街随着京杭大运河的航运兴起，是当时重要的物资集散地、仓储中心和河陆转运站；在经历了元明的衰落之后在明清时期发展成为重要的码头，之后随着一些相关商业发展，小河直街成为"一河两街，下店上宅"的繁华地带[6]。小河直街是能够反映运河航运文化和当时人们生活场景的特色历史街区，是运河文化和生活的缩影（图2）。

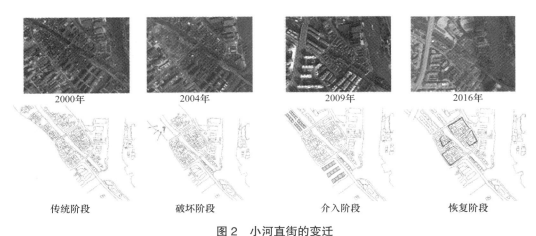

图 2 小河直街的变迁
来源：吴屹豪. 基于形态学和类型学的城市历史街区研究策略与启示

2.2 小河直街更新前问题

改革开放以后随着杭州的发展和市区范围的不断扩大，小河直街内的商业企业不断外迁，使得原本的繁华消失殆尽。更新实施前，小河直街地区主要存在以下问题：一是街区居民居住条件差。建筑以木结构为主，年久失修残损严重；大量搭建破坏了原有建筑格局，影响了通风采光；住房缺乏基础设施，居民生活不便；环境脏乱，街道地势低，遇大雨严重积涝。二是历史文化遗存保护情况差。街区立面历史元素不断流失，历史构筑物散落无人管理。居民要求改善居住条件和保护街区风貌的呼声强烈，但依靠自身力量难以实现[7]。

2.3 杭州城市更新

杭州早期的历史街区保护更新主要有以河坊街为代表的"商业开发"和以北山街、梅家坞为代表的"原貌维护"两种模式[8]（图3）。

"商业开发"模式主要由政府或主管部门主导，将地区内全部的商户和居民外迁，对建筑进行拆掉重建。虽然这种方式带来了地区的复兴和繁荣，但单调的建筑空间形式，传统社会关系、文化体系的瓦解等弊端渐渐在后期显露出来。"原貌维护"主要进行历史街区的环境整治，不进行拆迁和大规模的商业开发。这种方式虽然保护了原始的风貌和社会结构，但却无法根本上改变居民的生活水平。

因此，杭州一直在探索一种能够较妥善解决历史传统和现代生活矛盾的方法，小河直街的更新设计就是在这样的背景下诞生的一种重要实践。

图3 "商业开发"的清河坊与"原貌维护"的梅家坞

3 设计目标

3.1 设计目标

小河直街更新设计以还河于民、运河申遗、达到杭州市旧城改造规划要求为主要目标。通过整治传统建筑、适度添建和新建建筑，维持低层、高密度的城市肌理，完善基础设施、改善居住条件、提高环境质量鼓励居民回迁，建成以保持传统商住功能为主的延续杭州地方传统特色文化和运河航运文化、集中反映民国时期运河沿岸的城市平民居住生活、生产劳动和航运历史的重要历史文化街区[1]。

3.2 设计目标解读

相较于南宋御街等主要集商业服务、休闲观光、生活居住为一体的传统商住综合街区的功能定位，小河直街的设计目标不是繁华的商业街区，而是延续传统文化，展现传统平民生活的历史文化街区，这就要求保有一定量的原住民。杭州运河沿岸工业遗址、商业街区有许多，但能够展示传统运河沿岸居民日常生活的基本已消失殆尽。得益于运河申遗，小河直街的风貌得以被保留。从设计目标可以发现更新以风貌保持为主，通过修缮建筑和设施配套使其满足现代生活的要求，促进居民回迁。

4 设计原则

4.1 重视原住民安置问题

居民的拆迁安置问题一直以来都是历史街区更新改造的重点同时也是难点，杭州大多数的历史街区更新都伴随着功能的置换，对待原住民的处理方法都是安置到历史街区以外。小河直街目标是能够保留传统居民的生活，所以对于居民的妥善安置显得尤为重要[9]。

4.2 重视保护历史文化遗存与提高居住质量的冲突问题促进居民回迁

历史街区的保护要求建筑能够保持原貌，同时，小河直街居民早已对破败的建筑、落后的设施诟病不已，他们迫切希望更新改造能够为他们带来高质量的居住和现代化的生活。之前杭州历史街区保护更新的经验表明，保护历史文化遗存与提高居住质量两者的关系处理不好容易导致历史文脉损坏或者居民的生活质量没有保障，所以设计中重点关注这一问题。

4.3 长远眼光对待资金问题

之所以大量的历史街区更新设计最终结果都是千篇一律的仿古商业街区，是因为历史街区保护更新往往需要投入大量的资金，政府单位和开发商为了能够在短时间内平衡资金就选择收益快的模式。小河直街设计之初政府明确表示用长远的眼光对待资金问题，通过整治将其打造成为杭州市最具运河两岸传统文化特色的地区之一获得的旅游经济和周边房地产价值的提升平衡投入资金。这成为小河直街探索更为合理的更新的坚强后盾。

5 设计方法

5.1 安置方案——政策鼓励居民回迁

小河直街更新改造提出部分就近异地安置、部分原地回迁、部分货币安置三种居民安置的解决办法，不强行安排，尊重原住民的意愿。就近异地安置切实考虑了居民的心理及原住所社会关系，部分回迁可以在满足居民回到原住所意愿的同时传承街区传统文化，因为无形的传统文化很大程度上维系于原住民。

5.2 建筑改造——文脉传承促进居民回迁

为了妥善处理历史文化遗存与居住质量之间的关系，设计依据建筑历史文化价值和保存状况采取三种不同的保护模式，分别是①原模原样型（图4一类二类）：有历史文化价值且保存较完好，完全保留的同时对内部进行适当改善；②原汁原味型（图4三类），约占36%：有历史文化价值但结构不再完善，利用尚能使用的原材料进行原址复原，约占40%；③似曾相识型（图4四类）：拆除新中国成立后砖混房屋恢复清末民初风格，约占24%。为所有建筑改善市政设施并拆除违章建筑。

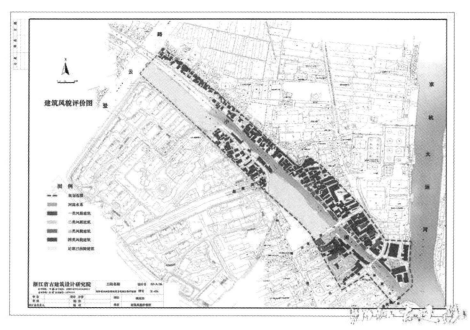

图4 小河直街保护规划建筑改造风貌评价
来源:《杭州市小河直街历史文化街区保护规划设计》(2008)

5.3　设施改善——改善条件推动居民回迁

为了使传统历史街区能够满足现代生活的需求，城市设计对基础设施的改善进行了重点的讨论。①保持原先的道路网密度和宽度，规定街区范围内道路为步行道，禁止机动车出入，通过外围道路解决行车需求。②改造或者重新布置原先的给水排水管网，采用一户一表制的煤气管道。③将所有的电信管线改为地下敷设，增加用电负荷以满足居民的实际需求。④改造前街区内存在很大的安全隐患，通过清理电线、改善线路、配置消防栓和灭火器保障街区安全。⑤统一配置路灯、垃圾箱、广告牌等设施。

5.4　街区营造——生活方式延续助力居民回迁

5.4.1　街巷

街巷是历史街区的"灵魂"。更新设计中保留原先纵横交错的街巷，通过不同的连接和围合方式打造层次丰富，有私密性过渡效果的街巷空间。地块从街道向巷弄空间的过渡伴随着丰富的空间 D/H 变化，这种变化反映了街巷空间服务人数的多少以及私密程度及空间封闭程度的变化（图5）。与此同时，传统坡屋顶变化多端的组合交错形成了有韵味的天际线。

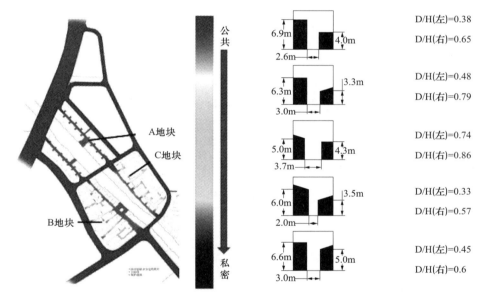

图5　小河直街街巷私密性与高宽比

5.4.2　庭院

小河直街居住空间是传统的有围合庭院的院落，院落内部的庭院空间通过变换的尺度和空间的穿插与渗透形成了丰富的层次，给使用者丰富的空间体验（图6）。

5.5　文化景观——注入生机吸引居民回迁

为了文化的传承，地区记忆的延续，城市设计对运河沿岸的商埠和码头进行了修复和整治，再现当年繁华的运河两岸场景。同时增加沿岸的滨水休息游憩空间，并且点缀运河文化相关的小品和雕塑，形成了丰富的历史文化层次和景观层次（图7）。

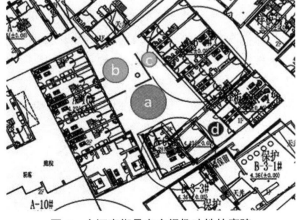

图6　小河直街具有空间趣味性的庭院

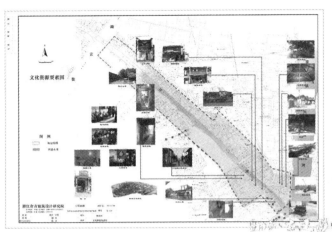

图7 小河直街文化景观打造

来源：《杭州市小河直街历史文化街区保护规划设计》（2008）

6 评价

6.1 可取之处

小河直街与其他历史街区保护更新最大的不同在于其拆迁之和谐，回迁率之高。一期拆迁时全部285余户居民在两个月之内迁出，两次拆迁期间均未引发过群体性上访，是杭州拆迁史上实施速度最快、进展最顺利的工程之一。与此同时，居民的回迁意愿更是高达60%，小河直街能够取得居民的信任，拥有如此高的回迁率得益于以下几点：

6.1.1 以原住民为主导的生活街区

小河直街的更新模式对于杭州是里程碑式的存在。过去在杭州常见的历史街区保护更新都是以"商业"为主，主要手段是修缮外表皮和居民外迁。而小河直街更新从设计之初就明确了将居住功能和原住民的意愿放在首位，设计原则和方法也都体现了这一目标。保护更新结果延续了传统的生活方式和社会脉络，将历史人文特色通过"活态"的方式保留，形成了"居住为主、宜商宜游"的全新模式。这种模式更尊重人权，有利于社会稳定和社会和谐，所以得到了各界的一致好评，取得了前所未有的良好反响。

6.1.2 重视居民生活条件的改善

直接影响历史街区居民是否愿意回迁的决定性因素是生活条件是否得到改善。历史街区通常年久失修，虽然在外人看来住在有文化积淀的历史建筑里很有韵味，但居民实际被无法满足现代生活需要的物质条件所深深困扰。之前已经提到重视保护历史文化遗存与提高居住质量之间存在一定冲突，小河直街改造更新过程中着重处理这一点，切实关注原住民的生活需求和困扰，通过改善各类基础设施和环境整治使得在历史街区内可以享受现代化的社会生活，满足日常实际需求。

6.1.3 传统文脉的传承

小河直街居民年龄结构特征是以老年人为主，有调查显示受访者中60岁以上占比30%左右，且大多在小河直街居住在二十年以上。所以当地居民都是对小河直街有深厚感情的人，他们愿意居住的小河直街一定是有文脉传承，承载着他们记忆的地方。设计中保留了"下店上住"的建筑功能格局，水边的浣洗台、青石板路面等都是记忆的延续，文脉的传承（图8）。

图 8 小河直街环境整治、设施提升与传统生活、文化延续

综上所述，居民们能够感受到被重视，在保持原有生活习惯和社会网络的同时又能够获得居住条件的极大改善，这些决定了他们愿意回迁回小河直街。

6.2 不足之处

小河直街改造之初调查显示愿意回迁的居民占比 60%，然而最终真正回迁的居民仅 96 户，实际回迁率仅 33.6%，与 60% 有着一定差距。小河直街历史街区更新设计在促进和引导居民回迁方面毫无疑问是一个成功的案例，但理想与现实的差距表明更新设计中不可否认地存在一些问题。

6.2.1 私密与开放的矛盾

小河直街在设计时虽然以居民为主，但正式运行是作为市内休闲区块对公众完全开放，这严重影响了回迁居民的日常生活。在访谈中经常有居民提出除非把院子大门锁上，否则经常有游客闯进来，甚至还有无人机在自家院子上空飞，给自己带来了不便（图 9）。为了兼顾居民的隐私和历史街区开放的需要，应在设计之初选取最具特色的部分展示街区的传统文化和地区特色，在居民正常生活部分限制游客进出。

图 9 易被闯入的私人庭院

6.2.2 重视仿古表皮、忽视实际功能的安置房

设计方案中将高架东侧、小河北岸的价值低、风貌差的建筑拆除，替代的是仿古的安置房（图10）。但从这批安置房可以感受到的是设计者花了很多心思在表皮设计，希望通过这一区块协调历史街区内传统建筑与周边现代建筑之间风格的突变，但这批建筑的实际价值似乎也就只有这个了。首先紧邻高架桥，噪声污染十分严重；其次，建筑内露台等均面向小河，但小河两岸杂草丛生，蚊虫扰人；第三，相较于小河直街核心区宜人的居住环境，安置房区域道路质量差，绿化不到位、配套设施落后；最后，千篇一律的外观使人缺少家的归属感（图10）。这些都导致了这批安置房空置率及其高，原住民不愿入住。

完全政府主导的街区保护模式也是造成这样结果的重要原因。居民拎包入住进完全改造好的房子，没有一点自己参与的痕迹，就像住进一个酒店，没有历史街区中应有的对于"家"的归属感和亲切感。

图10 安置房外观

6.2.3 传统运河生活营造不足

历史街区的魅力在于特色各异的传统文化，小河直街设计过程中注意到了这一点，所以通过居民回迁、建筑保留、家家户户前邻里交往的空间、河边浣洗台等努力营造传统生活，但结果仍显不足。传统运河两岸茶楼曲艺、百戏杂剧，还有庙会集市，以及米店、酱坊、酒坊、炒货店、南杂货店等小店和方振昌、恒泰米店等著名老字号，这些生活文化和工商业文化需要以任何方式融入居民日常生活，可以是实体也可以是元素，都会让小河直街有历史的醇厚和生活的烟火气。事实证明历史街区的"活"光靠居住是不够的，如何联动旅游、使保护与利用共存，如何将传统品牌与文创产业融合，都是小河直街需要继续努力的方向。

6.2.4 建筑风格千篇一律缺乏特色

传统的历史街区建筑是在不同时期由不同的人用不同的材料和想法建造的，所以往往建筑之间整体统一但又各有千秋。但是改造更新方案实施过程中，由于工期紧，以及对建筑质量和满足现代生活需求的要求又高，小河直街内大量的建筑采用了统一的设计和施工，导致了大批量建筑的雷同（图11），那些精美的"自然生长"的建筑反而被拆除了。结果导致整个历史街区风格统一但没有个性和特色，失去了原本的生机和活力，历史街区的传统历史文化反而无法展现。

综上所述，各式各样的原因使得人们回迁的意愿大打折扣，最终导致了回迁比率的下降。

图11 小河直街千篇一律的建筑

7　总结

同为杭州有名气的历史街区，小河直街特别之处在于，相较于其他历史文化街区外地游客熙熙攘攘，这里本地的游客更多。这是小河直街设计之初想要达到的目标，与其说这里是一个旅游景点，不如说是老杭州人在飞速发展、大拆大建的都市中可以唤回传统杭州味道，追忆自己芳华的为数不多的场所之一。

和所有其他的历史街区一样，小河直街牵扯到政府、开发商、原住民、旅游者多方的利益，鼓励和引导原住民回迁可以说在很大程度上协调了各方关系和利益。政府通过以人为本的小河直街历史街区改造实践传承了文脉又改善了当地的居民生活和环境，助力了大运河申遗，打造了杭州城市文化的一个重要节点；开发商作为投资者通过对待经济平衡的长远眼光在获得长远的更大回报的同时打造了社会良好形象；原住民在生活水平得到大幅提升的同时保留了原本的文化脉络和社会网络，并且可以通过服务游客得到收益；旅游者有了体验传统老杭州运河生活的好去处。这些利益相关者各取所需，同时促进了小河直街的保护与发展。

可以说，小河直街保护更新设计虽然存在一些问题，使得最终保护效果或者是居民回迁结果与设计之初有落差，但作为全新模式的大胆探索，它在一定程度上实现了地区的保护更新，又为之后的历史街区更新提供了参考，具有重要意义。

相关文件

[1]《杭州市小河直街历史文化街区保护规划设计》（2008）

[2]《杭州历史街区保护规划》（2005）

[3]《杭州市历史文化名城保护规划》（2003）

[4] 杭州市规划局相关文件公示

参考文献

[1] 阮仪三. 城市遗产保护论 [M]. 上海：上海科学技术出版社，2005.

[2] 吴屹豪. 基于形态学和类型学的城市历史街区研究策略与启示 [J]. 建筑与文化，2017（08）：221–224.

[3] 周永广，顾宋华. 对城市历史街区原住民回迁的调查与思考 [J]. 经济论坛，2010（09）：67–71.

[4] 楼舒. 历史街区保护"以民为本"发展模式探索 [J]. 住宅科技，2015（10）：38–44.

[5] 俞东来，杭州小河直街和谐拆迁的探索与思考 [J]. 政策瞭望，2007（11）：39–42.

[6] 蒋艳. 基于共同利益的城市休闲旅游社区参与 [J]. 经济研究导刊，2010（11）：106–108.

[7] 阮仪三，顾晓伟. 对于我国历史街区保护实践模式的剖析 [J]. 同济大学学报，2004（5）：1–6.

[8] 丁承朴，朱宇恒. 保护历史街区延续古城文脉——以杭州市吴山地区的保护研究为例 [J]. 浙江大学学报，1999（2）.

基于新制度视角下城市特色风貌规划方法研究——
以大连部分地区为例

康旺泉 刘 平 胡 帅*

【摘 要】城市特色风貌是一个城市区别于其他城市的独特"个性"，包括自然山水特色、城市格局特色、城市形态特色等，是城市形象的展示、是城市文化的塑造、是城市灵魂的凝聚。在新的发展时期，国家层面对城市风貌和设计有了更高的要求，如何在新一轮的发展建设中有效避免城市建设"千城一面"是当前城市管理的核心问题。4月11日，自然资源部成立，标志着国家层面已经将生态保护与城市建设统筹管理，也标志着城市规划体系将迎来变革。基于上述背景，本文在分析新制度新要求的基础上，对城市特色风貌的规划编制方法进行研究，对城市特色风貌规划如何承接空间规划，对位城市设计进行探究，并针对大连市部分地区的城市规划管理情况，将城市风貌规划设计更好地融入城市规划管控体系中。

【关键词】新制度，空间规划，城市设计，城市特色风貌，规划管理

1 研究背景

1.1 我国城市风貌问题

近年来，随着党中央、国务院深入推进新型城镇化建设做出的一系列重大决策部署，使我国城镇化水平快速提高，截至2017年末，我国城镇人口占总人口为58.52%。城镇化的加速推进有利于扩大内需，提高生产效率，促进要素资源优化配置等各项城镇潜力动能的释放，但在欣欣向荣的城镇化发展背后，我国城市风貌问题凸显。各个城市城市规划、建筑形态外观乃至建筑装饰材料都出现了惊人的一致，呈现出"千城一面"的怪象。许多城市变的熟悉又陌生，熟悉的是形态与格局，标准化的都市规划蓝本不断被克隆；陌生的是城市文化与精神，原有的城市风貌印象和特色气质在不断消逝（图1）……

从深层次来看，造成城市风貌问题包括很多方面，一方面是城市发展欲望的失控，各个城市发展节奏的不断加快，盲目追求"大都市"的面貌而丧失了自身的气质底蕴；还有就是文化自信的缺失，不断被其他文化侵蚀，缺乏对自身文化内涵的理解，越来越多的传统民居、历史街巷甚至是文物古迹都被高楼大厦代替；再就是城市规划层级的协调失衡，部分城市宏观城市设计规划对微观建筑设计方案无法引导与管控[1]。

---

* 康旺泉（1980–），男，大连城市规划设计研究院教授级高级工程师，副总规划师，规划一所所长。
  刘平（1988–），男，大连城市规划设计研究院规划一所规划师。
  胡帅（1990–），男，大连城市规划设计研究院规划一所规划师。

图 1　国内城市的千城一面怪象

图片来源：笔者根据 Google 地图整理

1.2　城市设计和风貌规划的新制度与实施

城市风貌是一个城市的形象，反映出一个城市的特有景观和面貌、风采和神态，表现了城市的气质和性格，体现出市民的文明、礼貌和昂扬的进取精神，同时，还显示出城市的经济实力、商业的繁荣、文化和科技事业的发达[2]。城市风貌规划和城市设计一直存在于城市空间规划的始终，城市设计是城市风貌规划的重要载体，而城市风貌又是城市设计的指导方向，对于城市空间形态规划来说，二者缺一不可。

由于我国城市发展中的许多短板和相关问题，城市设计和风貌规划工作得到了空前的重视，尤其是国家层面的强调。包括《中央城镇化工作会议公报》中的"要依托现有山水脉络等独特风光，让城市融入大自然，让居民望得见山、看得见水、记得住乡愁"；还有《中央城市工作会议》中提出的"加强城市设计，提倡城市修补"等一系列顶层的文件关注，都是期望城市设计工作能解决城市景观风貌管控等问题，以提供更高品质城市空间环境。特别是《城市设计管理办法》的颁布实施，更是弥补了城市规划体系中缺乏的"设计城市"的环节，强调要用设计的手段，对城市格局、空间环境、建筑尺度和风貌进行精细化设计，改变千城一面，用规划手段塑造城市特色（图 2）。

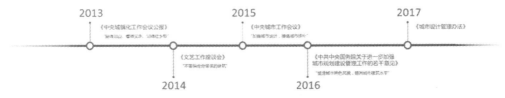

图 2　我国关于城市设计的顶层文件

图片来源：笔者根据相关文件整理

国内部分城市也通过地方立法，在地方层面确立城市设计的法律地位，以实现城市设计对城市空间发展的控制与引导。例如北京在 2010 年印发了《关于编制北京市城市设计导则的指导意见》，同时配发《北京市城市设计导则编制基本要素库》，将城市设计分为公共空间设计要素、建筑设计要素两大类；天津市则通过"一控规两导则"的编制和实施管理体系，相继组织开展了总体城市设计和重点地区城市设计编制工作，并将编制成果转化为城市设计导则，并以各层次城市设计为依托，开展了专项控制导则的探索与实践，对天津市城镇风貌建设起到了指导和管控作用（图 3）。

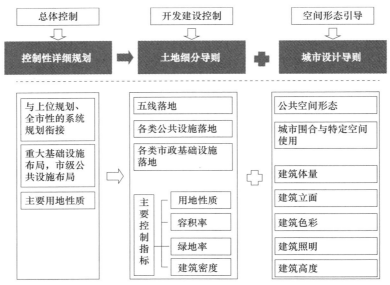

图 3 天津市城市设计导则技术框架
图片来源：笔者根据相关文件整理

从上述分析来看，过去的城市管理工具主要依靠法定规划来进行规划管控和引导，单一强调城市用地属性功能和地块开发规模，缺少其他要素的控制与引导。随着城市设计工作的逐步落实和细则明确，在城市的各层级规划管理中应融入和完善城市设计的管控要求：如在城市总体规划中要明确城市风貌和特色定位，确定城市总体空间格局，塑造城市整体空间意向；在控规中未体现城市设计内容和要求的，要及时修改和完善；土地出让条件中应将城市设计纳入规划条件；建筑设计方案审核过程中也应该审查城市设计要求的落实情况等。

2 大连部分地区城市特色风貌规划实践

基于上述新制度新形势下的研究背景和城市风貌理论方法的总结与讨论，笔者所在团队基于大连市金普新区和花园口经济区的各自特色资源情况，有针对性地进行城市特色风貌控制与引导。

2.1 以保护为理念的风貌规划—金普新区特色风貌规划

2014 年 7 月，国务院批复大连金普新区——第十个国家级新区成立。批复强调：金普新区不仅要在行政管理方面进行改革试点，而且在城市环境方面也要起到优化示范的作用。作为大连地区首个编制风貌规划的区域，金普新区在承接空间规划、对位城市设计方面进行了积极的探索，特别是明确了保护与建设的管控措施（图 4）。

2.1.1 划定生态保护线，明确管控措施

大连地区承接了辽南地理山川走势，金普新区山脉河流资源丰富。大黑山为区内最高峰，属中国北干龙的余脉。裴山与大、小黑山构成了金普新区山势中的"一脊"。由"一脊"向海湾伸展出九条山脉称为"九脉"。独特的地貌形态造就了新区内十八条河流发源于高山腹地，北部水系集聚流入普兰店湾，南部水系分散径直入海的特色景观。沿渤、黄两海分布大型海湾十余个，形成了湾湾相套、湾湾相连的形态。最终，形成了水汇十湾，南迎北合的格局。"一脊、九脉、十八水"构成了金普新区独有的山水特色（图 5）。

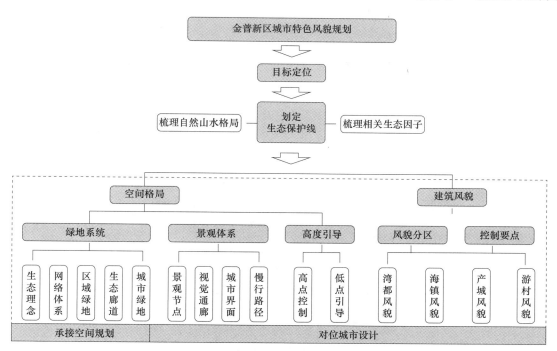

图4 金普新区城市特色风貌规划编制体系
图片来源：笔者根据项目内容整理

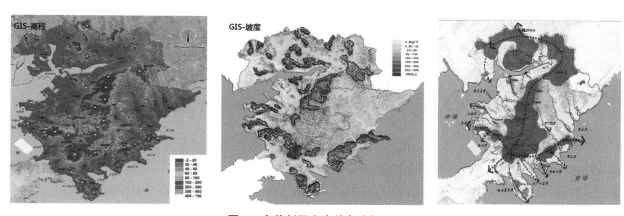

图5 金普新区山水特色分析
图片来源：笔者根据项目内容整理

除了山林、水系、自然岸线外，生态要素还包括：基本农田、风景名胜区、森林公园、自然保护区等等。结合基础设施廊道、地质灾害易发区等禁止建设的区域，把以上生态要素和限制条件进行空间叠加，形成了金普新区保护控制区域——生态本底（图6）。

以生态本底为基础，根据生态敏感度分析，将金普新区非建设用地划分为生态保护区和生态协调区；依据《生态保护红线划定技术指南结合》，借鉴深圳、广州等城市规划经验，确定生态保护区和生态协调区的控制内容和控制原则。

生态保护区：（1）控制内容：A. 坡度在25%以上的山体；B. 海拔高度超过60m，滨海低洼地区可控制30m以上，特殊区域可大于80m的山地；C. 公益林地；D. 水源地水库、河流取水口、井群等一级水源保护区；E. 河流蓝线控制区；F. 自然保护区；G. 自然岸线退内陆100米区域；H. 风景名胜区；I. 森林公园；J. 岛屿和具有生态保护价值的海滨陆域；K. 维护生态系统完整性的生态廊道。（2）控制原则：该区域用地进行强制性生态保护，主要功能为生态涵养、生态观光；保护山脊线完整，自然岸线完整，禁止挖山填海活

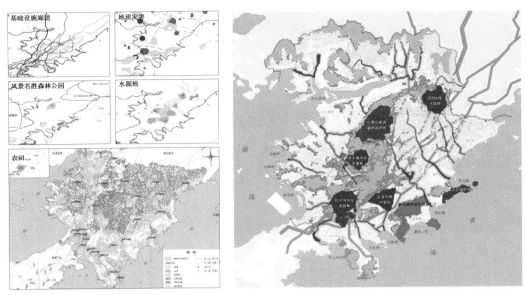

图6 金普新区生态要素叠加分析
图片来源：笔者根据项目内容整理

动；除满足城市必需的基础和公共安全设施（高压塔、消防站等）外，严格禁止其他任何建设活动；控制既有的村庄用地总量不变，鼓励合村并屯；鼓励退耕还林，促进林地规模增加。

生态协调区：（1）控制内容：A.基本农田及农业集中区；B.二级级水源保护区；C.基础设施廊道；D.自然灾害易发区；E.河流水系绿线控制区；（2）控制原则：主要功能为农业发展、农业观光；该区域在满足城市必需的基础和公共安全设施外，允许进行城市公益性项目（教育、科学、文化、卫生、体育、公共和福利事业等）以及村庄的建设，严格禁止其他经营性开发建设。鼓励合村并屯，促进农业用地规模的增加；允许新增农业及与农业相关的设施、公益性公用设施以及服务设施；各类允许建设活动需与自然地形、地貌结合，避免大挖大填。

生态保护线划定范围为生态保护区。金普新区约2300km²，生态保护区面积为870km²，占全域的38%。风貌规划从金普新区独特的山、水、湾资源出发，构建了生态本底，进而划定了生态保护线，同时提出了管控措施。这为多规合一和空间规划的编制提供了有力的支持，也为未来自然资源部对城市建设用地和非建设用地的统筹管理提供了一整套实施蓝本（图7）。

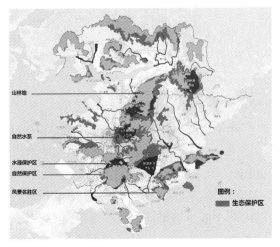

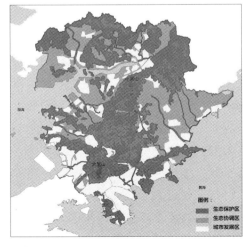

图7 金普新区生态保护区分析
图片来源：笔者根据项目内容整理

2.1.2 确定空间格局，提出总体导则

以"一脊、九脉、十八水"作为金普新区的城市空间结构。以"一脊"为区域绿心，以"九脉"为生态廊道将区域分成九个地理组团，每个地理组团以山为背景，以水为廊道，环海湾发展（图8）。遵循"城融山海"的理念，规划也提出了"山览海湾城，海望城护山，城中观山海"的城市体验。欲达成次目标，风貌规划就要对位城市设计，在城市总体层面提出指导城市设计的控制内容。其后，城市设计对管控内容和措施进行细化和落地。特色风貌规划要抓住塑造城市形象的主要的点、线、面要素，即控制区域中心、山海通廊、城市界面。

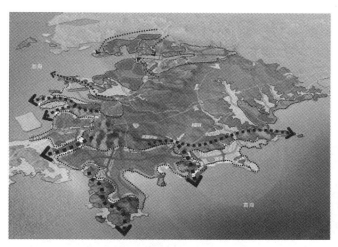

图8 金普新区地理组团分布示意
图片来源：笔者根据项目内容整理

首先，控制山海通廊。选取地理组团背景山体的制高点，连接城市中心区或城市特色街区，并延伸至海湾。控制山海廊道宽度不小于200m，并在山体制高点处增设观景平台。廊道范围内除地标建筑外，城市其他建筑群不应对视线有任何遮挡，使海湾尽收眼底（图9）。

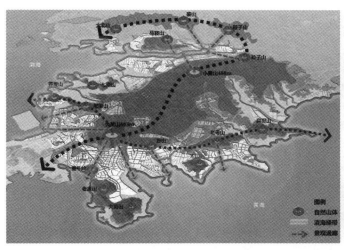

图9 山海通廊分布示意
图片来源：笔者根据项目内容整理

选择城市景色丰富的河流段落，控制100～200m的河流视觉通廊。在局部以山地为背景或城市地标为对象，利用开阔水面形成视觉通廊，突显移步异景的效果；视线以上不应有建筑遮挡（图10）。

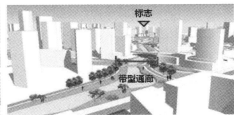

图 10 河流视觉通廊分析
图片来源：笔者根据项目内容整理

其次，确定区域中心。规划提出"视线相交法"，以多条山海通廊、多条两山对望视线进行叠加，确定视线交点处为区域中心，此区为城市形象的展示区域，应布置地标建筑和特色建筑。金普新区将山海通廊、两山对望视线和山峰-交通枢纽对望视线进行叠加，确定小窑湾、开发区、金州老城区和普湾每个区域的中心（图 11）。

图 11 金普新区区域中心区示意
图片来源：笔者根据项目内容整理

最后，确定城市界面。以山、海、城不同视点为参考，本次研究从滨山、滨海城市界面两个层次来控制城市界面（图 12、图 13）。

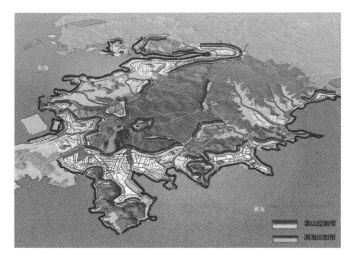

图 12 滨山滨海界面控制区域示意
资料来源：作者自绘

图 13 金普新区建成区与山海的关系
资料来源：作者自摄

滨山界面控制：山体核心保护区外围 100 ～ 500m 范围为滨山协调区，这一区域的建筑布局将影响滨山城市界面的整体形态。滨山区域建筑布局应依山就势，避免对山体大量开挖。滨山协调区建筑以圈层方式自然过渡，呈现递进形态。密度宜低，与山协调、与绿相融，绿化覆盖率不得低于 50%，容积率以 1.2 为主，建议不超过 1.5。建筑高度宜低，多层为主，局部高度不应超过 9 层。建筑屋顶错落有致，整体性强；建议以斜屋顶，坡屋顶为主，占比不低于 70%。为保证海湾、城市主要开场空间能看山，应预留出视线通廊（图 14、图 15）。

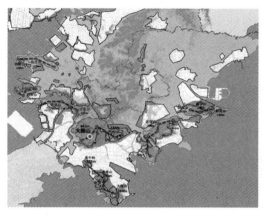

图 14 滨山协调区示意
资料来源：作者自绘

图 15 大连人民广场
资料来源：作者自摄

滨海界面控制采用高点控制、低点引导的方式。

（1）高点控制

递进原则：界面应分为近、中、远三个层次，以山体为远景，近景为多层建筑及低层公共建筑，中景多为高层塔式建筑，局部为超高层地标建筑。1/3 原则：位于山峰处的地标建筑，其建筑高度不能高于山脊线，应低于山峰高度的 1/3。1/4 原则：位于山谷处的地标建筑，其建筑高度可以高于山脊线，高于山脊的部分应为建筑高度的 1/4[3]（图 16）。

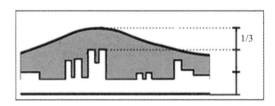
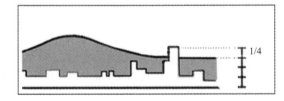

图 16 1/3、1/4 原则示意
资料来源：作者自绘

根据以上原则，我们对小窑湾滨海界面的高度控制进行了分析。台山周边山脊线平均高度 120m，最高峰为台山 184m。根据 1/3 原则：低于山脊线的地标建筑，其高度控制在 80 ～ 100m。根据 1/4 原则：高于山脊线的地标建筑，其高度控制在 150 ～ 200m。根据递进原则：近景建筑高度控制 ≤ 30m，中景建筑高度控制 30 ～ 100m，局部地标建筑为 100 ～ 150m，核心地标为 150 ～ 200m（图 17）。

除以上三条原则外，天际线应满足层次原则、借景原则、韵律原则、地标原则。整个界面应满足在主要视点能看见 25% ～ 35% 以上的山体。结合城市开敞空间、河道、绿带，整个界面应留出 30% 的视线通透区，相同高度建筑界面连续度不能超过 500m[4]。

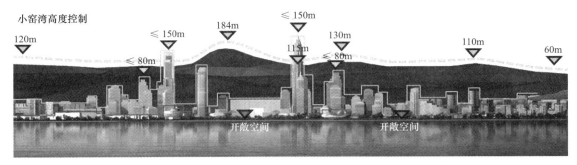

图 17　小窑湾滨海界面分析
资料来源：作者自绘

（2）低点引导

滨海岸带，特别是海湾区域是主要的滨海景观界面，采用低点引导的方式。以滨海岸线向陆域 70m 为开场空间，禁止任何建设；以滨海岸线至第一条主干路之间为近景控制区，均为低层、多层建筑，建筑高度 ≤ 18m，地标性公共建筑 ≤ 30m（图 18、图 19）。

图 18　滨海界面低点引导区域分布
资料来源：作者自绘

图 19　青岛五四广场低点引导区域示意
资料来源：作者自绘

2.2　以塑造为理念的风貌规划—花园口特色风貌规划

花园口经济区是大连地区开展风貌规划的第二个区域。与金普新区不同，花园口经济区是大连市二产业北移和国际先进制造业的重要承载区，是北黄海地区重要的滨海生态产业新城。

2.2.1　特色风貌规划落实到城市建设中的体系对应

为了更好地将花园口城市特色风貌纳入城市管理体系，在规划之初，笔者所在团队首先对城市特色风貌能解决的问题和与城市规划体系的对应关系进行梳理，认为城市特色风貌可与城市设计相结合，成为指导花园口城市建设的工具，贯穿于城市规划的各个层级，宏观层面补充城市设计专项及引导中观层面的规划及设计项目，并对微观层面的设计项目的规划管理提供管控要素和参考建议[5]，见图 20。

2.2.2　挖掘城市特色要素，"以要素带动整体"展示城市风貌

对于城市风貌来说，挖掘与提炼既有城市特色要素是以"要素带动整体"来展示城市风貌的重要途径。花园口的现状特色风貌可以从自然特色人文特色两个角度进行挖掘，其中自然特色可以总结为"山水霓裳"的自然本底特色，从地域山水格局来看，整个大连属于辽南丘陵地貌，地处长白山的余脉。花园口正是位于长白山余脉东侧的青龙之位，背山面海，属于后有靠山，前有水汇之地；南侧与诸岛遥相呼应，同时各岛也是花园口的天然护砂，经济区坐落于此，可谓"龙脉相续，藏风得水，佳地天然"。而且这种城市的风水选址也与我国传统城市选址格局暗合。具体体会花园口经济区的风水：尖山、明阳山、郝

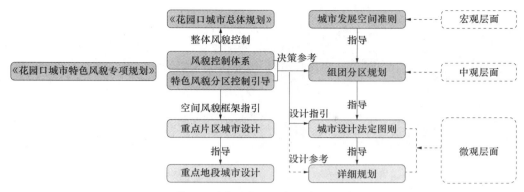

图20 花园口城市特色风貌与城市规划体系关系

图片来源：笔者根据项目内容整理

大山三山环绕，左青龙，右白虎形成天然风水，山体犹如将花园口聚宝盆揽在怀中，而境内的老龙头河、圣水河、小马河、陶房河四条河流穿城而过，汇聚入海，仿若花园口的飘带，三水四水的自然山水格局构成了花园口"山水霓裳"的自然本底特色。见图21。

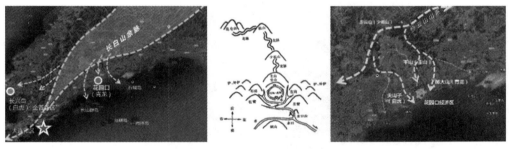

图21 花园口区位示意

图片来源：笔者根据项目内容整理

花园口的人文特色包含文化、建筑风貌、天际轮廓线、城市景观等几个方面。在文化特色方面，花园口拥有历史与现代的交融文化。在花园口境内多个村落在青铜时期便有人类活动遗迹，能载入史册的主要事件和地点是花园口村的明代防倭墩台和清代甲午战争的日军登陆口。花园口的现代文化主要是海洋牧渔文化，渔民供奉海神娘娘，是大连海洋文化传承地之一；花园口村落内的建筑、饮食等也具有辽南民俗文化的特征；随着花园口经济区的腾飞，在以产兴城产城融合的发展思路下，具有开拓精神的创新与创业文化也日益凸显。总体来说，花园口的文化特色是历史积淀与现代的交融和升华，是具有开放包容的新区文化。

在建筑风貌方面，主要从建筑色彩和建筑风格两个方面展开分析。花园口的建筑色彩主要以灰色、红色、土黄、赭石等冷暖色搭配，但由于搭配比例失调，导致部分街区色彩对比过于强烈。例如管委会南侧居住区立面颜色灰色所占比例过多，建筑群整体颜色过于压抑。花园口的城市天际轮廓线尚未形成，建议规划强调轴线两侧建筑高度标识；居住建筑在轮廓线上反映较为明显，但部分区域欠缺透绿望山空隙；山体绿线起伏，整体效果较好。见图22、图23。

总体来看，花园口的现状本底资源包括：得天独厚的三山、四水、一湾的自然资源以及能够包容历史、滨海民俗、产业创新等"古今交融"的多元文化资源，通过梳理、挖掘、提升，可以形成彰显"山水霓裳"特色的城市特色资源；同时，随着花园口的城市发展，城市建设初有规模，建筑风格形式多样，景观建设也有一定成果。见图24。

图22　花园口现状建筑风貌
图片来源：笔者根据项目内容整理

图23　花园口现状城市天际线
图片来源：笔者根据项目内容整理

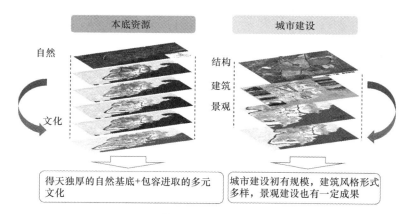

图24　花园口现状本底资源总结
图片来源：笔者根据项目内容整理

2.2.3　特色风貌的空间结构形成

基于花园口这些城市特色要素，规划依托自然特色资源，在保护三山、四水、一湾的自然山水格局基础上，形成"两轴贯三山，四水汇一湾"的城市风貌空间格局，将城市与自然山水有机融合在一起，彰显花园口城融山水的特色风貌。见图25。

2.2.4　特色风貌规划具体控制体系

对于花园口这类城市新拓展区的特色风貌规划要有别于传统城市的风貌规划管控体系，要突出"塑造与管控"相结合的控制体系，在城市空间形态上既要引导城市空间展现特色风貌，还要针对风貌特色要素进行控制引导，为此，笔者所在团队基于花园口的城市发展特点提出"风貌展示区＋控制要素体系"相结合的风貌控制体系。

（1）塑造—风貌展示区

为了更好展现花园口的城市、山、水、海、村的特色要素，规划塑造了五类特色风貌展示区域，其中新城风貌展示区重点展示城市空间格局风貌；水乡风貌展示区重点展示四水绕城的辽南水乡风貌；山城风貌展示区重点强调山中能观景、多方位展示城市轮廓；海镇风貌展示区则利用岸线资源，营造城在海湾

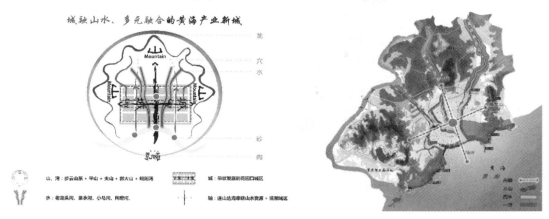

图 25 花园口城市特色风貌空间格局
图片来源：笔者根据项目内容整理

的特色岸线风貌；游村特色风貌展示区重点突出辽南传统民居和景观风貌并针对各城市空间特色片区制定对应的空间引导策略，强化城市地域和文化特色。见图 26。

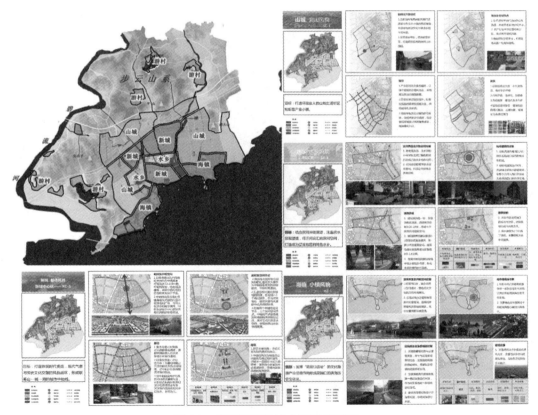

图 26 花园口五类城市风貌展示区
图片来源：笔者根据项目内容整理

（2）管控—要素控制体系

除了塑造花园口的风貌展示分区，规划对相关城市要素进行管控与引导，形成要素管控体系包括界面、景观通廊、街道空间、标志节点四类。

1）界面控制体系

城市的边界是了解城市的第一扇窗，是城市外在形象的最直观体现。因此，本次规划对城市边界划分成滨山界面、滨水界面、过境交通界面等分别进行规划与示意展示，消除城市发展与自然生态的矛盾，共同构建山水特色城市第一印象。滨河界面注重两岸的生态控制，控制开发建设，使用功能以开敞空间、公共绿地为主。滨河建筑风格以新中式、清雅建筑为主，屋顶以青瓦坡屋顶为主，开放景观增加亲水空间等。见图27。

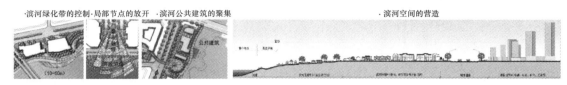

图27　花园口滨河界面控制要素示意

图片来源：笔者根据项目内容整理

2）景观通廊控制体系

廊道方面，通过确定7条主要的城市景观轴线通廊，对花园口进行通廊预留，使市民能充分感受城市。其中，规划强调银杏路景观轴线的预留，银杏路现状北段和南侧滨海区域已经初具规模，建议注重沿街建筑山墙界面的统一协调，在关键节点设置地标建筑、中心景观等，以展现轴线的延伸性。其中，高铁站前区域尚未开发建设，轴线控制可操作性较强，需要对现状部分工业厂房进行控制与改建，强调高铁站的景观轴线通廊。见图28。

图28　花园口滨河核心景观视廊控制要素示意

图片来源：笔者根据项目内容整理

3）街道空间控制体系

将路径要素进行分类，划分为交通性、生活性、景观性三类街道空间，将门户空间、中心区节点、景观桥节点、开敞空间节点串联。在各要素中应树立各具都市和山水特色的空间和小品，通过最直观的表现方式将城市的整体形象和都市品质展现在大众面前。

4）标志节点控制体系

通过建筑和景观的布局，强调花园口的可识别性，构建特色的地标景观体系，结合总规功能布局，从标识建筑、山体制高点、开敞空间、历史遗迹等多个层面出发，提取城市现有景观地标和规划的景观地标，控制重要建筑间的视线联系廊道，构建地标体系，引导重点地区城市设计。

3　特色风貌规划的基本方法探讨

城市特色风貌的主要构成要素包含节点空间、开放空间、高度控制、视觉眺望、观光路线、道路系统、特征风貌区等点、线、面多个层级的规划内容，注重的是城市文化底蕴、民俗、自然风貌等要素的挖掘与塑造，目标是形成特色鲜明的城市风貌空间格局[6]。目前，国内编制城市风貌规划的方法从最初的以城市设计为主体，在空间上对城市格局进行控制引导；到后来的解决现状问题，进行策略式的系统更新；再到现在以系统方法促进城市特色空间的可实施性，随着对特色空间规划的不断深入，其规划方法也不断完善。

基于大连市部分地区的规划管理情况和地域城市风貌研究，并结合国内城市设计新制度和新要求下，城市风貌的编制方法应该遵循以下技术路线：（1）首先，应该注重城市的自然特色要素，包括地形地貌、山水环境等角度挖掘城市空间特色，并重视现有自然资源要素；（2）其次，要注重城市的人文要素特征，将城市结构、空间布局、历史遗迹等特色落实到空间上；（3）再次，要结合人文与自然要素的有序统筹，组织富有特色的城市空间结构，并针对风貌特色控制要素（节点、路径、视廊等）进行引导与建议，来衔接相关规划管控体系；（4）最后，注重特色风貌的展示空间，以空间形态来落实城市特色风貌。

4　结语

随着新型城镇化的逐步发展，城市特色风貌已经成为展现城市风貌、弘扬城市文化、凝聚城市灵魂的有效途径之一。作为城市设计的重要补充与支撑，应加强科学规划引导与设计，创新规划理念，完善城市特色风貌管控体系，优化城市空间环境，保证"城市融入自然"，能够"望得见山、看得见水"。希望本文对大连市部分地区的城市特色风貌规划方法的研究与讨论，能为其他城市特色风貌规划提供参考与借鉴。

参考文献

[1] 杨保军，朱子瑜，蒋朝晖等，城市特色空间刍议 [J]. 城市规划，2013（3）：11-16.

[2] （日）池泽宪著，郝慎钧译，羌苑校. 城市风貌设计 [M]. 北京：中国建筑工业出版社，P76.

[3] 张从如. 香港城市天际线的演变与发展研究 [J]. 广西城镇建设，2015，01.

[4] 谢渝辉. 城市滨水建筑界面与临水空间的视觉联系研究 [D]. 同济大学，2008.

[5] 刘喆. 城市风貌特色构成体系及要素研究 [J]. 城市建设理论研究，2011，16.

[6] 尹潘. 城市风貌规划方法及研究 [M]. 上海：同济大学出版社，2011，2.

深圳坪山中心区片区统筹规划实施探索

戴小平　赖伟胜　许良华　宋学飞 *

【摘　要】城市更新、土地整备是深圳市近几年探索存量用地土地二次开发重要路径和必然选择，为避免开发商"挑肥拣瘦"和城市碎片化发展，提出片区统筹开发思路。坪山中心区规划定位为深圳市城市副中心，规划定位高，现状品质差，与规划高端定位不相匹配，亟需开展土地二次开发建设。通过坪山中心区片区统筹规划实践，探索片区统筹的工作思路、主要内容及创新做法，为其他地区的开发建设提供经验借鉴和案例参考。

【关键词】片区统筹，规划实施，公共配套，坪山中心区

1　引言

受土地资源紧约束的影响，深圳城市建设土地供需矛盾日益突出。城市发展模式已由传统的外延式扩张向内涵式挖潜、土地供应方式由增量供应向存量开发转变[1]。据统计，2012年深圳市存量建设用地供应量首次超过新增土地供应量，标志着深圳正式进入存量开发时代[2]。城市更新、土地整备是深圳探索城市存量用地土地二次开发重要路径和必然选择，市规划国土主管部门陆续制定出台大量规范性和技术性配套政策，有效指导城市更新、土地整备相关工作开展。但在土地二次开发实践中仍存在很多问题，尤其是市场主导的城市更新，先行申报立项的开发商"挑肥拣瘦"、"吃肉剩骨头"，造成土地孤立开发和碎片化发展，不利于整体城市功能的提升、交通的优化和公共配套设施的完善。此背景下，有必要在较大区域范围进行整体谋划，统一规划，发挥规划引领作用，统筹考虑片区环境承载力、人口容量、交通组织、产业发展、公共配套及城市景观等因素，建设宜居、宜业、宜产的和谐城区。本文以深圳市坪山中心区内开展片区统筹规划实践，积极推动上位规划实施，探索片区统筹的工作思路、主要内容及创新做法，为其他地区的开发建设提供经验借鉴和案例参考。

2　坪山中心区概况

2.1　区位及现状

坪山中心区位于深圳市东北部，坪山区中西部，总面积4.68km²。现状近90%土地属于建成区，总建筑面积约256万m²。总体上分为北片区、南片区和站前商务区三个片区（图1），其中北片区以国有已出让用地、行政办公及中心公园用地为主，按规划已基本建成；南片区以原村民集中居住用地为主；站前商

---

* 戴小平（1973-），男，深圳市坪山区规划国土事务中心主任，高级工程师。
　赖伟胜（1967-），男，深圳市坪山区规划国土事务中心副主任，高级工程师。
　许良华（1988-），男，深圳市坪山区规划国土事务中心城市更新研究部部长，工程师、注册房地产估价师。
　宋学飞（1985-），男，深圳市坪山区规划国土事务中心城市更新研究部专业负责人，工程师。

务区现状为集中成片旧工业区为主。

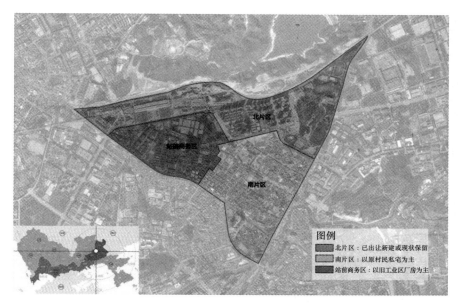

图 1 坪山中心区区位及现状图

2.2 规划及定位

坪山中心区规划定位为深圳五个城市副中心之一，是深圳"东进战略"的重要支点，是深圳市十七个重点开发建设区域之一，同时是深圳市土地管理制度改革综合试点区。在新一轮城市总体规划中定位为深惠东部集合中心，在分区规划中定位为深圳都市圈东部创新与商务中心，为深圳东部提供高端生产、生活、商务办公综合服务。依据坪山中心区法定图则，规划经营性开发建设用地约156ha，主导功能用途以商务办公、居住为主（图2）。规划总建筑量约752万 m^2，其中商业办公总量约321万 m^2，居住功能总量约431万 m^2。

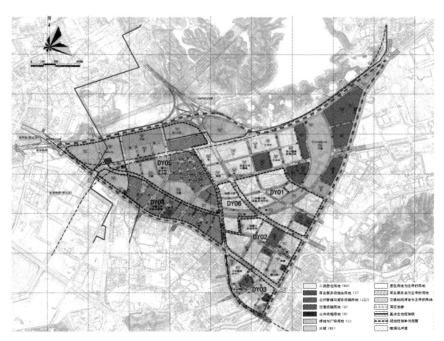

图 2 坪山中心区法定图则

3 规划实施必要性及困境

3.1 规划实施必要性

3.1.1 新时期新形势下必然选择

随着深圳"东进战略"、"强区放权"的深入推进，东部过境、14 及 16 号线等一批重大基础设施布局建设。为紧抓发展战略机遇期及重要窗口期，缩短与其他区差距，实现弯道超车，提出"两城两区三带"城市空间布局和建设"深圳东部中心"战略目标。片区位于中心城区范围内，同时设有厦深铁路深圳坪山站，交通区位优势明显，然而片区现状品质差，亟需通过改造提升片区的形象和品质，增强坪山发展动力和服务能级。

3.1.2 规划高端定位目标落实要求

片区规划定位高，承载使命重大。而现状多为旧居住区或旧工业区，建设品质差，居住舒适度低；公共服务配套不足，城市服务水平低；产业类型低端，环境污染严重；土地分布零散，土地利用效率低。现状与规划定位差距大，亟需开展土地二次开发建设，推动规划的实施，实现规划定位目标。

3.2 规划实施的困境

为改善片区的形象和品质，提升城市功能，增加公共配套和公共绿地空间，亟需推动规划的实施。然而，规划实施面临较多制约和阻力，尤其是中心区现状建成度高、建筑体量大、产权关系复杂，其实施更为困难，实现规划目标和城市愿景 [3] 难度大。通过前期调研及梳理分析，规划实施主要困境有：一是现状为高强度建成区，拆迁安置规模大，计划立项难。现状大部分用地为村镇自发建设，以旧村、旧厂房为主，现状建筑面积约 256 万 m^2，毛容积率约 1.1，按照城市更新模式实施，需征得片区三分之二以上业主同意，项目计划立项难度较大；二是拆除重建区涉及权利主体众多，利益主体协商难。土地建筑物权属复杂，各方权利人利益诉求和实施方式意愿不同，协商难度大；三是规划公共配套用地比例高，经营性用地少，权益和责任统筹难。基于高标准的功能定位，中心区规划了大量行政办公、公园绿地、文体设施等公配用地，占比高达 66.7%，可开发经营性用地仅占 33.3%。片区二次开发权益和拆迁责任统筹难度大；四是公共项目配套比例高，建设资金投资额大，收入支出平衡难。片区规划有文化综合体、会展中心等多个重大公共设施，建设资金基本是政府财政投资，而片区土地出让收入较少，公建配套设施资金平衡难；五是土地二次开发涉及部门多，沟通协调难度大 [4]。城市更新从前期申报、计划立项、规划编制到后期拆迁安置、开发建设涉及部门多，审批周期长。据统计，城市更新项目全周期一般约需 5 ~ 7 年，项目开发建设难度巨大。

4 片区统筹相关理论

4.1 片区统筹的提出

基于城市土地二次开发背景及规划实施困境，提出片区统筹开发思路。以"片区统筹开发一盘棋"全局思维为指导，坚持"公共优先、产业引领、责任共担、利益平衡"的原则，以面向规划实施为导向。在较大规划空间范围内，综合运用政策、规划、土地、产业、空间等政策技术手段，结合片区实际划分两个或多个开发控制单元，制定片区统筹开发规则，明确各方权益和责任，兼顾权益和责任平衡，因地制宜选择相应开发模式实施，推动片区规划落实，实现片区规划目标。

4.2 片区统筹目的及解决的问题

片区统筹规划以完善城市功能、优化空间布局、提升环境品质、补足公共服务设施短板为目标，以规划实施为导向，主要解决的问题：一是片区公共配套不足。片区统筹综合考虑环境承载力、规划人口、城市建设及发展趋势，高标准高规格配足片区公共配套，提升片区公共服务水平；二是产业空间保障问题。产业作为城市重要支撑和不竭动力，片区统筹旨在整合置换大量集中成片土地，为产业集聚布局提供空间保障；三是交通组织不畅问题。片区统筹以更宽视野和更大格局考虑城市交通内外组织，强化对外疏解和内部循环，解决城市交通组织不畅问题；四是大规模公共配套设施建设资金问题。五是推动重大项目的实施。通过片区统筹，整合多种资源，保障重大公共利益项目或重大产业项目实施；六是城市功能结构失衡现象。通过合理布局生产、生活、服务、管理各类用地，形成不同功能分区，避免城市功能结构失衡，建设宜居、宜产、宜业的产城融合新型城区。

4.3 片区统筹的主要内容

存量用地土地二次开发涉及面积广、规模大、问题多，规划实施难度大。为实现片区整体开发，防止先启动项目"挑肥拣瘦"、"吃肉剩骨头"行为，兼顾后期启动项目利益空间，保障项目均可实施。在片区开发之初，依据片区法定规划，结合片区统筹拆迁责任及公共配套设施和市政道路设施建设规模，制定片区统筹开发规则，规范市场开发主体行为，明确各方权益和责任，提出"三大统筹"开发规则，统筹内容主要包括规划统筹、单元利益统筹和开发模式统筹。

（1）规划统筹——坚持规划总量控制、内部调配。通过规划统筹实现空间和指标的腾挪置换，坚持单元规划总量控制，各子单元规划指标内部调配，利用规划刚性和弹性的有机结合[5]，通过指标的空间适当转移，推动规划的实施。

（2）单元利益统筹——通过利益统筹实现权责平衡。结合中心区现状及规划，通过经济测算，明确开发单元拆迁安置责任、公共配套建设责任和经营性用地、规划权益等权责事项，使每一平方米可售面积均承载一定的利益和责任。通过土地贡献率、规划建筑量、拆建比等指标统筹各方责任和权益，实现项目间权责平衡[6]，同时保障项目可实施。

（3）开发模式统筹——通过模式统筹促进土地二次开发。在规划统筹和利益统筹前提下，各单元依据政策可行性，结合用地权属、发展意愿、经济可行性等情况，因地制宜，自由选择开发模式实施。

4.4 片区统筹规划实施路径

4.4.1 开发控制单元划分

依据片区法定规划及相关规划，综合考虑片区自然环境、现状路网、社区边界、建设布局、土地权属、规划功能等情况，以相对规整且边界闭合为原则，合理划分若干开发单元，各开发单元间无缝闭合。开发控制单元划分应考虑以下几方面的因素：

（1）控制单元边界合理性。开发控制单元边界优先考虑片区自然山体、河流、公园等边界，结合片区现状路网、现状建设特征，合理划分控制单元边界。同时要求各控制单元边界闭合，不留死角。

（2）单元利益统筹公平性。土地二次开发核心问题是利益分配的问题，开发控制单元的划分直接关系到社区集体、个人及开发主体的切身利益，遵循社区及相关权益人意愿，优先将同一社区、居民小组划至一个控制单元，便于利益的平衡，同时兼顾各开发单元开发利益和统筹责任的公平性。

（3）开发子单元可实施性。开发控制单元划分要充分考虑合法用地指标、统筹拆迁安置责任及规划权益指标，要初步判断各控制单元开发的开发模式、立项条件、经济可行性及可实施性，保障各子单元均可开发实施。

4.4.2 编制开发统筹方案

开发统筹方案类似于房地产开发项目前期可行性研究报告，通过对项目基本情况进行梳理，剖析片区现状存在的问题，对片区总体把握判断，在此基础上，开展片区控制单元划分、开发模式分析、经济可行性分析、利益统筹分析等深入研究，并提出相应开发策略及建议，为项目顺利实施提供技术支持和决策参考。主要内容包括：

（1）现状情况分析。梳理现状基本情况，包括片区土地面积、用地权属、规划功能；现状用地情况、建设情况；社区发展现状、产业类型、家庭收入；周边自然环境特征等方面。通过梳理分析，剖析现状存在的问题。

（2）统筹方案分析。该部分为开发统筹方案的核心内容，主要包括开发单元划分、开发模式分析、不同开发模式经济可行性分析、单元利益统筹等方面，以上各部分密切联系、相互制约、互为影响，其中单元利益统筹主要通过规划功能、土地贡献率、拆建比、利润率等指标调控各方利益均衡。

（3）开发策略建议。在以上分析的基础上，判断片区开发控制单元划分的合理性；各开发单元政策依据充分性；各单元经济可行性及可实施性；现有法定规划是否满足利益统筹要求；开发建设时序如何安排。提出针对性的对策建议，为片区土地二次开发建设提供技术支持和决策参考。

5 坪山中心区规划实践与实施效果

鉴于坪山中心区北片区以国有已出让、行政办公及公共绿地为主，基本按规划实施，建设已初具规模。因此本文研究范围为中心区南片区和站前商务区，现状为高度建成区域，土地面积约 2.4km²，具体实践及实施效果如下：

5.1 开发模式统筹

依据深圳市现有政策规定，结合片区土地利用现状、开发建设情况、现状路网、小村边界、权利主体边界、合法用地分布、法定规划用地布局等实际，提出城市更新、收地留地土地整备、整村统筹土地整备等多种土地开发模式。以相对规整且边界闭合为原则，片区共划分为 16 个开发单元，其中采用城市更新开发模式共 11 个开发单元，通过收地留地土地整备模式共 3 个开发单元，以整村统筹土地整备模式开发的 2 个开发单元。各开发单元因地制宜、精准施策，自由选择相应开发模式，推动片区土地二次开发建设（图 3）。

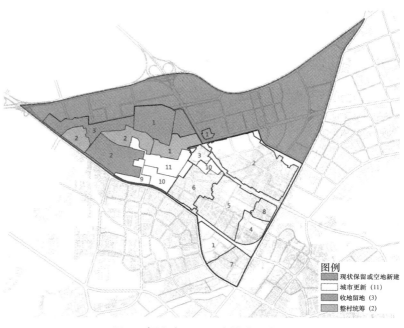

图例
- 现状保留或空地新建
- 城市更新（11）
- 收地留地（3）
- 整村统筹（2）

图 3 坪山中心区开发模式分布图

5.2　开发单元利益统筹

5.2.1　城市更新利益统筹

采用城市更新模式实施的开发单元共 11 个，其中 1～8 单元现状以原村民私宅和临街商业用房为主，规划以居住功能为主；9～11 单元以旧工业区为主，规划以商业办公为主。依据片区现状及规划功能，通过经济测算分析，保障各开发单元均具备一定经济可行性（平均利润水平 15%），通过土地贡献率、规划建筑量、拆建比等指标统筹各方责任和权益，明确开发单元拆迁安置责任、公共配套建设责任和经营性用地、规划权益等权责事项，实现项目间权责平衡。

经统筹，片区开发建设用地共计 89 万 m²（图 4），贡献政府用地约 68 万 m²（图 5），土地贡献率约43%，其中 1～8 单元平均贡献率约 40%，平均拆建比约 1∶2.4；9～11 单元平均贡献率约 60%，平均拆建比约 1∶1.85，详细情况见表 1。

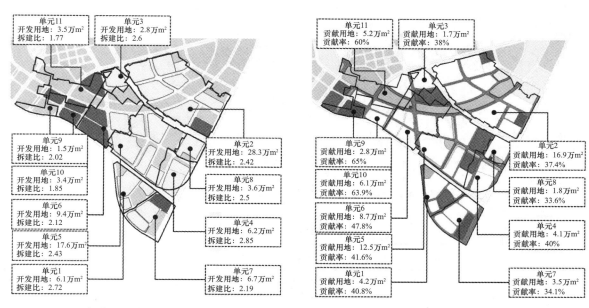

图 4　各单元开发建设用地分布图　　　　　图 5　各单元贡献用地分布图

城市更新开发单元利益统筹表[①]　　　　　　　表 1

类别	单元 1	单元 2	单元 3	单元 4	单元 5	单元 6	单元 7	单元 8	单元 9	单元 10	单元 11	合计（m²）
拆除范围	103087	453215	45262	102803	302435	181289	102797	54238	43402	95176	86521	1570225
开发建设用地	60971	283530	28032	61678	176542	94482	67791	36000	15177	34348	34594	893145
土地贡献率	40.85%	37.44%	38.07%	40.00%	41.63%	47.88%	34.05%	33.63%	65.03%	63.91%	60.02%	43.12%
现状建筑量	117755	615719	53267	113491	381209	203079	191807	81245	45193	111735	117463	2031963
规划建筑量	320500	1492930	138720	323811	926846	429727	420549	203113	91065	206086	207562	4760909
拆建比	2.72	2.42	2.6	2.85	2.43	2.12	2.19	2.50	2.02	1.84	1.77	2.34

5.2.2　收地留地土地整备

收地留地模式主要针对国有已出让用地，基于土地节约集约利用、共享开发的理念提出的政府收回部分土地，剩余部分土地由原用地企业按照法定规划自行开发建设的新土地整备思路。采用该模式实施的共3个开发单元，分布在站前商务区。按照等建筑面积留用的原则，结合现状建设及规划功能情况，以合同约定建筑面积或现状实际面积（现状容积率不足1.0的按1.0计算，不同功能用途建筑相应折算）为依据，参照城市更新拆建比平均标准，根据控制单元规划平均容积率，确定土地使用权的留用地规模。

经统筹，留用开发建设用地共14万 m²（图6），贡献政府用地28万 m²（图7），贡献率达67%，其中1单元留用地5.1万 m²，贡献用地12万 m²，土地贡献率70%；2单元留用地7.4万 m²，贡献用地9.9万 m²，土地贡献率57%；3单元留用地1.6万 m²，贡献用地6.3万 m²，土地贡献率79%，详细情况见表2。

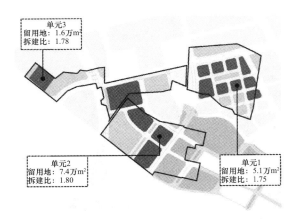

图6　各单元开发建设用地分布图

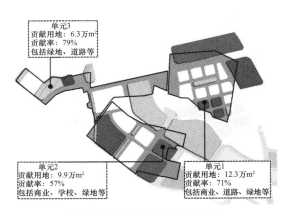

图7　各单元贡献用地分布图

收地留地利益统筹表[②]　　　　　　　　　　　　表2

类别	单元1	单元2	单元3	合计（m²）
土地面积	174962	173647	79690	428299
留用地面积	51044	74550	16391	141985
土地贡献率	70.83%	57.07%	79.43%	66.85%
现状建筑量	174962	248511	55315	478788
规划建筑量	306265	447301	98345	851911
拆建比	1.75	1.80	1.78	1.78

5.2.3　整村统筹土地整备

以整村统筹模式实施的有2个开发单元，现状以原村民私宅和社区集体工业厂房为主。依据利益统筹土地整备政策规定，综合考虑项目范围内未完善征（转）补偿手续用地和原农村集体经济组织继受单位合法用地，综合运用规划、土地、资金等手段，通过拨付土地整备资金、核定留用开发土地、明确留用土地规划要素等方式，实现政府、原农村集体经济组织继受单位及相关权益人多方共赢。

经统筹，留用开发建设用地共8.9万 m²（图8），贡献政府用地13.9万 m²（图9），贡献率达60%，其中1单元留用地3.4万 m²，贡献用地5.8万 m²，土地贡献率63%；2单元留用地5.6万 m²，贡献用地8.1万 m²，土地贡献率59%，详细情况见表3。

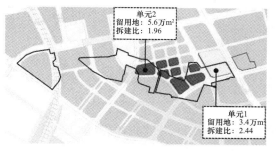

图8 各单元开发建设用地分布图

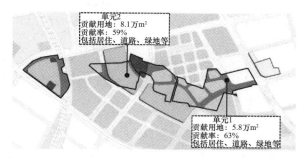

图9 各单元贡献用地分布图

整村统筹利益统筹表③   表3

类别	单元1	单元2	合计（m²）
土地面积	92350	136582	228932
留用地面积	34176	55613	89789
土地贡献率	62.99%	59.28%	60.78%
现状建筑量	72838	170599	243437
规划建筑量	177373	333678	511051
拆建比	2.44	1.96	2.10

5.3 实施效果

5.3.1 出台相关配套政策

在片区土地二次开发实施过程中发现现有政策不能兼顾项目统筹，审批效率低、周期长。为保障项目顺利实施，研究起草了《单元更新项目统筹与计划审批工作规程》和《土地开发模式创新方案》等配套政策，并通过区政府主管部门印发实施，探索"单元统筹"土地整备、适当降低城市更新项目合法用地比例④创新做法获得市政府批准（合法用地比例由60%降为50%），并授权在坪山中心区范围内封闭运行，强化政策统筹，简化报批程序，提高审批效率，为项目快速实施提供了政策支撑。

5.3.2 取得高标准规划所需大量公共项目空间

根据前期统筹，片区土地二次开发总体土地贡献率达50%，统筹贡献土地面积约130万m²，其中，贡献公共绿地37万m²，教育设施用地22万m²，市政道路用地60万m²，经营性用地9万m²，水域用地2万m²。在市场动力相对不足的高度建成区取得了更高比例的公共项目空间。为龙坪路、半月环、学校等市政道路设施和公共服务设施的完善提供了充足的用地空间。

5.3.3 平衡高比例公共配套设施建设资金需求

根据前期统筹，经初步概算，中心区土地二次开发区域内城市更新出让用地、土地整备留用地及贡献经营性用地地价收入约160亿元，市政与公共配套项目建设成本约121亿元。地价收入可基本满足中心区整体市政与公共配套项目建设资金需求，实现中心区内项目开发建设资金自平衡，政府整体效益明显。

5.3.4 土地二次开发项目基本按统筹方案实施

一是城市更新项目实施效果显著。完成六个城市更新项目统筹方案审批，并列入城市更新计划有序实施。二是推动两个项目完成土地整备利益统筹试点计划申报。三是完成三宗国有已出让土地收地留地方案编制，探索了国有已出让用地土地整备试点研究。

6 创新点与展望

6.1 主要创新点

在较大范围的建成区，规划总量既定的条件下，探索制定土地二次开发利益统筹规则，通过市场化手段实施土地二次开发，实现了"政府规划统筹、市场主体实施"。主要创新点有四方面：一是边界闭合，无缝开发。各开发单元无缝对接，避免出现"碎片化"及新的土地历史遗留问题；二是权责平衡，公共优先。通过制定利益统筹规则，平衡各方权益和责任，通过市场化手段保障公共项目用地空间，实现政府、企业及相关权利人多方共赢；三是因地制宜，模式多元。各单元可结合政策可行性、用地权属等情况，自由选择开发模式，综合运用城市更新、土地整备、收地留地等模式推动土地二次开发；四是创新政策，高效审批。研究起草了《计划审批工作规程》、《开发模式创新方案》等配套政策，将项目统筹与计划立项流程有机融合，强化政策统筹，提高审批效率，探索降低城市更新项目立项门槛，创新提出国有已出让土地"收地留地"新型土地整备模式。

6.2 展望

坪山中心区片区统筹规划实践，在市场利益蛋糕"法定规划"既定的情况下[7]，通过制定土地二次开发利益统筹规则，合理划定开发单元，平衡各单元权益和责任，选择合适开发模式实施。从实施效果看，总体上基本按照既定规则、法定规划实施，各单元基本按统筹方案有序开展，取得了较好的实施效果，推动了高标准规划的落实。在较大区域范围内推动规划实施的一次有益探索和尝试，为类似地区规划编制和规划实施提供新的思路。但本文仅为项目前期计划立项、统筹各方权益和责任等方面提供工作思路、技术支持和决策参考，无法保障后期项目间沟通协调、施工建设、经营管理等方面监督工作，需在今后研究中进一步补充完善相关措施。

注释

①、②、③各单元拆除范围、开发建设用地、留用地、土地贡献率及相关规划指标为统筹研究数据，不作为审批依据，最终数据指标以规划国土部门审批为准。

④依据《关于加强和改进城市更新实施工作的暂行措施的通知（深府办〔2016〕38号）》规定，合法用地占拆除范围用地面积的比例不低于60%；依据《坪山中心区土地开发模式创新方案》（深坪委〔2014〕24号）规定，坪山中心区范围内城市更新项目合法用地在50%以上的，经单元利益统筹后，可申报计划立项，该创新政策获市政府同意，并在坪山中心区范围内封闭运行。

参考文献

[1] 邹兵.增量规划向存量规划转型：理论解析与实践应对 [J].城市规划学刊，2015（05）.

[2] 刘芳，张宇，姜仁荣.深圳市存量土地二次开发模式路径比较与选择 [J].规划师，2015（07）：49-54.

[3] 刘蓉.城市规划实施机制的探索与创新——以深圳市近期建设规划年度实施计划为例 [C].南京：2011年中国城市规划年会，2011.

[4] 徐雅莉，岳隽，陈小祥，等．高度建成区发展转型过程中规划实施策略研究——以深圳市蛇口片区为例 [C]. 沈阳：2016 年中国城市规划年会，2016.

[5] 岳隽，戴小平，赖伟胜，等．整村统筹土地整备中规划土地政策互动——基于深圳的研究 [J]. 城市规划，2015（8）：70-79.

[6] 姚早兴，许良华，高宇，等．城市更新片区统筹规划实践——以深圳坪山为例 [C]. 2017 年城市发展与规划论文集 [C]，海口：2017（第十二届）城市发展与规划大会，2017.

[7] 李亚奇，孟静．城市规划区内城乡居民点统筹规划初探 [J]. 小城镇建设，2009（8）：16-20.

资金供给适配视角下我国新型城镇化规划实施路径研究

王　伟　朱　洁*

【摘　要】新型城镇化规划的有效实施需要巨额的资金支持，伴随 PPP 项目数量和累计投资金额不断增加，亟需从宏观角度对资金供给视角下的我国新型城镇化规划实施路径加强指导和规范。本文从区域基础设施的优先供给与 PPP 模式相匹配的角度切入，构建了项目与区域匹配、模式与项目匹配两阶段匹配过程，实现区域内 PPP 模式最优适用的选择匹配框架，并给出 PPP 模式两阶段匹配的一般适用原则。在分析我国东部、中部、西部和东北四大区域的城镇化特征的基础上，依据区域经济发展、生态保护、供给能力和居民需求四大原则，得出区域优先供给的基础设施。通过结合 PPP 模式的一般适用原则和优先供给的基础设施，提出了 PPP 模式区域适用的清单。最后将 PPP 模式区域适用的清单与财政部 PPP 中心项目库数据进行对比分析，得出了 PPP 模式区域适用的优化方向。

【关键词】新型城镇化 PPP 模式基础设施区域适用，优化

　　城镇化的过程是人口、产业不断向城镇集聚，各类基础设施不断完善的过程。2017 年末我国城镇化率已达 58.52%，但目前基础设施存量仅为西欧国家的 38%，北美国家的 23%，要达到 60% 的常住人口城镇化率，投资总需求就超出 40 万亿元，而若以更高质量的新型城镇化为标准，意味着我国城镇化面临更大的资金供需压力。由于经济发展趋缓、土地财政势微、央地财权事权的划分仍存失配，一方面地方政府以有限的财力承担着地方大部分公共产品和服务的供给责任，另一方面地方政府近年来融资平台被堵，存量债务风险巨大，这些成为 PPP 兴起的重要推手。财政部全国 PPP 综合信息平台项目库数据显示，截至 2017 年 3 月末，PPP 入库项目 12287 个，总投资额 14.6 万亿元，规模巨大。但热潮之下 PPP 项目数量过量、结构过偏、速度过快的隐忧提出一组重要的思考命题：当前 PPP 项目是否符合区域城镇化发展的特征？城镇化项目是否和为其所选 PPP 模式相匹配？能否建立一个面向区域城镇化特征的 PPP 模式适用性评价与匹配选择清单，从而对目前 PPP 热进行评价认知并提出优化建议？这些正是本文研究所试图加以解答的。

1　文献回顾

　　当前研究 PPP 模式文献较多，根据本文的研究主题，文献回顾聚焦于 PPP 模式适用性领域。从研究的方法论层面来看，学者们的研究多围绕 PPP 适用的多属性分析方法来进行。Cheung（2001）采用问卷方式的多效用分析，利用问卷的方式获得每种模式的效用值，设计出主客观相结合的模式选择方法。Chan（2001）和 Oyetunji（2006）对 Cheung 的成果进行了发展，提出摇摆赋权多属性评价的项目模式选

　　* 王伟，博士，中央财经大学政府管理学院城市管理系副教授，系主任。
　　朱洁，硕士，中央财经大学政府管理学院硕士研究生。

择方法。陈卉（2006）提出了对城镇垃圾处理产业化融资模式选择的多元属性决策方式，建立了包括社会效益、环境效益、经济效益、政府职责、风险和融资模式特性六个方面 16 个指标的决策指标体系。郭华伦（2008）通过建立指标体系，总结影响 PPP 模式选择的关键因素，结合层次分析法建立了 PPP 模式选择的模型图。

从研究的视角层面来看，学者们的研究多围绕单个 PPP 项目的模式匹配。胡振（2010）以日本案例为研究对象，分析单个 PPP 项目所在领域、收益方式、特许经营期和 VFM（物有所值）四个指标与其模式匹配之间的关系，认为 PPP 模式的适用主要考察这四大指标。杨卫华等（2014）在对 PPP 模式进行详细划分的基础上，建立起基于所有权转移效益、经营权控制程度、公私合作程度的三维框架，从而构建出单个 PPP 项目模式选择的三条路径，并结合公共项目属性给出了每条选择路径的适用条件。尹台玲（2015）在杨卫华等的研究之上，通过对 PPP 模式进行重新分类，结合对 PPP 模式所有权转移、经营权转移以及所需资金保障性的三大特征进行定序定量研究，总结出单个 PPP 项目模式匹配的四条路径。

显然，现有的研究基本只聚焦在了微观的项目层面，而少有研究从宏观角度出发。方法论层面的多属性的决策研究只能给出静态的选择结果，虽然选择路径给出了 PPP 模式的选择思路，但具体操作仍显复杂，而聚焦于单个项目的微观研究也缺乏战略性的视角。因此，微观层面，需要从方法论的角度给出 PPP 模式适用的简便易性的操作方法；宏观层面，需要从思维的角度给出战略层次的研判，即从区域城镇化特征的角度出发，明确该供给哪些基础设施项目和以怎样的顺序供给这些项目，再考虑 PPP 模式的适用。而这正是本文微观结合宏观研究的要义所在。

2 PPP 模式的内涵与分类

PPP 模式的定义并不固定。广义的 PPP 模式是指政府和社会资本通过多种方式合作以提供公共产品和服务，只要有社会资本的参与即可认为是 PPP 模式，而狭义的 PPP 模式更强调社会资本参与项目的运营和管理。

本文认为，PPP 模式是在基础设施和公共服务提供过程中政府与社会资本建立的一种长期合作关系，政府与社会资本分别承担不同的职能，社会资本负责设计、建设、运营和维护的大部分工作，通过使用者付费、政府付费或可行性缺口补助的方式获得合理投资回报，而政府负责基础设施和公共服务的价格和质量监管。其核心要义包含以下几点：首先是合作，即政府与社会资本作为 PPP 项目的共同提供方，一起参与到项目之中；其次是融资，融资责任主要由社会资本承担，能有效减少政府的财政负担；第三是风险共担，政府和社会资本按照自身角色和能承担风险的大小来分担风险，从而加强对整个项目的风险控制；第四是利益共享，视 PPP 模式不同，政府和社会资本分别拥有项目所有权和经营权，共同分享项目收益。

PPP 模式的分类根据标准的不同会存在差异。世界银行综合考虑所有权归属、经营权归属、投融资主体和合同期限的长短等因素，将 PPP 模式分为管理外包、服务外包、租赁、特许经营、BOT/BOO 和剥离六种模式。联合国培训研究院按照狭义的 PPP 定义对 PPP 模式进行分类，认为只是特许经营、BOT、BOO 三类才属于 PPP 模式的范畴。欧盟委员会按照投资关系的不同，将 PPP 模式分为传统承包、一体化开发与经营、合伙开发三大类。我国财政部列举的 PPP 模式包括 O&M、MC、BOT、BOO、TOT 和 ROT 等几种。实际现实中 PPP 模式更为丰富。综合现有 PPP 模式分类研究的各种观点，本文从项目设施所有权角度出发，认为 PPP 模式应该包含外包、特许经营和私有化三大类，三类模式中政府对 PPP 项目的所有权控制程度呈依次递减状态。具体如表 1 所示。

PPP 模式的分类及特点 表 1

PPP 模式			最终所有权	融资主体	设计施工	运营维护	协议期限
类别	模块	细分					
外包	整体外包	管理外包、服务外包	政府	政府	—	社会资本	项目合同期限较短（不超过 15 年）
	模块外包	DB（设计 - 建设）、DBMM（设计 - 建设 - 主要维护）、O&M（运营 - 维护）、DBO（设计 - 建设 - 维护）	政府	政府	社会资本	社会资本	
特许经营	BOT	BLOT（建设 - 租赁 - 运营 - 转让）	政府	社会资本	社会资本	社会资本	项目合同期限一般较长（20 ~ 30 年左右）
		BOOT（建设 - 拥有 - 运营 - 转让）	政府（特许期内社会资本拥有所有权）	社会资本	社会资本	社会资本	
	TOT	PUOT（购买 - 更新 - 运营 - 转让）	政府（移交前社会资本拥有所有权）	社会资本	社会资本	社会资本	
		LUOT（租赁 - 更新 - 运营 - 转让）	政府	社会资本	社会资本	社会资本	
		ROT（改建 - 运营 - 转让）	政府	社会资本	社会资本	社会资本	
	PFI	DBTO（设计 - 建设 - 转让 - 运营）	政府	社会资本	社会资本	社会资本	
		DBFO（设计 - 建设 - 投资 - 运营）	由合同商定	社会资本	社会资本	社会资本	
私有化	完全私有化	PUO（购买 - 更新 - 运营）	社会资本	社会资本	社会资本（付费合同）		通过一定的方式最终将设施的所有权部分或全部转移给社会资本，期限永久
		BOO（建设 - 拥有 - 运营）	社会资本	社会资本	社会资本（特许合同）		
	部分私有化	股权转让	共同拥有	社会资本	—	共同参与	
		合资兴建	共同拥有	共同参与	共同参与	共同参与	

资料来源：笔者整理

3 资金供给 PPP 模式的地域适配原则

PPP 模式的适用实际需要经历一个双重匹配的过程，见图 1。首先，PPP 项目类型要与由区域城镇化特征需求相匹配，即在综合各区域经济发展、生态保护、供给能力和居民需求的基础上考虑哪些基础设施应该优先供给；其次，根据城镇化项目类型要与其采用的资金供给 PPP 模式相匹配，即在综合模式复杂程度、成本受益水平、地方政府能力、区域金融环境风险等因素上确定采用何种 PPP 模式。双重匹配的过程，于政府而言，有助于提升决策科学化的效果，实现 PPP 项目供给和模式选择的科学性，使项目更加适合当时当地的实际情况；于企业而言，有助于其以更加合理的方式参与项目实施，有利于保障企业参与项目的效益最大化，从而真正把公私合作共赢落到实处，对城镇化发展质量提供有力保障。

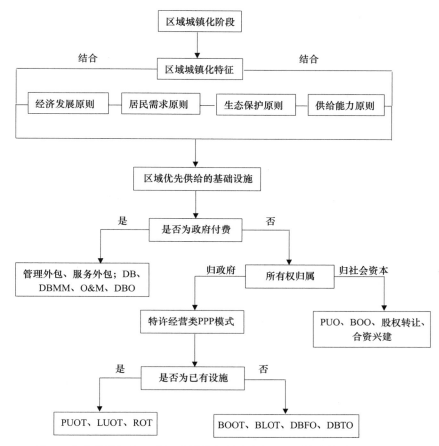

图1 资金供给视角下我国城镇化规划实施与 PPP 模式的地域适配流程

3.1 区域城镇化特征与基础设施项目的第一次匹配

首先是区域城镇化特征的分析。按照传统划分，我国可以分为东部、中部、西部和东北四大区域 ①。不同区域所辖面积不同，经济社会的发展程度各异，区域城镇化特征也不同。可以依据城镇化阶段、城镇化水平、经济结构、城镇空间分布及规模四个角度对区域城镇化特征加以界定。其次是基础设施的优先供给分析。在已界定的区域城镇化特征的基础之上，结合区域经济发展、生态保护、供给能力和居民需求的原则合理确定应该优先供给基础设施。城镇化特征不同，不同区域对于生产性、生活性和社会性基础设施 ②需求的迫切程度自然不同。从区域城镇化特征出发明确其需要优先供给哪些基础设施能化解项目供给的过度化、超前化，最大化项目的利用率，避免资金浪费。见表2。

---

① 东部包括北京、天津、河北、上海、江苏、浙江、福建、山东、广东和海南10个省市；中部指山西、安徽、江西、河南、湖北、湖南6个省；西部包括内蒙古、广西、重庆、四川、贵州、云南、西藏、陕西、甘肃、青海、宁夏、新疆12个省区市；东北包括黑龙江、吉林、辽宁3省。

② 基础设施包含生产性、生活性和社会性基础设施三部分，其中生产性设施指交通运输、能源、邮电通讯、旅游设施、城镇综合开发设施等；生活性设施包括教育、医疗、科学、文化等设施；社会性设施包括市政设施、社会保障设施、生态建设与环境保护设施、农业林业设施等。

我国区域城镇化特征与基础设施的匹配分析　　　　　表2

区域	城镇化特征分析			
	城镇化阶段	城镇化水平	经济结构	城镇空间分布及规模
东部	中期偏后期	城镇化率63.64%，位于全国之首；域内城镇化均衡度不高	第三产业比重全国最高，但仍然有进一步提升的空间	城镇的空间分布相对均衡；大城市数量众多
中部	中期	城镇化率49.05%，位于全国第三；域内城镇化均衡度较高	第一产业比重偏高，第三产业比重偏低	大城市南北分布不均；域内以中小城市为主
西部	中期	城镇化率47.37%，位于全国最末，但增速很快；域内城镇化均衡度极低	第一产业比重过高，第二产业产值高但不发达，第三产业发展滞后	城镇的空间分布密度全国最低，大城市集中分布于川渝；中小城市占比大
东北	中期	城镇化率60.83%，仅次于东部，增速很低，动力不足；域内城镇化均衡度较高	第二产业比重偏高，第三产业发展不充分	城镇的空间分布较为均衡，大城市主要分布于辽黑两省；中小城市占比大

区域	基础设施的优先供给分析			
	经济发展	生态保护	供给能力	居民需求
东部	经济发展方式的进一步转变；提升高技术产业所占比重，推行清洁生产、绿色生产	优化城市生态生活环境，加强城市"三废"治理，发展循环经济	整体较强	高度城镇化、城镇化第二梯队和城镇化第三梯队地区需重点建设的基础设施类型不同
中部	需改变城镇产业承载能力相对较弱，中小城镇第一产业比重仍然偏高，吸纳农业人口的服务业比重偏低的状况	生态环境和卫生状况亟待提升	整体一般	统筹安排综合交通、通信等生产性基础设施建设，全面提升生态、教育、医疗、住房社会性和生活性基础设施水平
西部	进一步城镇化不仅需要深化三大产业结构的调整，更需要依赖第二和第三产业产值结构和从业人员结构的调整	需应对生态本身较为脆弱，在承接东部产业的转移同时，生态破坏和环境污染的状况加剧的难题	整体最弱	不仅要大力加强交通、能源、通信等生产性基础设施的建设，改善投资和发展硬环境，也需要加强生态保护
东北	需应对重工业比重较大、国企转型、第三产业发展不足、资源型城市转型的难题	需应对能源型和化工型企业众多，技术和设备的更新滞后，企业排放不达标的难题	整体一般	重于生产性设施、服务设施、环境保护设施的建设

3.2 资金供给的 PPP 模式与基础设施项目的第二次匹配

外包类 PPP 模式不涉及社会资本出资的问题，无论是整体类外包还是模块式外包，政府与社会资本之间的关系更类似于雇佣关系，不存在复杂的环节，只要结合政府自身的目标，对具体模式的选择就非常容易。私有化类 PPP 模式由于涉及产权的问题，财政部虽然在《政府和社会资本合作模式操作指南（试行）》中列举了 BOO 模式，但考虑到我国的国家性质和绝大部分 PPP 项目设施的公益属性，将设施所有权全部或部分转移给社会资本的模式不会成为 PPP 项目的主流选择。特许经营类 PPP 模式一方面能实现撬动社会资本，另一方面能使政府掌握所有权，是 PPP 项目广泛采用的模式，但涉及的环节更多，更为复杂，对政府的管理水平提出了更高的要求，需要进行合理匹配。见表3。

特许经营类 PPP 模式的适用范围　　　　　　　　　　　　　　　　　　　　　表 3

PPP 模式	适用范围
BOT	只要能够通过使用者付费来获取收入的基础设施或服务项目均可使用
TOT	不存在项目的建设阶段，只针对政府已经拥有、投产并运营的设施，且设施具有"基础性"的特点和具备一定的经营性
PFI	DBTO 模式比较适合建设周期较短的基础设施，通过使用者付费来收回投资。目前对该模式的研究和应用都较少，在国内已有的 PPP 项目中还没有运用的先例 DBFO 模式下的项目的付款方为政府，因此其并不需要强烈的可经营性，可适用项目类型多样

4　区域基础设施供给与资金供给模式适用

4.1　东部地区

4.1.1　东部地区城镇化特征判断

东部地区城镇化水平位于全国领先水平，但从快速发展阶段到相对饱和的 70% 拐点还有一定距离，所以总体进一步城镇化的方向不会变。地区内城镇化均衡度不高，北京、天津、上海均高于 80%[①]，处于高度城镇化的状态，而最低的河北省城镇化率仅为 49.32%，距最高为 89.57% 的上海差距达 40 余个百分点。从经济结构来看，第三产业比重最高，吸纳非城镇人口进入城市就业的能力较强，但仍然有进一步提升的空间。城镇空间分布及规模相对合理，区域内部存在辐射和吸纳能力强的中心城市，北方为北京，东方为上海，南方为深圳和广州；100 万人以上的城市占比 60%，且 400 万人以上的大城市达 8 座，位居全国第一。

4.1.2　东部地区基础设施供给优先性判断

东部地区城镇化的重点不再是通过大量的基础设施建设来助推城市规模，而在于提升城镇化的质量。城镇化的发展要讲科技、讲人文、讲生态、讲环境、讲城市艺术；要致力于发展域内城市圈、城市带，积极打造区域一体化交通、通信网络，使城市成为区域联结的人流、物流、资金流和信息流的中心，成为地区、全国乃至世界的经济重镇。从经济发展的角度，要实现经济发展方式的进一步转变，产业的进一步升级，加大科技投入，提高生产技术水平，提升高技术产业所占比重，推行清洁生产、绿色生产。从生态的角度，要加强城市的生态建设，优化城市生态生活环境，加强城市"三废"治理，发展循环经济，提高城市的宜人性；从居民需求的角度，对北京、天津、上海这样已经高度城镇化的地区，在基础设施建设和公共服务供给上，要聚焦于不同人群需求的满足，重点加强保障性安居工程，教育、医疗和文化等设施建设。而对处于第二梯队，城镇化率已经高于 60% 的福建、江苏、浙江、广东而言，在保证生产性基础设施建设规模的同时，重点也需要逐步转向提升城镇化质量。城镇化率为 50% 上下的山东、海南、河北，城镇化的增量和提质应该并重，尤其需要加强城镇生产性基础设施的建设。

4.2　中部地区

4.2.1　中部地区城镇化特征判断

中部地区城镇化整体水平虽低于全国，但接近 50%，增速位居第三位。域内城镇化均衡度较高，差异较小，最高的湖北与最低的河南之间差距仅 10 个百分点。从经济结构来看，第一产业比重偏高，第三

[①]　除非特别说明，以下城镇化率均由 2014 年中国统计年鉴相关数据计算得出。

产业比重偏低，待转移的农村人口数量庞大，而第三产业的吸纳能力仍然欠缺。从城镇的空间分布来看，400万人口以上的两座城市位置均偏北，南部缺乏辐射能力强的中心城市，但六省市地级以上城市数量分布相对合理，差异较小。从城镇的规模结构来看，以人口低于100万的中小城市为主，占比为55%。

4.2.2 中部地区基础设施供给优先性判断

中部地区城镇化进一步发展的潜力较大，随着工业化进程的推进，产业层次的升级和经济社会的转型，城镇化整体水平还有巨大的提升空间。从经济发展的角度而言，虽然中部地区城镇化潜力很大，并且城镇化比率快速增加，但城镇产业承载能力相对较弱，特别是与就近城镇化相关的中小城镇第一产业比重仍然偏高，吸纳农业人口的服务业比重偏低。此外，从设施需求和生态保护的角度来看，中小城镇普遍基础设施建设薄弱，生态环境和卫生状况亟待提升，与城镇化水平相适应的教育、文化、医疗、商业服务设施较为缺乏，实际表现出一定的"伪城市化"特点，即大量在城镇就业的农民工无法享受到教育、医疗、社保、住房等方面的公共产品和服务。因此，中部的基础设施的建设要适应城镇化进一步发展趋势和人群的需求。统筹安排综合交通、通信等生产性基础设施建设，全面提升生态、教育、医疗、住房社会性和生活性基础设施水平。

4.3 西部地区

4.3.1 西部地区城镇化特征判断

西部地区城镇化水平全国最低，但发展速度很快，14年间年均增速达1.5%，仅次于东部地区，并且与其他各区域的差距正在逐渐拉小。域内城镇化极不均衡，水平最高的重庆与水平最低的西藏差距达33.82个百分点[①]。西部与东部地区发展不均衡的不同在于，其是整体低水平下的不均衡。从经济结构来看，第一产业比重过高，第三产业发展滞后，大量农村待转化为城镇人口，第三产业吸纳就业的能力待增强。虽然第二产业比重是三大产业中最高的，但产值相对有限，意味着第二产业并不发达，工业化水平相对较低。从城镇空间分布和规模来看，拥有地级以上城市数量居全国首位，但考虑到其地域面积，城镇的分布密度仍然是四大地区中最低的。此外，100万人以下的中小城市占比60%，且400万人以上的大城市集中于川渝和关中，意味着西部广大地区并未受到大城市文明的辐射和影响。

4.3.2 西部地区基础设施供给优先性判断

整体发展水平与其他三大区域相比处于落后的状态，虽然其在14年间城镇化水平累计提高了21.05%。但从经济发展的角度而言，西部地区城镇化与工业化相伴滞后发展，进一步城镇化不仅需要深化三大产业结构的调整，更需要依赖第二和第三产业产值结构和从业人员结构的调整。生态方面，西部地区生态本身较为脆弱，在承接东部产业的转移提升工业化水平和城镇化水平的同时，生态破坏和环境污染的状况加剧，这反过来又制约了经济和城镇化的进一步发展。并且，西部地区地形多样，地质条件复杂，长期以来，交通、通信网络等投资硬件建设滞后，成为制约经济发展的硬伤。所以，在基础设施建设方面，西部地区不仅要大力加强交通、能源、通信等生产性基础设施的建设，改善投资和发展硬环境，也需要加强生态保护，不重走先污染后治理，先破坏难修复的老路。

4.4 东北地区

4.4.1 东北地区城镇化特征判断

城镇化水平一直位于全国前列，目前整体城镇化率已超过60%。域内城镇化发展水平较为均衡，且

---

① 2014年重庆城镇化率为59.61%，西藏城镇化率为25.79%。

辽宁一省的城镇化率已接近 70%。但 14 年间城镇化率只增长了 8.43 个百分点，年均增长率只有 0.6%，累计增量和年均增速均远远低于全国其他三个地区，城镇化处于缓慢发展的状态，动力不足。经济结构不均衡，第二产业比重偏高，第三产业发展不充分。得益于得天独厚的地形地质条件和较高的农业机械化水平，东北地区以相对较低的农业人口比重创造了较高的农业产值。从城镇空间分布和规模来看，较为合理，经济体量和地域面积均较大的辽宁和黑龙江的地级以上城市数量占比 76.5%。域内以 100 万人以下的中小城镇为主，占比 73.5%，400 万人口以上的大城市分布于辽宁和黑龙江两省。

4.4.2 东北地区基础设施供给优先性判断

2003 年以来，伴随振兴东北老工业基地的战略的出台，一系列国家政策对东北的城镇化发展形成了良好了助推作用，老工业基地的改造取得了较为明显的效果，未来东北将构筑起"三群一带"[①]的城镇发展格局。但需要正视的是，从经济角度而言，一方面东北地区产业结构中重工业比重较大，加上国企转型难题，第三产业发展不足，经济成分中为农村人口转移到城镇后供其就业的岗位较少，导致整个东北地区人口外流比较严重；另一方面，众多资源型城市面临资源枯竭后的转型问题，资源型产业亟待新的替代产业。资源型城市的棚户区也亟需改造，各种落后的基础设施也需要更新建设。从生态角度而言，由于历史原因，东北地区分布着众多的能源型和化工型企业，由于企业效率不高，资金短缺，技术和设备的更新滞后，导致众多企业排放不达标，城市环境污染较为严重。所以，东北整体高城镇化率的背后透着"半城镇化"的隐忧，为提升城镇化的质量，真正实现东北振兴，在基础设施的建设方面，应该侧重于生产性基础设施、服务设施、环境保护设施的建设。

综合四大区域城镇化的特征，根据经济发展原则、生态保护原则、供给能力原则、居民需求原则、得出各个区域优先供给的基础设施及适用的 PPP 模式清单，见表 4。

区域 PPP 模式适用清单[②]   表 4

区域	基础设施（Ⅰ级）	基础设施（Ⅱ级）	基础设施（Ⅲ级）	PPP 模式
东部	社会性设施	社会保障设施	保障性安居工程、养老设施	DB、BOOT、DBFO
		市政工程	垃圾收集与处理、园林绿化；供水管网、排水和污水处理；防汛、防台风等	服务外包、BOOT、BLOT、LUOT、PUOT、ROT、DBFO
		生态建设与环境保护	河流治理、水循环设施、生态公园建设、生态修复、环境综合整治	服务外包、DB、DBMM、DBO、DBFO
	生活性设施	教育设施	幼儿园、托儿所、小学、初级中学、高级中学、本专科院校、职业学校、培训机构	BOOT、DBFO
		医疗卫生	各类型医院等	BOOT、LUOT、PUOT、ROT、DBFO
		文化体育设施	图书馆、公园、广场、体育场、博物馆、展览馆、科技馆等	BOOT、DBFO
		科技设施	科学研究机构、实验室、科研设备仪器等	DB、BOOT、DBFO
	生产性设施	交通运输设施	航空、铁路、高速公路、港口、地铁	BLOT、BOOT、DBFO
		能源设施	清洁能源设施	DB、BLOT、BOOT、PUOT、LUOT、ROT、DBFO、DBTO

---

① "三群"是在哈大经济走廊上重点建设哈大齐城市群、吉林中部城市群、辽宁中部城市群，"一带"是辽宁沿海经济带。

② 表格中，区域内基础设施按供给的优先顺序自上而下排列。

续表

区域	基础设施 （Ⅰ级）	基础设施 （Ⅱ级）	基础设施 （Ⅲ级）	PPP模式
东部	生产性设施	城镇综合开发	产业新城、村镇开发、产业园、文化园、主题公园	BLOT、BOOT、PUOT、LUOT、ROT、BOO、合资兴建
		旅游设施	游客服务中心、旅游配套设施、民俗文化园、旅游新村、旅游小镇、景区改造	BLOT、BOOT、DBTO、PUO、BOO、股权转让、合资兴建
中部	生产性设施	交通运输设施	航空、铁路、水运、高速公路、普通道路、地铁、轻轨高架、桥梁、轮渡设施等	BOOT、BLOT、DBFO、DFTO
		邮电通信设施	邮政网络、移动互联网设施	DB、DBO、DBMM、DBFO、BOO
		城镇综合开发	产业新城、村镇开发、产业园、文化园、主题公园	BLOT、BOOT、PUOT、LUOT、ROT、BOO、合资兴建
		旅游设施	游客服务中心、旅游配套设施、民俗文化园、旅游新村、旅游小镇、景区改造	BLOT、BOOT、DBTO、PUO、BOO、股权转让、合资兴建
	生活性设施	教育设施	幼儿园、托儿所、小学、初级中学、高级中学、本专科院校、职业学校、培训机构等	BOOT、DBFO
		医疗卫生设施	各类型医院	BOOT、LUOT、PUOT、ROT、DBFO
		文化体育设施	图书馆、公园、广场、体育场、博物馆、展览馆、科技馆等	BOOT、DBFO
	社会性设施	市政工程	污染治理、垃圾收集与处理、园林绿化；防汛设施、城市下水道	服务外包、BOOT、BLOT、LUOT、PUOT、ROT、DBFO
		生态建设与环境保护	河流治理、水循环设施、生态公园建设、生态修复、环境综合整治	服务外包、DB、DBMM、DBO、DBFO
		水利建设	水库、防洪工程、灌溉、沟渠建设、供水引水工程	DB DBMM DBO BLOT BOOT、ROT、DBFO
		农业、林业	农产品交易中心、养殖园、土地整治、植树造林、植物园	BOOT、BLOT、DBFO、DFTO
		社会保障设施	保障性安居工程	BOOT、DBFO
西部	生产性设施	交通运输设施	航空、铁路、水运、高速公路、普通道路、桥梁、隧道、地铁、轻轨高架、公共交通设施、轮渡等	BOOT、BLOT、DBFO、DFTO
		能源设施	能源开发设施	BOOT、BLOT、DBFO、DFTO
		邮电通信设施	邮政、固定电话、移动电话、互联网、广播电视等	DB、DBO、DBMM、DBFO、BOO
		城镇综合开发	产业新城、村镇开发、产业园、文化园、主题公园	BLOT、BOOT、PUOT、LUOT、ROT、BOO、合资兴建
		旅游设施	游客服务中心、旅游配套设施、民俗文化园、旅游新村、旅游小镇、景区改造	BLOT、BOOT、DBTO、PUO、BOO、股权转让、合资兴建

区域	基础设施 （Ⅰ级）	基础设施 （Ⅱ级）	基础设施 （Ⅲ级）	PPP 模式
西部	社会性设施	市政工程	垃圾收集与处理、园林绿化等	服务外包、BOOT、BLOT、LUOT、PUOT、ROT
		生态建设与环境保护设施	河流治理、水循环设施、生态公园建设、生态修复、环境综合整治、防沙化	服务外包、DB、DBMM、DBO、DBFO
		水利建设	水库、防洪工程、灌溉、沟渠建设、供水引水工程	DB DBMM DBO BLOT BOOT、ROT、DBFO
		农业、林业	农产品交易中心、养殖园、土地整治、植树造林、植物园	BOOT、BLOT、DBFO、DFTO
	生活性设施	教育设施	幼儿园、托儿所、小学、初级中学、高级中学、本专科院校、职业学校、培训机构等	BOOT、DBFO
		医疗卫生	各类型医院等	BOOT、LUOT、PUOT、ROT、DBFO
		文化体育设施	图书馆、公园、广场、体育场、博物馆、展览馆、科技馆等	BOOT、DBFO
东北	生产性设施	交通运输设施	航空、铁路、港口、高速公路、普通道路、地铁、轻轨高架、公共交通设施等	BOOT、BLOT、DBFO、DFTO
		城镇综合开发	产业新城、村镇开发、产业园、文化园、主题公园	BLOT、BOOT、PUOT、LUOT、ROT、BOO、合资兴建
		旅游设施	游客服务中心、旅游配套设施、民俗文化园、旅游新村、旅游小镇、景区改造	BLOT、BOOT、DBTO、PUO、BOO、股权转让、合资兴建
	社会性设施	社会保障设施	保障性安居工程、养老设施	BOOT、DBFO
		市政工程	垃圾收集与处理、园林绿化等	服务外包、BOOT、BLOT、LUOT、PUOT、ROT
		生态建设与环境保护设施	河流治理、水循环设施、生态公园建设、生态修复、环境综合整治	服务外包、DB、DBMM、DBO、DBFO
		农业、林业	农产品交易中心、养殖园、土地整治、植树造林、植物园	BOOT、BLOT、DBFO、DFTO
	生活性设施	教育设施	幼儿园、托儿所、小学、初级中学、高级中学、本专科院校、职业学校、培训机构等	BOOT、DBFO
		医疗卫生	各类型医院等	BOOT、LUOT、PUOT、ROT、DBFO
		文化体育设施	图书馆、公园、广场、体育场、博物馆、展览馆、科技馆等	BOOT、DBFO

5 区域资金供给 PPP 模式适配优化建议

以财政部 PPP 中心项目库为例，财政部将 PPP 项目划分为能源、交通运输、水利建设、生态建设和环境保护、市政工程、城镇综合开发、农业、林业、科技、保障性安居工程、旅游、医疗卫生、养老、教育、文化、体育、社会保障、政府基础设施和其他 19 个类别。研究将区域资金供给 PPP 模式适用清单与项目库数据进行对比分析后发现，目前基础设施项目与区域匹配程度需进一步提高，PPP 模式相对单一，还未有效实现模式与项目的最佳匹配。见表5。

区域与基础设施供给匹配的整体情况　　　　　　　　　　　　　　　　表5

区域	理论基础设施的供给（前五）	现实中基础设施的供给（前五）	总体评价	是否需优化
东部	社会保障	市政工程	一般匹配	是
	市政工程	交通设施		
	生态建设与环境保护	城镇综合开发		
	教育设施	生态建设与环境保护		
	医疗卫生设施	教育设施		
中部	交通运输设施	市政工程	一般匹配	是
	邮电通信设施	交通运输		
	城镇综合开发	生态建设与环境保护		
	旅游设施	旅游设施		
	教育设施	城镇综合开发		
西部	交通运输设施	市政工程	较高匹配	是
	能源设施	交通运输		
	邮电通讯设施	旅游设施		
	城镇综合开发	生态建设和环境保护		
	旅游设施	水利建设、城镇综合开发		
东北	交通运输设施	市政工程	较高匹配	是
	城镇综合开发	交通运输		
	旅游设施	城镇综合开发		
	社会保障设施	旅游设施		
	市政工程	保障性安居工程		

资料来源：财政部PPP项目数据库

　　东部地区，适用清单中排序优先的是社会性基础设施，包括社会保障、市政工程、生态建设与环境保护。入库项目数量前五位分别是市政工程、交通运输、城镇综合开发、生态建设与环境保护、教育设施，其中交通运输和城镇综合开发属于生产性设施，社会性设施中只有市政工程及生态建设与环境保护设施，缺乏保障性安居工程和养老设施。说明东部地区社会性基础设施的建设仍然不足。

　　中部地区，适用清单中排序优先的是生产性基础设施，包括交通运输设施、邮电通信设施、城镇综合开发、旅游设施。入库项目数量前五位的项目分别为市政工程、交通运输、生态建设与环境保护、旅游设施、城镇综合开发。说明中部地区基础设施建设与区情的匹配度一般，对于生产性基础设施的建设仍有提升的空间。

　　西部地区，适用清单中排序优先的是生产性基础设施，包括交通运输设施、能源开发设施、邮电通信设施、城镇综合开发、旅游设施。入库项目数量靠前的项目分别为市政工程、交通运输、旅游、生态建设和环境保护、水利建设、城镇综合开发。说明西部地区基础设施建设与区情的匹配度整体较高，正着力于有效利用自身资源禀赋，同时加强生态建设与环境保护，但对于生产性基础设施的建设仍可加大力度。

东北地区，适用清单中排序优先的是生产性基础设施，包括交通运输设施、城镇综合开发、旅游设施，社会性设施中的社会保障设施和市政工程分列第四和第五位。入库项目数量前五位的项目分别为市政工程、交通运输、城镇综合开发、旅游和保障性安居工程。说明东北基础设施建设与区情的匹配度整体较高，但市政工程项目所占比例远超其他项目，项目结构仍需进一步优化。

从 PPP 模式来看，项目库主要用到了 BOO、BOT、管理外包、O&M、ROT、TOT、TOT ＋ BOT、其他等八大类模式，运用 BOT、ROT、TOT、TOT ＋ BOT 模式的项目占为 80% 左右，其中，光 BOT 模式项目占比 70% 左右，这一方面印证了特许经营类 PPP 模式是 PPP 项目的首选，另一方面说明对于具体 PPP 模式选择的针对性仍然不足，典型如在英国已经相对成熟的 DBFO 模式国内很少涉及，一些政府付费或者主要采用可行性缺口补足的项目采用的是 BOT 而不是外包或 DBFO 模式。因此，对于项目适用 PPP 模式的针对性仍需加强。

6 结语

伴随我国城镇化的进一步发展与深化，高质量的城镇化建设需要高质量的资金配套，PPP 模式类型繁多，内涵丰富，但现实中影响因素众多，包括项目本身的属性、政府部门的能力、经验和偏好、社会资本的数量、融资能力、技术能力和管理能力等多个方面，科学高效地选择与匹配决定了项目的成败，也决定了城镇化可持续能力的高低。未来，在城市与区域规划中加强对资金、财政问题的重视与研究势在必行，本文只是从区域基础设施供给的角度提出了一个 PPP 模式适用的初步框架，还需进一步深化完善，与此同时可开展探究省域、市域、县域 PPP 模式适用性评估研究，形成多层次、全方位的城镇化资金支持体系，既是一个具有战略性的关键领域，也是一项迫切的战略性工作。

参考文献

[1] 王灏 . PPP 的定义和分类研究 [J]. 都市快轨交通，2004，05：23–27.

[2] 简迎辉，包敏 . PPP 模式内涵及其选择影响因素研究 [J]. 项目管理技术，2014，12：24–28.

[3] 关书宾，姜承操，霍志辉 . 地方政府融资新模式——PPP 模式 [J]. 金融市场研究，2015，03：37–48.

[4] 崔晨晖 . 基础设施 PPP 建设模式应用研究 [D]. 重庆大学，2011.

[5] 马威 . 我国基础设施采用 PPP 模式的研究与分析 [D]. 财政部财政科学研究所，2014.

[6] 郭华伦 . 基础设施建设 PPP 运行模式选择研究 [D]. 武汉理工大学，2008.

[7] 赵国富，王守清 . 项目融资 BOT 与 PFI 模式的比较 [J]. 建筑经济，2007，05：40–41.

[8] 张启智 . 城市公共基础设施投融资方式的选择与政府职能定位 [J]. 内蒙古师范大学学报（哲学社会科学版），2007，02：104–107.

[9] 严剑峰 . 地方政府重大公共项目投融资模式选择与实施 [J]. 地方财政研究，2014，07：11–15 ＋ 22.

[10] 冯锋，张瑞青 . 公用事业项目融资及其路径选择——基于 BOT、TOT、PPP 模式之比较分析 [J]. 软科学，2005，06：52–55.

[11] 李倩 . 青岛市基础设施供给与城镇化的关系研究 [D]. 青岛大学，2015.

[12] 蒋时节，周俐，景政基. 分类基础设施投资与城市化进程的相关性分析及实证 [J]. 城市发展研究，2009，09：61-64.

[13] 王保乾，李含琳. 如何科学理解基础设施概念 [J]. 甘肃社会科学，2002，02：62-64.

[14] 蒋时节，刘贵文，李世蓉. 基础设施投资与城市化之间的相关性分析 [J]. 城市发展研究，2005，02：72-74.

[15] 蒋时节，周俐，景政基. 分类基础设施投资与城市化进程的相关性分析及实证 [J]. 城市发展研究，2009，09：61-64.

[16] 张光南，周华仙，陈广汉. 中国基础设施投资的最优规模与最优次序——基于 1996-2008 年各省市地区面板数据分析 [J]. 经济评论，2011，04：23-30.

[17] 刘小鲁. 区域性公共品的最优供给：应用中国省际面板数据的分析 [J]. 世界经济，2008，04：86-95.

[18] 张卫东，石大千. 基础设施建设对人口城市化水平的影响 [J]. 城市问题，2015，11：31-37.

[19] 刘生龙，胡鞍钢. 基础设施的外部性在中国的检验：1988—2007[J]. 经济研究，2010，03：4-15.

[20] 王建军，吴志强. 城镇化发展阶段划分 [J]. 地理学报，2009，02：177-188.

[21] 陈彦光，周一星. 城市化 Logistic 过程的阶段划分及其空间解释——对 Northam 曲线的修正与发展 [J]. 经济地理，2005，06：817-822.

[22] 仇保兴. 我国城镇化的特征、动力与规划调控 [J]. 城市发展研究，2003，01：4-10 ＋ 3.

[23] 白志礼，张绪珠，贺本岚. 中国四大经济区域的城镇化发展特征与趋势比较 [J]. 软科学，2009，01：104-108.

[24] 赵常兴. 西部地区城镇化研究 [D]. 西北农林科技大学，2007.

[25] 梁振民. 新型城镇化背景下的东北地区城镇化质量评价研究 [D]. 东北师范大学，2014.

[26] 曹宗平. 西部地区城镇化面临问题及其模式解构 [J]. 改革，2009，01：62-67.

[27] 童静亚. 发达地区市域城镇化发展模式的转型研究 [D]. 南京师范大学，2008.

[28] 王吉勇. 深度城镇化的人本需求与城市供给——对深圳规划变革的思考 [J]. 规划师，2013，04：21-26.

[29] 王沛栋，李文潇. 中部地区提高城镇化质量的路径探析 [J]. 中共郑州市委党校学报，2014，02：78-81.

[30] 胡振. 公私合作项目范式选择研究——以日本案例为研究对象 [J]. 公共管理学报，2010，03：113-121 ＋ 128.

[31] 严盛虎，李宇，毛琦梁，董锁成. 我国城市市政基础设施建设成就、问题与对策 [J]. 城市发展研究，2012，05：28-33.

[32] 齐建国，王红，彭绪庶，刘生龙. 中国经济新常态的内涵和形成机制 [J]. 经济纵横，2015，03：7-17.

[33] 袁建新，郭彩琴. 新型城镇化：内涵、本质及其认识价值——十八大报告解读 [J]. 苏州科技学院学报（社会科学版），2013，03：17-23.

旧住宅加装电梯、旧建筑外立面整治及坡屋顶改造增加建筑面积产权办理等规划管理政策研究——以厦门为例

李晓刚 *

【摘　要】本研究以厦门市为例，针对目前各地在旧城改造中实行的旧住宅加装电梯、旧建筑外立面整治及坡屋顶改造等增加面积后产权办理的问题，结合厦门市相关法律法规及广州市经验，提出了产权办理的相应办法及建议。
【关键词】旧住宅，电梯，整治，产权，研究

1　导言

旧住宅加装电梯、旧建筑外立面整治及坡屋顶改造作为旧城更新改造的有机手段已在各地普遍使用，而因改造相应增加的建筑面积是否应办理产权，办理产权是否应征收土地出让金等问题在地方城市出台的政策中尚属自行探索阶段，也由于这种情形导致产权人进行加装电梯、外立面整治或坡屋顶改造积极性不足，改造进程放缓，因此有必要对因建筑面积增加而产生的产权办理问题进行研究，提出相应办法。

2　旧住宅加装电梯相关法律法规

2.1　物权法相关内容

第七十条　业主对建筑物内的住宅、经营性用房等专有部分享有所有权，对专有部分以外的共有部分享有共有和共同管理的权利。

第七十三条　建筑区划内的道路，属于业主共有，但属于城镇公共道路的除外。建筑区划内的绿地，属于业主共有，但属于城镇公共绿地或者明示属于个人的除外。建筑区划内的其他公共场所、公用设施和物业服务用房，属于业主共有。

解读：旧住宅加装电梯所占用的土地，事实上属于建筑区划内所有业主共有，如需就加装电梯增加面积部分办理产权，需在所有业主同意后，方可将共有土地变更为加装电梯梯号业主专有土地。

2.2　福建省关于城市既有住宅增设电梯的指导意见

增设的电梯产权归该梯号业主共同共有，可按照房屋登记有关规定，由该梯号房屋所有权人共同申

---

　　* 李晓刚（1972–），男，厦门市城市规划设计研究院高级工程师。

请，向房屋登记机构申请记载在房屋登记簿上，不调整各业主的公摊部分面积。

2.3 厦门市建设与管理局关于在老旧住宅加装电梯的若干指导意见

因加装电梯后新增产权面积作为本梯号的全体业主共有，不再调整各分户业主的产权面积；新增容积率部分地价依照有关规定办理。

2.4 厦门市国土资源与房产管理局关于简化老旧住宅加装电梯土地审批手续的意见

鉴于加装电梯的老旧住宅须在原住宅产权红线内，且因加装电梯后新增产权面积作为本梯号的全体业主共有，不再调整各分户业主的产权面积，为简化手续，方便业主，老旧住宅加装电梯不必办理土地审批手续，老旧住宅加装电梯增加建筑面积免收增容地价。

3 旧住宅加装电梯增加面积部分的产权办理问题研究

3.1 旧住宅加装电梯形式分类

旧住宅加装电梯一般采用以下两类形式，一是加装电梯通过连廊与原楼梯转台相连；二是加装电梯通过连廊与居室（客厅、餐厅、卧室、阳台）相连（图1～图3）。两类形式均增加电梯及连廊部分建筑面积（属于该梯号业主共有），图2、图3中出现增加入户门至建筑外墙部分建筑面积（属于二层及以上各户专有）。

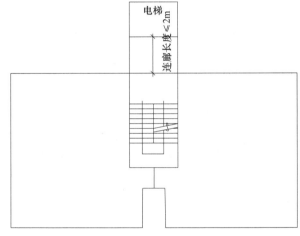

图1 连廊与楼梯转台相连的电梯形式一示意图

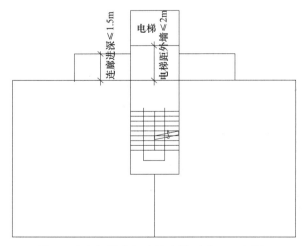

图2 连廊与居室相连的电梯形式二示意图

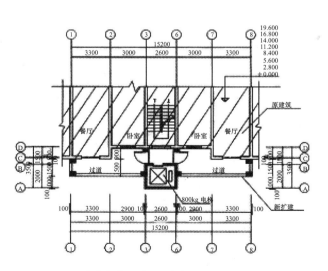

图3 连廊与餐厅相连的电梯形式二示意图

3.2 广州市既有住宅加装电梯产权办理经验

广州市已办理多宗既有住宅加装电梯的产权登记，具体经验如下：

（1）根据《广州市既有住宅加装电梯试行办法》，增设电梯后增加的建筑面积可按公摊面积分摊到各户。其中已购买公有住房由原产权单位出资增设电梯的，增设电梯产权面积需分户分摊的，已购公摊面积的房改房，按分户分成面积给予办理房地产变更登记；未购公摊面积的房改房，按照已购公有住房上市规定，上市交易时一并补交购买公摊面积款。住宅房屋所有权人共同出资增设电梯的，房屋所有权人共同申请就将增设电梯的建筑面积按公摊面积分摊到户的，由房屋产权登记机构按分户分成面积给予办理房地产权登记。住宅房屋所有权人共同出资增设电梯的，住宅房屋所有权人未能就将增设电梯的建筑面积按公摊面积分摊到户共同提出申请的，可按照房屋登记有关规定，由相关房屋所有权人向房屋登记机构申请记载在房屋登记簿上，可不调整各业主的公摊部分面积。

（2）在进行加装电梯增加面积部分房产测绘时，广州市房产测绘业务人员还对现状房产一并进行测绘，以审核原房产证上记载的建筑面积是否无误，这主要是由于加装电梯的既有住宅大多为"房改房"，当时办理产权登记时属于单位代办，存在误差可能。在进行房产测绘中，如发现测量房产面积超出产权证上数据，则需补交土地出让金，而在需要业主补交土地出让金时，广州市部分业主表示不愿继续办理加装电梯增加面积部分产权事项。

（3）广州市对既有住宅加装电梯增加面积部分办理房地产登记时未收取土地出让金，而在房地产上市交易时要求补交土地出让金。

（4）广州市加装电梯增加面积部分数据，依据竣工验收相关证明确定。

（5）在办理加装电梯增加面积部分房产登记时，广州市采取公示无异议的程序，即代表所有业主同意既有住宅加装电梯占用的土地由共有转为加装电梯梯号业主专有。

3.3 厦门市旧住宅加装电梯增加面积部分的产权办理问题及建议

（1）根据《福建省住房建设厅关于城市既有住宅增设电梯的指导意见》及《厦门市建设与管理局关于在老旧住宅加装电梯的若干指导意见》文件精神，加装电梯产权归该梯号业主共同共有，但未明确二层及以上各户增加的专有面积是否归该梯号业主共同共有。

建议：属于该梯号业主共有的增加电梯及连廊部分面积，由该梯号房屋所有权人共同向房屋登记机构申请，作为共有公摊面积记载在房屋登记簿上，同时不再调整各分户业主的公摊部分面积。属于二层及以上各户专有的增加入户门至建筑外墙部分面积，可办理产权登记。

（2）市国土资源与房产管理局已明确，加装电梯增加面积部分免收增容地价，但未明确房地产上市交易时加装电梯增加面积部分需补交土地出让金或免收土地出让金。

建议：因加装电梯而增加的公共部分（包括电梯及相连的连廊）的建筑面积免收增容地价；因加装电梯而增加的二层及以上各户专有部分的建筑面积，借鉴广州市经验，办理房产登记时免收土地出让金，房地产上市交易时需补交土地出让金。

（3）目前厦门市尚未出现申请办理加装电梯增加面积部分产权登记，尚未明确加装电梯占用土地由共有变为专有的程序。

建议：借鉴广州市经验，三分之二业主同意即可进行公示，如公示无异议可视为表示所有业主同意，既有住宅加装电梯占用的土地由共有转为加装电梯梯号业主专有。

3.4 加装电梯增加面积部分的产权办理管理方法

（1）经加装电梯的该梯号业主三分之二同意，并在小区内公示10天，明确加装电梯增加的土地由所有业主共有变为加装电梯梯号业主专有，公示无异议后即可启动加装电梯申请程序。

（2）加装电梯通过连廊与原楼梯转台相连的，连廊长度不大于2m或加装电梯通过连廊与第一个居室（客厅、餐厅、卧室）相连的，电梯与原住宅外墙距离不大于2m，连廊进深不大于1.5m的，免于办理规划审批手续，办理增加面积的产权登记。除以上两种情形外，应到规划管理部门办理审批手续。

（3）因加装电梯而增加的公共部分（包括电梯及相连的连廊）的建筑面积，可由加装电梯的该梯号业主之间进行书面约定，居委会作为第三人，同意加装电梯增加面积作为本梯号全体业主共有，遇房屋拆迁赔偿时增加面积可按照加装电梯出资比例分配或按户分配。加装电梯的该梯号业主共同向房屋登记机构申请，将增加面积部分作为共有公摊面积记载在房屋登记簿上，同时不再调整各分户业主的公摊部分面积。由于省、市指导意见已明确产权证上不调整各业主的公摊部分面积，因此房地产上市交易时加装电梯增加面积部分不需补交土地出让金。

（4）因加装电梯而增加的该梯号二层及以上各户专有部分的建筑面积，可由二层及以上各户业主共同向房屋登记机构申请，将增加面积部分分摊到户，办理房产登记手续。增加面积部分在房产登记时免交土地出让金，待上市交易时按照登记时的市场评估价一并补交土地出让金。

4 旧建筑外立面整治增加面积部分的产权办理问题研究

4.1 旧建筑外立面整治现状概况

（1）旧建筑外立面整治从功能上可分为住宅及非住宅两种；从投资主体上可分为政府投资及房屋所有权人投资两种方式。

（2）厦门市目前住宅旧建筑外立面整治时各业主缺乏动力，均由政府投资进行整治；非住宅旧建筑外立面整治时房屋所有权人积极性不够，一般在房屋所有权人有意愿对工业建筑使用功能临时变更，或房屋所有权人因各种原因需重新申请建设工程规划许可证时（例如茗芳大厦）才主动申请进行旧建筑外立面整治。

（3）厦门市目前旧建筑外立面整治增加面积主要为增加阳台、增加构架造等形式，见图4。

图4 旧住宅外立面改造后效果图

4.2 非住宅旧建筑外立面整治增加面积部分的产权办理管理办法

（1）按照"谁投资、谁受益"的原则，房屋所有权人投资的旧建筑外立面整治，由房屋所有权人向规划部门申请建设工程规划许可证，向国土房管部门申请土地审批手续并申请办理增加面积部分产权登记；同时明确增加面积在产权登记时免交土地出让金，待上市交易时按照登记时的市场评估价一并补交土地出让金。

（2）政府投资的旧建筑外立面整治，由代业主（各区建设局）向规划部门申请建设工程规划许可证，向国土部门申请土地审批手续，并由区建设局与房屋所有权人共同申请办理增加面积部分产权登记；同时由区建设局与房屋所有权人书面约定，增加面积部分在房产交易时收益归区建设局，遇拆迁赔偿时房屋所有权人不得申请增加面积部分赔偿，房屋所有权人使用增加面积部分应向区建设局缴纳相应租金。

（3）政府与房屋所有权人共同投资的旧建筑外立面整治，由房屋所有权人向规划部门申请建设工程规划许可证，向国土部门申请土地审批手续，并由房屋所有权人与政府代业主区建设局共同申请办理增加面积部分产权登记；同时由区建设局与房屋所有权人书面约定，按照出资比例确定增加面积部分产权及收益。

4.3　住宅旧建筑外立面整治增加面积部分的产权办理管理办法

（1）政府投资的公房旧建筑外立面整治，由公房管理部门向规划部门申请建设工程规划许可证，向国土房管部门申请土地审批手续及申请办理增加面积部分产权登记。

（2）政府投资的房改房、商品房旧建筑外立面整治，由代业主（各区建设局）向规划部门申请建设工程规划许可证，向国土部门申请土地审批手续，并由区建设局与房改房、商品房房屋所有权人共同申请办理增加面积部分产权登记；同时由区建设局与房屋所有权人书面约定，增加面积部分在房产交易时收益归区建设局，遇拆迁赔偿时房屋所有权人不得申请增加面积部分赔偿，房屋所有权人使用增加面积部分应向区建设局缴纳相应租金。

（3）按照"谁投资、谁受益"的原则，房改房、商品房房屋所有权人投资的旧建筑外立面整治，由房屋所有权人向规划部门申请建设工程规划许可证，向国土房管部门申请土地审批手续并申请办理增加面积部分产权登记；同时明确增加面积在产权登记时免交土地出让金，待上市交易时按照登记时的市场评估价一并补交土地出让金。

5　坡屋顶改造增加面积部分的产权办理问题研究

5.1　坡屋顶改造现状概况

（1）坡屋顶改造是指在不影响相邻建筑日照，符合规划、消防、建筑结构技术和抗震性能要求等条件下，将住宅楼的平顶屋面改造为坡屋顶，达到改善住宅楼性能和美化建筑物外观的房屋修缮工程，见图5。

（2）坡屋顶改造适用于城市规划区范围内的普通多层住宅，但不适用于高层、私人建房及商业、办公、工业等其他建筑。

（3）坡屋顶改造涉及住宅分为公房及房改房、商品房两种，其中公房坡屋顶改造由政府投资，房改房、商品房坡屋顶改造分为政府投资与房屋所有权人投资两种方式。

5.2　公房坡屋顶改造增加面积部分的产权办理管理方法

（1）公房坡屋顶改造，由公房管理部门作为业主向规划部门申请建设工程规划许可证，向国土房管部门申请土地审批手续并申请办理增加面积部分产权登记。

图5　坡屋顶改造后效果图

（2）增加面积部分的使用空间可继续作为公房住宅、社区公共（服务）设施使用。

5.3 政府投资房改房、商品房坡屋顶改造增加面积部分的产权办理管理方法

（1）房改房、商品房坡屋顶改造增加面积部分，属于整栋楼业主共有，在进行公示无异议后，方可将共有变为专有；由于顶层业主受影响较大，可在约定补偿机制后取得其同意。

（2）各区建设局作为政府代业主，向规划部门申请建设工程规划许可证，向国土部门申请土地审批手续。

（3）在竣工验收合格、结清有关费用后，平改坡工程增加面积由区建设局与房改房、商品房的顶层业主共同申请办理增加面积部分产权登记；同时由区建设局与房屋顶层业主书面约定，增加面积部分在房产交易时收益归区建设局，遇拆迁赔偿时顶层业主不得申请增加面积部分赔偿，顶层业主使用增加面积部分应向区建设局缴纳相应租金。

5.4 房屋所有权人投资房改房、商品房坡屋顶改造增加面积部分的产权办理管理方法

（1）房屋所有权人投资限定在房改房、商品房顶层业主，新增加的面积不得单独转让。

（2）房改房、商品房坡屋顶改造增加面积部分，属于整栋楼业主共有部分，在进行公示无异议后，顶层业主方可将共有变为专有。

（3）顶层业主向规划部门申请建设工程规划许可证，向国土部门申请土地审批手续。

（4）在竣工验收合格、结清有关费用后，平改坡工程增加面积由顶层业主申请办理增加面积部分产权登记；同时明确增加面积在产权登记时免交土地出让金，待上市交易时按照登记时的市场评估价一并补交土地出让金。

参考文献

[1] 福建省住房建设厅.福建省住房建设厅关于城市既有住宅增设电梯的指导意见（闽建房<2010>24号）[R]. 福州：2010.

[2] 厦门市建设与管理局.厦门市建设与管理局关于在老旧住宅加装电梯的若干指导意见（厦建房<2009>122号）[R]. 厦门：2009.

[3] 厦门市国土资源与房产管理局.厦门市国土资源与房产管理局关于简化老旧住宅加装电梯土地审批手续的函（厦国土房函<2009>159号）[R]. 厦门：2009.

[4] 广州市政府办公厅.广州市既有住宅增设电梯试行办法（征求意见稿）[R]. 广州：2012.

全周期视角下上海街道空间更新规划实践与问题思考

陆勇峰 *

【摘 要】随着上海城市发展从以往增量土地的扩张为主转变为当下存量空间的有机更新，城市精细化管理的要求越来越高，城市道路也逐渐从工程主导向更为综合的人性化街道转变。本文结合笔者参与上海静安区"美丽城区"项目实践，并以彭浦镇万荣街坊路更新为例，介绍其街道空间更新具体的规划与实施成效。从规划、建设、管理全周期的视角解析当前街道空间在更新中存在的若干问题，并探讨可能的改善机制和措施建议。

【关键词】全周期，街道空间，更新规划，问题探讨，上海

0 引言

简·雅各布斯在《美国大城市的死与生》中提到："当我们想到一个城市时，首先出现在脑海里的就是街道。街道有生气城市也就有生气，街道沉闷城市也就沉闷。"城市中的街道，既是一座城市交通组织和物质流通的经脉，同时又是人们开展一系列公共活动的重要场所，街道空间是集合了城市中的功能要素、空间要素、文化要素的综合性场所空间。因此街道空间的更新，我们既要满足街道的交通功能性、也要重视街道空间的景观性、更要关注街道的文化与活力。

1 宏观政策指引与项目背景概述

1.1 国家宏观层面的政策指引

2015 年 12 月，中央城市工作会议和 2016 年 2 月《中共中央国务院关于进一步加强城市规划建设管理工作的若干意见》精准把脉了我国城市发展和建设中存在问题，树立了"人民城市为人民"的价值体系，提出了"一个尊重、五个统筹"的城市发展原则，城市工作要做到统筹规划、建设、管理三大环节，提高城市工作的系统性。2017 年 3 月，住房城乡建设部出台《关于加强生态修复城市修补工作的指导意见》，该《意见》提到"倡导修补城市功能，提升环境品质。要求填补城市设施欠账，增加公共空间，改善出行条件，改造老旧小区。加强新城新区、重要街道、城市广场、滨水岸线等重要地区、节点的城市设计，完善夜景照明、街道家具和标识指引，加强广告牌匾设置和城市雕塑建设管理，满足现代城市生活需要。"因此城市街道空间的更新成为提升环境品质和改善出行条件的重要空间载体，同时也是体现创新社会治理和城市精细化管理的重要抓手。

---

* 陆勇峰，男，上海同济城市规划设计研究院二所副总工程师，高级工程师，国家注册城乡规划师。

1.2 上海城市有机更新和精细化管理的新要求

随着上海城市发展从以往增量土地的扩张为主转变为当下存量空间的有机更新，中心城区的改造思路也从以前的"拆、改、留"转变为"留、改、拆"。并先后出台了《上海市城市更新规划实施办法（试行）》（2015年5月）、《上海市城市更新规划土地实施细则（试行）》、《上海市15分钟社区生活圈规划导则（试行）》、《上海街道设计导则》（2016.6）等政策文件和规划技术导则。同时在2017年12月国务院批复的《上海市城市总体规划（2017-2035）》中也明确提出"灵活推进建成社区的有机更新"，"探索建立多方参与的机制"，"构建最广泛的公众参与格局"。2018年1月，上海市政府发布《〈关于加强本市城市管理精细化工作的实施意见〉三年行动计划（2018—2020年）》，明确了"以人为本"的城市管理核心思想，推进"美丽街区、美丽家园、美丽乡村"建设。坚持以人为本，意味着未来的城市管理，将更关注细节，更注重人的感受，致力于满足人民群众对美好生活的期待。笔者所在团队自2016年初至今，持续参与的上海静安区"美丽城区"建设项目，正是基于上海城市有机更新的转型背景和适应城市精细化管理新要求的前瞻预判，开展的一项改善行人出行环境，提升城市街道公共空间品质的更新规划实践。

1.3 静安区美丽城区项目背景概述

2015年10月，国务院批复上海原闸北、静安两区"撤二建一"，设立新的静安区，全区总面积37平方公里，常住人口110万，下辖13个街道办事处和1个镇。十三五期间，静安区为修补城市功能，提升环境品质，推进市容环境建设和管理工作的精细化、制度化、常态化，实现整体提升，于2016年初全面启动"美丽城区"建设，以改善步行环境品质和提升街道活力为目标，从长远考虑规划与设计，有序与分步推进道路、城区以及各街镇辖区内需要改造的支路、步道的更新改造。静安区"美丽城区"建设工作由区绿化和市容管理局总体牵头，各街镇为具体实施和责任主体，整个过程中参与方还包括了规划建筑设计单位、实施代建单位、工程施工单位、沿街住宅小区业主、沿线企业单位、商家店铺经营者。笔者团队作为规划设计机构有幸全程参与其中，并负责承担了静安区彭浦镇辖区内道路两侧的街道空间更新规划实施方案编制及工程阶段的现场施工配合工作。

2 静安区万荣街坊路街道空间更新规划实践

本文结合笔者团队在本次实践中，最先开展设计的万荣街坊路的街道空间更新为例，分别从项目情况与历程简述、基本特征与主要问题、更新策略与实施效果等方面进行介绍。

2.1 基本情况与历程简述

万荣街坊路位于静安区彭浦镇，路段为南北向，长度530m，起于永和路，止于灵石路，街道两侧主要包括万荣新苑、万荣小区、万荣东怡等老旧住宅小区，沿街一层有诸多店铺，是一条典型的生活性街道（图1、图2）。项目从2016年2月启动，经过前期调研、方案设计、意见征询、项目立项、工程建设、竣工验收六个主要环节，于2018年2月完成竣工验收，历时两年时间。尤其在方案设计与工程实施阶段，设计团队与政府、沿街社区居民、商铺业主、工程建设方等，进行了若干轮次的方案讨论与施工现场对接。

图 1　彭浦镇美丽城区建设街道索引图

图 2　万荣街坊路区位图

2.2　基本特征与主要问题

2.2.1　基本特征

万荣街坊路是一条典型的社区生活性街道，具有如下三个特征：

（1）道路等级属性为街坊道路：机动车的穿越性过境交通量并不大，但由于几个老旧小区的主要出入口均设在万荣街坊路上，因此早晚高峰期两侧居民的机动车出行交通流量大，在上海交通大整治之前，机动车占道停车现象明显。

（2）街道空间使用人群的稳定性：假设绘制一张街道人群肖像图的话，每天往来于该街道的人群基本是特定的，包括如下几类人：生活在道路两侧的住宅小区居民，包括老人、孩子、年轻人；菜场里做生意卖菜的摊主；沿街各店铺里的老板或服务员；检查市容环境的相关城管人员、环卫工人；进进出出的快递或送外卖者，该街道的人物肖像可以说是相对稳定的。比如我们设计师去现场调研，显然就是街道上的陌生人。

（3）沿街店铺的业态功能多为日常生活服务型：包括菜场、小型餐饮店、理发店、包子铺、杂货店、五金店、24 小时便利店等，见图 3。

2.2.2　主要问题

（1）街道人行区域，步行空间体验不佳

仅 500m 长的道路，有三种断面类型，从街道断面形式和实际步行体验效果来看，局部路段人行道空间宽度较为局促。2m 多宽的步行宽度还包括了设施带（比如电线杆、非机动车停放区等），同时受到沿街商铺占道经营挤占步行空间，以及四道隔离栏杆的设置，再加上步行区域路面铺装损坏和部分垃圾堆物等现象，整体步行空间质量欠佳。见图 4、图 5。

（2）街道垂直界面，视觉空间效果欠佳

沿街界面主要有三种形式，围墙界面（包括公共设施和住宅小区围墙）、功能界面（沿街底层商业和公服设施）、开敞界面（街头广场），其中围墙界面总占比 55%、功能界面 39%、开敞界面 6%。沿街建筑立面、小区围墙因年久失修，很多墙面、围墙栏杆都已破损，店招牌字体大小不一、色彩差异大、结构破坏甚至有违章搭建，整体缺乏美观性，视觉空间效果欠佳。见图6。

现状概况

江场三路的现状业态以生活服务、餐饮、商铺为主，主要分布在江场三路南北两段。

江场三路南段商街业态比例

类别	数目	比例（%）
生活服务类	6	26.09
商铺	9	39.13
餐饮店	6	26.09
建材店	——	——
中介公司	1	4.35
文化娱乐类	1	4.35
共计	23	100.00

江场三路北段商街业态比例

类别	数目	比例（%）
生活服务类	5	26.32
商铺	7	36.84
餐饮店	5	26.32
建材店	1	5.26
中介公司		
文化娱乐类	1	5.26
共计	19	100.00

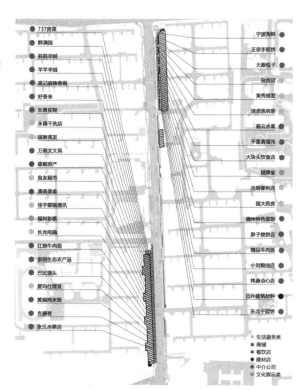

图3　万荣街坊路沿街商铺布点图

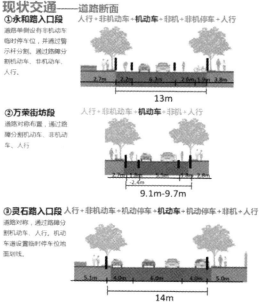

图4　万荣街坊路街道断面形式

图5 万荣街坊路改造前街景

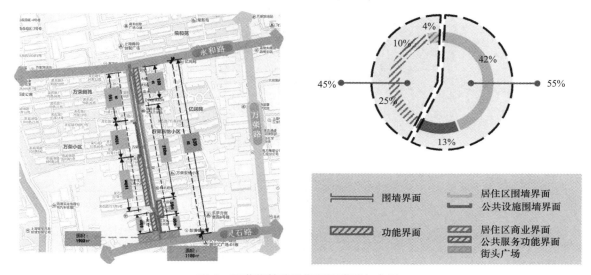

图6 万荣街坊路沿街界面类型与布局

（3）街道空间属性，缺乏地域人文特色

短短的500m街道，两侧串联了三个住宅小区，且都是以万荣命名，分别为万荣小区、万荣新苑、万荣东怡，早年都是配合该地区的城市发展而建设的住宅小区，住户中大部分人也都源自周边地区。万荣街坊路可以说是他们最为重要的公共活动空间和记忆场所，然而现状的街道空间却少有这样可以体现地域人文特色的元素。

2.3 更新策略与实施效果

2.3.1 优化交通空间组织秩序

（1）组织管理：现状车辆违章占道的现象严重，导致通行能力下降。通过合理的停车空间规划以及车辆管理建议等手段，包括周边住区通过美丽家园建设，缓解了停车难问题，同时也部分解决了街道上车辆乱停乱放的问题。

（2）步行优先：街道更新倡导步行优先，通过街道铺装、街道家具、绿化改善，为居民提供人性化的步行空间。

（3）软化隔离：为了解决乱停车的问题，万荣街坊路安装了四道铁栏杆，严重影响了街道景观。通过设计手法，美化栏杆，或者取消部分栏杆。

（4）交口改造：设计中也提出了缩小道路交叉路口的设想，试图通过减缓机动车在转弯处的车速以更好地保护行人，同时减少步行者过斑马线的时间，提供更友好的步行空间（遗憾的是该设想并未最终实现），见图7。

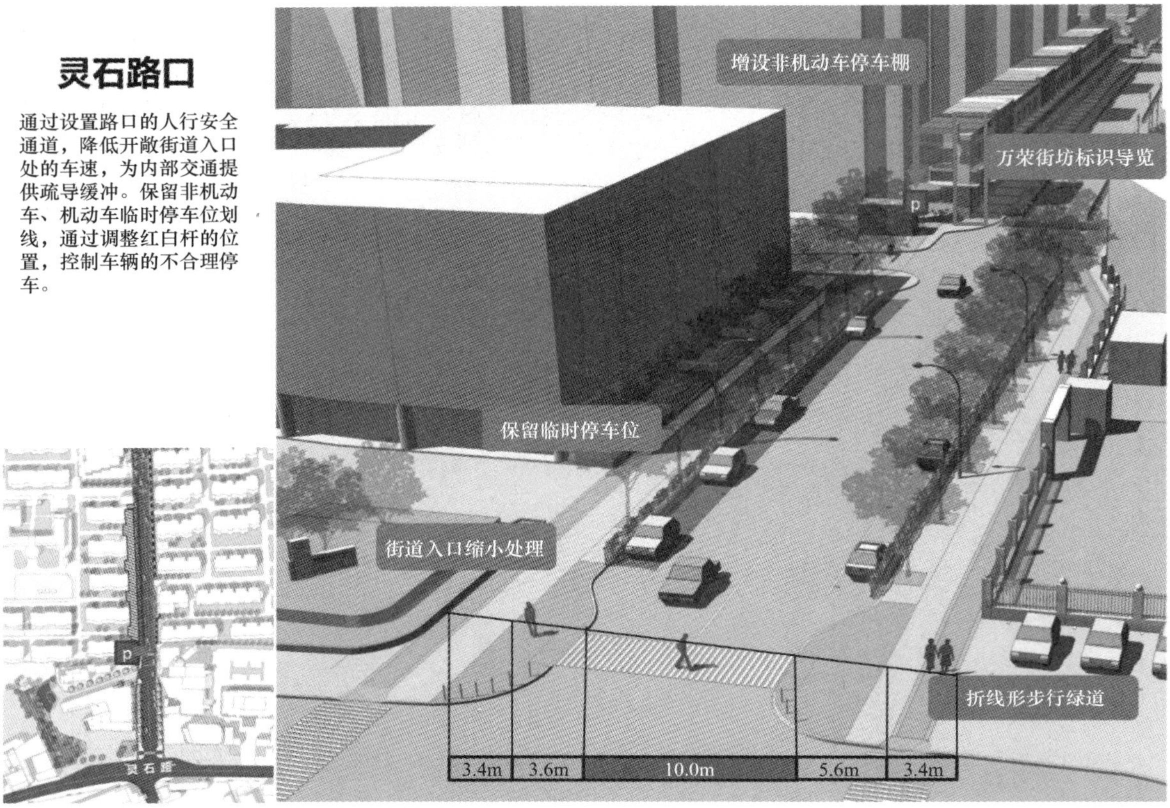

灵石路口

通过设置路口的人行安全通道，降低开敞街道入口处的车速，为内部交通提供疏导缓冲。保留非机动车、机动车临时停车位划线，通过调整红白杆的位置，控制车辆的不合理停车。

增设非机动车停车棚

万荣街坊标识导览

保留临时停车位

街道入口缩小处理

折线形步行绿道

3.4m　3.6m　10.0m　5.6m　3.4m

图7　万荣街坊路与灵石路交叉口改造设计方案

2.3.2　增强步行空间体验品质

（1）显化特色：竖立万荣街道的标识，强化街道居民对自身社区的归属感和自豪感；在街道中设计安全、舒适、有利交流的节点空间和小型休憩设施，促进居民交流，为社区居民和行人提供保护空间和温暖空间。

（2）绿化街道：街道两侧以及局部节点空间绿化零散、稀疏、缺乏设计感及参与性，规划充分挖掘可利用空间，通过增加局部垂直绿化和增强绿化景观性等手法进行绿化节点设计。

（3）丰富空间：沿街两侧绿化和人行道空间单一，空间缺乏变化，针对人行空间采用"变直为曲"等设计手法丰富街道空间，增强步行空间的趣味性，见图8。

2.3.3　改善沿街界面整体形象

（1）比例重构：规整轮廓线，对屋顶轮廓线加强，屋顶进行造型处理：将墙面改造与屋顶美化结合考虑，增设上下一体构件。

（2）秩序强化：对现状建筑墙面进行整理，更换墙面颜色，材质，肌理。通过增加构件，增设抹灰线条等方式，增强连续底商的可读性和多样性。

（3）要素协调：将各类建筑（或设备）要素归类，融入整体立面设计。如统一设置空调外机、店招、雨棚等附加要素的位置、方式或材料等。

（4）空间优化：将墙面改造与檐口美化考虑，增设上下一体化构件，形成人性化的步行遮蔽空间，见图9。

图8 万荣街坊路北段西侧步行空间区改造前后对比（左为改造前、右为改造后）

图9 建筑店招改造前后对比（左为改造前、右为改造后）

3 街道空间更新存在的问题思考

3.1 整体与局部：整体风貌与局部风貌的协调

本次静安区美丽城区建设全区开展，分解到14个街镇，笔者团队重点承担了彭浦镇的这项工作。结合对其他街镇美丽城区开展情况调研和笔者团队工作中的体会，目前各街镇工作主要以每条道路为对象，缺乏以全区和街镇辖区为范围的整体性研究，各街镇在开展更新改造时缺乏系统的指引，包括更新理念、街道色彩、空间风貌、店招店牌形式、围墙风格、公共空间塑造等方面，从而导致了整体性和系统性不足，在改造中过于突出每条道路或局部路段的个性化设计。同时，各街镇之间也缺少上位协调，从而导致辖区交界路段或街道两侧（分属于不同街镇辖区范围）更新改造后的实施效果和景观风貌不协调的现象存在。避免这一现象，一方面需要区层面职能部门制定全区层面的系统性的技术导则研究，用于指导各街镇具体工作开展；同时各街镇也应强化自身辖区范围内街道空间的整体性研究，分级分类明确重点道路、重要路段和节点空间等，制定整体性街道更新中的风貌研究和色彩导则等，用于协调和指引各条道路开展详细的更新改造设计。

3.2　理念与现实：设计理念与落地实践的博弈

在项目设计到实施过程中，存在着设计理念与落地实践的博弈。比如在本项目的开展过程中，正值《上海街道设计导则》（2016）发布，其中不乏很好的理念指引，因此我们团队也希望在本项目中进行一些积极主动的探索与尝试。比如在万荣街坊路与灵石路交叉口，我们提出了缩小道路交叉口，试图通过减缓机动车在转弯处的车速以更好的保护行人，同时减少步行者过斑马线的时间。但是在最后的工程实施中，由于诸多因素并未实现这一设计初衷。上述导则中很多先进的诸如绿色街道、活力街道、智慧街道等理念，在现阶段的实施操作中会面临不少的障碍和阻力，包括价值导向转变、现行规范约束、体制机制限制等。

3.3　形象与功能：沿街形象与功能业态的协调

在整个过程中，政府部门、设计师对街道空间整体形象提升的意愿都特别强烈，也经常用国内外优秀的街道作为对标案例。比如现状很多沿街零售型商铺和五金店铺、家具批发等基本都采用卷帘门的形式，白天卷起来、夜晚拉下来并被贴满小广告；假设我们把实墙变为橱窗、卷帘门改成玻璃门，但是业态未能及时调整，店内凌乱的货物一览无遗，似乎也并非是理想的视觉效果。同时沿街小型商铺的业态受经营状况和市场影响较大，店牌店招改头换面呈常态化现象，事实上很多道路不能刻意追求像杨浦区大学路那样的空间效果，因为外在形式要服从于基本的业态功能。

3.4　垂直与水平：垂直界面与步行空间的权衡

在整个美丽城区建设中，个人感受比较深刻的是，似乎政府部门对沿街垂直界面的关注度要更高，包括了建筑店招店牌的改造、街道围墙的改造等。这些垂直界面的改造对街道空间整体形象的提升可以说是非常显著的，也是易于被路人感知的。但是个人认为，街道空间更新更应关注地面水平空间部分，比如基于步行优先的道路断面改良、人行道步行空间体验的优化、建筑外摆空间与公共活动的结合、街角口袋公园的设计等，因为这些区域或场所是与人的步行行为和公共活动更为紧密，也更能回归以人为本的街道本质和街道活力。

3.5　设计与施工：设计变更与现场施工的协作

"美丽城区"建设是存量街道空间的更新改造，因此在工程实施环节存在着诸多的不确定因素，实施中的设计变更已成为常态。以店招改造为例，比如最初的设计方案基于现状开展，然而事实上很多隐藏在店招背后的结构之前是不确定的，等拆除完后才会发现新的问题，导致原有设计不能完全满足工程改造要求，必须及时变更设计，甚至要求设计师和施工方在现场第一时间共同商定解决方案。为了应对此类问题，笔者团队快速响应，成立了专门的设计工作组，并每周派驻设计师驻镇或现场办公，以满足和提高设计与施工间的现场协作效率。

3.6　分工与合作：多元分工与有效合作的关系

由于街道更新是一项实施工程，规划、建设、管理整个周期涉及多级政府、多个部门、施工方、沿街企业和商铺业主、社区居民、设计团队等，在实施环节的协调工作变得尤为重要，很多方案设计阶段没有暴露的问题或矛盾在实施阶段都会重新暴露出来。比如针对部分重要景观节点改造，由于施工单位缺少主动沟通意识，在未充分理解设计意图或未征得设计师同意的情形下擅自变更原设计方案并匆忙施工，导致改造效果不佳，反而导致重新返工现象。因此在具体实施环节，参与多方既要有合理分工更需要建立良好顺畅的沟通合作机制，从而提高实施成效。

3.7 政府与公众：政府主导与公众参与的问题

笔者团队在静安区彭浦镇同步开展的一系列老旧住区美丽家园社区更新中，通过社区规划引导公众参与取得了很好的效果，一个重要的原因是小区内部更新改造有明确的利益主体，小区居民人人关心，因此公众参与度高。但是回到街道空间的更新改造，我们需不需要倡导公众参与？需要怎样的公众参与？如何提高人们对街道更新的参与意识？这些问题都值得我们研究和深思。城市街道作为城市重要的公共空间，政府部门作为主体依靠公共财政进行更新改造也是理所应当，关键是在整个过程中如何引导街道沿线社区居民、商铺业主改变固有的思维，积极主动的参与到街道更新，从而关心街道空间，慢慢培育并形成一种参与式、渐进式、可持续的自治共治的更新机制。

3.8 需求与供给：改造需求与设计供给的困境

随着城市更新工作和精细化管理的深入推进，存量街道空间更新改造的现实需求将越来越多，然而由于此项工作对设计团队的综合性要求较高，往往包括了规划、建筑、景观、工程等专业人员，驻场服务和现场协调、设计变更的时间和人力成本较高，因此很多规划建筑设计机构参与此类项目的意愿并不强烈或是不愿意持续性参与，从而出现了少量的设计团队难以应付大量的实际需求这一现实困境。改变这一局面，一方面需要建立相关配套政策予以保障设计经费，另一方面设计机构也应转变理念和思维，逐渐从增量转向存量，并鼓励和培养一批对街道空间等微更新设计富有热情的设计师，并在内部建立激励机制。

3.9 多元与协同：多元管理与协同共治的机制

城市街道空间在后期管理和维护中，往往分属于不同的部门或单位负责管理，比如商家店铺占道经营由城管负责，交通及道路断面改造由建、交委负责，店招店牌、街头绿化由市容绿化部门负责，虽然条线划分清楚便于精细化管理，但缺少整体协作，难免存在一些问题。比如在某些街道更新中，大家都认可街道两侧局部增设垂直绿化，但这个绿化建成后，谁来负责后续的长期维护与保养？又比如，局部重点路段，增设夜间景观照明，电费谁出？后续谁来负责维修维护？从现在的多元管理如何有效过渡到协同共治，打破政府部门固有的条线格局，从而形成持续的长效机制，也是街道更新和管理续维护中面临的重要问题。

4 结语

截至本文撰稿，笔者团队参与的静安区彭浦镇美丽城区项目，很多路段正在施工建设中，部分已建成路段相比改造之前，有效提升了街道空间品质，改善了步行空间的体验环境，提升了城市公共空间的形象，也获得了街道沿线企业单位、商铺业主和社区居民的一致认可。但是正如前文所述，存量的街道空间更新依然面临着诸多的理念、机制、政策等方面的现实问题，如何建立"规划、建设、管理"全周期的良性更新机制，如何从政府主导的工程改造慢慢演变为可持续的街道空间更新，并形成政府、市场、社会多元参与、渐进式的共治模式，从而推进城市有机更新和精细化管理，需要在不断的实践中去总结和创新。

致谢：此文撰写主要基于本人及所在团队的规划实践和阶段性工作思考，在此对上海同济城市规划设计研究院二所"上海静安区彭浦镇美丽城区"项目组成员的支持表示感谢！

参考文献

[1] 简·雅各布斯著，金衡山译 . 美国大城市的死与生 [M]. 南京：凤凰出版传媒集团译林出版社 .

[2] 中共中央国务院关于进一步加强城市规划建设管理工作的若干意见 [R] . 2016 .

[3] 关于加强生态修复城市修补工作的指导意见 [R] . 2017.

[4] 上海市城市总体规划（2017–2035）[R] . 2018.

[5] 中共上海市委关于进一步创新社会治理加强基层建设的意见 [R] . 沪委 [2014]14 号 .

[6] 上海静安区彭浦镇万荣街坊路街道空间更新规划 [R] . 上海同济城市规划设计研究院，2016. 5.

台湾瑠公圳的"前世今生"引发的规划反思

谢 沁*

【摘 要】瑠公圳是台湾地区历史上十分重要的水利工程，在其灌溉功能消退与城市建设洪流的挤压中，被改造为排水道并加盖以获得更多的建设用地。随着全民历史观、生态观的认识深入，以及对城市景观塑造的日益重视，瑠公圳重建计划被提上日程。然而，有一批生存在瑠公圳上的人们，却对这个全民欢呼的重建计划不甚欢迎。本文试图从成功实施和阻碍实施两个角度，对瑠公圳这类生态修复、景观重塑的规划进行反思，并探索推进规划实施的方法途径。

【关键词】生态，修复，规划，景观

1 瑠公圳历史概述

1736年，由漳州移居到台湾的郭锡瑠定居在台北市松山中仑一带，从事兴雅庄的开垦工作。当时兴雅庄附近的农田，都是依靠柴头埤（现在的信义计划区靠山边一带）的储水灌溉，但是由于污泥的淤积，所以柴头埤的水量逐年减少，只能灌溉一小部分的农田。

郭锡瑠先生眼看着一大片的土地，因为缺水而无法种植水稻，觉得非常可惜。他根据早年在彰化的开发经验，认为唯有水圳①的开发，才能帮助这些缺水的旱田变为水源丰沛的良田，便决心寻找新的水源，开发水圳，灌溉农田。

他沿着新店溪溯溪而上，经过一番比选，最终选择在新店溪上游的青潭溪附近开凿水圳，途经大坪林、景美等地区直达台北市。这段工程历经郭家父子两代，费时近30年才正式完工。圳渠全部完成之后，分为两条，一条自新店溪上游入口处转支流青潭溪，流至大坪林的部分被称为"大坪林圳"，而由碧潭入口经景美至台北的部分称为"下埤大圳"，见图1。人们为了感念郭锡瑠父子建圳造福乡民的功德，就把下埤大圳称为"瑠公圳"。

随着都市扩张及农地消失，水圳原有的灌溉功能被获取建设用地的强烈意愿所征服，瑠公圳被改造成排水下水道，大部分区段被加盖作为停车、道路等公共建设或作私人建设用地使用。同时，作为水源的新店溪因沿岸采砂石严重，河床降低，水位下降，只能经由1946年兴建的抽水厂帮助取水。至此，水系穿城的城市肌理与空间场所记忆不复存在。见图2～图4。

---

* 谢沁（1987–），女，天津市城市规划设计研究院规划师。
① 水圳是人工修建的用来灌溉农田的水利体系，也兼有泄洪的功能。

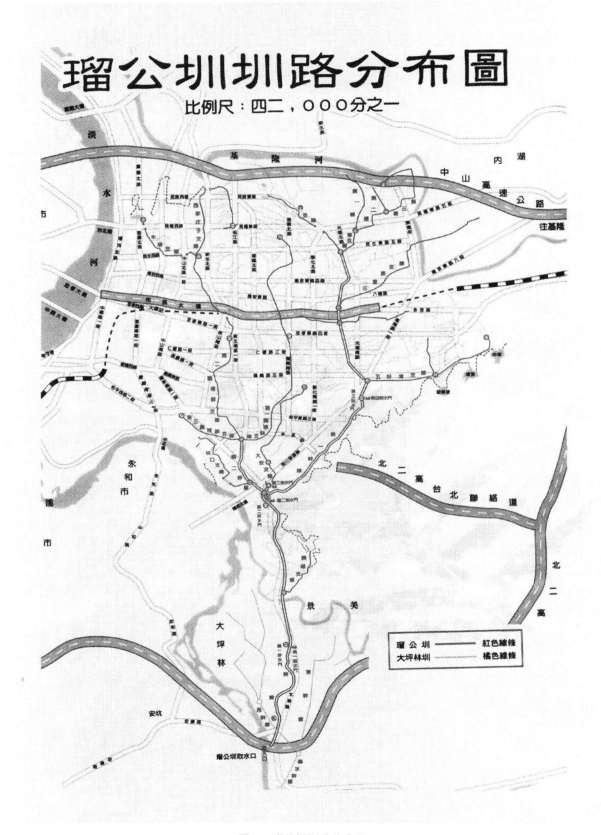

图1 瑠公圳圳路分布图

图 2 瑠公圳旧景

图 3 瑠公圳保留圳道

图 4 瑠公圳源头抽水厂

2 瑠公圳重建计划

瑠公圳重建计划作为台湾都市更新计划中的一个分支，代表的是对都市基础设施建设的重塑。瑠公圳作为台湾历史悠久的重要水利工程之一，曾经的城市基础设施功能消失，取而代之可能发挥的是生态景观功能。在首尔清溪川城市景观改造案例的触动下，中国台北市启动了搬迁住户、恢复圳道、美化景观的瑠公圳复原计划。具体来说，瑠公圳复原计划不仅要重新打通瑠公圳旧时水道，同时要结合生态景观，重新打造瑠公圳沿线的城市风貌，将瑠公圳的旧时水利功能转化为城市生态景观功能，同时借助生态池、循环水利用等生态技术手段，让瑠公圳在新时代发挥新的作用。

3 实施与"阻碍"

缅怀先人智慧、重塑昔日风景的瑠公圳复原计划在实际的规划实施过程中并不是一帆风顺，更确切地说应该是阻碍重重。即使是在高校和生态公园的区段改造得到了广泛的支持，但在实施建设过程中还是会因为各种各样的困难而搁置、再重启。甚至在遇到一些历史上已经形成的聚落地区，受到了群体性的强烈抗争。

3.1 实施

3.1.1 台湾大学区段

瑠公圳的第一干线之大安支线流经台湾大学内的农场、生态池、舟山路、小椰林道及醉月湖，在台大建设发展的过程中，因为校园用地的整治、扩建等原因，校内的圳道被陆续填平或加盖。2001 年，台大校务会议就通过了"瑠公圳台大段亲水空间复育计划"，该计划路线以旧时圳道为主，南端为农学院实验农场，经舟山路、振兴草坪、小椰林东缘、思亮馆前、转数学馆前，到达醉月湖，全长 1.8km，但之后却因水源不足而暂停了该计划。

2014 年，台大瑠公圳复原计划重启，针对水源取得方式评估可行方案，确定将由台北自来水事业处提供每日 200t 新店溪的原水作为复育瑠公圳使用。此计划分阶段实施，总经费约 1 亿元，除了瑠公农田水利会的资金支持，还将向外界以及校友募款，见图 5。

图 5　台湾大学校内瑠公圳复原区段平面示意图及实景照片

3.1.2　大安森林公园区段

瑠公圳复原计划在大安森林公园区段衍生为另一个计划，即"大湾生态草圳计划"。它是以瑠公圳水路为基础，打造一条新形态的城市生态亲水廊道，以唤醒市民对过去圳路良田的回忆，并营造城市生态公园亲水湿地环境。"大湾生态草圳"不仅是要传递生态的作用、进行生态上的复育，更重要的意义是利用草圳来重现瑠公圳与社区以及城市生活形态的关系。瑠公圳的过去是服务于农业社会，对于现代发展社会，水圳也可以发挥防洪、热岛效应、承载城市休闲生活等作用。因此，"大湾生态草圳计划"最重要的使命就是唤醒居民的认同感，重新体现水圳对生命、生活文化的重要地位。

在大安森林公园内将规划储水池、净水湿地公园、水上飞轮健身绿廊、水资源解说广场、生态草圳等，同时在水圳上的每个节点设置储水器，大约可收集 50t 雨水，使得森林公园内的生态池面积慢慢扩大，培养出更多的生态多样性，成为生态示范场，见图 6。

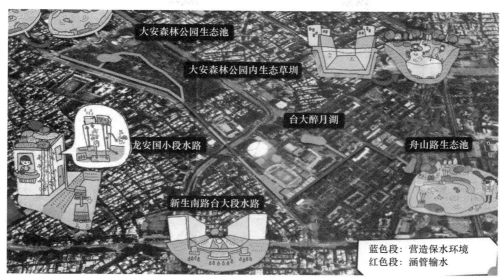

图6 与大安森林公园相连接的水圳形式

3.2 阻碍

眷村，是台湾地区一种独特的聚居形态，并不是真正的村子，而是台湾当局在特殊的历史条件下给军人家属安排的居住地。根据是否列归国民党军，可以分为列管眷村和非列管眷村两类，其中列管眷村500多座，包含非列管眷村则共有800多座。列管眷村与非列管眷村的一个重要区别就在于能否分到眷村的住宅。当时当局只能给1/5的军人提供一人一户的住房，其余的军人就只能利用营区周边尚未开发的用地进行自住房的自主建设，但当时的台湾当局对这所谓的"违法"建设却采取模糊的态度，甚至还派出军队车辆帮助军人及家属建设住房。然而随着城市的发展，这些曾经合理的住宅变成了现在不合法的"违章建设"。瑠公圳沿线曾经的农田就成为非列管眷村军人及家属的重要安置地之一，在这场更新整治非列管眷村"家园"的计划中，他们竟成了最大的"阻碍"。

位于瑠公圳源头的新店区力行路段有一个"非列管眷村"，它在特殊的历史背景下出现在这里，并没有任何立法的保障，现在却因为瑠公圳复原计划中需要征收瑠公圳沿线的土地来建造公共设施，使得部分民宅被认定为违章建筑，房屋将被拆除，而在没有任何安置措施下居民被迫迁出，这无疑是对非列管眷村的重大伤害，同时也将对台湾历史及社会发展过程中的人文价值造成沉重的打击。因此，"非列管眷村"开始出现群体性抗争瑠公圳复原计划的现象。

4 反思

从瑠公圳复原计划的规划实施来看，不同区域的实施程度可能截然相反。高校内对瑠公圳的复原一直怀抱支持的态度，这主要取决于高校师生对生态恢复的基本认知是一致的，而且瑠公圳的复原也不会触及高校群体的根本利益，反倒是与高校教育中的示范性、实验性、科技性相一致，因而，在台大解决了水源问题之后，校内对于瑠公圳复原的计划不仅顺利通过，还争取到诸多资金，在实际的规划实施过程中还能结合本校已有的水系空间，实现以水圳连接现有水体，达成自然、环保、生态、绿色校园的建设目标。与高校的情况不尽相同的是大安森林公园区段内的大湾生态草圳计划，它基本是在城市现状生态用地的范围内进行改造提升，不存在用地产权、用地功能的变更，因而并不触及社会某个体或某群体的利益，像这种公共绿地，在不改变用地属性的情况下，只要政府能够筹集资金、主导实施，基本不存在困难或争端。

然而，新店区力行路段"非列管眷村"却是一种特例，即使它从用地产权上来说不甚合法，但由于它曾经的"违法"出现被默认，甚至是支持，现在却因"违法"被驱逐，无论从逻辑角度还是人性角度，都让居民难以接受，所以才会出现群体性抗争瑠公圳复原计划的现象。同时，通过以沿线房地产开发来反哺瑠公圳复原和环境整治的做法，虽然在一定程度上确保了规划实施的资金持续供应，却也带来了一些社会问题。列管眷村由于具备合法手续，能够进行正常的拆迁安置，在基本生活得到保障的同时能够在安置地显著改善居住条件，但非列管眷村却因为历史遗留原因造成的不合法，面临无保障的拆迁和驱逐，直接加深了社会的两极分化。

很多台湾规划师对此都持有明确的立场和态度，他们认为"非列管眷村"在整个台湾历史及社会发展的过程中具有十分重要的人文价值，由于他们长期生活在这片土地上，与瑠公圳共存的非列管眷村已经成为一种重要的文化地景①，如果现在只是简单、粗暴地收回他们的居所，毁灭非列管眷村的生存痕迹，将会在台湾的历史发展中抹掉一段重要的文化。

然而，如何在改善生态环境和保护历史文化两者间取得一个平衡点，如何将以传承历史、改善公共环境为出发点的规划真正推向实施，都应该引起城市管理者和规划师的共同深思。

5 探索与尝试

针对新店区力行路段"非列管眷村"群体抗争瑠公圳复原计划的现象，台湾大学城乡研究所的师生们尝试调解住户与城市管理者的争端，积极探索继续推进规划实施的方案。他们联合 NGO 组织共同推动瑠公家园的空间变革研究，终于获得了新北市长的认可，决定暂缓拆违工程，以保留主建筑物、清理门面为主，让建筑物的评估具备了更大的弹性。虽然拆掉了附属设施吊脚楼的部分，但保留了居住的空间，使得多数居民能够原地安置，让瑠公家园能够以不同的面貌在此与瑠公圳共存。

笔者认为，针对特例地区，是否可以"特事特办"，尝试一种与其他地区不同的更新方式来推进原本的城市更新计划。比如，将非列管眷村当作一个文化记忆进行经营和传承，烘托出历史和区位的特殊性，成为展现瑠公圳承载多元族群生活场所的窗口，继续发扬眷村传统但更充满温情的居民社交模式，如各家搬出家里的椅子放在公共走道上，就形成了一个共享"客厅"，类似这样的生活方式值得整个社会去记忆、保存、学习和参与。相对于现代城市独门独户的疏离感，眷村的亲和力和居民间紧密的互动，将成为一个重要的社会交流教室，让大家重温甚至是学习往日邻里交往的习惯。此外，为消减列管眷村与非列管眷村在瑠公圳复原计划中出现的两极分化，让非列管眷村的居民参与到规划中，通过公众参与规划设计与实施的方式，切实从居民的视角提出能够更能被居民接受、更具备实施可能的改善方案。

总之，瑠公圳的复原计划，不应该只是恢复视觉景观，也不应该止于生态修复，还应该关注到与之长期共存的人群和生活方式，增加这项计划的内涵和"厚度"。城市管理者和规划师也应该达成一个共识，即任何恢复一段城市记忆的正确方法都不应该以抹杀一群人的共同记忆为代价。

参考文献

[1] 汪荷清 . 绿与水的交响乐——台湾大学瑠公圳复原及舟山路改善景观工程 [J]. 风景园林，2010（3）：84–88.

[2] 刘建林 . 郭锡瑠：台湾水利事业中的精神符号 [N]. 台声，2014，07：62.

[3] 袁美华 . 瑠公圳文化资产及复育之生态价值 [J]. 中国土木水利工程学刊，2016，28（3）：195–203.

[4] 孙璇 . 台湾都市更新中的群体性抗争与土地利益博弈研究 [J]. 台湾研究集刊，2016（3）：45–51.

---

① 指一群人在一个地方长期地与这片土地发生关联性，形成了一个比较有特色的、文化的生活场所。

分论坛二

城市规划机构变革

机构改革背景下市县空间规划"一张蓝图"建构——厦门的实践与思考

何子张　蔡莉丽[*]

【摘　要】为建构统一的空间规划体系,形成"一个市县一本规划、一张蓝图",近年来开展了大量的多规合一工作。随着自然资源部的成立,"多规合一"是否已经完成历史使命,市县"一张蓝图"如何推进成为热点。本文回顾了"多规合一"工作的成效与问题,研判机构改革背景下市县"一张蓝图"建构工作将面临的形势,以厦门为例,提出市县"一张蓝图",包括战略性蓝图、管控性蓝图、实施性蓝图的演进过程,而总规改革则是蓝图体系的法定化。提出机构改革能为建构统一规划体系提供机制保障,为战略性蓝图和管控性蓝图绘制奠定坚实基础,过渡期可扎实推进实施性蓝图建构。下一步通过规划法规修订,实现蓝图体系的法定化。

【关键词】一张蓝图,规划体系,机构改革,"多规合一"

1 "一张蓝图"建构工作再审视:从"多规合一"到机构改革

1.1 问题缘起:机构改革与"多规合一"的历史使命

我国的空间规划体系庞杂且不健全,横向上数量众多、衔接不够,纵向上不成体系、不断扩张,导致了诸多问题、影响了可持续发展(许景权,2017)。构建统一的空间规划体系是推进生态文明建设的客观要求,2013年中央城镇化工作会议强调,在推进城镇化进程中要遵循规律,一张蓝图干到底。2016年《生态文明体制改革方案》提出,要支持市县推进"多规合一",统一编制空间规划,逐步形成"一个市县一个规划、一张蓝图"。2017年,习近平视察北京总规时指出,"要把握好战略定位、空间格局、要素配置,坚持城乡统筹,落实'多规合一',形成一本规划、一张蓝图"。

市县"一张蓝图"建构的重点在于打破部门壁垒和区划分割,优化空间布局和资源配置,实现对各类空间性规划的统筹。为了推动"一张蓝图"构建工作,中央近年来推动以"多规合一"为核心理念的系列工作,包括市县"多规合一"和省级空间规划试点工作,以及城市总体规划、土地利用总体规划改革等,通过自下而上的地方探索和自上而下的国家试点,形成了一批建构"一张蓝图"的地方经验。

2018年3月,自然资源部成立,将由其统一行使全民所有自然资源资产所有者职责,解决空间规划矛盾冲突问题。机构改革是否意味着"多规合一"的工作已经结束?"一张蓝图"已经实现?本次城市总体规划改革在市县"一张蓝图"建构中制度内涵是什么?市县在改革过渡期如何推进规划工作,为"一张蓝图"完善奠定基础?这都是当前业界和学界的疑点和热点。

* 何子张(1973-),男,中国城市规划学会城市规划历史与理论学术委员会委员,厦门市城市规划设计研究院副总规划师、高级城市规划师。

蔡莉丽(1989-),女,厦门市城市规划设计研究院规划研究所硕士研究生。

1.2 历程回溯："多规合一"工作的回顾与总结

1.2.1 "多规合一"工作进展

据不完全统计，全国有四百余个市县开展了不同类型的"多规合一"工作，探索了多样化的"一张蓝图"建构路径。这些工作总体呈现五大阶段，通过对"多规合一"的历程回溯，有助于我们看清未来发展的方向。

（1）理念探索期（2006年之前）。2003年起，国家发改委在江苏苏州市、福建安溪县、广西钦州市、四川宜宾市等六个市县试点发展规划、城乡规划、土地规划的"三规合一"；学界也对相关问题展开讨论，但并未引产生广泛关注，地方实践也未有较大影响力。

（2）自下而上的地方实践探索（2006-2012年）。2007年以来，依循现行的行政管理体制和法律法规框架，上海、广州、深圳、武汉、河源等地开始自发探索，通过问题导向、技术探索、部门协调，使主要的空间性规划管理部门涉及空间的规划内容基本一致，形成以主要管控线为主体的"一张蓝图"。例如，武汉通过总规、土规和发展规划的编制工作，以"三规合一"为基础推动多规协同，形成统一的规划编制组织体系（刘奇志，2016）；广州探索了"两规衔接"的有效衔接，划定控制线体系（王国恩，2009）。

（3）自上而下的国家试点探索期（2013年-）。2014年8月，国家四部委确定了全国28个"多规合一"试点市县，标志着"多规合一"进入中央"授权式改革"阶段。同时，福建、江西、广西、云南、甘肃、安徽等省区也开始自发开展省级"多规合一"试点工作。"多规合一"试点工作的广泛开展，形成了多样化的改革经验。例如，浙江开化形成"六个一"的工作成果，以制定一本统筹全局的空间规划指引详细规划实施；常熟、广州通过多规合一整合用地布局、调整用地指标，为城市的产业转型提供空间；山东恒台通过构建"双层次"规划体系落实"一张蓝图"，即县域层面划定"三线"为核心空间管控体系，县域之下设立各类实施单元，通过分单元图则的方式引导管控（林坚，2017）。

（4）省级空间规划试点期（2016年-）："多规合一"工作在持续推进的过程中，出现了尺度上移，探索进入到省级层面。2016年《省级空间规划试点方案》确定了9个试点省份，要求通过省市联动，以主体功能区规划为基础统筹各类空间性规划，建立健全统一衔接的空间规划体系。例如，海南、宁夏的省域空间规划编制工作突出"合一"，形成全省统筹、上下协调的空间规划（如海南省总体规划）（张兵，2017）。

（5）城市总体规划和土地利用总体规划改革试点期（2017年-）：2017年8月，住房城乡建设部开展新一轮城市总体规划编制试点工作，确定了厦门、广州、深圳、江苏、浙江等试点省市，要求强化城市总体规划的战略引领和刚性管控作用，以统筹规划和规划统筹为原则，使城市总体规划成为统筹各类发展空间需求和优化资源配置的平台。住建系统推进的城市总体规划改革，特别强调落实"多规合一"，已经批复的北京、上海城市总体规划，也把"多规合一"作为重要的工作原则，并进行具体的落实。2018年1月，国土资源部开展土地利用总体规划编制试点，确定了省级、市级和镇乡级的试点，要求进一步健全国土空间用途管制制度，绘制未来美丽国土一张蓝图。

1.2.2 "多规合一"工作的主要成效

各地试点探索虽然采用了不同的技术手段，形成了不同的模式，但对于"多规合一"的本质内涵、工作组织、规划体系、平台应用上形成了基本共识。一是，将"多规合一"工作作为统筹发展的方法和平台的认识趋同。经过多年实践探索，对于"多规合一"工作本质的认识，逐步从早期的规划整合、甚至编制一个新的规划，转向到空间治理能力的提升上来。"多规合一"是一个手段，不是目的，"多规合一"是利用信息化手段建立统一的城市空间规划体系、形成"一张蓝图"，实现统筹发展的方法和平台，改革真正的目的是推动城市的科学发展、城市治理能力的现代化。二是，形成统筹领导的工作组织。"多规合一"强调的不是做一项规划，而是一项系统性的改革工作，这就需要形成政府统筹、部门协同的工作组织，以形成推进系统改革的合力。贺州、沈阳、厦门等地成立了以市委主要领导任组长的工作领导小组，实行党政主要领导主责主抓，上下密切联动、左右通力协作的工作方法，领导小组定期召开专题会议，协调解决"多规合一"工作中的突出矛盾，海南省成立省级空间规划委员会，宁夏设立专职空间规划办公室，是为本次机构改革的前期探索。三是，形成成果差异但内核统一的空间规划体系。"多规合一"的目标在于探索构建统一的空间规划体系，从目前的实践看来，基本上形成了战略引领、控制线体系底线管控的空间规划体系，形成了统筹协调的空间布局"一张蓝图"。四是，平台应用成为"多规合一"工作推进的关键。"多规合一"的重要手段是信息平台，多地在"多规合一"过程中都搭建了信息平台，将多规合一形成的"一张蓝图"纳入信息平台，进行信息共享与动态维护，依托平台实现各部门协同作业，例如厦门、德清、吉木萨尔等市县陆续建立基于信息平台的建设项目生成管理机制。

1.2.3 "多规合一"工作的主要问题

"多规合一"探索仍旧存在诸多问题。一是工作推动的部门化。无论是何种试点，都是由涉及空间管控的某个部门牵头，牵头部门往往难以超越自身的利益视角和部门站位，都存在意图通过本次"多规合一"工作，冀望通过本次改革为部门事权谋取更大空间，如各试点部委都提出以所在部门的法定规划作为战略性的规划统领其他规划。二是规划职能的机构分散化，严重制约多规合一"上下联动"的效能。即使如厦门通过"多规合一"工作形成了各部门认可的"一张蓝图"，但是涉及林业、国土、海洋、城乡等部门规划的审批权限，在省和国家部委层级却依然分散的，还是需要分头报批，这就严重影响了规划"上下联动"的效能，大大增加了规划协调的难度。在这种情形下，地方的空间规划改革将难以取得真正的突破，这最后将影响空间规划的持续推进和落实（孙安军，2018）。三是法律法规的掣肘。"多规合一"工作过程中，始终难以对现有规划体系作出实质性的突破。按照现有法律法规，多规差异比对达成共识的控制线，还必须反馈到各部门的规划中，无法从体系上进行改革，有关"多规合一"的审批制度和法律地位仍停留在探索阶段（许丽君，2016）。

1.3 机构改革开启空间规划一张蓝图建构新征程

全国人民代表大会于 2018 年 3 月 17 日审议通过了国务院机构改革方案，为了统一行使所有国土空间用途管制，着力解决空间规划重叠等问题，改革方案中将国土资源部、国家海洋局、国家测绘地理信息局的职责以及相关部门的规划管理、资源调查和确权登记等职责进行整合，组建成立了自然资源部，强调"强化国土空间规划对各专项规划的指导和约束作用，推进'多规合一'，实现土地规划、城乡规划等有机融合"。将以各类涉及空间的规划统一到自然资源部门，为建立统一、协调、权威的空间规划体系，为"一张蓝图"干到底奠定了重要的机制保障。但是国家层面的空间规划体制改革，要落实到地方层面还有个过渡期。国家部委的机构整合为省市的空间规划职能整合奠定了很好的组织机制，但是落实到地方层面又该如何推进，特别是市县"一本规划、一张蓝图"又该如何具体开展就值得探讨，本文以厦门为例，研究"一张蓝图"的演进。

2 面向规划体系建构的厦门"一张蓝图"演进

厦门自 2013 年开始编制美丽厦门战略规划，即按照"一张蓝图干到底"的要求进行谋划，现有走过了战略性蓝图、管控性蓝图、实施性蓝图和蓝图体系法定化的历程。

2.1　战略性蓝图：美丽厦门战略规划

2013 年为落实中央的战略部署，结合地方实际，厦门市委市政府制定了《美丽厦门战略规划》（图1）。该规划是城市发展的顶层规划，其定位为凝聚全体市民城市发展的愿景目标、指标体系、发展战略和行动计划的共同纲领，属于 1.0 版的"一张蓝图"，也是城市发展的战略性蓝图。该规划为后续的各部门规划包括"多规合一"控制线的划定明确了战略方向，各部门以此为依据制定三年计划和年度计划，并于 2016 年对实施三年的战略规划进行总结提升。

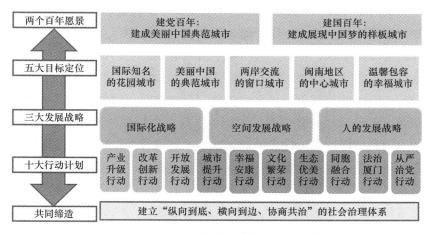

图1　美丽厦门战略规划框架

2.2　管控性蓝图："多规合一"控制线体系规划

从 2014 年，厦门成为国家 28 个多规合一试点市县，开始编制"三规合一"一张图规划（后改为"多规合一"一张图规划）。"多规合一"一张图规划首先是对城乡规划、国土规划、发展规划、环保规划以及水利、林业和海洋等主要部门空间性规划进行摸底，并数字化后形成部门基础数据工作底图。其次，对各部门工作底图进行差异比对，落实《美丽厦门战略规划》的理想空间格局，结合生态空间格局保护与优化，落实城市发展重大民生和基础设施项目，划定城市开发边界、生态控制线，明晰"三区三线"空间格局。在"三区三线"空间格局的构架下，对各类管控区内部进一步深化落实，细化生态控制线范围内的基本农田、生态林地等控制要素，区分城市开发边界内的生活空间和生产空间，引导城市重大基础和公共服务设施布局，提升城市承载力和宜居度。这个控制线体系规划，主要是明确城市建设和保护空间的主体、边界和管控规则，属于管控性蓝图。见图2。

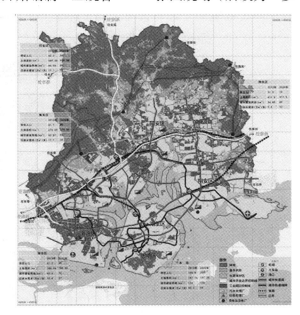

图2　厦门"多规合一"控制线体系规划

2.3　实施性蓝图：全域空间规划一张蓝图

基于"多规合一"工作形成的"一张蓝图"还是以控制线为核心内容，其主要作用是通过具有最大公约数的控制线划定，对城市空间的形态和容量进行管控。这种控制线的成果需要反馈到后续的一系列专项规划和单元规划中，形成直接指导建设的法定性规划成果，才能真正发挥作用。为进一步强化"一张蓝图"的系统性、全域性与开放性，突出部门事权的对应性，真正面向规划实施与部门协同管理，厦门于 2015 年开展空间规划体系梳理工作，并于 2016 年开展为期一年多的"全域空间规划一张蓝图"工作（邓伟骥，何子张，等，2017）。

2.3.1 建构空间规划体系

2015 年初，厦门开了空间规划体系构建的专题研究工作。通过对德国、日本、新加坡、中国香港等国家和地区空间规划体系的梳理研究，发现具有以下特点：一是各类规划的作用清晰，各层次内容明确。国家、区域层面的规划以战略为主，地方层面的规划落实上位规划，并进行空间布局。二是都有事权明晰的管理体系，一级政府一级事权，并有完善的规划协调机制。三是都有完善的法律法规为支撑。四是地方层面的规划都是战略与空间的结合，将土地使用作为一个整体来对待（谢英挺，王伟，2015）。在借鉴国外空间规划体系构建经验的基础上，提出建构厦门全域空间规划体系的基本思路和理念。首先是注重统筹规划和规划统筹。强调以战略规划为引领构建空间规划体系，统筹各部门规划和单元空间规划，解决各专项和单元的空间和时序冲突。将相关规划纳入"多规合一"平台，强化规划对城市发展和建设项目的统筹引导。其次是注重全域空间覆盖，不仅关注建设用地，也关注非建设用地，特别是强化底线思维，加强对生态空间格局的管控。再次，是注重空间规划与空间治理的结合，在专项规划上注重与各部门空间管辖尺度、事权和管理需求的衔接，在空间规划层次上与区、指挥部等管理主体需求衔接。四是注重全域和全方位地加强城市承载力。基于此，构建了以空间治理和空间结构优化为主要目标，以战略规划为引领，融合城市总体规划、土地利用总体规划、国民经济和社会发展规划、环境总体规划等空间性规划，以生态为本底，以承载力为支撑，以开发边界、海域为主要内容的空间规划体系。全域空间规划一张蓝图包括生态控制线、城市开发边界、海域系统三大空间和纵向支撑的城市承载力四大板块。各板块又按照需要政府管控的要素细分为子系统，如生态控制线细分为农林水等，城市开发边界细分为工业、居住、绿地和公共设施等，各个子系统又可以细分为不同的专项规划（图 3）。

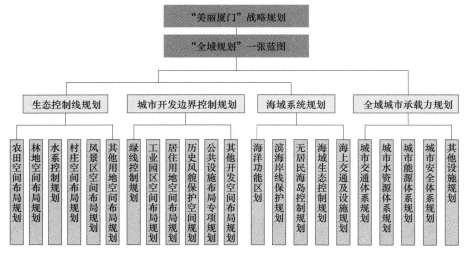

图 3　厦门空间规划体系

2.3.2 空间规划体系梳理

在体系建构的指导下，按照战略层级、总体层级、分区层级和详细层级，对近十年来的厦门规划编制情况进行系统梳理，形成规划体系梳理报告。报告包含以下内容：一是收集和整理各层级空间规划和专项规划，统计分析专项规划和单元规划的部门及空间覆盖情况。二是收集 43 类专项规划（共计 103 小项），按照四大板块逐一进行归类和比对，评估各类专项规划的有效性，特别是各专项规划要素的完整性，以及适应部门空间协同管理上的适应性。初步找出现有专项规划存在的空间和时序等冲突，以及在技术标准和政策方面的矛盾。三是按照体系建构的目标，并通过与相关主管部门的协商沟通，提出解决矛盾的方案和工作计划。四是将规划体系梳理报告上报市政府审议，提出下一步"一张蓝图"编制需要深化的内容。五是形成了三年的规划编制计划。编制计划要求对于补短板的专项规划优先编制，对于建设项目审批量大的空间单元优先安排控规和城市设计。对于技术性高的能源、水资源和交通体系开展专题研究。对于规划体系梳理中发现的技术标准和政策规范开展专题研究，并研究制定专项规划和控规调整与入库的管理办法和技术审查标准（图 4）。

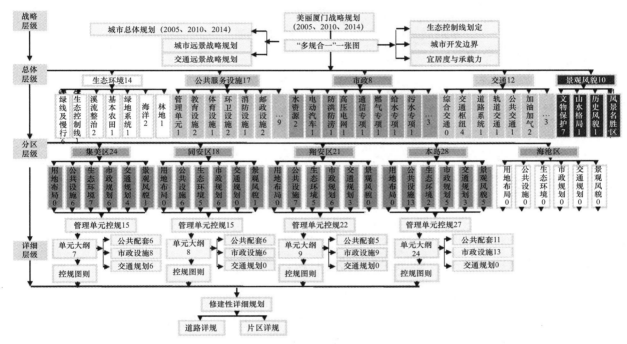

图 4　厦门规划体系梳理

2.3.3　编制全域空间规划一张蓝图

规划体系梳理明确全域空间规划体系编制的目标和技术路线。首先，全域空间规划一张蓝图是战略规划的具体空间布局落实，是对"多规合一"控制线体系规划的充实和细化，应落实其战略定位、指标体系和控制线管控要求。因此在一张蓝图编制中特别突出了美丽厦门战略规划所提出国际化战略和人的发展战略的落实，要求在下一步专项规划中强化国际化教育、国际化活动（文化、体育、会展）设施的落实。其次，有助于部门协同空间管理，形成与部门和不同层级政府事权对应的空间要素边界、指标和管控规则，成为易解读、好监管的"一张蓝图"。如在教育设施规划中，特别要求补强职业教育设施和国际化教育设施。再次，特别强调城市空间支撑系统的全域性和层次性，一张蓝图要实现明确的宏观功能区管控，健全的中观系统空间要素布局，体现微观用地属性和选址边界划定，这也和不同层级政府的事权有所对应。四是在部门事权对应的基础上，突出规划对城市空间全域统筹的作用，突出规划对城市空间发展规律把握的能动性，通过规划比对，为下一步的专项规划编制和政策研究提出具体明确的编制要求，生成市、区建设项目。如在梳理环卫设施专项规划中，突破原先市政部门由于空间管辖权局限，不重视海上环卫设施规划的问题。最后，是通过市、区两级一张蓝图的编制，基本处理好相关专项规划的矛盾，通过广泛征求区、部门意见后，为后续的部门空间规划协同管理奠定了很好的基础。2017年下半年开始，在基本完成二维的全域空间规划一张蓝图的基础上，我们又提出建构立体全域空间规划一张图的工作目标，即将地下空间规划、市政管网和三维城市设计管控要素纳入一张蓝图（图5）。

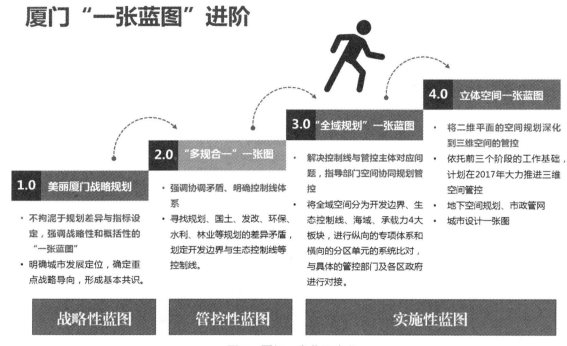

图5　厦门一张蓝图演进

2.4　蓝图体系的法定化：城市总体规划改革

从实践看，"多规合一"形成的"一张蓝图"在地方层面已为各部门广泛接受，在城市空间管控中发挥有效的作用。但是在现行的制度框架下，蓝图体系缺乏法定地位，而且地方试点主要侧重于地方政府的利益视角，在落实国家战略和管控要求方面尚未得到规范和确认。2017年9月，厦门被列入全国15个城市总体规划改革试点城市。结合厦门实际，我们提出利用城市总体规划改革的契机，将一张蓝图体系纳入总规成果，使之法定化的设想。

一是突出总规的战略引领和刚性管控，形成全市共识的战略性蓝图和管控性蓝图。在编制内容层面，统筹全局的发展战略、管控要求和行动策略，形成从目标、指标体系、战略定位、空间格局与要素配置，到机制保障的完整逻辑链。在编制组织层面，借鉴美丽厦门战略规划工作经验，按照共同缔造的理念，工作主体由政府主导转变为政府、市场、社会协同参与，使总规由部门规划转变为具有广泛共识、引领全市发展的战略性规划。

二是突出总规的空间统筹地位，提出对实施性蓝图的传导机制。总规成果突出统筹规划，强调各部门专项规划在总规编制过程中的组织协同和空间协同。需要上报国家部委、省政府审批的规划内容，如国土、海洋、林业和港口等，由市政府加强部门协调，确保与总规在规划期限、底图上的衔接，在总规中统筹需要管控的指标、边界等要素。属于市政府审批的要素配置专项规划，与总规同步启动专题研究和专项规划编制工作，基于总规的战略引领和刚性管控要求，形成专项规划指引。具体专项规划内容于2018年度全面开展。其次是突出空间规划与事权对应，在做好传导的基础上实现分层管理。总体规划成果中主要体现国家刚性管控指标和要素配置，如"三区三线"、国家需要管控的重大设施和配置标准。其三是明晰总体规划实施的层级传导机制。空间层面，形成全域——功能区单元——控规单元的传导；部门层面，形成总体规划——专项规划的传导；时间层面，形成城市总体规划——近期建设规划——年度空间实施规划的传导。正是通过传导机制的设计，将市政府实际操作的实施性蓝图与作为上级政府的战略引领和刚性管控服务的总规，建立起有效的链接机制。

三是依托多规合一信息平台，建立总规实施、评估和指标体系。实际上，地方政府实施总规的主要规划操作载体是实施性蓝图，也就是传导之后的专项规划、实施规划和空间单元规划。但这些规划的实施必须要落实总体规划的战略引领和刚性管控要求，而且必须为上级政府提供可监管、可评估的平台。因此本次总规改革特别强调要将多规合一信息平台建设作为与总规改革同步推进的工作，同步验收。我们在原有多规合一业务协同平台的基础上，完善现状一张图，建立起现状空间信息数据库。这就为边界管控和指标管控提供了坚实的基础。再依托现状空间信息数据库，开展规划一张图、核心指标运行状态的监测，建立"一年一体检，五年一评估"的机制（图6）。

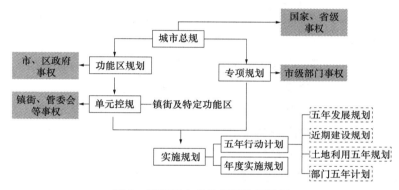

图6　厦门城市总体规划传导机制

3　新时期市县空间规划"一张蓝图"工作的若干思考

3.1　规划机构改革为市县空间规划"一张蓝图"工作提供坚实的组织保障

本次国务院机构改革坚持一类事项原则由一个部门统筹、一件事情原则由一个部门负责的方针，将国土资源部的职责，国家发改委的组织编制主体功能区规划职责，住房城乡建设部的城乡规划管理职责等整合，组建自然资源部。这个机构改革方案基本落实了《生态文明体制改革总体方案》提出的目标：构建以空间治理和空间结构优化为主要内容，全国统一、相互衔接、分级管理的空间规划体系，着力解决空间性规划重叠突出，部门职责交叉重复、地方规划朝令夕改等问题。空间规划是国家空间发展的指南、可持续发展的空间蓝图，这次机构改革将各部委分散的空间性规划职能整合到一个部委，为编制统一的空间规划，实现规划全覆盖提供组织保障。也可以说国家空间规划体系的顶层设计已经明确，将逐步形成"陆海统筹、覆盖全域、多规合一"的"一个市县、一张蓝图"。按照国家机构改革的进度要求，到2018年3月全国各市县都要完成。随着机构改革的到位，一个市县编制一本空间规划得以明确，现行城市总体规划、土地利用总体规划、主体功能区规划并列的现象将成为历史，意味着一个市县的战略性蓝图的法定规划载体得以明确，自然资源主管部门将成为编制市县统筹战略性空间规划的明确责任主体。另外，随着空间规划职能的机构整合到位，自然资源管控的责任主体已经明确，必然要求统一国土空间分类标准，统一空间管制规则，这就为确定全域覆盖的各类国土空间的管控边界的划定提供坚实基础。

相应地作为管控性蓝图的"多规合一"控制线划定工作将改变以往在不同部门之中寻求最大公约数的做法，而是由自然资源主管部门通过编制法定的空间规划，确定"三区三线"划定等工作。也就是说，作为"一张蓝图"2.0 的"多规合一"控制线划定将内化到法定空间规划编制中。

3.2 做好过渡期规划工作，为市县空间规划体系建构奠定基础

早在 2015 年，笔者即提出"多规合一"是促进规划体制和规划体系改革的过渡性安排的基础性工作（何子张，蔡莉丽，2015）。虽然国家规划职能的机构重组为市县空间规划"一张蓝图"工作奠定了坚实的基础，但是机构整合到位尚有近一年的时间，在此过渡期，市县规划工作还需要为城市发展发挥好规划引领和保障作用。即使市县规划机构整合到位，蓝图体系的法定化，空间信息平台的建设还有大量的基础性工作。另外，国家空间规划的完整体系建设，需要全国各地大量的市县空间规划具体实践的积累，而当前各市县的蓝图体系建设还有很大的缺口，大部分"多规合一"试点市县仅仅开展到管控性蓝图阶段，空间信息平台的建设和应用程度参差不齐，在政策法规制度建设上还有大量的空白。

对于正在开展城市总体规划和法定规划试点的市县，例如，厦门、沈阳、长春等可以利用这段过渡期，重新梳理各自市县的空间规划体系，在试点经验总结的基础上，开展空间规划、用途管制、绩效考核等政策研究，形成规划编制计划。对于其他未列入国家改革试点的市县，要按照空间规划"一张蓝图"的目标，依据各自的工作基础做好过渡期的工作。已经完成"多规合一"控制线划定的市县，可将工作重点转向实施性蓝图的建构，形成全域全要素空间规划一张蓝图，为部门的空间协同管理提供规划支持。同时，进一步拓展空间信息平台的应用，完善统筹规划的技术标准和政策法规。待机构改革到位，确定法定空间规划编制具体要求时，再将蓝图体系法定化，确定不同层级蓝图的传导机制。如海口在和海南省空间规划联动完成"多规合一"工作后，需要进一步推动蓝图要素的丰富和配套政策的完善。对于尚无以上工作基础的城市，按照规划体系建构整体性要求，提前开展三年工作计划谋划，按照战略引领、刚性管控、要素落实的蓝图构建逻辑，分阶段分步骤开展基础数据汇集、规划编制完善、规划体系梳理、体制机制完善等系列工作。

3.3 建构中国特色的"规划 – 设计"体系，实现全域立体一张蓝图干到底

随着自然资源部的成立，规划与设计的相对分离更加明显。城乡规划已经成为一级学科，下一步空间规划更加强调空间资源的统筹配置，而从空间规划到建设的传导就更加重要，这也是当前城市规划界困惑的一大问题。城市设计的核心是空间营造。当前国家高度重视城市设计，其实质是对城市空间的文化特色如何彰显文化自信，以及城市空间品质如何满足人民群众美好生活的向往提出更高的要求。因此，有必要改造传统城市设计的学科内核，突破城市设计作为城市规划与建筑设计中介环节的局限。新型城市设计的要点不是追求城市设计的方案创新性，而要突出城市设计在统筹城市空间营造上的技术与制度创新。城市设计的对象重点不是地块开发控制，不再是研究如何将城市设计的成果融入控规中，而是转向城市公共物品（主要是城市公共空间和公共设施）的营造统筹。城市设计的成果不再是形成一个具体的空间设计产品，而是将营造高品质的设计产品转译为管控规则，要借助制度和信息化平台，以可视化和易于与各部门管控手段衔接的方式，如将空间形态、形象和空间构件的管控规则形象地反馈到三维城市模型平台、图则或指引。因此，下一步以建筑学为基础规划学科院校，应研究中国特色的城市设计体系，这也是住建系统的一个重要抓手。同时空间规划体系要做好对城市设计体系的传导和监督，建构有中国特色的"规划 – 设计"体系，真正实现一张蓝图干到底。

参考文献

[1] 邓伟骥，何子张，旺姆．面向城市治理的美丽厦门战略规划实践与思考．城市规划学刊 [J]. 2017（5）.

[2] 林坚，乔治洋，吴宇翔．市县"多规合一"之"一张蓝图"探析——以山东省桓台县"多规合一"试点为例 [J]. 城市发展研究，2017，24（6）：47-52.

[3] 刘奇志，商渝，白栋．武汉"多规合一"20 年的探索与实践 [J]. 城市规划学刊，2016（5）.

[4] 孙安军．空间规划改革的思考 [J]. 城市规划学刊．2018（1）.

[5] 王国恩，唐勇，魏宗财，等．关于"两规"衔接技术措施的若干探讨——以广州市为例 [J]. 城市规划学刊，2009（5）：20-27.

[6] 王蒙徽，李郇．城乡规划变革：美好环境与和谐社会共同缔造 [M]. 北京：中国建筑工业出版社，2016.

[7] 谢英挺，王伟．从"多规合一"到空间规划体系重构 [J]. 城市规划学刊．2015（3）.

[8] 许景权，沈迟，胡天新，等．构建我国空间规划体系的总体思路和主要任务 [J]. 规划师，2017，33（2）：5-11.

[9] 许丽君，朱京海，战明松，等．市县"多规合一"试点实施现状总结及展望 [J]. 规划师，2016，32（z2）.

[10] 张兵，胡耀文．探索科学的空间规划——基于海南省总体规划和"多规合一"实践的思考 [J]. 规划师，2017（2）：19-23.

[11] 何子张，蔡莉丽．以"多规合一"推动规划体系和规划体制改革——厦门的实践与思考 [J]. 2015 年中国城市规划学会年会论文集．

供给侧改革视角下的城乡规划管理制度改革——
以广东省"一书三证"核发为例

刘　泓 *

【摘　要】城乡规划实施管理是落实城乡规划的关键环节，建设规划许可制度是政府进行引导和调控的行政手段，也是各建设主体进行开发建设取得合法许可的必然途径。结合供给侧结构改革和城市精细化发展的转型需求，加强广东省"一书三证"核发管理对于提高城市规划管理水平、完善城市服务、推进城市治理体系现代化具有重要的现实意义。

【关键词】供给侧改革，城乡规划管理，"一书三证"

1　规划背景

1.1　供给侧改革与经济发展方式的转型，需要增强有效供给

2016 年 1 月 26 日，中央财经领导小组第十二次会议强调，"在适度扩大总需求的同时，着力加强供给侧结构性改革，着力提高供给体系质量和效率"，供给侧结构性改革的根本目的是提高社会生产力水平，落实好以人民为中心的发展思想。供给侧结构性改革，就是从提高供给质量出发，用改革的办法推进结构调整，矫正要素配置扭曲，扩大有效供给，提高供给结构对需求变化的适应性和灵活性，提高全要素生产率，更好地满足广大人民群众的需要，促进经济社会的持续健康发展。

推进城市规划供给侧结构性改革，必须建立政府管理职能的延伸定位与供给侧结构性改革的结构要素的对应关系。

1.2　广东省成为城乡规划建设体制改革试点省

2016 年 6 月 14 日，广东省城市工作会议强调要扎实推进以人为核心的城镇化，要推进城市治理体系现代化，要保持现有城市治理体系的总体稳定，切实发挥好区、镇街、社区的社会管理作用，努力建设和谐宜居、富有活力、具有岭南特色的现代化城市。不仅体现了广东省城市工作对城市发展规律认识、尊重、顺应，也体现了广东省对城市规划管理、城市治理工作的重视。

2017 年 5 月，广东成为全国首个也是目前唯一的城乡规划管理体制改革试点省。城市规划管理供给侧改革，就是要简政放权，提高行政服务水平，激活市场与要素。

1.3　城市病与城市安全问题日益突出

城市建设是经济社会发展的必然要求，以往粗放式的城市建设使得地方政府更注重城市空间格局、

---

* 刘泓（1990-），女，广东省城乡规划设计研究院城乡规划师。

产业支撑上的规划，在城市细节的建设上缺乏精雕细琢，多数城市严重同质化，千城一面现象尤为突出。近几年，城市公共安全事件频发也为我们敲响了城市安全的警钟。城市公共安全与城市规划管理有着密不可分的紧密联系，城乡规划行政审批过程中稍有考虑不全，就很容易引起严重的城市安全事故。从保障城市公共安全出发，应该大力推动城市管理现代化的改革。

相关案例：

2015 年 12 月，深圳某区发生滑坡事件，事后调查，某场地的审批、监管等环节存在明显违法违规：

深圳市规划和国土资源委员会某管理局在无可行性研究报告、环境影响评价报告等有关文件资料的情况下违规核发某场地选址意见书，违规以复函的形式同意某场地作为余泥渣土临时受纳场。

某区规划土地监察大队未按职责规定对某场地未批先建问题进行查处。

某管理局用地规划许可过程中存在的问题和某场地未批先建的问题失察，未按规定督促指导某区规划土地监察大队开展查违工作。

2 广东省"一书三证"核发现状及问题

广东省现有 2 个副省级城市，19 个地级市，各市基本采用城乡规划"垂直"管理模式。其中，东莞和中山属于"市管镇"行政体制，各镇设规划分局，受市规划局和镇政府双重领导。其余城市基本建立了市局、区县（市）、乡镇三级管理网络。

规划决策主要由三方面构成：一是规划委员会制度；二是规划局内部工作规则；三是公众参与机制。

2.1 "一书三证"核发基本概况

2012 ～ 2017 年，18 个地市、区共核发选址意见书 6828 份，建设用地规划许可证 16469 份，建设工程规划许可证 55684 份，乡村建设规划许可证 6084 份[①]申请程序流程图见图 1 ～ 图 4，核发情况见表 1。

21 个地级以上城市中，各市主要依据《广东省城乡规划条例》开展核发工作，大多数没有出台城市"一书三证"核发工作细则。"一书两证"的核发基本正常，但核发依据、核发过程、公众参与、规划公示、事后管理监督等方面仍存在问题。《乡村建设规划许可证》核发普遍不足，有些城市甚至从未核发过，涉及机构设置、人员、经费、观念等多种原因[②]。

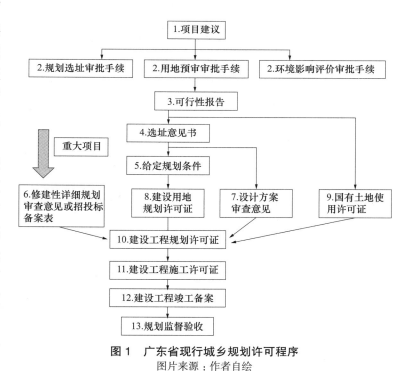

图 1 广东省现行城乡规划许可程序
图片来源：作者自绘

---

① 基于广东省住房和城乡建设厅委托课题研究《广东省"一书三证"核发工作规程》，对广东省 21 个地级以上城市规划管理部门发放问卷，统计而得。

② 深圳和东莞 2 市全域纳入城市规划区管理，仅核发"一书两证"，不核发乡村建设规划许可证。

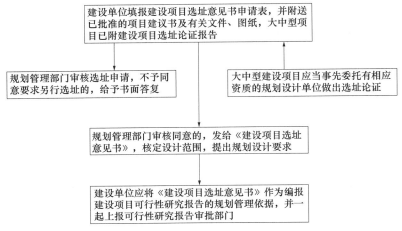

图2　广东省现行申请建设项目选址意见书工作程序图

图片来源：作者自绘

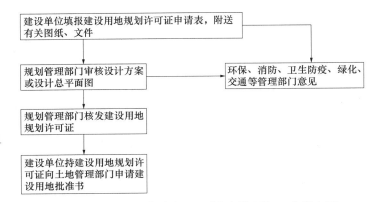

图3　广东省现行申请建设用地规划许可证工作程序图

图片来源：作者自绘

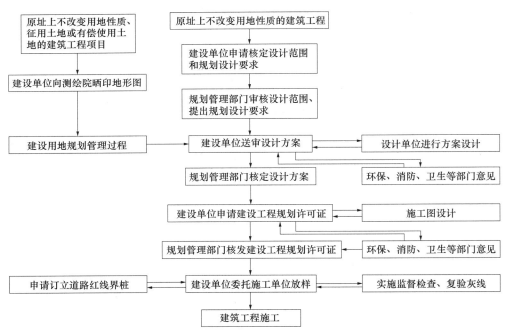

图4　广东省现行申请建设工程规划许可证的工作程序图

图片来源：作者自绘

从回收的问卷统计情况来看，相关工作人员与管理机构严重不足。18 个地市、区负责"一书三证"核发的工作人员共有 1046 名，其中有编制的有 535 名，仅占 51.15%。有 274 个建制镇有专职规划建设管理机构，而其中作为县级规划主管部门分支机构的仅有 37 个，占统计总数的 13.5%。

2012 年以来各市（区）"一书三证"核发情况（仅包含已经提交调查资料的地市、区）　表 1

	选址意见书（份）	建设用地规划许可证（份）	建设工程规划许可证（个）	乡村建设规划许可证（个）
数量	6828	16469	55684	6084

2.2　制度建设方面概况

缺乏地方性导则。82% 的市级城乡规划主管部门认为所在辖区有必要出台针对性的工作导则，但目前有出台地方性"一书三证"核发工作导则的地市仅占约 40%，且从回收的地方性导则来看，大部分地方"一书三证"核发工作导则较为简单，是《广东省城乡规划条例》中关于规划许可部分的提炼及简化，地方性特色不明显。见图 5。

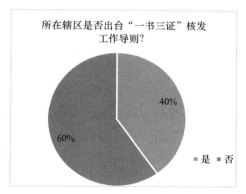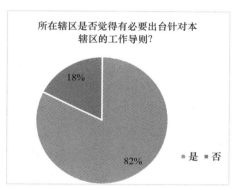

图 5　广东省各市（区）对于地方性"一书三证"核发工作导则的看法

图片来源：作者自绘

2.3　核发流程方面概况

（1）部门协调不够

各地政府的地方性法规、政府规章和规范性文件出台很多，它们或规定规划部门在做出规划许可前，应取得另一行政机关的同意，或规定申请人在向规划部门提出申请时，必须提供其他具有相应行政审批权的行政机关分别适用各自的法律、法规、规章和规范性文件做出的批准文件，相互之间联系复杂、琐碎，协调不够。

（2）规划编制滞后

总体规划及控制性详细规划是"一书三证"核发的重要法定依据。总体规划的编制（修编）涉及城市建设的多个方面，编制、审批周期过长，规划成果时效性差，难以适应地方快速变化的发展形势，而现阶段控制性详细规划规划内容的编制过于刚性或不够精细，缺乏弹性。作为"一书三证"的主要核发依据，控规编制、审批和调整的程序复杂，导致"一书三证"的行政审批效率低下。此外，部分区域控规与村规不符，"多规合一"尚未实现，也加大了建设项目的审批难度。

（3）前置条件过多

根据依法行政要求，规划审批前置条件须仅以法律法规、规范性文件为依据，但在实际工作中要考虑许多非法定条件。众多的行政许可前置条件在一定程度上影响了行政审批的效率。并且在实际操作过程中，各公共配套的主管部门均希望由地方规划局（委）对公共配套的实施方案进行把关，作为规划许可前置条件，造成规划审批非法定前置条件过多、审核内容过多、审核内容超出规划职能等问题。

（4）证件时效较短

随着土地价值不断提高，征地拆迁工作推进困难，但比如《建设用地规划许可证》的有效期仅一年，项目单位难以在一年内办理申请用地的手续，导致行政许可多次延期或过期失效的事情常有发生。

（5）办理时限过长

以深圳市为例，按照《深圳市城市规划条例》规定，建设工程规划许可必须经过方案设计招投标文件备案、方案设计核查、施工图核准备案等环节，因涉及专业性强，部分审批和服务事项要求开展技术评审，评审时限较长。

另外，涉及跨区审批的项目，根据属地管理原则，对该类审批事项均需征求项目所在区意见，可能需多次协调各区规划，也容易造成审批时间过长。

（6）相关要求不明

《城乡规划法》虽明确了"一书三证"的申报程序，但程序不够具体，时限没有规定。我省现行"一书三证"主要的核发依据是《广东省城乡规划条例》，但条例对于核发过程的一些具体操作也没有明确、详细规定。《广东省城乡规划条例》分别明确了镇人民政府与市、县人民政府城乡规划部门的受理申请和核发乡村建设规划许可的分工，但没有明确两者的权责，出现矛盾时容易产生互相推诿现象。乡村规划许可证核发方面，因经费等多种原因导致乡村规划编制覆盖不到位，乡村规划许可的依据不足。

（7）乡村管理难度大

有核发乡村建设规划许可证的村庄仅占44%。虽然全省大部分县（市）实施了乡村建设规划许可证核发，但实施效果较差，每年核发的许可证宗数很少，主要原因包括村民履行规划管理意识较弱、村庄规划编制覆盖率较低、村庄规划编制质量参差不齐、村庄量大面广、乡镇管理机构条件不具备、基层村镇建设规划管理人员严重缺乏、建设局以建筑许可证代替等。此外，核发权仍高度集中在市县一级，仅有28%的市县将乡村规划建设许可证核发权下发到乡镇人民政府，一定程度上也提高了申报繁琐度，影响了村民的申报积极性。见图6。

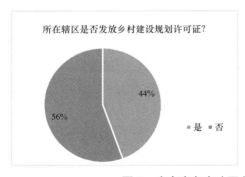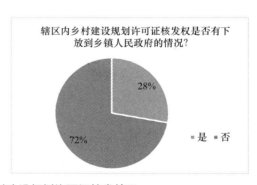

图6　广东省各市（区）乡村建设规划许可证核发情况
图片来源：作者自绘

2.4　核发监管方面概况

（1）公共配套难以落地

项目虽已按照规范设计，严格按照法定程序、操作规程进行审批。但部分公共配套仍因群众意见较大而无法落地，如：公交站场、公厕、垃圾收集站等，见图7。

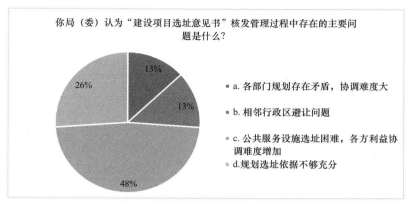

图7　广东省各市（区）"建设项目选址意见书"核发管理过程中存在的主要问题

图片来源：作者自绘

（2）缺乏及时反馈

因消防审查、人防、施工图审查、供电等相关部门的审查在建设工程规划许可证核发后，导致因各专业部门审查意见而调整规划的情况较多。房地产项目，出售后再进行规划调整易引起群众事件。同时也容易出现项目竣工与原报建相比偏差过大的情况。

3　其他省份"一书三证"管理经验借鉴

少数省份在省城乡规划条例的基础上，出台了更加详细的省"一书三证"发放规程，如西藏、青海、湖南、河南。

对比各省正在实行的管理规程，明显存在以下几点差异：

建设项目选址意见书管理制度主要是在省级层面管理条例、环境保护方面、项目选址论证方面、监管与处罚制度、信息联络制度上存在差异。对大中型建设项目，湖南省和青海省均提出在项目选址论证方面要加强审核，在监管与处罚上，河南省和西藏自治区提出了较为完善的监管办法和处罚条例，见表2。

西藏、青海、湖南、河南四省在建设项目选址意见书管理上的差异　　　表2

差异项	具体内容
省级层面管理条例	对于选址意见书的发放都**实行分级管理**
环境保护方面	湖南——在申请选址意见书的提交材料中注明须提交环境影响评估文件、地质灾害危险性评估报告以及相关批复文件
项目选址论证方面	湖南、青海——对于大中型建设项目提出**加强审核**，对于建设用地的不合法审批进一步加强管控
监管与处罚	河南、西藏——提出**较为完善的监管办法和处罚条例**，提高了政府服务部门的办事效率。 湖南——对于违反规定的行为提出了处罚依据，未给出明确的监管和处罚办法
信息联络	西藏——提出各级城乡规划主管部门应当建立**城乡规划信息联络员制度**。信息联络员负责完成各级城乡规划"一书三证"证书的领取、数据录入、核查、汇总、上传和分析工作

建设用地规划许可证管理制度主要是在临时建设用地的审批、建设用地规划许可证的期限、申请材料等制度上存在差异。尤其湖南省则将建设用地规划许可证的期限限定为自发证之日起6个月内有效，这就要求核发管理部门加快审批进度，提高办事效率，为申请单位和个人提供更多的便利，见表3。

西藏、青海、湖南、河南四省在建设用地规划许可证管理上的差异　　　　　　　　表3

差异项	具体内容
临时建设用地的审批	河南——**进一步简化放权**，明确规定土地使用权属于建设单位或者个人的，进行临时建设不需办理临时用地规划许可证
建设用地规划许可证的期限	湖南——将建设用地规划许可证的期限限定为自发证之日起6个月内有效，这就要求核发管理部门**加快审批进度**，提高办事效率，为申请单位和个人提供更多的便利
申请材料	湖南、青海——在申请材料中**分为划拨和出让两种方式**进行分类处理，进一步细化要求，方便了建设项目的审批管理

建设工程规划许可证管理制度主要是在公众参与、对市政工程许可证的审批核发管理、申请材料等制度上存在差异。随着对"公众参与"重视程度的加深，青海已将公众参与意见作为核发建设工程许可证的重要依据，见表4。

西藏、青海、湖南、河南四省在建设工程规划许可证管理上的差异　　　　　　　　表4

差异项	具体内容
公众参与	青海——将公众参与意见作为核发建设工程许可证的重要依据
对市政工程许可证的审批核发管理	青海——加强对于市政工程许可证的审批核发管理，注重对于产权的保护，属于原有建筑物改建、扩建的，还应当提供房屋产权证明
申请材料	西藏——在申请材料中列出了拟建项目情况说明（项目性质等基本情况、建设技术条件要求、拟建规模和区域等），出让方式取得土地的需提供国有土地使用权出让合同

乡村建设许可证管理制度主要是在原有宅基地或者村内空闲地进行住宅建设的、农业用地的保护、临时建设等制度上存在差异，见表5。

西藏、青海、湖南、河南四省在乡村建设许可证管理上的差异　　　　　　　　表5

差异项	具体内容
基于原有宅基地	河南——提出使用原有宅基地或者村内空闲地进行住宅建设的，由乡、镇人民政府核发。 西藏——对于在原有宅基地上建房的提交"建房申请"，土地使用权属证明和村民委员会书面意见以及妥善处理相邻关系的材料，从条例制度上避免了邻里纠纷矛盾的产生
农业用地	湖南——加强对于农业用地的保护，建设项目占用农用地的，须提供农用地转用审批文件
临时建设	西藏——要求建设单位在城乡规划区内进行临时建设的，应当依法申请《临时乡村建设规划许可证》

4　广东省"一书三证"核发制度改革方向

4.1　加强制度保障

（1）适度放权，加强基层规划管理

为提高乡村规划建设管理效率，应优化乡村建设规划许可证发放程序，通过授权或委托的办法，对于那些在乡镇一级设有规划办，有专门负责规划编制和管理的机构和人员配置的乡镇赋予其乡村规划建设管理权限。在珠三角核心区的大镇应独立设置专职规划建设管理机构；在粤东西北的欠发达地区，每个县（市、区）可结合中心镇的地域分布分片设立 2～3 个规划建设分局，作为县级规划建设主管部门的派出机构，负责管理邻近几个乡镇的规划建设工作。

（2）强化资金保障

加大省级财政对欠发达地区的财政转移支付力度，加大对粤东西北地区农村地区，特别是对原中央苏区县、少数民族自治县和贫困村的财政支持力度。各地市、县级财政根据财力状况，积极为支持"一书三证"核发工作增加投入，特别是对集体经济薄弱的农村社区，应可通过资助村民补齐住宅设计图件等，协助村民办理乡村建设规划许可证。

（3）适度放权，加强基层规划管理

规委会召开定期化，强调规划会的决策职能，明确哪些事情必须经过规委会审查确定，且规委会决策人员宜相对固定以保证决策过程连续性。推进规划委员会日常工作从咨询职能向决策咨询职能的转变，形成完善的议事规则，继续完善规划评审制度，对规划评审的评审程序、流程及资料提供进行严格要求，确保规划决策科学、规范、高效。

4.2　加大宣传培训

各级政府要开展"一书三证"核发的工作培训，每年定期、分片区对市、镇（乡）党政领导、规划管理部门以及其他"一书三证"核发工作相关人员开展培训，采用专业讲座、现场讲解、交流互动等方式，加强法律法规、政策机制、工作基本知识、管理规程等方面学习，并开展先进经验交流等，为完善"一书三证"核发机制提供人才支撑。

4.3　全过程管理

（1）多部门联动机制

由省住房城乡建设厅牵头，建立部门联动、分工明确的协调推进机制，简化报建、审批程序。加强地方、部门沟通和信息共享，促进协作配合，协调解决改善"一书三证"核发工作中的重点和难点问题；定期召开全省"一书三证"核发管理的工作会议，对推进改善全省"一书三证"核发管理作出年度总结和部署；定期组织开展督促检查。

（2）加强对重点项目和民生事项的服务提质

督促落实重点项目、基础设施、公共配套等民生项目的项目规划、建设计划的空间安排，优先审核此类项目"一书三证"的核发，通过领导包干、科室服务，动态跟踪、密集指导、台账管理、分类处理以及优化流程、并联审批等，不断优化项目服务，加快推进重点项目、民生事项的审批速度，确保重点项目和民生事项的实施。

（3）信息系统管理

提高规划信息化建设。继续推进规划管理信息系统升级，推动规划资源共享平台的应用。推动网上服务大厅建设，优化网上服务大厅受理、审批等功能，实现审批部门之间信息资源共享和比对，重点实现行政审批申请人证照及材料跨部门信息共享和行政审批结果互认，实现跨领域、跨部门信息共享和业务协同。

（4）刚性弹性并重

城市建设活动的不确定性决定了"一书三证"等管理依据不能囊括所有可能发生的情况，并保证其设定的状况与实际状况完全相符。在核发过程中需要处理好执法刚性与市场需要管理弹性的矛盾。对必须进行控制的刚性指标要进一步明确化、系统化，减少具体操作中的自由发挥空间。

（5）健全批后管理制度

立足在人员少、工作量大的情况下，加强相关部门的力量协调，力争成立联动联管机制，做到对辖区范围内的建设项目进行联合监管，相互通报跟踪检查情况，及时了解建设动态；注重做好批后管理跟踪台账，对项目报批、开工进展等情况登记造册，随时掌握项目建设信息；加强与建设方和施工单位的交流沟通，建立互信互访机制，双方签订在建项目批后管理承诺书，确保建筑物按规划要求施工。

（6）加强违法督查

加强对土地使用和建设活动的日常动态监管，及时发现和制止各类土地、建设违法行为。

进一步加强督查问效。对工作不力、履职不到位的相关规划管理机构及办事人员，严格落实责任追究制度，坚决问责到位。

4.4　强化公众参与

一是程序规范，严格按照法律法规中的程序进行，公开公示的内容格式与备案都规范化；

二是高效管理，严格按照法律法规中时限要求充分落实，保证各方对公众参与事项的信息掌握对称，事由清晰、明确；

三是形式多样化，公开公示可在项目现场、展示厅进行，也可通过政府网站、新闻媒体等发布，或采取座谈会等方式，方便利害关系人知晓，保障公众广泛的参与权。

4.5　突出重点、简化流程

继续深化行政审批改革，优化建设规划管理流程，进一步精简申请材料，简化办理程序，压缩办文时限的措施，从建设单位的立场出发，做到便民利民，提高行政效率，体现服务型政府的宗旨。

4.6　鼓励各地级市出台针对本市的"一书三证"管理规则

鼓励各地级市在省"一书三证"核发工作规程的基础上，结合各自问题和特点，出台主要规划业务的审批要点、规划审批事项的规范标准、"一书三证"审批工作制度等与地方核发操作紧密相关的"一书三证"核发工作导则。

参考文献

[1] 中华人民共和国城乡规划法 [Z]. 2008-1-1.

[2] 广东省城乡规划条例 [Z]. 2013-5-1.

[3] 国土资源部规划司. 中国城镇化进程中的土地制度和政策研究 [M]. 北京：地质出版社，2002.

[4] 邢海峰. 改革开放以来我国城乡用地规划管理制度变迁 [J]. 城市规划，2010（6）：37.

[5] 龚毅. 编制省级规划管理技术规定的技术思路探讨——以湖南省城乡规划管理技术规定为例 [J]. 中外建筑，2014（8）：115-117.

[6] 刘奇志，凌利. 城市规划管理技术规定编制工作探析 [J]. 规划师，2004（7）.

"收权"与"分权"：撤县设区型新市区城乡规划管理权冲突与整合研究——以南京为例

涂志华[*]

【摘　要】虽然中央一再强调城乡规划管理权必须集中在市级不得下放，但在实践中这一要求并没有很好地落实到位。通过撤县（市）设区等行政区划调整方式形成的新市区，由于区划调整前为县（市）一级政府，享有独立的城乡规划管理权限，区划调整后按规定要上收至市规划部门，由于城乡规划管理权作为调控建设用地规模、布局、开发强度的主要手段，对房地产开发、土地财政具有很大的影响，在实质上是一种发展权，是对发展的一种支配权，因此该类地类地区对城乡规划管理权争夺的冲突在所难免，新市区政府以各种方式保留规划管理机构、行使规划管理权限。经分析市、区两级政府在城乡规划管理权上具有不同需求，市级重在统筹与监督的收权，区级重在规划审批的分权，在此基础了提出了这一地区城乡规划管理权整合的思路和路径，通过机构整合、职责整合，实现城乡规划管理权的整合，文章最后以南京为实例进行了研究。

【关键词】撤县设区型新市区，城乡规划管理权，冲突与整合，南京

改革开放以来，撤县设区行政区划调整较为普遍，据 1983～2013 年的 30 年间，全国撤县设区行政区划调整共有 127 例。其中大规模撤县设区的高潮发生在 2000 年前后，在 2000～2002 三年间全国撤县设区行政区划调整达 44 例，北京、上海、天津、广州、南京、杭州、西安、成都、宁波、常州等城市都进行了行政区划调整。将中心城市周边代管的县（市）撤县设区后，市区范围获得快速扩大，由原来的几百平方公里一下扩展到调整后的数千平方公里，城市可以在更大的空间范围内进行功能优化、产业布局和结构调整，城市调控发展的要素大大增强。正因撤县设区对发展的巨大带动作用，撤县设区的调整仍在不断进行，并且近几年有不断增加的趋势，2011～2015 年 9 月，国务院批准撤县设区达 46 例。

1　撤县设区型新市区城乡规划管理权冲突及问题

1.1　城乡规划管理权冲突

撤县设区后，由县级行政建制调整为区级行政建制，由于《城乡规划法》未赋予市辖区政府城乡规划管理权限，城乡规划管理权须统一上收至市规划主管部门，区政府不再保留规划管理机构和规划管理职能。但由于城乡规划管理权作为调控建设用地规模、布局、开发强度的主要手段，对房地产开发、土地财政具有很大的影响，在我国特定的快速城市化背景下，受"房地产热"、地方政府土地财政的强劲推动，其在实质上是一种发展权，是对发展的一种支配权，因此撤县设区后的新市区政府当然不会甘心直接将权限拱手相让，想方设法保留区级的规划管理机构和自由支配规划管理权限，因此"市"、"区"两

* 涂志华（1980–），男，南京市规划局高淳分局局长、清华大学访问学者、博士、高级规划师、注册规划师。

级的城乡规划管理权冲突就此产生。这种冲突并非个案，在全国大多数地区具有普遍的代表性。

因此除部分城市按照《城乡规划法》的要求进行落实外，很多地方对这一规定执行得不是很到位，采取"拖延"、"变通"、"部分执行"等方式保留原有规划管理权限，通常做法有：

（1）拖延制。出于新老两级体制交替、磨合，和稳定的考虑，通常会设定相应时限的过渡期，在过渡期时间，会延续原有县级行政管理权限，对原有人、财、物及机构进行整合和调配。由原来的县规划局改为区规划局，所有的人员配置、业务审批、业务权限不发生任何变化。

（2）变通制。按照国务院有关规定要求，设立市规划局驻区分局，有些城市也按照此要求进行了执行，但仅仅是名称上由县规划局改为市规划局驻区分局而已，其他在人员配置、业务审批上、审批权限上仍接受区政府的领导，与市规划局无任何人、财、物、权限上的关联，并没有实现规划的集中管理。

（3）双轨制。市规划局也派驻了驻区分局，原县规划局也保留更名为区规划局，形成两套规划管理机构同时存在的局面。在人员配置上、业务审批上各自接受主管部门的领导，在审批权限上会有一个大致的分工，但权限交叉、职责交叉、管理边界交叉现象不可避免。

1.2 撤县设区后规划管理体制存在的问题

上述采取"拖延"、"变通"、"部分执行"等做法保留原有规划管理机构，行使规划管理权限，将带来严重的问题。

（1）违法存设规划管理机构

撤县设区后，由县级行政建制调整为区级行政建制，《城乡规划法》未赋予市辖区政府城乡规划管理权限，城乡规划管理权须统一上收至市规划主管部门，区政府不再保留规划管理机构和规划管理职能。除《城乡规划法》外，国务院也明确，规划管理权必须集中城市政府，不得下放，下放的必须予以纠正。早在 1987 年国务院《关于加强城市建设工作的通知》中就指出："规划管理权必须集中城市政府，不得下放"；1996 年国务院《关于加强城市规划工作的通知》（国发 [1996]18 号）指出："对擅自下放城市规划管理权的，要严肃查处和纠正"；2000 年国务院办公厅《关于加强和改进城乡规划工作的通知》（国办发 [2000]25 号）指出："市一级规划管理权不得下放，擅自下放的要立即纠正。城市行政区域内的各类开发区和旅游度假区的规划建设，都要纳入城市的统一规划管理。"2002 年国务院《关于加强城乡规划监督管理的通知》（国发 [2002]13 号）指出："设区城市的市辖区原则上不设区级规划管理机构，如确有必要，可由市级规划部门在市辖区设置派出机构。"显然，在撤县设区后，采取"推延"、"变通"、"部分执行"等方式保留原有规划管理机构、规划管理权限的做法与《城乡规划法》和国务院的规定是相违背的。

（2）影响规划权威和规划审批带来混乱

撤县设区后，区政府采用"拖延"、"变通"、"部分执行"等方式保留原有规划管理权限，对规划权威带来负面影响和给规划审批带来混乱。第一，在规划机构上，区规划管理机构的存在与国家《城乡规划法》和国务院有关城市集中管理的要求相违背，规划管理机构的存在本身就不合法，对规划的严肃性、权威性带来影响。第二，在规划编制上，由于区自身规划管理机构的存在给规划编制的组织带来了便利，在编制规划时，编制出来的成果常会与全市规划控制的要求相冲突，或者总是试图突破规划控制的要求，或者出现规划的频繁调整，给规划的严肃性、权威性带来影响。第三，在规划审批上，由于区自身规划管理机构的存在给规划审批带来了便利，不符合规划要求的往往能很顺利地取得规划审批手续，与全市其他地域相比，审批的标准、审批的要求、审批的结果不一样，带来规划审批的混乱；同时面对同一区域范围内，同时存在多家规划审批机构，给报建单位，尤其是前期没有报建经历的单位，带来不清楚该去哪家报建的尴尬，有时还会形成"这家不行，而那家可以；这家不符合，那家却同意"的混乱局面，严重影响了规划的权威性。

（3）影响全市统筹发展和行政区划调整效益的发挥

撤县设区型新市区大多数位于主城区外围的城郊结合部，是主城功能疏解和扩散的主要承接地，发展动力强，发展态势好。对这一区域进行撤县设区行政区划调整的初衷就是为了打破原来市、县各自独自发展的局面，整合全市的要素资源、空间资源，形成全市统筹布局、统筹发展、整体发展，最终提升城市整体竞争力和发展效益。在实现这一目标中，规划扮演了非常重要的角色，一是通过城市规划的编制，对这种整体发展的思路进行谋划，并在规划图纸上进行落实，形成全市和所在区发展的蓝图；二是通过规划项目的审批，将规划的蓝图通过一个个项目的实施，变成现实。规划编制和规划审批二者都不能偏废，都会影响全市统筹发展、一盘棋发展的大局，规划编制上没有执行到位，首先在谋划的层面就没有达到全市的统筹；项目是对规划的落实，如果在具体的项目审批不按原来的规划进行落实，那再好的规划也相当于是落空。撤县设区后，部分城市采用"推延"、"变通"、"部分执行"等方式保留原有规划管理权限，区规划管理部门在规划编制上、项目审批上的思维必然以区的发展要求为出发点，全市的统筹发展、整合发展那是其次的事，从而影响全市统筹发展和行政区划调整效益的发挥。

2　国内外相关研究进展

2.1　国外研究进展

国外没有类似于我国的撤县（市）设区等行政区划调整，但国外规划权力冲突与效益方面的研究，典型国家或地区城乡规划权力整合和分权等方面研究比较深入。让·保罗·拉卡兹（Jean-Paul Lacaze）在其所著《城市规划方法》中首先提到"城市规划与权力的关系"，提出"规划实际上是权力的部分"，权力性是城市规划学科十分重要的体现。John Forester 认为规划必然地处在权力运作的过程中并发挥作用，权力通过对规划实际运作过程的研究来改变对规划的认识，丹麦学者 Bent Flyvbjerg 在其所著《Retionality and Power：Democracy in Practice》中分析了多种权力对城市规划及建设的影响与作用 。美国学者 Nancy Fraser 则通过大量引用福柯的权力观点，对社会公共领域和城市规划中许多问题作了十分深刻的揭露。Borja 和 Castells 都认为一个城市必须从地方本身进行考虑，英国政府从 1997 年开始在全国范围内进行权力下放，中央政府将决策权下放给地方政府和区域政府，以达到实现促进经济发展、解决衰退的目的。

2.2　国内研究进展

国内一些学者围绕撤县设区后，新市区如何强化规划管理职能、理顺规划管理体制进行了研究，并以杭州、广州、重庆、佛山等典型地区为案例展开了针对性的研究。徐雁飞以撤县设区后的杭州市萧山、余杭两区为例对规划的整合进行了研究，指出两区虽同属杭州但在规划管理体制的整合上思路却大不相同（徐雁飞，2005）。周霞对佛山行政区划调整后的城市规划管理行政架构进行了研究，提出规划要集中统一编制审批权和重心下移规划实施管理（周霞，2005）。杨玲和朱丹以重庆为案例进行了研究，朱丹指出重庆市规划局在涉及新市区的内设机构中有重叠和交叉的情况，需将关联性较强的部门融合到一个部门（朱丹，2012）；杨玲以重庆市合川区为例，提出了以"两提高、三完善、两加强、三配套"主要思路的区县规划管理体制改革建议（杨玲，2008）。李开宇以广州市番禺区为例，研究了撤市设区后市、区两级政府"规划权"与"发展权"的矛盾激化和城市发展空间等方面的冲突等问题，并从制度设计、加强区域规划等角度提出加强规划管理的建议（李开宇，2009）。程刚结合宁波市鄞州区撤县建区 10 周年，对规划管理机制变化后所带来的效应进行了全面评估并提出了完善的思路和建议（程刚，2011）。林拓对上海崇明撤县设区后对城市发展带来的变化进行了研究（林拓，2016）。

3 撤县设区型新市区城乡规划管理权整合目标、思路、路径

按照《城乡规划法》，城乡规划管理权包括编制管理权、审批管理权、实施管理权三大类，通过对规划编制、规划审批、批后实施的管理，来实现对土地利用、空间布局以及各项建设的规划管理。城乡规划管理权的整合就是保持整体的前提下，按照建设项目从规划编制、规划审批、规划实施的时间逻辑，对规划管理权进行编制、审批、实施三个方面的纵向切割，分别由市、区两级政府的规划部门来行使。

3.1 整合目标

应统筹考虑市级层面对全市城市规划的统筹职能，和对规划管理的监督职能，即收权的需求；同时，需考虑区层面应地方经济发展需要更加贴近区发展实际，进一步简政放权，实现具体审批事权重心下移，提高审批效率对具体规划项目审批的需求，即放权的需求。从市、区层面对规划的统筹、监督、审批需求入手对规划管理权在纵向上进行切割，从而实现新市区城乡规划权"管理层级合理化"和"管理边界清晰化"的整合目标。

（1）市级需求：收权下的统筹和监督

规划的主要特点是统筹性、战略性、全局性，规划要体现从全市规划的系统性、全局性、一盘棋的高度，对全市主体功能区划、经济和产业布局进行落实；对全市的空间布局进行划分，划分建设空间、保护空间、生态空间；对全市的综合交通系统、骨架道路系统进行安排；与土地利用规划、环保保护专项规划等进行协调，与各类专业、专项规划进行综合平衡和衔接，实现"多规合一"。规划的统筹性是全市发展的客观要求所决定，所体现的不仅仅是市规划管理部门的部门利益，而是全市优化发展的整体利益，也是全市所属各区的利益。站在全级的层面来看，对撤县设区型新市区城乡规划管理权整合目标要体现统筹性的要求。

（2）区级需求：分权下的规划审批

相对于老城区零星的城市更新而言，撤县设区型新市区因为是城市化快速推进的主要地区，各种建设活动明显偏多，有大量的商品房小区开发、各类工业园区厂房建设、保障房建设、新农村建设等。而规划审批作为各类建设行为的重要一环，贯穿于前期的策划和决策、中期的方案审批、后期的规划验收等，规划审批都承担了相当重要的角色。对于区一级而言，更看重规划审批的效率，即如何快速决策、快速审批，应是服务项目、服务发展，而不应是阻碍发展的绊脚石。如果规划管理权统一上收给市一级，对区政府而言，因为是上一级政府部门，沟通起来的难度明显要增加，必然影响效率。

（3）整合目标：管理层级合理化和管理边界清晰化

撤县设区型新市区城乡规划管理权整合的目标因为站在不同立场，带来不同的需求，市级层面讲究统筹性，破坏了统筹性是对全市整体发展的破坏，组成全市的各区发展必然也受到影响；区级层面讲究效率性，规划管理效率高了，发展自然也就好上去了，全市由各区组成，区一级好了也就意味着市一级也好了。撤县设区型新市区城乡规划管理权整合应在综合考虑市和区的不同需求的基础上，实现管理层级合理化和管理边界清晰化。

3.2 整合思路

根据管理层级合理化和管理边界清晰化的目标和要求，对城乡规划管理的权力竖向尺度、权力横向

边界进行重新配置。权力的整合思路既包括在政府内部的权力重新配置，也包括政府与市场、社会之间的重新配置；既包括权力的分与合，也包括权力的引与入和权力的放与弃。

（1）权力的分与合

权力的整合包括权力的分与合，市规划部门和撤县设区型新市区政府站在不同的角度，对权力的分与合需求是不一样的，市规划部门需要规划管理权的整合上收以实现统筹管理的需要，新市区政府需要权力的下放以实现高效审批的需要，两者之间的需求便产生了权力的冲突。权力的整合不能简单的考虑分与合，而应兼顾市规划部门的统筹需求和新市区政府高效审批的需要，按照管理层级合理化和管理边界清晰化的要求，来进行权力的分权与整合。

（2）权力的引与入

权力的整合包括权力的引与入，即规划管理过程中，引入社会和政府相关部门的力量，以实现更好的规划管理。应充分发挥规划委员会的决策作用，充实规划委员会中专家队伍、公众代表，通过社会力量的引入，提高规划决策的质量。应充分发挥专家和公众参与在规划方案优化和完善中的作用，通过专家论证会和公众意见征询等方式，收集专家和公众对规划方案的合理化建议，提高编制成果质量。在遇到与规划控制要求不符的规划审批，借助发改部门的主体功能区划、国土部门的土地利用规划、环保部门的环境功能区划的控制要求，共同抵制违反规划行为的发生。

（3）权力的放与弃

权力的整合包括权力的放与弃，处理好规划部门与政府其他部门，政府与社会的行为边界，把一些规划部门不好管也管不好的权限移交出去，整合力量保障核心工作。例如，违法建设的查处，规划部门重在根据规划管理的技术要求对违法建设的性质进行认定，而违法查处的执行职责则可以相应移交给市行政执法综合部门，行政执法部门有专业的队伍，在违法查处的执行上比规划部门更具有优势，同时规划部门应对执行的落实情况进行跟踪核实。

3.3　整合路径

（1）机构整合

按照"全市仅一个规划机构，全区仅保留一个规划部门"的原则，对全市规划管理机构进行竖向管理层级上的尺度重组，整合后全市形成"市规划局—市规划局各区分局—街镇规划管理所"的三级规划管理机构，使规划管理层级的合理化。

（2）职责整合

由于市政府和区政府所处的尺度不同，对规划管理的需求必然不一样，市政府重点更希望对全市城乡规划的统筹安排，规范管理；而区政府则更希望体现规划对经济发展的服务，提高审批效率和服务项目落地。因此，在职责分工上作为政府组成序列的规划部门，市规划局重点体现对规划编制的统筹管理和规划监督管理，而驻区各分局和街镇规划管理所重点服务各区项目落地，重点体现对具体项目的审批管理。

4　南京撤县设区型新市区城乡规划管理权整合研究

南京在 21 世纪初对江宁、浦口、六合进行了撤县设区，在 2013 年又将下辖的溧水、高淳两县进行了撤县设区，在撤县设区的时间上与我国两轮撤县设区行政区划调整的高潮相吻合，在时间上具有一定的代表性；南京属市县经济发达的长三角地区，撤县设区后的新市区政府基于经济利益上的考虑对规划管理权提出了新的诉求，在地域选择上同样具有代表性。

4.1　南京撤县设区型新市区城乡规划管理机构现状

南京撤县设区型新市区城乡规划管理机构由市规划管理机构（市规划局直属分局）、区规划管理机构（区规划、区住建）两部分构成，此外在其范围内南京高新技术开发区、南京化学工业园区、南京江宁经济技术开发区等国家级开发区管委会内部由市规划部门委托行使规划管理权限。具体如下：

（1）市规划局直属分局

重点负责规划审批标准的制定、规划编制、用地审批管理工作，以及衔接涉及跨区性的重大项目规划管理工作。

（2）区规划局（区规划办）

2002年前后撤县设区后，江宁、浦口、六合等新三区根据城市建设发展的需要，成立了相应的规划管理机构。主要来源于原县建设局的规划科，在此基础上成立了区规划局（或规划办），重点负责区范围内日常规划管理中的建筑审批与管理、规划核实与验收工作以及相应的规划配合工作。

（3）区住建局

区住建局在规划管理方面有两项职能：一项是全区范围内城乡统筹、涉农街镇的规划编制、规划审批、项目审批，村镇建设和农民建房的规划管理和审批工作；另一项是负责新市区各自辖区范围内的市政基础设施的规划审批、建设、管理工作。

（4）国家级开发区规划管理机构

在南京范围内，拥有南京高新技术开发区、南京化学工业园区管委会、江宁开发区等国家级开发区，这些开发区分别位于撤县设区后的浦口区、六合区、江宁区。在开发区管委会内部设立有相应的规划设计处，负责开发区范围内的规划设计、规划管理工作。主要职责为：组织开发区范围内的规划编制工作；配合市规划部门做好范围内的规划管理工作；根据授权，承担本职责范围内的规划审批工作。

4.2　南京撤县设区型新市区城乡规划管理存在的问题

撤县设区型新市区拥有的多套管理机构，带来规划管理主体多元，管理尺度混乱，管理边界切分，管理权限不统一等问题。

（1）管理主体多元

新市区范围内存在多套规划管理主体的局面，有市规划部门派驻的直属分局（有的还涉及市规划局相关综合处室参与审批）、区规划局（有时也叫规划办）、区住建局、国家级开发园区管理机构四大类管理主体（相关辖区甚至还有区级二次委托管理现象）。管理主体的多元伴随着管理对象的交叉适应、日常管理工作的职责混杂和交叉（没有公布于众的职责分工、事实运作方式与文件规定差距较大）、区局管理方式的不一致对管理决策的影响等情况。

（2）管理尺度混乱

多套规划管理机构的并存，造成规划管理尺度的混乱。由于管理尺度的混乱，造成市规划部门直属分局定位认识的尴尬，分局在辖区工作的客观定位与外界对分局工作要求的主观认识存在较大错位，新市区分局的客观定位是市规划部门派驻外围新三区的非完全审批管理机构，是办公地点前移、贴近服务对象的工作处室；而外界对分局的认识或要求是区政府机构之一，具有独立审批的职权，审批工作更简洁、办案要求更简单、工作程序更方便，管理方式更适应县级管理权限的辖区、有更多的绿色通道。由于管理尺度的混乱，违反规划的审批行为时有发生（如：用地性质的更改、外部条件的变更、建设指标的反复调整、配套设施的缺漏和规模不足等）；越权（或重复、不规范）审批较难杜绝（如：辖区对建设项目选址用地的核发、建设工程许可的区级重新核发、开发区部分建设工程审批的二次委托等）；先行招商允诺、后修改规划对规范管理带来的被动局面等；批后管理与批前管理权责体系不对应，批前管理涉及多个管理主体，批后管理、违法查处在区行政执法部门，造成权责体系的不对应、管理环节的不一致、管理结果的不了解。

（3）管理边界切分

如果说区规划部门行使规划管理权限是对全市规划管理边界的一次切分，那么区内众多的规划管理机构进行规划管理是对规划管理边界的又一次切分，规划管理的整体性、统筹性受到破坏。以六合区为例，沿江市政建设局负责原大厂区范围，化学工业园区规建处负责化学工业园区范围，六合区规划办负责原六合县城范围，六合区住建局村镇科负责六合区各街镇、村镇的规划管理范围，全区被划分为四个规划管理的地域边界，对规划的整体性、统筹性是个巨大的冲击。由于管理边界的切分，新市区的市规划部门直属分局既缺乏对辖区城乡规划的总体把握和宏观调控（区编规划项目、乡镇建设管理、历史审批项目、在手建设工程审批事项等游离在外）、缺乏对建设项目审批全过程的知晓和掌握（区审批项目缺乏报备案制度）、也缺乏对规划建设用地的"一张图"管理（区级审批没有电子数据、历史审批缺乏规划依据支撑造成的用地红线混乱等）。

（4）管理权限不统一

市规划局各新市区分局的管理权限不统一，就是新市区范围内的各规划管理机构也不统一，造成规划管理权限上的混乱。市规划局新三区分局在各辖区涉及的管理阶层、层次、深度各异，不同项目还存在一些与区规划部门在职能上的交叉或重叠：共性审批内容包括：涉及规划编制的扎口管理，经营性用地招拍挂出让前规划条件出具，其他审批内容还涉及，例如浦口分局包括划拨项目选址及建设用地规划审批、部分建设工程管理审批、参与新农村建设项目的审批等；六合分局划拨项目选址及建设用地规划审批等。

4.3 南京撤县设区型新市区城乡规划管理权整合研究

按照加强城市发展全局的宏观战略研究、宏观规划管理的要求，和新市区提高审批效率的要求，对规划管理权限进行尺度重组，合理划分市、区两级规划管理权限，实现管理层级合理化。市规划部门强化规划编制组织管理和规划监督管理职能，组建"规划编审管理局"和"规划监督管理局"，实现规划编制管理和规划监督管理尺度上移；区规划部门在市规划局指导下，依据市政府批准的控制性详细规划，强化规划项目审批职能，实现规划审批人员在全区范围内的整合调配，充实力量，落实规划审批管理的管理尺度下移。

4.3.1 机构整合

按照"规划编制管理权上移，规划审批权下移、规划监督权上移"的要求，对市规划部门、区规划部门机构设置进行调整。调整后全市仅一个规划机构，全区仅保留一个规划部门，构建形成"市规划局——市规划局新市区分局——街镇规划所"的三级规划管理机构，实现规划管理机构的清晰化（图1）。

（1）市规划局

市规划局为全市城乡规划行政主管部门，负责全市城乡规划管理工作的统筹扎口，政策、规范和标准制定，业务指导及监督管理。在内设机构上，重点体现对规划技术的扎口管理，对规划编制、规划审批（用地管理、建筑管理、市政管理）、规划监督管理的统筹协调、归口管理。

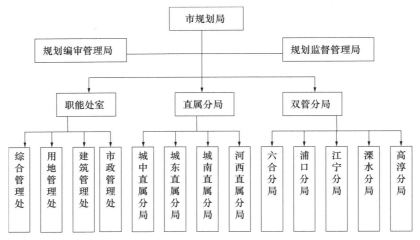

图1 南京市规划管理机构整合示意图

（2）市规划局驻各区分局

市规划局驻各区分局为市规划局派出机构，负责各区的规划管理工作，重点以具体项目的规划审批工作为主。可根据各区实际和历史情况，在中心城区的规划分局由市规划局独立管理；外围地区（撤县设区型新市区）由市规划局和相应区政府联合管理。

（3）街镇规划管理所

街镇规划管理所为各区分局派出机构。撤县设区型新市区包含广大的乡村地区，加强街镇一级的规划管理非常有必要，街镇规划管理所的主要功能为适应城乡一体化、城乡统筹方面发展的形势要求，加强对村镇规划、村镇建设方面的管理，方便各街镇办理相关规划业务，选择若干中心街镇设立规划管理所。

4.3.2 职责整合

（1）规划编制管理职责

由市规划局负责，驻各区规划分局配合。为加强市规划部门对规划编制的管理，在市规划部门组建规划编审管理局，为市规划部门管理的副局级二级机构，局长由市规划局分管局长兼任。此举有利于强化职能和力量，保障市规划局作为全市规划编制组织、管理职能的发挥。规划编审管理局的主要职能负责全市城乡规划编制的组织、审查、报批、审批工作；负责市城乡规划委员会办公室的日常工作；负责全市城乡规划实施的评估和城乡规划的研究工作。根据职能需要，下设宏观层面的总体规划处、微观层面的详细规划处（城市设计处）、乡村层面的村镇规划处（城乡统筹处）、规划委员会办公室（总工办）、规划评估与研究中心等4处（办）和1个中心。

（2）规划审批管理职责

由市规划局驻区各分局负责。驻区各分局行政上隶属于市规划局（在外围地区可由市规划局和区政府联合管理），职责上对应相应区地域范围内的规划审批工作，做到权力尺度上的机构与职责相匹配、权力边界上的管理与地域相匹配。除部分跨区性项目如区域性铁路、高速公路、输油输气管线及需上报市政府决策的项目外，原则上所有项目均由驻区各分局负责审批。驻区各分局下设综合科（办公室）、规划编制科、用地规划科、建筑工程科、市政规划科、规划督察科6个科室，用地规划科、建筑工程科、市政规划科分别负责用地、建筑工程、市政规划方面的规划审批管理；其中，规划编制科、规划督察科为市规划编审局和市规划监督管理局直属外派科室，负责配合履行其在规划编制、规划监察方面的职能（图2）。

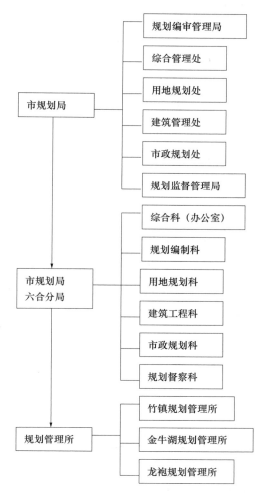

图2　南京市六合区规划管理机构示意图

（3）规划监督管理职责

由市规划局负责，驻各区规划分局配合。规划监督和规划核实属于规划管理的最后一道环节，负责违反规划行为的查处和纠偏改正，正因如此，该项职责易受到各方面因素的干扰。为减少各方面因素对规划监督管理的影响，在市规划部门组建规划编审管理局，为市规划部门管理的副局级二级机构，局长由市规划局分管局长兼任。此举有利于强化职能和力量，保障市规划局作为全市规划监督管理职能的发挥。规划监督管理局的主要职责为：负责全市城乡规划实施的监督、监察、违法查处等工作；负责规划验收和规划核实工作；负责行政复议、应诉、听证工作；负责违反规划建设行为的具体执法工作。根据职能需要，下设规划法规处、规划监督处和规划督察处3个处和规划监察执法支队1个支队。

5　对策及建议

（1）完善立法

以地方人大制订地方城乡规划条例的形式，对市、区两级规划部门的机构设置、部门职责以地方法规的名义明确下来，并赋予相应的法定职责、法定权限，对《城乡规划法》中有关区一级规划管理权限的相关事项进行补充，在依法治国、依法行政的新常态下，为撤县设区型新市区规划管理机构整合、职责优化提供法定地位。

（2）规划成果法定化

经依法批复的城乡规划是规划审批的依据，也是约束违法审批的前提和规划监督的重要保证。应大力推进城市总体规划、控制性详细规划等法定规划的审批，将城乡规划成果以法定化的名义确定下来。

（3）加强监督检查

市人大、市规划部门要加强对城乡规划管理的监督检查，市人大要以执法检查的形式，对市、区两级落实地方城乡规划条例的事项进行检查，包括机构设置、职责划分，以及实际中落实情况等；市规划部门对新市区各分局依法审批的情况进行监督检查。

参考文献

[1] 让·保罗·拉卡兹, 高煜译. 城市规划方法 [M]. 北京：商务印书馆, 1996：88–96.

[2] John Forester. How much does the environmental review planner do?[J]. Environmental Impact Assessment Review, 1980, 1（2）：104–108.

[3] Bent Flyvbjerg. Retionality and Power：Democracy in Practice[M]. Chicago, The University of Chicago, 1998.

[4] Nancy Fraster. Foucault On Modern Power：Empirical Insights Ans Normative Cconfusions. Praxis International, 1981（1）：272–287.

[5] Borja J, Castells M. Local and Global[M]. London：Earthscan Publication Ltd, 1997.

[6] HM Treasury, Department for Business, Department of Communities and Local Governments. Review of Sub–national Economic Development and Regeneration. 2007.

[7] 徐雁飞. 杭州市行政区划调整后之规划整合 [D]. 杭州：浙江大学建筑工程学院硕士学位论文, 2005.

[8] 周霞. 行政区划调整与规划管理体制完善—以佛山市为例 [J]. 规划师, 2005（07）：80–82.

[9] 朱丹. 重庆城市规划管理发展研究（1929–2011）[D]. 重庆：重庆大学建筑与城市规划学院硕士学位论文, 2012.

[10] 杨玲. 重庆市区县规划管理体制改革探索—合川区实证研究 [J]. 现代城市研究, 2008（08）：13–18.

[11] 涂志华. 撤县设区型新市区城乡规划管理权冲突与整合研究——以南京市为例 [D]. 南京：东南大学建筑学院博士学位论文, 2015.

[12] 李开宇. 撤市设区后的城市规划与城市管理—以广州市番禺区为例 [J]. 城市问题, 2009（03）：74–78.

[13] 程刚. 中国换县设区模式的新探索：宁波鄞州模式实证研究 [M]. 北京：经济科学出版社, 2011. 197–220.

地方城乡规划管理与实施联动机制探索——
以黄冈市实施情况为例

易俊博　易国州 *

【摘　要】城乡规划的管理与实施是涉及多主体、多层次、政策性与技术性并重的综合性较强的一项工作，随着我国城镇化快速发展将面临越来越多的挑战。城市总体规划实施评估是检验地方城乡规划管理与实施的有效手段，本文以《黄冈市城市总体规划（2012-2030）》的执行情况为例，从多方面探讨地方城乡规划管理部门遇到的实际问题，并提出建立城乡规划的管理与实施联动机制的设想，以期更加完善城乡规划管理体系。

【关键词】城乡规划管理，地方规划管理部门，联动机制，黄冈市

1　引言

依据法律规定，地方人民政府组织编制的城乡规划，按法定程序报上级或本级人民政府批准后实施。经批准实施的城乡规划具有法律效力，因此遵从城乡规划是各级政府、相关部门和广大人民群众应尽的责任和义务。然而，城乡规划的实施是一门实用型学科，在实践中城乡空间建设的绝大部分内容还是依据法定城乡规划实施的，有些建设内容则没有按城乡规划的实施，究其原因复杂，政府及相关部门在检讨中往往表现得很"无奈"，最后归结起来就是地方政策与多元主体利益诉求不一致造成的。理由之一是城乡规划编制单位设计的内容科学、合理性不够，根据时效性、长期性和综合性需要不断完善；另一方面，有的建设单位或个人为了自身利益最大化，无视他人权益和公共利益，置国家法律、法规、地方政策而不顾违反城乡规划进行建设。前一种情况，可以按照法定程序进行修改或动态维护，完善后引导城乡规划建设。后一种情况则是违法行为，其违法建设为什么屡屡出现？在维护城乡规划管理与实施过程中，不同主体怎样共同把关、形成合力并各负其责有效推行城乡规划实施，制止违反城乡规划以及违法建设的行为？本文以黄冈市城乡规划的执行情况为例，结合实际，探索地方各级政府和相关部门、基层组织以及社会公众如何加强城乡规划管理与实施的联动机制建设。

2　相关背景

2008 年黄冈市城乡规划主管部门借助《中华人民共和国城乡规划法》实施的契机，以城乡规划部门与市发改、国土、城投公司等单位为试点，研究推行部门联动协作机制建设，通过近十年的不断努力和完善，建立了与发改、国土、房产、环保、园林、人防等部门城乡规划工作联动机制，在探索政府及相关部门协助城乡规划工作方面取得了一定成效，目前这项工作作为城乡规划管理体系建设还在不断深化。

---

* 易俊博（1993– ），男，武汉理工大学历史城市与建筑修复过程博士研究生。

易国州（1966– ），男，湖北省黄冈市城乡规划局综合业务科科长，国家注册城市规划师。

城市总体规划实施评估是检验地方城乡规划管理与实施的有效手段，2018年黄冈市人民政府经请示湖北省人民政府同意启动对《黄冈市城市总体规划（2012-2030）》修改工作，经评估在《黄冈市城市总体规划（2012-2030）》的引导下，通过规划、建设和管理，有效指导了黄冈城市建设和发展，建成了一批重大基础设施和公共服务设施，在服务于地方经济和社会发展方面发挥了重要作用。由于区域条件、社会与经济发展以及市场等多元主体需求关系，在实施过程中，也有部分建设项目突破了《黄冈市城市总体规划（2012-2030）》确定的强制性内容。虽然部门联动协作机制发挥了一定作用，但在促进规划管理与实施方面仍然任重道远。通过调查走访相邻城市和黄冈本市辖区10个县（市、区）城乡规划管理与实施状况，得到的调研结论是加强城乡规划管理与建立相应的联动机制刻不容缓。如何更好地发挥政府及部门联动协作作用，加强全社会共同参与城乡规划联动机制建设，引导城乡空间建设依据规划实施和树立城乡规划的权威性，避免建设单位或个人违反城乡规划行为以及违法建设，抛弃规划跟着建设项目跑和频繁修改城乡规划编制的尴尬局面，作为城乡规划工作实务，加强调查、研究、实践和探索尤为紧迫。

2.1 国家层面主导联动体制和机制建设

党的十八大以来，党中央综合分析世界经济长周期和我国发展阶段性特征及其相互作用并作出了重大战略部署，团结带领全国各族人民，紧紧围绕实现"两个一百年"奋斗目标，开辟了治国理政新境界，提出协调推进全面建成小康社会、全面深化改革、全面依法治国、全面从严治党战略布局，统筹推进经济、文化、社会、生态文明五位一体建设。关于城镇化建设要提高城镇建设用地利用效率，按照促进生产空间集约高效、生活空间宜居适度、生态空间山清水秀的总体要求，形成"三生"空间的合理结构。可以说党中央和国务院给未来城镇化建设和城乡规划工作提出了明确的目标和发展要求。

党的十九大也对深化机构和行政体制改革作出重要部署，要求统筹考虑各类机构设置，科学配置党政部门及内设机构权力、明确职责。总的考虑是，着眼于转变政府职能，坚决破除制约使市场在资源配置中起决定性作用、更好地发挥政府作用的体制机制弊端，围绕推动高质量发展，建设现代化经济体系，加强和完善政府经济调节、市场监管、社会管理、公共服务、生态环境保护职能，结合新的时代条件和实践要求，着力推进重点领域和关键环节的机构职能优化和调整，构建起职责明确、依法行政的政府治理体系，提高政府执行力，建设人民满意的服务型政府。为统一行使全民所有自然资源资产所有者职责，统一行使所有国土空间用途管制和生态保护修复职责，着力解决自然资源所有者不到位、空间规划重叠等问题，实现山水林田湖草整体保护、系统修复、综合治理，方案提出，将国土资源部的职责，国家发展和改革委员会的组织编制主体功能区规划职责，住房城乡建设部的城乡规划管理职责，水利部的水资源调查和确权登记管理职责，农业部的草原资源调查和确权登记管理职责，国家林业局的森林、湿地等资源调查和确权登记管理职责，国家海洋局的职责，国家测绘地理信息局的职责整合，决定组建自然资源部，作为国务院组成部门。其主要职责是，对自然资源开发利用和保护进行监管，建立空间规划体系并监督实施，履行全民所有各类自然资源资产所有者职责，统一调查和确权登记，建立自然资源有偿使用制度，负责测绘和地质勘查行业管理等。这次国家层面全面深化改革，将众多的自然资源利用和管理职能集中在一起，从体制上强化综合协调和高效运行联动作用，已主导推行建立空间规划体系的体制改革，城乡规划职能工作将面临重大的改革发展和调整机遇，按照中共中央国务院深化机构和行政体制改革办公室时间安排，城乡规划职能工作的机制建设也将得到长足巩固和发展。

2.2 管理部门引导城乡规划联动机制建设

城乡空间中土地利用资源总量固定、承载力有限，地理位置固定，也不可移动，更不可替代，城乡规划一直是统筹城乡空间发展建设需求和优化土地资源配置的平台，为了保障其科学性和合理性，必须具有统筹的理念、统筹的方法、统筹的行动，充分体现城乡规划的作用。住房城乡建设部出台了《关于城市总体规划编制试点的指导意见》（建规字〔2017〕199号），提出要以习近平总书记系列重要讲话精神为指导，贯彻落实习近平总书记治国理政新理念新思想新战略，推进形成绿色发展方式和生活方式，强化城市总体规划的战略引领和刚性控制作用。住房城乡建设部作为国家城乡规划行政主管部门已从城市建设发展顶层规划设计的城市总体规划的编制入手，明确要求要以"统筹规划"和"规划统筹"为原则，落实主体功能区战略，把握好战略定位、空间格局和要素配置，坚持城乡统筹，落实"多规合一"，使城市总体规划真正成为市党委政府落实国家和区域战略的重要手段。要明晰规划事权，突出审批重点，加强规划审批与监督管理的有效衔接，使城市总体规划成为统筹各类空间发展需求和优化资源配置的平台，从而引导城乡规划联动机制建设。还指出规划编制单位利用科学技术手段，通过认真分析研究充分论证的编制成果按程序批准实施的城乡规划，是城乡空间规划建设的依据，不仅需要社会各界普遍认同，还需要为地方政府主导研究提出高效的规划实施统筹政策。通过部门协同、社会公众的参与和支持，根据不同的分工和协助，将规划构建蓝图逐步变为现实，避免变更规划违反强制性内容，影响规划实施的行为。住房城乡建设部在编制城乡总体规划阶段就要求在批准前和批准后建立全方位的城乡规划管理与实施联动机制。地方城市总体规划作为是城市空间规划建设发展的顶层设计，虽然没有自我更新和迭代能力，但结合本地实际情况创新建立动态维护机制可使城市总体规划更具原则性和灵活性，达到建设项目在城乡规划引导下既满足当代需求的发展，又不损害未来发展的需求良性循环的目的。

2.3　地方政府需要建立城乡规划联动机制

如果说"统筹规划"和"规划统筹"解决了"技术文本"和实施"政策条件"，则"编、审、督"更加强调城乡规划具体管理与实施过程中的统一协调性，即以法定城乡规划为依据，依法行政批准实施建设项目，通过规划实施监督检查结果是否一致的。这就要求"编、审、督"管理与实施过程中多元主体各司其职，并保持协调和统一。编制单位在编制城乡规划时，必须严格遵守国家法律、法规、标准和技术规范，恪守职业道德，与上位规划和相关规划衔接的同时，充分考虑编制的规划内容与城乡规划主管部门管理与实施对接，确保能够实施。城乡规划主管部门和相关部门在管理与实施过程中，需要发挥城乡规划的联动机制作用，并坚持合法行政、合理行政、程序正当、诚实守信、权责统一和高效便民原则。城乡规划监督检查方面涉及权利监督、行政监管和公众监督等方面，在发挥监督作用的同时，还有需要督察纵向上下级政府和横向相关部门与相关单位，确保城乡规划的实施。通过建立城乡规划联动机制建设，让地方政府主要领导知道城乡管理与实施城乡空间建设、产业发展、土地配置、资源利用、环境提升和投资计划等工作怎么抓，相关部门和其他单位怎样各司其职、配合协调达到一致的目的。从黄冈市以及各县（市、区）管理与实施的情况看，地方政府城乡规划主管部门在建立纵向的上下级政府以及横向的相关部门、相关单位的联动机制建设和利用三大规划监督促进城乡规划管理与实施方面还在逐步完善。

3　新时代城乡规划管理工作面临的挑战

3.1　保障城乡规划管理与实施的法制体系有待完善

我国现行城乡规划管理与实施法律保障体系正在逐步完善，由于城乡规划行政管理涉及多个行政领域，其表现形式多样化，目前主要通过《中华人民共和国城乡规划法》来规范。由于缺少统一的行政规划管理基本法的指引，各分散立法在对规划的认识、制定程序、管理体制等方面各自为政，政府及部门普遍认为协助城乡规划管理不是非管不可的行政行为，更难以将其管理责任纳入依法行政职责范围和年终工作目标考核体系，造成了一些违反城乡规划的行为本该有机会在不同的建设阶段加以制止而无人制止的局面，最终得以违规建成且影响城乡规划的实施。由于有些部门工作人员只注重执行本部门的法律法规，对城乡规划法律法规体系缺乏了解，更谈不上认真执行，造成相关部门对实施城乡规划的法律责任尚不够明确，地方政府施行城乡规划管理政策又不到位，进一步造成政府及各有关部门与相关单位在依法行政责任追究的机制没有得到有效落实。另一方面，对于违反城乡规划行为以及违法建设的单位或个人的处罚有限。依据《中华人民共和国城乡规划法》和《中华人民共和国行政处罚法》的有关规定，对违法建设只能改正、拆除、没收并处罚款方式，其处理人和事也侧重于经济方面，对直接责任人和有关责任人的查处则没有明确纳入《中华人民共和国刑法》制裁范围，对违反城乡规划行为以及违法建设责任主体更不存在直接量刑。由于没有及时制止违反城乡规划的行为以及违法建设，加之政府以及相关部门控制措施不力，"亡羊补牢"战线过长与法不则众被动式的管理方式，造成了违反城乡规划行为以及违法建设被模仿和复制，有的地方甚至形成了"羊群效应"。

3.2 政府及相关部门联动机制作用没有充分发挥

违法建设的主要动因是我国正处于快速城镇化时期，在城镇空间中土地资源稀缺且宝贵，且欲想通过建设获取利益的单位和个人，为了利益的最大化，只有采取"从快从简"办法进行建设。更有甚者还会借用政府招商引资和重点项目建设之名，违反城乡规划选址落户搞违法建设。许多研究文献都认为形成违法建设的原因复杂，且难以根除，诸多学者分析了产生的原因。在此，笔者想简单地说明地方政府以及相关部门采取的积极行政行为与消极行政行为，对于违反城乡规划行为以及违法建设行为有可能的阻止路径，进一步阐述政府及相关部门需要相互协助，从而必须加强城乡规划管理与实施联动机制建设的必要性。如城镇化过程中城镇范围内的私房建设问题，地方政府为了解决突显的"脏、乱、差、险"的现状问题，一般采取配套设施、环境整治、整体搬迁等更新改造政策，逐步消除对城镇化发展的影响，然而这与实际状况有较大差距。从城镇化发展的演进过程上看，私房建设问题始终是地方政府头痛的问题，客观上讲原因复杂，但从主观上看，政府及相关部门行政行为忽视了"疏"、"堵"相结合的有效措施，也就是用积极行政行为与消极行政行为结合起来解决问题。一是政府以及相关部门没有花大力气宣传私房建设与城镇发展的矛盾，在管理过程中更缺乏深入、细致的工作；二是基层组织（社区或村组）没有发挥协助支持作用；三是定期的城乡规划监督检查不到位。这是一条自上而下制止违法建设联动机制的消极行政行为，如果把它变成积极行政行为，形成分工明确、措施到位将为有效阻断违法建设的路径提供有利条件。反过来看，基层自治组织与社区居民和村民朝夕相处，容易发现那些私人建房违法建设的蛛丝马迹，采取基层组织治理措施如果得力，可将违法建设消除在萌芽状态；反之，默认或不理，待有关部门发现时，违法建设已经造成对规划实施的影响，处理起来相对困难多了。再如果相关管理部门处理不及时或处理不力，违法建设就会成为物质空间事实。这种阻断私人建房违法建设的路径则是自下而上来进行的，如果将其变成积极行政行为，地方政府对于私人建房的政策明确、相关管理部门配合管理到位、基层组织自治作用明显、有关方面查处得力有效，私人建房违法建设也将大大减少。不难看出，目前对待私人建房违法建设，消极行政行为多于积极行政行为，政府以及相关部门没有形成合力，其联动机制作用没有得到充分发挥。由此可见，加强私人建房管理，有效阻断违法建设和落实城乡规划管理与实施联动机制任重道远。

3.3 城乡规划体系建设联动机制亟待加强

首先，城市总体规划编制是一项领域范围较广、研究内容较多、技术编制路线复杂，但同时又是指导发展物质空间建设比较具体的一项工作。上一年代或前几年，大部分地方政府在组织编制城乡总体规划阶段，没有认真调查和深入研究涉及城乡规划其他行业规划状况，更不谈与其高度融合，难以形成"多规合一"的"统筹规划"，在城乡总体规划编制批复成果也没有把"规划统筹"管理与实施的联动机制放进去，致使经批准实施城乡总体规划这一具有法律效率的政策性文件，没有发挥作用。在经济与社会快速发展的背景下，存在原来的城市总体规划如果没有及时进行修编或动态维护难以适应时代变化的问题。另一方面有些地方政府没有依据城乡总体规划指导下的控制性详细规划（乡村为建设规划）、专项规划以及其他相关规划的编制，造成城乡规划编制体系不完整，临时"拍脑袋"的做法，既不准确又容易引起社会公众对城乡规划的质疑，导致指导城乡物质空间建设依据不足的问题。再一方面是大部分地方城乡规划主管部门，只依靠法律、法规原则性的指导与约束依赖相关部门协助城乡规划管理，没有结合实际情况，依据法律、法规制订纵向上下级政府和横向相关工作部门与其他单位建立——对应的具体联系制度，因此没有建立有效的城乡规划管理与实施机制，导致在实施过程中，错过了提醒相关工作部门和其他单位要为规划管理与实施把关的机会。如果相关工作部门和单位的支持力度不够，城乡规划管理与实施就不可能执行到位。

4　城乡规划联动机制探索

4.1　从城乡规划体系上逐步完善联动机制建设

从城乡规划编制体系上要加强管理与实施联动机制的研究，城乡规划编制是管理与实施的基础，其科学性和合理性直接决定城乡规划管理与实施的结果。住房城乡建设部提出在城市总体规划编制过程中要坚持"统筹规划"和"规划统筹"，强调从规划编制到实施全过程的研究，就是要建立和运用联动机制的途径实施城市总体规划目标。各省、市及将成立的自然资源管理机构为统一行使全民所有自然资源资产所有者职责，统一行使所有国土空间用途管制和生态保护修复职责，着力解决自然资源所有者不到位、空间规划重叠等问题，一定会在"多规合一"的基础上更加强调管理与实施联动机制建设的问题。目前管控城乡空间发展建设的城市总体规划，以后的编制成果会成为综合性、协调性较强的总体空间规划，从发展角度上分析，其规划肯定会更加科学合理地指导城乡空间发展建设。不管空间规划怎么变，落实空间规划责任不能变。为了促使规划的落实，城乡规划职能部门应把空间规划编织成果内容分成法定性内容、政策性内容和引导性内容，然后按照不同层次落实到位。一是将规划区范围、建设用地总量、"四线"、公共设施、基础设施、安全设施等划为法定性内容，向市人大请示，按程序批准实施后产生不得随意改变的法律效率，确保规划强制性内容坚定不移地实施；二是将公共配套建设、规划用地政策、产业发展要求和城市建设时序等设为政府政策性内容，向政府请示，同意后制定措施告之相关部门统一协调实施。其他的内容则作为城乡规划管理的指导性内容，在工作中贯彻落实，这样一层一层地传导下去才能有力保证规划不变样。

从城乡规划法律法规划体系建设上要加强管理与实施联动机制的运用，城乡规划管理与实施的主干法《中华人民共和国城乡规划法》与诸多的相关法以及法律法规、技术标准和规范，也在不断地调整、对接和完善。正同国家层面的法律法规体系建设一样，由"法制"逐步走向"法治"。依法行政行为要以合法行政为基础，而法律永远滞后于现实，然而现实不得不以法律为依据，合理行政是在合法行政的框架下给予管理和相关执法部门一定自由裁量权，城乡规划管理部门在依法行政的同时，要研究与相关执法部门用好合理行政条件下的自由裁量权，并加强部门间联动机制建设，促使规划有效实施。

从城乡规划管理体系上要加强城乡规划管理与实施联动机制的落实，在快速城镇化发展的时代背景下，城乡规划管理与实施面临实际问题比较复杂，也比较具体。这就需要城乡规划管理部门在依法行政的前提下结合本地实际情况，研究提出（包括向本地人民政府请示批准实行）与城乡规划管理的相关政策以及与相关管理部门技术方面对按的问题，从制度和实施办法上加强与相关单位和部门建立联系协助和约束政策机制，逐步建立城乡规划依法行政的联动机制。

4.2　落实与相关部门和有关单位的联系制度

按照国家的基本建设规定，与城乡规划管理紧密相连的行政审批和许可程序有建设项目选址意见、规划条件明确、建设用地规划许可、工程总平面规划方案审查、建设工程规划许可、乡村建设规划许可、规划验收核实证明等程序，城乡规划管理部门在履行各项程序中必须与各级政府及相关部门打交道，涉及比较密集的单位有：发改、国土、房产、环保、住建、人防、消防、安全、保密等部门，其意见作为审批的前置条件或互为前置条件。为了依法行政，一是如何快速获取或给予相关单位的意见，二是如何保证按照国家的基本建设程序运行过程中为城乡规划管理服务的同时把好关。如与发改部门的联系制度设置，城乡规划管理部门审批的建设项目选址意见书（或意见），发改部门必须作为批准、核准和备案的前置条件，同时发改部门的批准、核准和备案文件是城乡规划建设用地、建设工程规划许可的前置条件。否则，会出现程序错误或无法实施的矛盾。国家相关法的条文与城乡规划管理实施都有原则性的规定，如何根据各地的实际情况在不违反法律法规的前提下进行有效对接和落实，这就需要制定城乡规划主管部门与其他相关部门互动的约束和联系制度，依法开展和加强城乡规划管理部门与其他部门联动机制建设尤为重要。据调查，这一切实可行的办法，在黄冈市得到了印证，设市的城市规划管理部门都作为长期性的跟踪研究和探索，其实施效果也越来越好，而有些县城乡规划管理部门对管理与实施的联动机制还没有引起重视，工作效能就差很多。

4.3　加强信息化建设促进城乡规划联动机制发展

城乡规划管理要为经济建设和社会发展服务，必须执行中共中央深化改革领导小组关于行政审批"放、管、服"的要求，在建设项目审批阶段逐步达到建设单位和个人"最多跑一次"的审批时效。城乡规划主管部门在高效服务建设项目的同时，最终目的是不忘初心借助建设项目实施城乡规划。按照城乡规划的"编、审、督"过程，执行"放、管、服"的要求必须措施得力和高度统一，城乡规划信息化平台建设尤为重要，也是促进城乡规划管理与实施联动机制建设运行的重要手段。城乡规划管理部门不仅需要相关单位和部门的联动协助，更要广大人民群众的积极参与、理解和支持，并按城乡规划的要求执行。这就上升到了城乡规划全社会的联动机制建设问题。笔者走访了引导城乡规划信息化建设的几个知名设计单位和成功推行信息化运作的几个城乡规划管理部门，了解到要解决城乡规划部门审批决策时效慢的问题，必须搞好信息化系统建设才是根本出路。如（大家非常关注）政府的重点工程建设项目和招商引资项目在选址时，其多个适中建设项目选址的位置及相应数据非常明确，且都在城乡规划管控范围之中，避免以前建设单位选好的位置又不符合城乡规划用地性质要求或在建设用地范围外选址的被动局面，解决了建设单位选址难的问题，并且选址决策过程准确和高效。又如工业建设项目选址，可以当场出具规划条件，并且只要企业承若按规划条件建设，将进入快速审批程序批准实施。其他建设项目决策则进入网络化的部门快速联审平台进行审核，各部门快速回复预审意见，与同意再提交规划委员会批准实施。不论是建设用地规划许可，还是建设工程规划方案审批其准确性和办事效率大幅度提升。当然城乡规划信息化平台建设达到这样的效果，不止是城乡规划信息平台建设效率的展现，而且是城乡规划管理部门编制体系、法律法规体系以及管理体系建设完善的综合体现，更重要的是它表达了城乡规划管理与实施过程中公众会参与、政府及相关部门协作的快速联动机制建设情况。

5　结语

展望城乡规划的未来发展，不论是体制如何融合、转换与改变，我们坚信城乡规划管理的职能作用对全社会的影响不会变，作为政府城乡规划管理与实施的事务部门，必须继续努力牢记使命和履行职责，把城乡规划管理人的政治责任、法律责任、社会责任和道德责任放在首位，不断提高为民服务的工作效能，在工作中发挥实务 – 务实的作风，利用全社会的科技发展和文明进步创造更加完善的城乡规划管理与实施联动机制，更好地为地方经济与社会发展服务。

参考文献

[1] 俞祥 . 对我国总体城市设计的思考 [J]. 规划师，2011（增刊 1）：222–228.

[2] 朱荣远 . 实用，非法定！——有关城市设计的三点思考 [J]. 城市规划，2014（增刊 2）：32–35.

[3] 张剑龙，任绍斌 . 基于公共管理的城市设计 [J]. 规划师，2007（11）：61–64.

[4] 吴良镛 . 城市与城市规划学：城市规划理论、方法、实践 [M]. 北京：地震出版社，1992.

[5] 吴志强 . 百年现代城市中不变的精神与责任 [J]. 城市规划，1999（1）：27–32.

[6] 吴志强 . 世博规划中关于"和谐城市"的哲学思考 [J]. 时代建筑，2005（5）：18–23.

[7] 中共中央国务院关于进一步加强城市规划建设管理工作的若干意见 [Z]. 2016–02–06.

[8] 赵华勤，张如林，杨晓光，等 . 城乡统筹规划政策支持与制度创新 [J]. 城市规划学刊，2013（1）：23–28.

[9] 周进 . 城市公共空间建设的规划控制与引导 [M]. 北京：中国建筑工业出版社，2005.

[10] 文超祥 . 规划之衡 [M]. 北京：中国建筑工业出版社，2016.

[11] 王俊 . 林岚 . 采光、日照 [M]. 北京：人民法院出版社，2012.

规划转型视角下土地储备实施模式的思考与建议——以北京为例

常 青*

【摘 要】以土地储备为代表的政府主导下的土地资源整理模式是过去也是今后一段时间内政府实施规划的主要方式，在大力加强生态文明建设的转型战略下，土地储备的实施模式必须适应新的发展要求。土地储备模式涉及土地资源整理的规划管理以及土地资产的有偿使用、收支管理等一系列政策制度，本文基于对北京土地储备模式的实证研究，总结了实施历程、发挥的作用以及当前特点，针对北京"减量发展"转型战略，深入分析当前实施模式面临的挑战，提出要把土地资源整理模式的职责定位统一到生态文明的改革战略布局上，增强公益性职责，在规划统筹、土地收支、市场配置等方面加强综合改革，推动规划目标的实施。

【关键词】土地储备，土地资源整理，规划统筹，收支分配，北京

根据《土地储备管理法》，"土地储备是指县级（含）以上国土资源主管部门为调控土地市场、促进土地资源合理利用，依法取得土地，组织前期开发、储存以备供应的行为"，土地储备是政府调控土地市场、实施规划目标的重要手段和方式。土地储备制度是伴随着土地有偿使用制度的建立而发展起来的，2001 年国务院下发《国务院关于加强国有土地资产管理的通知》（国发 [2001]15 号），要求"为增强政府对土地市场的调控能力，有条件的地方政府要对建设用地试行收购储备制度"，土地储备制度在各城市逐步建立，并随着城市开发建设进程的加快，土地储备的规模逐渐扩大，对于规划实施具有重要的意义。

2013 年中共十八届三中全会以来，在城市建设领域高度重视生态文明建设，要严格控制超特大城市规模，将各类城市开发活动限制在资源环境承载能力之内，北京、上海获得批复的新版城市总体规划，都提出了要严格控制城市规模，城市发展由增量扩张为主进入减量、存量的发展阶段。在城市发展转型下，土地储备作为规划实施的重要手段，需要重新定位实施目标，研究实施模式改进要求。

1 北京土地储备发展的历程与作用

北京市于 2001 年成立了土地储备中心，开始实行土地储备制度。从 2001 年至今，北京市土地储备工作经历了从无到有、从小到大的跨越式发展，土地储备开发经历了"政府授权、企业为主实施"到当前的"土地储备机构为主体、各方参与"的发展阶段，逐步形成了"政府主导、市场参与"的总体思路。按照土地储备发展的宏观背景、政策形成完善过程以及储备开发进展情况可以划分为初步建立阶段（2001～2004 年）、探索完善阶段（2005～2008 年）、快速发展阶段（2009～2011 年）以及存量消化阶段（2012 年至今）四个阶段。

---

* 常青（1982–），男，北京市城市规划设计研究院详细规划所高级工程师。

1.1 政策形成历程

土地储备的核心政策主要包括土地收购储备制度、土地收支管理规定等内容。总体来看，北京市土地储备主体制度及相关收支管理配套政策制度在 2005 ～ 2007 年形成并沿用至今，之后主要针对土地储备资金管理的相关配套政策进行了完善。

在建立土地储备主体制度方面，北京土地储备制度是根据《国务院关于加强国有土地资产管理的通知》（国发 [2001]15 号），于 2002 年建立土地收购储备制度与建立土地交易市场，在此基础上，为对土地储备开发的计划、程序、实施方式、成本等全过程进行规范，于 2005 年出台《北京市土地储备和一级开发暂行办法》（京国土市 [2005]540 号），这一文件标志了北京市土地储备主体制度的形成，并一直沿用至今，是北京市土地储备的纲领性文件。

在规范土地储备的资金管理方面，2006 年国务院办公厅下发《关于规范国有土地使用权出让收支管理的通知》（国办发 [2006]100 号），明确实行土地收支两条线规定，2017 年北京印发《北京市土地储备资金财务管理暂行办法》（京财综二 [2007]2367 号），明确规定将土地出让收支全额纳入地方政府基金预算管理，出让收入全部缴入地方国库，支出一律通过地方政府基金预算从土地出让收入中予以安排，实行彻底的"收支两条线"管理。

1.2 新增储备历程

土地储备机构建立之初，按照推进有偿使用，在 2004 年要全面执行"招拍挂"制度，政府主要目标是打破土地市场原有的多头供地的局面，由市土地整理储备中心负责土地收储和交易，建立全市的土地交易平台。因此，在初步建立与探索完善阶段，主要收储对象是中心城内国有工业企业搬迁后腾退出的土地及实施大量不能协议出让的历史遗留项目为主，这类项目因宏观政策调整，原有项目存在大量矛盾，无法短期内纳储，这一阶段土地储备的新增项目较少。据统计，2003 ～ 2008 年新增储备用地约 123km²，约占 2003 ～ 2014 年全市累计已批土地储备用地总量的 33%（图 1）。

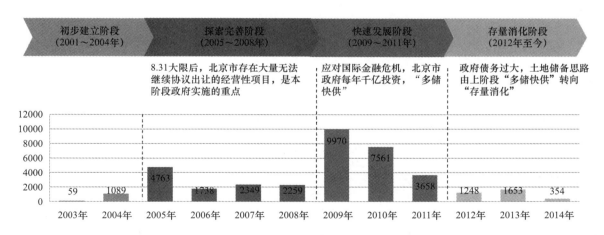

图 1 北京市土地储备历年新增规模情况（单位：ha）

2009 年起为应对全球金融危机，北京市开展大规模土地储备开发，并连续三年实行千亿投资，土地储备进入快速发展阶段。2009 ～ 2011 年北京市土地储备新增规模大幅增长，在途规模迅速扩大，达到约 212km²，约占 2003 ～ 2014 年全市累计已批土地储备用地总量的 58%（图 1）。但在快速增长中，大量批准项目没有考虑现状及规划情况，因此在实施阶段无法立项，造成批准项目无法启动，大量项目实施受阻，政府债务压力与日俱增。

2012 年开始按照"瘦身、控增、提速、降债"的总体思路，保持了千亿投资，新增投资主要以消化储备在途项目为主，土地储备新增项目逐年下降。其中，自 2014 年起，除市政府重点工程和民生工程外，原则上不安排新增土地储备开发项目。2012 ～ 2014 年土地储备新增项目仅约 33km²，约占 2003 ～ 2014 年全市累计已批土地储备用地总量的 9%（图 1）。

1.3 主要作用

北京市土地储备工作经过十余年的发展，对于全市居住和商服用地的供应、民生工程用地保障以及城市整体空间结构调控优化发挥了重要的作用。近 6 年（2009 ～ 2014 年），土地储备机构整理供应的土地约占全市国有建设用地供应总量的 35%。其中，占商品房、商服用地供应总量近 90%，同时实现土地出让收入约 5200 亿元（其中政府土地收益约 2600 亿元），改变了以往被动办理供应手续的局面，增强了对供应总量、结构、布局、时序及价格的调控能力；占保障性安居工程近 2/3，可解决 56 余万户中低收入家庭住房困难问题；大量代征、代拆道路与绿地实施，完善了城市道路网，为百万亩平原造林工程建设提供了用地支撑；近 80% 项目位于城市功能拓展区和发展新区，促进了城市空间结构的调整优化。

2 实施模式主要特点

2.1 实施范围

土地储备制度建立的初衷是要着力加强政府的统筹实施，促进土地资源节约集约利用，但在实际操作中都是严格按照单一项目资金平衡，单个项目平均规模不足 1km²，缺乏较大范围的实施统筹。项目实施方案编制与立项审核是参考《国家发展改革委关于发布项目申请报告通用文本的通知》（发改投资[2007]1169 号），其中"经济影响分析"编写说明里提出需判断拟建项目的经济合理性，虽未明确提出必须基于项目资金平衡，但实际操作中往往要求一级开发成本收益需平衡，造成各种问题间缺乏跨项目、跨区域统筹。

2.2 实施对象

北京现有储备的总体导向是围绕经营性用地的储备开发，储备的对象主要是全市居住用地、商服用地，道路、绿地与民生设施的储备主要是居住和商服储备地块四周的代征地块，基本没有单独收储公共类用地。因此，土地储备机构整理供应的商品房、商服用地能占到全市商品房、商服用地供应总量的90%，但供应的总用地只占到全市用地供应总量的 35%。

2.3 实施资金

2015 年前，北京土地储备融资虽然已形成了银行贷款、保险资金、信托贷款及委托贷款较多元化融资渠道，但主要融资渠道还是银行贷款，负债资金结构单一。2014 年，国务院明确将政府债务纳入了预算管理，并要求不得通过企事业单位举债，土地储备融资工作进入调整期。2015 年，北京市区（县）政府首次以地方政府债券置换了土地储备银行贷款。从北京对土地储备开发资金的规定，资本金比例不低于 20% ～ 30%，相关规定表明土地储备开发在制度设计中是需要一定自有资金量，减少贷款融资产生的成本与还款带来的土地供应压力，目前实际操作中储备机构自有资金未能完全达到规定要求。

2.4　实施周期

　　土地储备制度最初的设计，项目从立项到达到供地条件的时间周期一般是 3 年，但随着拆迁进度与房地产市场调控等不可控因素，普遍带来项目开发实施的周期变长。截至 2014 年底，北京市土地储备所有在途项目中，正常推进项目约占 75%，约 25% 的项目存在征地、拆迁、资金、规划、主体等问题无法正常推进。目前，项目实际开发实施周期普遍延长到 5 ～ 8 年。

2.5　实施收入

　　土地招拍挂的政府土地出让收入包括土地成本、上市底价中的政府预期收益和上市后的政府溢价收益，政府的土地收益包括预期收益与溢价收益。由于房地产市场形势整体较好，根据土地供应后成交数据表明，2009 ～ 2014 年政府土地收益与土地成本的整体比例关系为 5 ∶ 5，2015 ～ 2017 年的整体比例关系达到 6∶4。总体来看，土地储备的收益率较高，产生了大量的政府收益。

2.6　收入支出

　　《北京市国有土地使用权出让收支管理办法》（京财经二 [2007]1011 号）对北京土地出让收入的支出做出了明确的规定，包括四方面：一是征地、拆迁补偿和土地开发的实施成本支出；二是支农支出；三是城市配套设施与基础设施建设的支出；四是用于缴纳新增建设用地土地有偿使用费、国有土地收益基金支出、城镇廉租住房保障支出、支付破产或改制国有企业职工安置费用以及土地出让业务费等支出。总体来看，北京的政府土地收益大部分用于支撑了城市各项发展建设与重大工程实施保障，如保障房建设、轨道基础设施建等。

3　规划转型下的实施挑战

　　土地储备现有实施特点是在增量扩张发展背景下形成的，政府主导下的其他实施模式也具有相似特点。在国家高度重视生态保护与修复、高度重视建设用地的发展质量与绩效的转型要求下，新一轮北京城市总体规划将城乡建设用地作为建设用地管理的核心，在全国超大、特大城市中首个提出城乡建设用地现状"减量发展"（常青等，2017），以土地储备为代表的现有规划实施模式面临严峻的现实挑战。

3.1　如何实现减量发展任务

　　面对减量发展的实施任务，现有土地储备项目的规划管理与出让收入支出分配制度都需要进行改革，与全市城乡建设用地规模"负增长"的实施任务相衔接。

　　对于土储项目的规划管理，目前在途项目大都是增量扩张发展背景下进行的行政审批，立项时没有"减量发展"任务审核要求，不符合减量发展要求。新增项目目前的立项审批办法造成单一项目资金平衡，并且项目空间范围较小，实施整体性被严重弱化。应打破单一项目资金平衡，全面实行增减挂钩，区域平衡实施，实现整体多减少占、多拆少建。

　　对于土储项目出让收入的支出管理，目前对于土地市场超出预期的增值收益，更多还是用于城市开发建设，并没有建立起与土地各项整理任务的挂钩关系。应让土地产生的出让收益更多用于土地"减量发展"的整理任务，加强生态保护修复。

3.2 如何控制成本防范风险

从国家政策导向上要求各地政府降低债务风险，降低债务需要从成本角度尽量降低，从减量实施上也必须控制住实施成本，实现多拆少建。从土地储备整理供应地块的单位楼面成本来看，单位楼面开发成本快速增高，一级开发成本并未得到有效控制，年均同比增速高达 25%。

土地储备开发成本构成包括前期费用、不可预见费用、大市政建设费用、管理费用、征地费用、拆迁费用以及财务费用，对比实际发生成本与立项时核算成本的变化情况，实际成本增长主要体现在三方面：一是拆迁补偿费用提高，主要是由于实际入户调查核定规模大于立项可研规模，带来了直接投资费用增长与安置房用地规模增大；二是财务费用大幅提高，主要由于土地储备融资比例高，缺少自有资金，在立项周期 3 年下财务费用占总成本 10% 左右，随着一级开发周期延长到 5 ～ 8 年，发生的总成本中财务费用已占到总成本的 25% ～ 30%；三是新增保障房等预期外建设任务，摊高了招拍挂地块土地成本（图 2）。

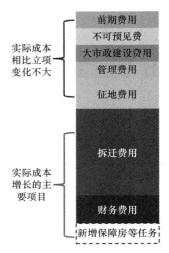

图 2　土地储备一级开发项目各类成本构成

对于开发成本的控制，在现有一级开发实施方案不调整情况下，即保持征收开发实施模式，拆迁标准与实际拆迁规模不进行大的调整，成本降低核心是控制融资的成本，降低财务费用增长，这需提前偿还已发生成本，增加自有开发资金比重，涉及对土地出让收入支出的预算管理进行优化。

3.3 如何促进全市实施统筹

根据《土地储备管理法》，"土地储备机构应为县级（含）以上人民政府批准成立、具有独立的法人资格、隶属于所在行政区划的国土资源主管部门、承担本行政辖区内土地储备工作的事业单位。"土地储备统筹实施部门是国土部门。从 2014 年国务院明确将政府债务纳入了预算管理，土地储备机构不再具备融资职能，主要依托地方政府债券，部分土储在途项目与新增项目转为棚户区改造等其他开发方式，形成政府主导下多种开发类型并存的现状。

目前，北京土地开发项目类型主要有土地储备、棚户区改造、工业园区前期开发、危旧房改造、城中村改造等，其中土地储备项目由规土部门牵头管理外，其他类型项目分别由住房城乡建设部门、区政府等牵头管理。不同部门牵头的开发项目，在实际操作中存在成本补偿标准不统一、项目主体不同、安置方式不统一，造成项目开发成本攀升，项目开发难度加大，引起社会矛盾加剧等问题，不利于全市减量发展任务的统筹实施。

4　实施模式转型建议

在进入减量、存量的发展阶段，从城市开发上有大量低效存量居住、产业用地有待再利用，从规划实施任务上有大量规划未实施公共性用地、开发用地与生态绿色空间上的土地整理任务，需要政府统筹引导，土地储备仍是规划实施重要的抓手，关键是土地开发模式需要全面转型。

4.1 明确模式职责定位

目前以土地储备为代表的土地开发模式，在工作定位上更多侧重土地的开发经营，以保证土地开发后政府的土地收益为主要目标。在生态文明改革的要求下，政府的土地资源整理模式应坚持公益性的职责定位，即为维护公共利益需要，开展环境和资源保护，加强规划道路、绿地、各类公共设施与公共空间、生态绿色空间的土地整理与建设。

土地开发工作要体现公益性必须扩大现有项目统筹实施范围，打破单一项目资金平衡的发展模式，建立土地资源整理单元。土地资源整理单元是按照城乡规划全覆盖原则、减量发展原则、公益性原则等，统筹各类土地资源要素而进行划定，在单元内统筹实施征地、拆迁安置、土地平整、基础设施及公共空间建设。

4.2　统筹各类实施方式

对于目前现有的土地储备、棚户区改造、工业园区前期开发、危旧房改造、城中村改造等不同类型的实施项目，应统一纳入划定的规划实施单元内进行统筹实施，进行规划整体实施统筹。针对目前标准、规则不一致的问题，应统一制定征地、拆迁政策及安置补偿标准，并可根据经济发展水平、物价水平等情况进行调整，规范统一拆迁补偿安置工作。

4.3　调整支出分配规则

落实土地开发公益性的职责定位，必须转变土地资源整理的开发盈利导向，调整出让收入支出的分配规则，即提高土地出让收入用于拆除腾退、留白增绿、各类公共设施建设等任务实施的比例。土地出让的政府收益率，北京目前是根据土地市场实际成交情况，实行浮动收益率，收益率总体在50%以上，上海从2002年起实行固定收益率，即按土地出让收入30%的固定比重计提作为政府收益，剩余70%作为土地前期开发成本，总体来看，上海是将更多的土地出让收入用于前期的土地开发整理。对于支出分配规则的调整，在另一方面是有助于增加土地整理中自有资金的比重，能够有效降低实施成本。

4.4　发挥市场配置作用

在减量、存量发展下，土地资源整理的用地将逐渐以存量土地为主，面临越来越多权利主体的利益协调，目前政府统一实施征收出让的方式，将面临越来越多的沟通实施成本。国家对于土地资源有偿出让的改革导向是要鼓励各方参与存量再利用，发挥市场在资源配置中的决定性作用，建立起资源要素的公共交易平台。目前，从居住用地供应上，国家已出台政策鼓励多主体供地。因此，对于土地储备目前的征收出让方式，可以研究探索拓宽多主体供地范围，制定在政府、产权人、市场之间合理分配存量改造收益的交易规则，发挥产权主体改造的积极性，降低改造过程中的交易成本，加强市场对于资源配置的作用。

5　结语

国家高度重视生态文明建设，从机构改革上健全我国的自然资源资产管理体制，统一行使全民所有自然资源资产所有者职责，统一行使所有国土空间用途管制和生态保护修复职责。以土地储备为代表的政府主导开发模式，仍是今后一段时间规划实施的主要模式，关键是要把职责定位上统一到生态文明的改革战略布局上，立足增强公益性职责，落实好生态文明改革的各项任务，一方面着力提升规划统筹实施力度，增强对各项自然资源统筹整理实施的能力；另一面健全土地资产管理制度，需要在收支分配、市场配置等方面加强综合改革，推动规划统筹目标的实施。

参考文献

[1] 常青，徐勤政，杨春，王姗 . 北京新总规建设用地减量调控的思考与探索 [J]. 城市规划，2017（11）：33-40.

[2] 土地储备管理办法（国土资规〔2017〕17 号）.

[3] 北京市土地储备和一级开发暂行办法（京国土市 [2005]540 号）.

[4] 北京市土地储备资金财务管理暂行办法（京财综二 [2007]2367 号）.

[5] 北京市人民政府 . 北京城市总体规划（2016 年 -2035 年）[Z]. 2017.

分论坛三

乡村规划实施

我国新时期村民系统性参与乡村规划的路径探索——以伍浦村"民意"规划的"三化"新模式为例

王 震 陈 晨*

【摘 要】在传统乡村规划模式下,如何体现民意、留住乡愁,提高村民公众参与的系统性和深度是规划实施中的难点。浙江省湖州市坚持把村庄规划设计作为高质量推进乡村振兴战略和打造美丽乡村升级版的重要抓手,结合"百名规划师联系服务百个传统特色村"专项活动,积极引导社会公众参与村庄规划设计,探索建立融"参与对象多元化""参与流程体系化""参与内容具体化"于一体的"三化"新模式,并在吴兴区织里镇伍浦村开展试点,形成"自下而上、开放协同"的村庄规划设计新范式,成为全省乡村规划及其实施的学习样板和规划典范,对我国其他地区的乡村规划及其实施有重要参考价值。

【关键词】乡村规划,村民参与,民意规划,乡村振兴

近年来,浙江省湖州市坚持把村庄规划设计作为高质量推进乡村振兴战略和打造美丽乡村升级版的重要抓手,结合"百名规划师联系服务百个传统特色村"专项活动,积极引导社会公众参与村庄规划设计,探索建立融"参与对象多元化""参与流程体系化""参与内容具体化"于一体的"三化"新模式,并在吴兴区织里镇伍浦村开展试点,形成"自下而上、开放协同"的村庄规划设计新范式,《留住乡愁"民意"规划——伍浦美丽宜居示范村村庄规划》获 2017 年度省优秀城乡规划项目二等奖、市优秀规划设计奖一等奖,并获得省政府领导批示成为全省乡村规划及其实施的学习样板和规划典范,已经吸引省内外诸多地区前来学习经验,对我国其他地区的乡村规划及其实施有重要参考价值。

1 规划与实施

1.1 规划背景与编制内容

湖州市全面开展乡村规划编制,即是国家层面绿水青山战略和传统特色村落保护与发展的要求,也是浙江省层面两美浙江 ①(建设美丽浙江、创造美好生活)的落实。伍浦村位于美丽的太湖之滨,是南太湖一体化区域特色村落带的特殊节点,是环南太湖滨湖地区保存格局最为完整的原生态溇港圩田农业地区,是展示太湖溇港文化和传统水乡风情的典型地区。

---

　* 王震(1987–),男,湖州市政府发展研究中心工程师。

　陈晨(1984–),男,同济大学建筑与城市规划学院副教授,城乡规划实施学术委员会青年学组委员。

　① 2014 年 5 月 23 日,浙江省委十三届五次全会通过《中共浙江省委关于建设美丽浙江创造美好生活的决定》,指出"两美"浙江要坚持生态省建设方略,把生态文明建设融入经济建设、政治建设、文化建设、社会建设各个方面和全过程,形成人口、资源、环境协调和可持续发展的空间格局、产业结构、生产方式、生活方式,建设富饶秀美、和谐安康、人文昌盛、宜业宜居的美丽浙江。美丽宜居村庄的建设就是两美浙江、绿水青山战略的具体落实。

伍浦村位于美丽的太湖之滨，吴兴区织里镇东北部，全村区域面积 3.2km²，水田 1141 亩，旱地 914 亩，已进行土地流转 1416 亩。村域东西长 2.1km，南北宽 1.8km，陈溇、濮溇、伍浦溇、蒋溇四条溇港由南而北穿过村境汇入太湖。村因古伍浦溇而得名。全村下辖 8 个自然村，目前共 20 个村民小组，农户 504 户，总人口 1961 人。伍浦村于 2012 年被评选为湖州市"美丽乡村"，2014 年提升为湖州市"美丽乡村精品村"。

伍浦村作为市规划系统"双百行动"①的古建筑村之一，村庄规划受到高度重视。为改变以往自上而下的传统村庄规划编制模式，当地开始寻求村庄规划的内生动力机制，探索自下而上的村庄规划编制。在规划编制过程中，规划师以村民深度系统参与规划为突破口和创新点，以民意为源泉，通过专业融合产生化学反应，实现创意提升。《伍浦美丽宜居示范村村庄规划》充分挖掘伍浦深厚的自然生态与人文底蕴，从文化伍浦、生态伍浦、活力伍浦角度出发，计划将伍浦村打造成以溇港文化和湖学文化为核心，具有高品质居住和休闲旅游职能的滨湖特色村落，为伍浦设定了"活态溇港标本，千年滨湖古村；湖学传承圣地，休闲旅游乐园"的形象定位（图 1）。

图 1　"村民版"伍浦规划蓝图

① 2015 年 7 月湖州市规划局印发了《关于开展百名规划师联系服务百个传统特色村专项活动的实施方案》，在全市三县二区部署开展"双百活动"。活动开展至今，受到了各界的广泛关注和好评。

1.2 规划实施过程与效果

《伍浦美丽宜居示范村村庄规划的实施》可具体分为三个阶段，以下依次说明各个阶段的过程及其效果。

环节一是村民自选规划设计单位。政府部门和村委两委共同商定，邀请了市城市规划设计研究院、浙江大学城乡规划设计研究院、浙江建院建筑规划设计院3家省内规划设计单位，参与了这场村庄规划设计任务的"竞选"，纷纷展示了它们为伍浦量身定制的村庄规划技术准备大纲，等待村民代表们的"拍板"。在现场，规划设计单位分别从类似项目案例经验、地方特色分析和伍浦村庄规划总体思路等方面作了通俗易懂的"应聘汇报"。在另一边，伍浦村党总支书记、村委会主任等村干部，党员和村民代表等当起了"面试官"，分别与3家单位进行了交流互动，并从驻点调研、村民参与、文化挖掘、旅游融合、编制人员和经费等方面提出了要求，直接简洁表述了村民的意愿。会后，村民代表们依据设计单位汇报及答辩过程，投票选出了伍浦村村庄规划的编制单位。

环节二是村民自选规划设计方案。规划设计院获得"民选"村庄规划任务后，进行多次方案交流汇报，规划设计单位、织里城建办、村两委相关负责人和村民代表们参加了方案交流，各方经过讨论，敲定了最终方案。在规划前，规划师们对村庄全域进行了研究，提出了四季花海、艺术田园、公共与旅游服务中心、伍浦古村、陈楼古市、溇港圩田保护展示区、蚕桑美食体验展示区、渔民聚落体验展示区等功能策划。并对近期重要实施区域进行详细节点设计，包括村庄入口、旅游集散中心、沿河古村、安乐桥、湖薛线沿线等节点。

环节三是真正的规划实施阶段。作为近期重要实施区域进行详细节点设计的区域，进行筹措建设与运营资金、施工建设、村民入住与就业和原有宅基地的复垦还原。由于本次规划编制过程中就实现了村民参与和自选规划设计单位和设计方案，伍浦村村庄规划村民知晓率100%，村民认可度98%以上。并且，本次规划在建设施工过程中，能够使得政府、规划师与建设单位建立起较好的沟通协调关系，这一成效使得后期建设实施的推进十分顺畅（图2）。伍浦村在村庄规划完成后一年内即实现了自然村规划道路硬化率、规划古道石板敷设完成率均达到100%。建筑立面改造工程完成95%，自然村规划绿化景观节点工程完成80%以上，规划中心公园工程完成征地5000m²，实施进度完成60%。

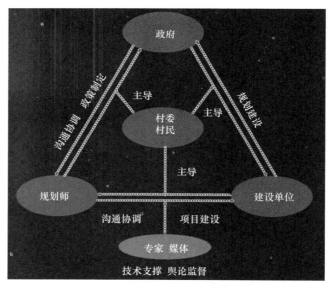

图2 政府、规划师与建设单位的沟通协调关系

　　此外，在规划助推下，伍浦作为太湖溇港地区的重要节点，为太湖溇港成功申遗添砖加瓦，重塑辉煌；同时完成了中国传统村落申报工作，进一步加强对溇港古村的活态保护。规划伊始，便受到了众多媒体和群众的关注，纷纷转载和评论，形成伍浦特色的"民意效应"。同时受到了市规划局的高度重视，得到领导专家的一致好评，并以钉钉子的精神干好伍浦蓝图落地工作。在施工现场的服务指导下，本觉禅寺、伍浦韦宅、溇港沿岸等古村节点，入口景观绿道、沿路建筑立面、旅游集散中心、乡野公园、健身休闲等一批公共设施陆续打造完成（图3、图4），溇港活态博物馆、湖学书院文化节、渔文化主题表演等一系列产业链策划实施，不断丰富旅游业态。通过规划宣传下，老伍浦人、插队知青重返故乡畅聊规划，为伍浦发展献计献策，为珍贵的乡愁奉献了一份真诚的新意。

图3　本觉禅寺、伍浦韦宅等节点的规划实施效果

图4　入口景观绿道、沿路建筑立面等的规划实施效果

2　规划实施中的难点

2.1　如何体现民意

　　在规划实施过程中，如何达成村民之间以及村民与政府之间的发展的共识是一个难题。在乡村规划与建设过程中，传统的做法可能会导致规划不符合村民意愿，建设落不了地等问题。当地创新规划编制

思路，以村民意愿为核心，凸显村民自治在规划中的作用，充分调动村民的积极性。让村民选择他们想要的规划单位，编制他们想要的规划和能够促进农村建设发展、提高农民收入的实用规划。因此，如何通过制度性的手段，达到农民对规划建设过程的全程参与，保证充分的意见交换，也是降低运作成本并确保规划顺利实施的关键议题。

2.2　如何留住乡愁

在规划实施过程中，如何调动村民建设家乡的热情也是一个难题。村民大多数在市区或各地区县打工，在本地居住的村民大多是老人和孩子，他们对于家乡建设缺乏想象力，更难说建设家乡的热情。在规划实施过程中，组织村民外出考察村庄建设的优秀案例，以及吸引知青返乡参与本村建设成为一个亮点。

2.3　如何提高村民公众参与的系统性和深度

在以往的公共参与过程中，村民的参与通常是"被动式"的，主要体现在规划设计的现场踏勘和调研访谈阶段对村民意见的采集，以及方案公示阶段村民可以参与对方案的评价，但这种方式村民只是被动地接受信息，而没有真正地参与到规划过程中。实际上，如果村民能够在规划委托、现场调研、方案编制、方案公示、规划实施等各个环节中全程系统性地参与规划，可以使得村民更好地理解和实施规划；此外，传统的规划技术图纸与村民的认知习惯有一定的差异，需要通过一定的通俗化的表达来进行有效的沟通，多大程度上理解规划也涉及村民公众参与的深度。

3　创新规划实施对策

3.1　坚持参与对象多元化，由"单方主导"向"多方协同"转变

一是构建"1＋6＋X"参与对象组合。 "1"即村民作为主体来主导规划；"6"即六大主要参与对象，包括政府、联村责任规划师、规划编制单位、建设单位、专家和媒体等，政府履行服务引导职能，联村规划师发挥沟通协调作用，规划编制单位负责村庄规划编制、技术咨询，建设单位负责项目实施，专家负责技术支撑，媒体负责宣传和舆论监督。"X"即结合所在地区和村庄实际，根据产业主导型、控制发展型、特色旅游型划分推行一村一策，弹性增加若干个性化参与群体，如该村则增加了知青、游客、乡贤、外来人口等群体。其中，在一次规划设计方案评选的过程中，原伍浦大队知青重返第二故乡，追忆他们的青春足迹，感受如今翻天覆地的变化。最远的知青来自新西兰，大多数来自上海、杭州，作为独特的村民，对伍浦有不一样的感情，对乡村规划建设有不一样的认知。为及时充分吸收并落实知青对规划提出的创意和思路，"双百活动"伍浦村责任规划师组织规划院项目组、织里城建办负责人、村书记、主任和村民代表们在伍浦村村两委进行了伍浦规划深化细化碰头会（图5）。

二是建立联村规划师制度。 选拔具备丰富乡村规划编制或管理经验的人选担任联村规划师，在规划编制全过程中发挥纽带作用，参与决策监督，重要项目推行"四到场"服务制度，即在方案讨论、项目选址、建设过程、综合验收均到场。

三是建立村庄规划议事制度。 该村在村委会的基础上，建立了村庄规划议事机制，议事小组由10～15人组成，成员主要包括联村规划师、顾问专家、规划编制单位、镇规划建设部门干部、村干部、大学生村干部、村内学历相对较高或德高望重的村民代表，主要负责协调解决村庄规划和实施中存在的问题和困难，并及时反馈给政府部门（图6）。

图 5　伍浦村知青返乡现场

图 6　伍浦村村民参与规划的具体方法

3.2　坚持参与流程体系化，由"简略参与"向"系统参与"转变

一是村民选规划设计单位。由村庄规划议事小组推荐邀请 3 家以上经验丰富的单位参与竞聘，围绕技术准备大纲，向村民代表和村庄规划议事小组现场汇报，经提问、答辩，最终由 21 名村民代表无记名投票决定。二是前期调研征求意见。民选规划设计单位依托前期群众基础，根据计划开展详

实的调研，包括村庄现状调查、村民座谈和驻村体验，之后针对性设计家庭问卷调查发放到村民手中，形成村民意愿调查报告，指导规划编制。**三是初步成果征询意见**。通过初步方案现场公示、以家庭为单位征询等方式，规划师记录村民意见建议，分析关键问题，反馈到方案中后，再次进村交流，直至村民同意。**四是村民代表大会审议**。村民代表大会如无重大异议，完善规划方案并形成规划初步成果，如有异议，则需重新修改规划方案，直至村民会议审议通过。**五是部门专家审查规划阶段**。由城乡规划建设主管部门组织专家、有关部门联合审查规划初步成果，经修改完善形成规划成果。**六是规划方案批前公示**。将规划方案在村委会、村公共服务中心等主要公共区域进行公示，征求广大村民等各方意见。**七是规划审批公布阶段**。由织里镇人民政府将规划成果报区级人民政府审批，并由镇政府、区级城乡规划建设主管部门及村委会备案、存档，最后予以公布，规划实施接收社会公众监督。见图7、图8。

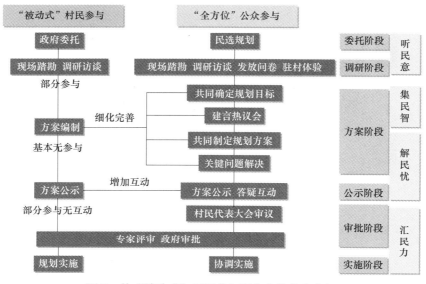

图7 从"被动式"村民参与到全方位公众参与

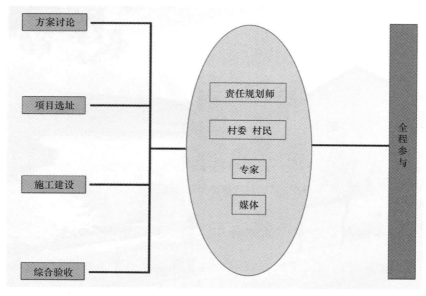

图8 各单位组织全程参与

3.3　坚持参与内容具体化，由"形式参与"向"实质参与"转变

一是共商规划关键内容。该村在规划编制过程中，规划师就建设用地规模和布局、新建住房宅基地面积、建筑层数和风格、旅游设施布局、漾港历史文化资源传承利用、基础设施组织、农业观光类型选择、中心公园和集中养殖区的选址等问题与村民反复商议确定，确保了各项关键内容科学、实用。针对"两规合一"专业性较强、难度较大的实际，采取严控建设用地总量、整合微调边角地块的方法，将"调入调出"边界线叠合到高精度航拍图上，并携图进村向村民详细说明，让村民知道建设用地集中到哪里、原有产权不变、集中建设用地的用途等内容。**二是适度体现个性需求。**结合该村交通区位、旅游资源、历史文化等特点，深入挖掘引起关注的特色问题，设计了个性化问卷。调查问卷中增设了最佳游线、古道用材、水上旅游、老建筑使用权整合利用等个性选项，并增加伍浦老故事、创意墙绘金点子等特殊内容。**三是探索规划村规民约。**在沟通汇报方面，规划师创新采用"吴语"方言向村民讲解规划设计，以最简洁、通俗的方式与村民面对面交流协商。在成果展现方面，重点将"技术文件"转变为"村规民约"，采用图文并茂的形式，将所有成果浓缩在5张A0尺寸的展板上，标明项目名称、航片定位、前后对比效果、建设意向图，清楚地展示了"干什么项目、位于哪里、将建成什么样子"等内容，并将具体管控要求等核心内容转化为村民自愿遵守的"村规民约"，保证了实质性参与效果。见图9、图10。

图9　伍浦村庄建设发展行动指南（村委版）

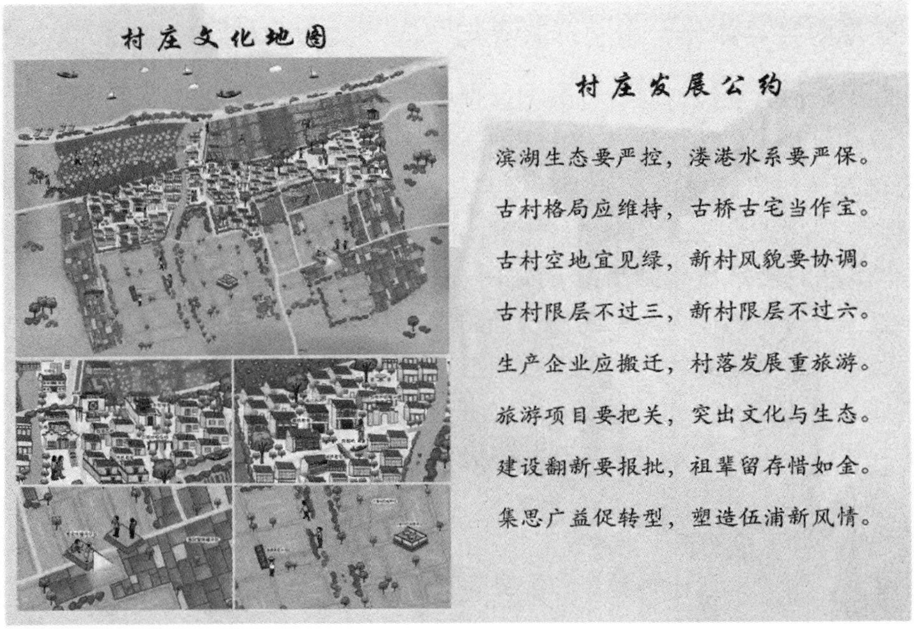

图 10　村庄文化地图和村庄发展公约（村民版伍浦村庄建设发展行动指南）

4　结语

当前，乡村振兴已经成为国家发展战略，望得见山、看得见水、记得住乡愁，不仅是时代发展新主题，也是民众意愿的诗意呈现。但在以往村庄规划中，公众参与大多流于形式，村民只能"被动式"的"伪参与"。但是在浙江省湖州市伍浦村的"民意"规划，以乡愁为出发点，以民意为落脚点，对公众参与的对象、流程、内容和表达进行创新完善，并基于生态维护、古村保护和文化传承等底线思维，形成了村民自选的"民意规划"，形成了全方位的村民公众参与。这次乡村规划实践从与传统村民参与的对比视角出发，构建了新型"伍浦模式"的村民参与体系，核心是强调开放协同、强调全程参与、强调内容参与以及强调通俗易懂。村民不是被动接受规划，而是自始至终与村委、规划师、政府、建设单位一起协同解决村庄发展问题，并在这个过程中起着主导作用，决定重大问题的解决方式及村庄发展方向。这为新的发展时期我国乡村规划中村民公众参与的模式进行了实践探索，对我国其他地区的乡村发展与规划提供了宝贵的经验模式。

参考文献

[1] 希利 P. 透视《协作规划》[J]. 曹康，王晖译. 国际城市规划，2008（3）：15–24.

[2] 边防，赵鹏军，张衔春等. 新时期我国乡村规划农民公众参与模式研究 [J]. 现代城市研究，2015（4）：27–34.

[3] 陆嘉. 乡村规划中公众参与方式及对规划决策的影响研究 [J]. 上海城市规划，2016（2）：89–94.

[4] 王帅，陈忠暖. 现阶段我国乡村规划中公众参与问题分析及对策 [J]. 江苏城市规划，2016（1）：34–38.

集体土地入市：规划实施的新路径——以大兴区黄村镇为例

刘 坤*

【摘 要】大兴区是本轮集体土地改革"33个试点"之一，重点探索集体经营性建设用地入市。在"全区统筹、镇级实施"统一部署下，黄村镇率先启动试点相关工作。

本文结合《大兴区黄村镇城乡统筹规划实施方案及局部地区控制性详细规划》编制和后续工作实践，分析了试点前集体土地无序流转的问题及成因，剖析了集体土地入市路径的政策导向和规划对策；从便于实施角度，反推出"三级统筹、镇级实施、分类分区、稳步推进"的规划方案，并跟踪了实施情况，对后续工作进行了展望。

【关键词】集体土地入市，城乡统筹，产业升级，土地收益，疏解整治

长期以来，通过"一级开发"征地拆迁，是北京城乡结合部地区实现城市化的有效路径。但近年来，随着拆迁成本的节节高升，在北京落实新版总规"减量"要求背景下，"以地换钱"的一级开发路径难以为继。

城乡二元差距的长期存在，是发展"不平衡不充分"的重要体现，严重制约了我国经济社会的可持续发展。集体土地制度改革，被寄予着消弭城乡二元差距、探索新型城镇化路径的历史重任。2014年，新一轮集体土地制度改革启动，第十二届全国人大常委会经投票表决，授权国务院在北京市大兴区等33个试点县（市、区）暂时调整实施相关法律，以期在农村土地征收、集体经营性建设用地入市、宅基地管理制度等方面有所突破。

作为北京的"城市发展新区"，大兴区的集体产业用地长期无序蔓延、环境污染严重、安全隐患突出，急需综合整治。因此在此次试点中，大兴区重点探索集体经营性建设用地入市。黄村镇（图1）委托我院编制了《大兴区黄村镇城乡统筹规划实施方案及局部地区控制性详细规划》，率先启动试点工作，试图以集体土地入市为突破口，通过集体土地入市收益，带动"产业升级、农民安置、环境改善、配套提升"，实现城乡统筹全面发展。

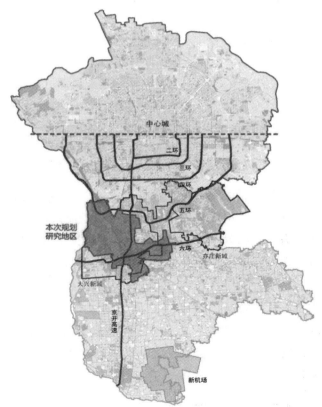

图1 黄村镇区位示意图

* 刘坤（1985–），男，北京市城市规划设计研究院工程师，注册规划师。

1 试点前的集体土地自发流转

1.1 规模巨大的无序流转

黄村镇共 55 个行政村，大多位于北京市南五环至南六环路之间，总面积约 123km²。历史上，黄村镇是北京南部较为典型的农业镇，大田种植为村民主要收入来源。从 20 世纪 80 年代开始，区域性缺水逐渐导致农业生产难以为继，村庄必须找到新的经济来源（图 2）。

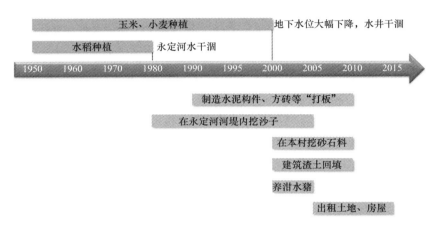

图 2　1950 ～ 2015 年狼垡地区村民主要收入来源演变

1996 年起，随着乡镇企业产权制度改革，特别是 2000 年后，为保障农民增收，北京市农委推动了"二、三产业专业村"和"村级工业大院工程"建设，黄村镇开始"村村点火，户户冒烟"。2000 年后，随着周边丰台科技园、大兴新城的建设、西红门镇的拆迁等，腾退的产业和外来人口就近转移至黄村镇。

大量涌入的产业和人口，带来了对土地的极大需求，出租土地和房屋的"瓦片经济"发达，自发的土地流转达到约 20km²。

1.2 无序流转收益较低且流失严重，对农民增收作用有限

通过出租取得经济收益，是农民自发进行土地流转的主要考量。但由于缺乏规划引导、合理开发和法律保障，土地流转后的用途以村庄工业大院为主，仅能吸引物流、仓储、低端制造等产业，土地收益非常有限。以黄村镇狼垡地区为例，根据黄村镇政府统计，2015 年该区域一般工业大院每亩年租金仅 1.5 万～ 2 万元，虽高于大田种植的收益，但仅为同区域国有建设用地收益的几十分之一。

由于存在层层转包，不高的土地收益也并未全部进入村集体或农民手中。以黄村镇某打工子弟学校为例，其用地面积约 10 亩，最初由村集体租给个人时，年租金仅 3 万元，而多次倒手后，最终用地方实际支出土地年租金 52 万元，绝大多数土地收益在中间环节流失。

注：由于集体土地传统上采取亩为计量单位，本文中在涉及集体土地收益的部分数据上，采用亩为单位。

1.3 无序流转造成环境严重污染，安全隐患突出

集体土地流转后主要用于工业大院建设，将原绿色空间侵占殆尽，物流、仓储、低端制造等产业和外来人口大量聚集，引发了巨大的居住、交通、资源需求，严重超出了地方的承载能力。大量"小、散、

低、劣"企业违规生产、违法排放，加上区域市政配套能力不足，造成环境品质急剧恶化。伴随着违法建设蔓延，火灾、煤气中毒等事件频发，治安压力极大。

1.4 集体组织土地有序流转的自发探索

针对土地自发流转低效无序的问题，黄村镇的狼垡二村等进行了以村集体为主体、统一土地经营的探索。2004年，狼垡二村开始集体经济产权制度改革，将村民承包土地收回，由集体统一经营；2007年成立大兴区首个股份村级经济合作社，注册资本1.1亿元。狼垡二村集体投资进行土地整理和配套建设，通过租赁土地的方式，吸引近40家企业入驻，投资总额近4亿元；与部分企业通过土地入股的形式进行合作，形成利益共同体。

通过集体组织统一流转、经营土地，狼垡二村经济有了较大发展，人均年收入达到北京市农民人均收入2倍以上。村民实现了"四个一"，即：每家有一套楼房、一套出租房、每个劳动力有一份工作、每个集体经济组织成员有一份股份。

2 集体地入市的政策导向与规划对策

针对集体土地无序流转的诸多问题，本轮集体土地制度改革强调从制度层面，对流转行为进行规范和引导。依据本轮改革试点要求，农村集体经营性建设用地是指存量农村集体建设用地中，土地利用总体规划和城乡规划确定为工矿仓储、商服等经营性用途的土地，三个要点为"符合规划""用途管制"和"依法取得"。

2.1 符合规划

符合规划，一方面是防止入市集体土地与原规划集中建设区相矛盾，或侵占山水林田湖等生态管控要素和交通、市政设施、廊道等。另一方面，由于规划的对象为集体土地，而规划的编制和审批权在政府，规划可以成为协调农民集体与政府利益的良好平台，保障经济、社会、生态效益相协调。

本次黄村镇的规划工作，与市、区两级的"两规合一""两线三区"工作动态衔接，切实落实了教育、医疗、文化、市政等专项规划要求，并与国土规划、经济社会发展规划、区域轨道交通规划、高压廊道迁改等工作相互协调，规划成果落实了多方意见，为下阶段项目落地建设创造了良好条件。

2.2 用途管制

用途管制是实现集体土地有序流转、集体经济长远发展的关键。通过集体经营性土地的用途管制要求，可以避免无序流转后产业低端、环境污染、安全隐患等诸多问题。

本次黄村镇的规划工作中，积极对接北京市经济技术开发区和新媒体、生物医药基地，明确了本区域的功能定位和管制要求，确定了花园办公园区、生态旅游产业、汽车休闲产业等重点引导方向，吸引、鼓励符合区域定位的功能和产业进驻，以高效利用新调增产业用地，积极承接北京中心城区功能疏解。

2.3 依法取得

依法取得是保障集体土地入市收益合理分配、保障集体和农民合理收益的前提，也是避免违法建设借机"洗白"的屏障。

本次规划在全镇集体土地确权登记工作基础上，通过合理规划，明确土地权属，分区域建立经济合作组织，统筹规划实施和利益分配。由黄村镇政府主导，由各村经济合作社依人口、土地、资产等，按比例折算入股，分区域建立联营公司，并分步扩大镇级联营公司覆盖范围，从而实现入市集体土地的依法取得。

3 以集体土地入市为核心、以实施为导向的规划方案

我院作为地方设计院，与区、镇、村等各级规划实施主体保持长期稳定而密切的联系，长期跟踪北京市城乡发展，对规划实施关注度高，较擅长从实施角度出发，编制规划方案。本次黄村镇的规划工作，也是坚持实施导向，一定程度上是应对城乡统筹改造和集体地入市试点工作的"实施逆推方案"。

3.1 三级统筹

本次规划在长期跟踪研究大兴区规划和发展基础上，依据大兴区和黄村镇城乡结构特点，确定了城乡规划实施的"三级统筹"：

1）将大兴区划分为大兴新城单元、亦庄单元、新航城单元三个地区级实施单元。每个单元内一个新城级集中建设区，带动周边各镇实现城乡统筹发展。

2）大兴新城单元内含大兴新城和黄村、西红门、北臧村三镇；其中，西红门镇可实现自我平衡，大兴新城剩余资源可优先用于黄村镇和北臧村镇农民安置和产业升级、环境改善、设施提升等。

3）结合黄村镇内各村的具体情况和改造时序，在全区统筹、全镇统筹的基础上，将黄村镇划为了中心、狼垡、芦城、孙村四个具体实施单元，分单元统筹资源与任务，分步推进规划实施（图3）。

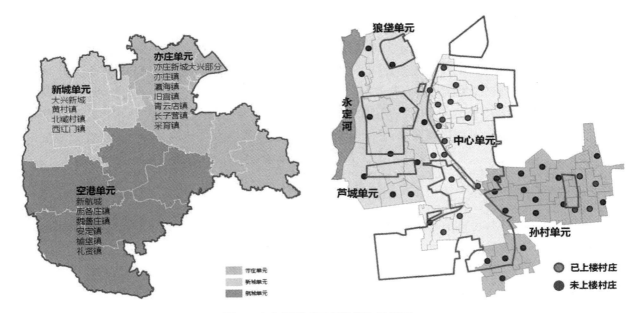

图3 本次规划"三级统筹"示意图

3.2 实施主体与利益分配

在传统一级开发路径中，实施主体为区政府及其授权的一级开发公司，整村拆迁的实施对象为村集体和全部村民，乡镇政府主要承担协调和配合的职能。实施过程中，村集体和农民由于被动接受拆迁，故对拆迁补偿有较高期望，会采取虚报安置人口、提出附加要求等形式，提出高于合理标准的补偿要求。

而乡镇政府从保障区域发展与农民利益角度出发，区政府相对管辖的广大范围人员不足，加上按期拆迁以保障重点项目建设的时间压力，往往会默许和支持村集体和农民的要求。这就造成了实际安置补偿严重高于理论标准，一级开发成本逐年升高，最终使一级开发路径难以为继。

本次规划借鉴相关省市经验，结合大兴区、黄村镇实际，在市、区两级政府支持下，以黄村镇政府主导，分单元成立狼垡、芦城、孙村三个集体经济联社作为实施主体。由于镇级政府与村集体、村民联系密切，且集体经济联社直接体现村集体与村民利益，其在实施过程中，能有效甄别和剔除拆迁腾退中的不合理诉求，大幅降低实施成本，保障集体土地入市工作的经济可行性。

在利益分配上，依据相关政策，确定了集体经济联社作为集体土地入市收入的主体。镇政府、村集体、村民通过入股，依据股份获得相应收益；区政府则按照一定比例，对集体土地入市收取土地收益调节金（暂定为12%）；市政府从支持试点工作角度出发，不参与集体土地入市收入的分配。通过压缩层级，减少利益分配方，本次集体土地入市工作充分激活了基层的积极性，使得相关工作得以迅速推进。

3.3 规划内容

从实施角度出发，本次规划共设置了"减量疏解、产业升级、农民安置、配套提升"四个规划目标，并分别制定了相应的规划方案和实施策略（图4）。

3.3.1 减量疏解

1）集体产业用地减量方案：截至2016年4月，黄村镇待腾退工业大院总量为20.2km²。其中，狼垡单元4.44km²，芦城单元7.73km²，孙村单元7.06km²，中心单元0.97km²。通过加强拆违打非，坚持"拆、打、清、关"相结合，遵循严控新增、盘活存量、优化结构、提高效率的总体要求，清理关停低端产业，坚持快速拆除机制，严厉查处违法用地、违法建设。

2）流动人口疏解方案：黄村镇共辖55个行政村，其中未改造村庄31个，户籍人口3.9万人，而在村庄和工业大院内居住的外来人口约13.5万人，人口倒挂现象突出。本次规划落实北京市疏解非首都功能的工作部署，依据相关产业和人口调控政策要求，通过城乡统筹规划的实施，使现状外来流动人口得到有序疏解。结合旧村改造和集体产业用地建设，使得本地居住人口得到有效安置，并承接部分中心城疏解的高端就业人口，基本实现本地职住均衡。

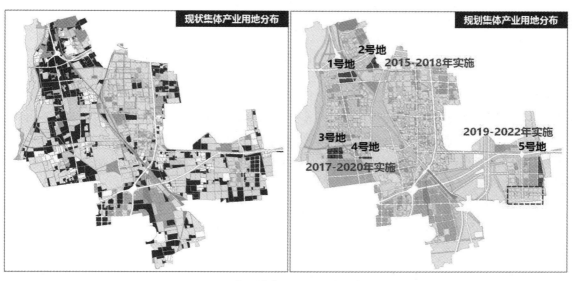

图4 黄村镇产业升级方案示意图

3.3.2 产业升级

本次城乡统筹规划新增共约 2.26km² 集体产业用地，分别布局于黄村镇狼垡、芦城、孙村三个单元。其中，狼垡单元约 89ha，分为 1 号地、2 号地；芦城单元约 81 ha，为 3 号地；孙村单元约 56 ha，为 4 号地。规划新增集体建设用地，主要用于解决狼垡、芦城、孙村单元的工业大院拆迁、企业安置和集体经济组织未来发展问题。规划主导功能以低碳、环保产业为主，并含有交通、市政配套设施用地。在满足集体经济组织发展和保障村民长期收益的前提下，剩余用地可上市进行交易。

为便于规划管理和审批，本规划特规定新规划集体产业用地性质均为绿隔产业用地（北京地方标准特有地类），可根据实际需求进行产业功能安排，用地性质可兼容公建、办公、科研、多功能、配套人才公寓等与产业相关的性质，并明确可作为保障性住房及配套设施建设。

3.3.3 农民安置

31 个现状旧村规划近期按"20＋4＋7"方案分类改造，妥善安置 4 万农民。中心单元埝坛村和狼垡、芦城单元 14 个村，利用集中建设区内剩余用地资源全部上楼。孙村单元近期 5 村就近上楼、4 村集中安置、7 村原址保留，规划调整约 1.24km² 居住用地用于农民安置。

31 个现状旧村规划远期全部城镇化。在规划近期方案基础上，规划将现状保留的约 1.63km² 居住用地指标向孙村组团集中，实现孙村单元近期原址保留的 7 个村上楼安置（图 5）。

图 5 黄村镇农民安置示意图

3.3.4 配套提升

1）公共服务：大兴区近期已开展或完成教育、医疗、文化、养老等专项设施规划，其规划范围覆盖黄村镇域。本次城乡统筹规划实施方案中，积极落实各专项设施规划成果，推动规划公共服务设施建设。

对幼儿园、社区卫生服务中心、综合文化活动室等基层公共服务设施，建议出台相应政策，鼓励符合条件的集体经济组织、企业和公益性组织等，按照相应规范要求，投资设施建设和运营维护。鼓励通过政府购买服务等形式，通过市场化运作提供公益性、普惠性的公共服务。

对部分现状未履行完整建设手续的公共服务设施，如打工子弟学校、村办养老院等，应依据相应专项规划要求，分类明确发展出路。对符合相应规范、与规划无刚性冲突的进行保留，纳入规范化管理，并补办相应手续。

2）公园绿地：黄村镇规划绿地总面积 2438ha，其中现状保留 1052ha，规划新增 1386ha。规划形成"一心一廊，六带多点"的绿化空间体系。

本次黄村镇城乡统筹方案中规划的绿色空间，可作为区级统筹集体产业用地指标的落地空间，建设用地指标由区级统筹安排实施，规模、布局、功能等宜结合全区产业布局统筹研究确定。

3）道路交通：结合黄村镇用地规模调整，对原黄村镇道路系统进行优化调整；规划公交首末站6处，总占地面积4.3 ha；规划公共社会停车场4处、加油站1处。规划将轨道交通M19号线延长至黄村镇芦城单元。

4）市政设施：按照黄村镇用地规模调整，在河湖水系、供水、雨水、污水、再生水、供电、燃气、供热、有线电视、电信、环卫等方面调增设施和管线，提升市政承载能力，规划新增16处供电、4处供气、12处环卫等市政设施。

3.4　实施路线

黄村镇现有20km²工业大院、31个旧村，规划实施难以一蹴而就。本次规划分区域、分内容，制定了不同的规划方案和实施策略，按照先"产业升级"后"旧村上楼"，及"由北向南、由西向东"的时序，形成了黄村镇的整体规划实施路线图。

4　规划实施

本次规划工作提前布局，在全国集体土地制度改革33个试点公布之前，已前瞻性开展相关研究，并最终成为北京市第一个全面启动、完成和获批的入市试点相关规划。由于前期研究深入且切合本地实际，率先明确了入市集体土地的性质、规模与布局，故本次规划对北京市集体建设用地入市管理办法、大兴区集体土地入市相关政策的制定起到了重要参考借鉴作用，对其他各镇相关工作起到了引领和示范作用。

4.1　实施进程

黄村镇四个单元的农民安置和产业升级方案，已结合黄村镇工业大院腾退、西片区城市设计、棚户区改造、新机场高速建设等项目逐步落实，对狼垡、芦城、孙村等地区的环境改善、产业升级等工作开展起到了指导作用。黄村镇1、2号地，是北京市域内规模最大的集体土地入市项目。现已完成全部89ha用地的拆迁腾退，正办理乡村建设规划许可证等相关手续，拟于近期入市。

按照住房城乡建设部"利用集体建设用地建设租赁性住房"试点工作要求，2号地东南部地块已明确用于保障性租赁住房和配套设施建设，将于近期启动，对相关试点工作开展和北京市"保民生""稳房价"等工作起到基础性支撑作用。

近期，按照城乡统筹规划方案提出的"由北向南、由西向东"的实施时序和路线图，将结合大兴新城西片区城市设计国际方案征集，重点研究芦城地区的规划方案完善工作。同时，结合新机场高速路建设以及新版北京总规对南中轴及其延长线的要求，项目组正在持续跟踪和完善孙村地区的相关规划工作。

4.2　实施效果

在本次规划工作引导下，黄村镇城乡统筹工作稳步开展，率先实施了大规模"疏解整治促提升"专项行动，对低端产业进行了有序疏散。狼垡地区拆除腾退工业大院建筑面积超过700万m²，物流、仓储等与首都功能不符的产业已全部疏解；芦城地区拆除腾退工业大院建筑面积超过900万m²，工业大院腾退率达到90%以上；孙村地区也拟于近期启动工业大院的拆除腾退工作。

由于疏解整治工作成效显著，相关领导曾专程赴黄村镇调研，并对相关工作给予指导和肯定。本阶段黄村镇正在抓紧研究腾退后用地的绿化实施工作，并已启动大尺度郊野公园、森林公园等建设的方案设计。黄村镇大尺度"增绿"，将极大改善首都南部地区生态环境，为市民提供休闲游憩场所，整体提升区域环境品质。

5　总结

黄村镇作为大兴区政府所在地和大兴新城主要承载地，又是集体产业用地存量最大的镇，先行启动了基于集体土地入市试点的规划研究，编制了城乡统筹规划方案和近期入市地块控规。在"同地同权、同地同价"的试点要求下，通过合理规划、镇级统筹、分步实施，探索出一条以"集体土地入市"带动城乡规划实施，从而实现从"减量疏解、农民安置、产业升级、配套提升"的新路径。黄村镇在实施过程中，已在减量疏解、产业升级、配套提升等方面取得显著成效。

这一路径在政策路线、实施主体、利益分配、实施路线等方面，相对原有一级开发路径均有较大突破和创新。希望这一路径在得到进一步检验的基础上，形成可推广的有效经验，为北京等大城市城乡规划实施提供另一种范式和借鉴。

山地乡村公共服务设施需求意愿特征及精准规划对策——以浙江屿头乡为例

万成伟[*]

【摘　要】公共服务设施对于促进山地乡村社会经济健康发展、推动实施乡村振兴战略意义重大。长期以来，我国山地乡村公共服务设施规划忽略自身的空间异质性，采取同质化统一配置模式，造成供给缺位、错位现象突出，资源浪费严重，给山地乡村振兴埋下隐患。为响应2018年中央一号文件提出的"乡村振兴规划建设需要避免一哄而上、搞'一刀切'，宜根据各地发展的现状和需要分类有序推进乡村振兴"的要求。本文基于浙江省黄岩区屿头乡的实地调研考察，分析村民性别、年龄、收入、受教育、区位等群体特征及其对不同类型公共服务设施的满意度和需求意愿的影响；并探究了配置问题背后的成因机制，包括内容配置、空间布局、发展时序三方面。最后提出以人民为中心的精准规划对策，应创新规划编制思路与方法，在内容配置上以实际需求为导向多元化供给，在空间布局上"精明收缩"网格化统筹，发展时序上应时应需动态化谋划。

【关键词】山地乡村，公共服务设施，需求意愿，以人民为中心，精准规划，屿头乡

落后地区公共物品的品质与数量的改善能显著减少收入分配的差距（Calderón C，Servén L.，2005）。精准化的公共服务设施供给对于优化资源配置，改善山地乡村公共服务水平，提高社会经济整体发展，促进农民增收意义重大，是实施乡村振兴战略的重要抓手。在以城乡均等化为目标的新型城镇化发展战略带动下，我国乡村地区得到空前发展，积极推进农村地区的公共设施和基础设施的建设，成为各地政府改善农村地区发展的重要措施（栾峰，陈洁，臧珊等，2014），因此，乡村公共服务设施整体水平显著提高，有效缩小了城乡差距，

然而，我国乡村量大面广、类型繁多，各村处于的发展阶段与面临的问题不尽相同，惯性的"计划"配置思维与缺乏有效科学的标准指引，对于乡村公共服务设施规划往往"一刀切"，无差别化配置，尤其是忽略了因空间环境异质性突出造成需求特征明显的山地乡村类型，缺乏针对性策略，造成供给缺位、错位现象突出，衍生系列发展问题。一方面，供需失衡带来严重的资源浪费，对于原本发展要素紧缺的乡村发展如雪上加霜，成为山地乡村振兴的"内患"；另一方面，供需失衡使得村民的生产生活无法高效开展，制约了乡村社会活力释放，阻碍乡村振兴进程。如何适应我国广大山地乡村发展需求来，科学高效地进行公共服务设施的规划配置是实施乡村振兴战略亟待研究与解答的课题。

自科学发展观提出以来，对于乡村公共服务设施规划配置的研究不断增多，主要从规划标准（单彦名、赵辉，2006，杨细平、张小金，2007）、配置模式（耿健、张兵、王宏远，2013；宁玥，2013；赵民、邵琳、黎威，2014；张沛、杨欢、张中华，2015）、满意度及需求调查（杨贵庆、杨建辉、张颖薇等、2011）、服务水平评价（刘复友、钱行，2016）等方面展开了研究。伴随以人为本理念深入人心，学者开

---

* 万成伟（1989–），男，中国人民大学公共管理学院城市规划与管理系博士研究生。

始关注不同社会群体对于公共服务设施的需求，把居民自身的需求和满意度作为影响规划决策和最终目标的重要因素。但在公共服务设施的规划和建设过程中，仍存在"见物不见人"、忽略需求方的差异和主观感受、重设施建设轻服务管理、重设施标准制定轻居民主观感受、自上而下的资源分配方式与自下而上的回馈参与机制缺乏协同、城乡公共服务设施差距与供需不匹配并存的现象，无法满足现今多元化的公共服务设施功能要求（张磊，陈蛟，2014）。在2018年中央一号文件中更是特别强调："乡村振兴规划建设需要避免一哄而上、搞'一刀切'，宜根据各地发展的现状和需要分类有序推进乡村振兴"。可以窥见，学者与政府都注意到现有同质化的乡村公共服务设施标准及规划模式与多样化居民需求之间的矛盾日益凸显，传统发展模式难以为继。但是，关于山地环境下乡村公共服务设施的研究仍然甚少，以需求为导向采取精准化规划策略，实现公共服务设施有效配置的研究视角尚未涉及。

基于上述背景，本文以浙江省黄岩区屿头乡为实证调研对象，从居民需求与满意度出发探索山地乡村公共服务设施的精准规划策略。

1 案例概况及研究方法

1.1 屿头乡概况

屿头乡位于浙江省台州市黄岩区西部山区，距黄岩城区约30km，辖地98.9km²，28个行政村，98个自然村，2016年常住人口约14000人、人均收入约7500元。选其作为案例对象有三点原因：其一，屿头乡因地理环境影响，长期处于区域发展的弱势地位，公共服务设施配置不完善，与城镇生活水平差距较大，社会问题凸显，非常具有代表性；其二，快速城镇化浪潮中，村民收入水平提高的同时面临人口外流、村庄空心化、高龄少子化、传统农业发展萧条等现象严重；全乡非农人口比重不到2%，75%以上的土地坡度值超过25%，地域相对高差达1000m以上，种种特征具有当前我国山地乡村的典型特征；其三，在浙江省新农村与美丽乡村规划建设中，屿头乡都积极响应、参与建设，多年来积累的发展经验可为我国其他山地乡村提供经验借鉴。

1.2 调查范围与研究方法

2015年7月，我们采取问卷调查与个案访谈的方式对屿头乡进行实地调研。为了掌握不同类型村庄对于服务设施的需求差异、配置差异与发展建设时序差异，调研除整体调查外，另选择七个重点村庄进行深入调研。选择重点调研村的原则是：①以集镇为中心，按其辐射力度分强、中、弱三等，体现出村庄发展梯度差异特征；②各村庄的人口规模、经济发展水平等能反映当前屿头乡的总体特征；③必须是不同行政村，且有较为完善的管理组织。选取的重点调研村分为集镇村庄（图1红色标示）、外围村庄（图1黄色标示）、偏远村庄三种类型（图1蓝色标示）（图1，表1）。

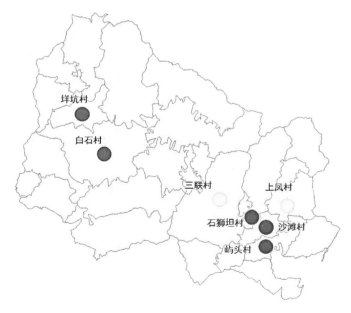

图1 调研村庄分布

调研村庄基本信息 表 1

村庄类型	到集镇车程	常住人口（人）	人均收入（2012 年）（全乡 6216 元 / 人）
集镇村庄	—	2274	9408 元 / 人
外围村庄	约 10min	2143	5742 元 / 人
偏远村庄	约 35min	976	4745 元 / 人

共发放调查问卷 100 份，收回有效问卷 100 份。问卷内容包括"个人基本情况"及"公共服务设施需求意愿调查"两部分。"个人基本情况"包含个人年龄、性别、职业、家庭情况等信息，作为影响公共服务设施需求及满意度的基本群体特征考虑。"公共服务设施意愿调查"部分主要以教育机构、文体科技、医疗保健、社会福利设施为主，同时也涵盖行政管理、商业金融、集贸市场等设施，并从满意度评价及需求程度两方面作为需求特征来考虑。在数据处理上，一方面基于常规数理统计，体现需求特征；另一方面，用 SSPS19.0 对受访对象的个人特征与其满意度与需求度作交叉分析，精准掌握不同人群特征的公共服务设施差异需求。

1.3 受访群体特征分析

在受访的 100 位对象里，性别方面：男女比为 46∶54（图 2）；年龄结构：45 岁以上的占 65%，35 岁以下的占 23%，两者之间的占 12%，受访对象的整体年龄偏高，这也是目前乡村人口老龄化趋势的现实映射（图 3）；受教育情况：高中及以上的占 27%，初中比重最大，占 29%，初中以下占 43%，总体受教育水平较全国乡村平均受教育水平高（2010 年，全国六普数据显示：初中及以上 54.7%）（图 4）；从职业分布看：农民占比最大，达 40%，三产服务、工人及其他占 50%，其余占 10%，可以看出，目前乡村人口职业呈现多元化趋势（图 5）。家庭结构情况，受访者每户平均 5 人，常住人口 3 人，在外务工 1 人，小孩 1 人，可见农村家庭少子化现象凸显（图 6）；家庭收入：48% 以上的家庭年均收入超过 2.5 万元，年均收入 1 万元以下的占 34%，年均收入在 1 万～2 万元的占 18%，呈现出"两头大、中间少"的态势，反映出村民间的贫富差距大（图 7）。

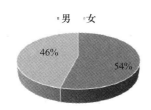

图 2 调查对象性别比

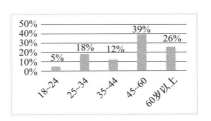

图 3 调查对象年龄分布

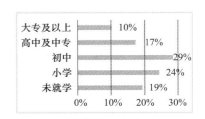

图 4 调查对象受教育情况

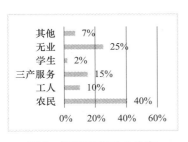

图 5 调查对象职业分布

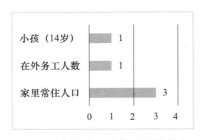

图 6 家庭人口结构（平均数）

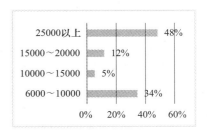

图 7 调研对象家庭年收入

2 公共服务设施的配置现状、满意度与需求特征分析

2.1 公共服务设施配置现状整体分析

为整体性了解岠头乡公共服务设施的配建情况，先从乡、村两级来作一个概括性的认知，为精准把脉公共服务设施配置提供研究基础。

（1）村级公共服务设施

村级服务设施的整体配置完善度不高。对全乡28个行政村调研发现，行政管理设施配置情况最好，配置率达100%，且有独立的办公场所；其次是商业设施，以村民自营的便利店为主，配置率达到93%；紧接着是以基本康体设施为主的体育设施，配置率达到86%；以村图书室、文化活动站为主的文化设施，配置率达71%；而社会福利、教育机构、医疗保健设施的配置率都不超过15%。

（2）乡级公共服务设施

乡驻地常住人口约2200人左右（根据2012年岠头乡统计公报），按照《乡村公共服务设施规划标准》（以下简称《13版标准》）的乡驻地规模等级划分标准来看属于小型。目前设有的乡公共服务设施涵盖了所有大类，包括了各项主要设施；从各项设施面积标准来看，行政管理、教育机构、社会福利设施符合标准指标，而文体科技、医疗保健、商业金融、集贸市场明显低于该版标准（图8）。

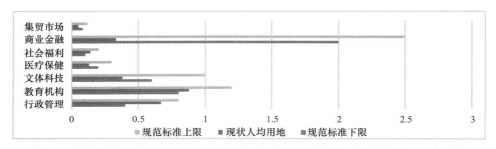

图8 各项公共服务设施配置现状指标与《13版标准》指标对比（单位：m²/人）

（3）总体特征分析

从乡、村两级公共服务设施的配置情况来看，主要有以下特点：

① 村级的生存型服务设施配置完善度明显低于发展型设施。按照发展规律，医疗保健、社会福利等生存型服务设施的配置完善率通常高于文体、教育等发展心设施，但是岠头乡刚好相反（图9）。究其原因，一方面，浙江省政府近年相继出台了"春泥计划"[①]、"文化礼堂"[②]等农村文体设施发展计划，加速了乡村相关基础设施建设；另一方面，相较发展型服务设施的建设管理成本，生存型服务设施初期建设投资小、后期维护运营成本大，从长期来说，总体投资成本大，政府虽然作为社会管理部门，但往往扮演着理性经济人的角色，尤其是在财政不足、体制尚未健全之时，往往会优先提供总体成本较低、易于运营的设施。

② 公共服务设施空间分布与人口密度结构密切相关。按照人口规模，把28个村，分为小型、中型、大型、特大型四个等级。对比发现，人口越多、人均收入越高、空间上受乡驻地辐射越强的行政村公共

---

① 2008年以来，浙江省在全省农村实行的以春泥书屋、春泥讲堂等场所为依托，组织引导农村未成年人开展实践体验、思想文化教育活动。

② 2013年起，浙江省计划以有场所、有展示、有活动、有队伍、有机制等为基本标准，通过5年努力，在全省行政村建成一大批集学教型、礼仪型、娱乐型于一体的农村文化礼堂。

服务设施配置越完善（图10）。长期以来，集中化、规模化的发展思路，使得公共服务设施也跟着集中化、规模化发展，形成较为明显的从乡驻地—外围村—偏远村圈层递减的"中心—边缘"结构。因人口密度、经济发展水平、地形条件等差别，导致各村庄公共服务设施分布差异较大。

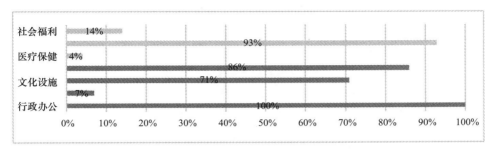

图9 屿头乡各行政村各项公共服务设施配置率

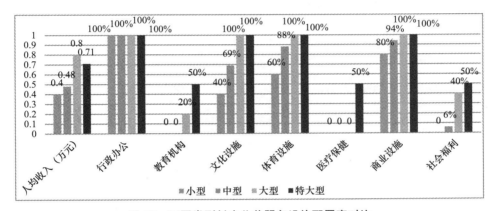

图10 不同类型村庄公共服务设施配置率对比

③ 公共服务设施存在配置水平与管理营运水平"双低"。乡村两级公共服务覆盖面较全，但设施内容较单一、层次低、设施环境质量不高、选址布局不利、加上后期管理维护力度不够，造成使用效率不高。例如，许多村庄的基本康体设施多布置于村委会侧边空地，用地只是简单整平，建设初期勉强能凑合使用，后期缺乏维护管理，场地杂物堆积、野草丛生，乃至无人问津，造成资源浪费。

2.2 满意度与村民群体特征的相关性

为深入剖析各项设施满意度与村民群体特征的相关性，研究分别对性别、收入、交通区位等影响因子与各项设施满意度做交叉分析，发现：

（1）少数设施满意度存在性别差异。如在体育活动设施与老年活动站的满意度上有超过10%的差距（图11、图12），其余设施的满意度均相差不大。

（2）经济水平越高、交通区位越加便利的村庄，公共服务设施配置水平越好，但满意度不一定高。偏远型村庄对各类设施的满意度总体较低，一方面这类村庄的公共设施配置水准总体不高；另一方面，由于交通条件差，可达性较差等因素加大了偏远型村庄的不满度（图13、图14）。集镇村经济水平发展高，占据区位优势，不仅本村公共服务设施配置较全，而且可以方便享用乡级服务设施，按理该类型村庄对于设施的满意度评价最好，但除村委会、教育、娱乐设施的满意度略高于外围村外，其余设施满意度均较低。调查发现，集镇型村庄村民非常关注服务内容、服务时间等影响服务设施品质的因素，而现有的医疗文体、集贸市场等设施服务水平普遍偏低，供给与需求矛盾致使该类型村庄对相关设施满意度不高。

而对于外围村，交通区位良好，经济发展较快，村庄服务设施配置相对较全，村民需求层次与服务设施供给水平较为契合，总体满意度相对最高。

（3）收入越高的家庭对于公共服务设施要求越高。除文化娱乐设施与集贸市场外，其他设施的满意度低收入家庭均高于中、高收入家庭，而高、中收入家庭的满意度总体较为相近，如体育活动设施，乡卫生院（图15、图16）。从整体来看，目前屿头乡低收入家庭对于公共服务设施的配置水平要求较低，而中高收入相对较高，但两者的需求层次差别不大，这与马斯诺需求层次理论吻合。

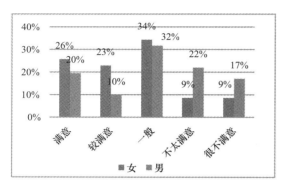

图11　分性别体育活动设施满意度

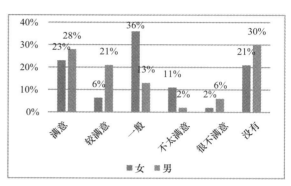

图12　分性别的老年活动站满意度

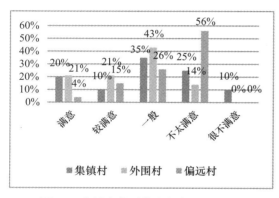

图13　分村庄类型的集贸市场满意度

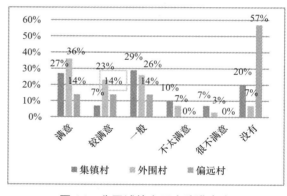

图14　分区域的乡卫生院满意度

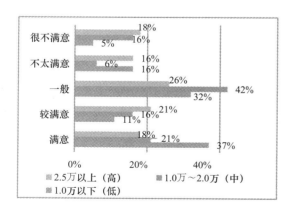

图15　分收入体育活动设施满意度

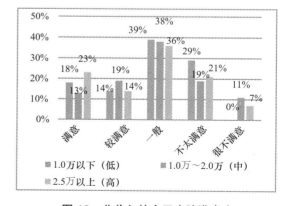

图16　分收入的乡卫生院满意度

2.3　需求度与村民群体特征的相关性影响

同样，将村民对公共服务的需求与村民年龄、家庭收入、性别、家庭区位等群体特征因子作交叉分析，发现快速城镇化带动下屿头乡对于公共服务设施需求非常旺盛，呈现如下特征：

（1）不同类型村庄对于生存型服务设施与发展型服务设施需求程度存在梯度差异。以养老服务、医疗卫生为代表的生存型性服务设施及以文体娱乐为代表的发展型服务设施的需求度最高（图17）。偏远型村庄对于生存型服务设施需求更为强烈；集镇村总体偏向于发展型服务设施；而外围村对"两型设施"的需求都较为强烈，这与外围村较好的区位及经济发展背景有密切关系（图18）。

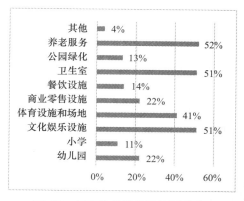

图17　各项公共服务设施需求度

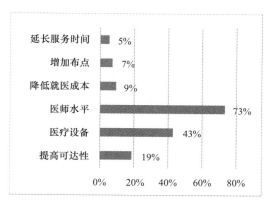

图18　乡卫生院改善总体需求

（2）从关心设施的有无到"量质并重"发展。如马斯洛需求层次理论所表明的，当人们基本需求得到满足后，就开始追求更高层次的需求。从各分项设施调查发现，对于已配有的乡级小学与卫生院等设施，村民对教师质量、医师水平等体现服务水平的关注度较大，而对于相应的硬件建设关注度相对较弱（图19）。另外，村民普遍觉得现有文化娱乐设施内容单一，难以满足多样化需求。可见，随着村民生活水平的提高、乡村产业结构多元、村民职业类型丰富、空闲时间的增多，村民对于各项设施服务的品质要求更高。

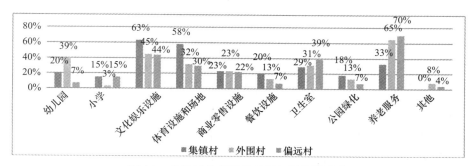

图19　分区域的各项公共服务设施需求度

（3）不同的人群对于公共服务设施的需求不同。村民因性别、年龄、收入、教育、职业等背景的不同，对于设施的需求也不尽相同。比如，体育活动设施，女性喜欢轻、慢型运动，而男性偏好于球类项目；高收入群体更加关注发展型服务设施与服务的品质，而低收入群体对于生存型服务设施需求强烈（图20）；年龄小的偏向娱乐、商业等发展型设施，而中年人口的需求分布相对均衡，呈多样化分布特征，老年人口注重养老服务与医疗保障等生存型设施。可见，要实现公共服务设施的精准化配置与高效使用，就应对村民个性化需求与个性化服务之间建立良好的应答机制，才能体现"以人民为中心"的规划理念。

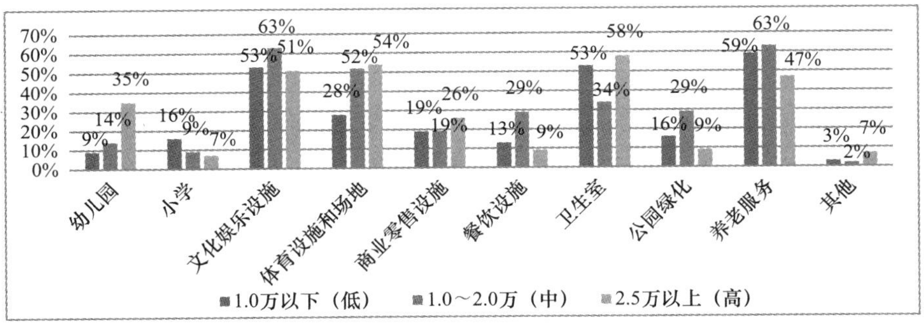

图 20　分家庭收入的各项公共服务设施需求度

可见，不同人群结构、不同收入水平、不同交通区位等背景的人群对于公共服务设施满意度评价有所不同，规划不能以偏概全、统一模式标准化，需根据具体特征采取差异化的方法，从而有助于实现公共服务设施的精准化投放。

3　村民对于公共服务设施需求趋势变化

对于需求趋势的变化分析，可更好地预判村民对于公共服务设施的需求，从而作出更具战略的规划策略，这也是需求意愿特征的一个重要内容。本文认为伴随社会变迁，人们生活、生产水平不断提高，乡村居民对于公共服务设施的需求趋势具有三大变化：

（1）需求观念趋向市场化。计划经济体制时期对于公共产品统一规划、统一配置、统一建设的思路，忽视了受用者的现实需求。尤其是在集体主义体制的农村，公共产品的供给通常由上级政府或组织统一包办，农民往往只是被动地接受，致使村民主动获取公共产品的意识不强。随着市场经济的深化，公共设施的属性也发生了分化，可分为"市场化经营"、"政府与市场经营并行"、"完全政府经营管理" 3 种不同的类型（张京祥，葛志兵，罗震东，2012）。市场经济行为在乡村地区不断深化，村民对于公共服务设施的需求越来越与市场接轨。尤其是十八大后，提出市场在资源配置的决定性作用，加快了政府与市场角色转变的速度，这将使得文化娱乐、体育等公共服务设施的属性发生转变。

（2）需求内容越加多元化。从调研数据可知，收入越高的村庄对于文化娱乐、商业集贸、体育活动等发展型设施需求强烈，而且更加注重各项设施的具体内容与服务品质；相比之下，中低收入村庄虽然对生存型设施表现出较强的需求，但对发展型设施的需求度相对较弱。可见，随着收入水平的提高，村民对于公共服务设施的需求层次越高、需要设施的内容也越加丰富。

（3）需求目标偏向即时化。近年，电子网络、电子商务等原本城市特有的生活方式不断进入农村，对于农民的生活方式产生了巨大影响。如去年"农村淘宝"电商进驻屿头乡，增加了农民新的购物与农产品销售模式，同时也需要增设相应的设施。为应对类似的新需求，许多地方出台了新的公共服务设施配置指导建议，如在 2015 年出台的《浙江省村庄规划编制导则》就专门规定了农村电商用地。随着生产、生活方式的改变，会出现一些应时而需的公共服务设施，也即村民的需求具有即时性。

4　供需失衡的内在原因分析

调查发现，山地环境下的屿头乡空间异质性凸显，加上快速城镇化过程中人口结构异质性也突出，使得公共服务设施规划建设存在配置不均、供给缺位等一般问题外，还存在配置错位、服务品质低、使用效率不高等新问题。究其原因，存在配置内容、空间布局、建设时序等方面问题。

4.1　内容配置问题分析

一方面，基础数据统计与发展事实不符，造成供给与需求的源头性偏差。传统自上而下以户籍为基础，以及后来以常住人口为统计口径（《13版标准》规定）的方法，把需求对象当作"同质的人"，忽略了快速城镇化推动下，山地乡村人口大量外流、人口结构失衡，常住人口普遍少于户籍人口，人口与空间异质性双凸显的现实。以"千人指标"确定配建规模与内容，进行无差别化的配置，导致设施同质化现象突出，"个性化"服务欠缺。

另一方面，公共服务设施的供给内容普遍单一，品质低。近年屿头乡加快了文化、体育类设施配置，内容多以村图书室，康体设施等托底型设施为主；但从调查的情况可知，村民不仅对养老服务、文化娱乐、医疗等设施需求强烈，而且对相关设施内容要求也多种多样。长期以来的托底型配置策略，使得所配设施内容单一，多元性不足，难以满足村民的多样化需求。

4.2　空间布局问题分析

（1）首先，公共服务设施空间体系不健全，区域分布不均。一方面，因缺乏专项与全域空间规划指导，全乡尚未形成层次分明、内容齐全的公共服务设施空间布局；另一方面，乡域东南区域村庄公共服务设施完善度高于中部、西北部，设施区域分布不均现象明显，设施布局层层级混乱、内容同质现象严重，缺乏科学统筹协调。此外，小学、卫生院等设施拆迁合并过快，增加了村民的可达性成本，尤其是偏远村庄。

（2）道路交通等基础设施完善度不高，公共服务设施可达性差。道路不成网，大多数村庄只有一个对外联系口，乡域西、北部等海拔较高区域路网密度较低，不成体系；公共交通只覆盖服务于干线周边的村庄，发车频次较低，乡村内外的出行都不便，可达性较差，一定程度上限制了村民对于公共服务设施的使用。

（3）公共服务设施整治改善与环境美化设计不足。一方面，乡村大量结构保存完整、质量较好的老公共建筑被废弃，缺乏修缮再利用；另一方面，现有大多数康体设施随意放置于村庄空置地，场地的友好型设计不够，加上管理不到位，杂草丛生，设施荒废现象严重（图21），也有如某村委会及文化活动站（图22），受地形限制孤立的位于村庄边缘处，不仅设施场地不足，而且整体环境缺乏美化设计，使用率低下。

图21　康体活动小广场

图22　某村的村委会及活动站

4.3 发展时序问题分析

同一村庄处于不同发展阶段、不同经济水平，村民对于公共服务设施的需求也将有所差异；而在同一时段，不同村庄因发展层次的不同，对于公共服务设施的需求与发展策略也就不同。屿头乡公共服务设施存在空间发展与内容供给时序双重问题。

（1）空间发展时序问题。因缺乏规划统筹，使得设施的空间布局与乡村总体发展需求不协调、未来预见性不足、发展布局具有一定随意性。如村庄获取公共服务设施的投资建设机遇一定程度上依赖于各村干部的积极主动性，谁积极、谁建设，布局具有随机性，难免造成所配设施村庄的先后顺序与乡域各村总体发展定位顺序不能有效对位，从而引起战略发展失序；另一方面，缺乏对村庄是否拆迁、合并、整治等发展趋势预测，而只根据当下情况配置，易决策短视，会带来更大的供需矛盾。

（2）内容配置时序问题。自上而下的"项目安排制"与自下而上"争取机会制"，易造成上级政府规定好的项目与村民的现实需求脱节，设施供给超前、供给滞后等供给错位现象突出。如最近几年在浙江省农村"文化礼堂"计划推动下，屿头乡各村的文化活动类设施建设较快，其完善度也是各项设施中最高，然而调查发现，许多高海拔村庄老年人口众多，对于养老服务、医疗卫生类设施需求最盛，而对文化活动类设施需求不强，所配设施无法解决当务之急。

5 精准化供给的规划策略

基于上述对山地乡村公共服务设施满意度、需求特征、需求趋势、内在因素的分析可知，遵循山地乡村发展规律，创新规划编制思路与方法，采取精准化配置策略非常必要。在内容上以实际需求为导向，在空间布局上"精明收缩"，发展时序上应时应需，分别实施多元化、网格化、动态化的规划对策。

5.1 内容配置——需求导向的多元化供给

当前的山地乡村具有空间异质性与人口结构异质性双凸出特点，基于这种特征，科学把脉每个村庄的需求，适宜采取"一村一议"的工作模式，提供多元的服务内容，更好的满足山地乡村的差异化需求。首先，需要科学调查统计需求，既要做好对人口规模与人口结构的精细化统计，掌握真实的人口构成及其需求，并预判需求变化，又要科学调查统计村民对于服务设施的满意度与需求，从而奠定好规划设计的基础。其次，针对人口结构失衡、发展性质突出、富有地域特征的村庄，采取针对性供给。最后，还需在设施内容与项目安排上不断与时俱进，提供多样化选择。需求导向能精准掌握村民的需求意愿采取科学供给策略，从源头规避公共服务设施供给缺位、错位、越位，避免设施使用效率不高带来资源浪费，并且可以帮助实现自上而下的静态式规划向自下而上的动态式规划转变。

5.2 空间布局——"精明收缩"的网格化统筹

"农业现代化"和"乡村振兴"发展导向下的农村人居空间收缩重构是不争的事实，传统农村社区无序解体，既有的公共服务设施体系难以为继，规划布局理念与模式都应创新（赵民，邵琳，黎威，2014），要有"精明收缩"[①]的战略眼光与相应的规划对策，这对于山地乡村公共服务设施规划布局尤为重要。在乡村公共体系布局上以村庄体系规划为载体，形成层次分明、等级有序的"乡级 – 村级 – 居民点"的服

[①] 农村人居空间的"精明收缩"，是指"在农村人口和劳动力实质性减少、农村生产组织方式相应改变的条件下，农村人居资源合理退出和优化重组"这样一种人居空间发展状态，旨在使个体和社会整体福利都能得到有效提升（赵民，游猎，陈晨，2015）。

务体系，引导各类设施合理集中，发挥规模效应；同时，应注重对"收缩"过程中遗弃建筑物的活化改造再利用，降低整体建造成本，为山地乡村公共服务设施配建创造更多可能；在设施环境营造上，设施本体与外围环境共重，创造良好的使用环境，提升整体品质。

另外，公共服务设施的供应必须处理好区域统筹和单元内部平衡的关系，以期使社会资源的效用最大化（董世永，邱崇珊，2014）。对于山地乡村，一方面需要统筹协调村庄内部及村庄间公共服务设施布局，改变传统以村为单元的狭隘布局思维，倡导各村共商共建共享，既可降低建设成本又可提高设施使用效率，这对于区位偏远、规模较小、基础薄弱的村庄尤其重要。另一方面统筹协调乡村与外围区域，构建便捷的网络化道路交通体系，提高区域间的可达性，发挥外围设施辐射协同能力，尤其是对于高层级的公共服务设施协同尤为重要。通过内外统筹，构建网格化的公共服务设施布局，实现设施间、村庄间的联动共享。

5.3 发展时序——应时应需的动态化谋划

通过调研发现，农民对公共服务的需求具有一定的层次性和阶段性（朱玉春，唐娟莉，郑英宁，2010），不同特征村庄的公共服务设施需求差异与供给差异并存，因此，公共服务设施布局均等化必须要关注时序维度，既"布局均等化"要与城市化的动态发展进程相适应，应从所属区域的城乡统筹发展大局要求出发，要考虑城乡村民点的未来调整、演化格局（张京祥，葛志兵，罗震东，2012），而非固定的终极目标。

一方面，基于需求发展特征，采取时序层级差异。乡村对于公共服务设施的需求存在横向与纵向需求双重时序发展差异。从横向来说，不同乡村由于经济水平发展的先后，存在需求层次差异；这种差异可能是乡与乡之间的，也可能来自乡村内部村庄之间，因而需根据各村发展的层次确定具体的配置内容。从纵向来说，同一乡村对于公共服务设施的需求是伴随生活水平的变化而变化，因生活水平的提高，对于设施内容需求的层次也就越高；在确定配置内容时，要正确预见村民生活水平发展的层次，若配置太过超前，需求程度达不到，使用者过少，会造成资源浪费；若配置一直保持原地不动，又会跟不上经济的发展与村民的使用需求，影响社会的整体进步。在内容配置时序上，需把握住各村庄不同阶段的现实需求，实行亟需化、层次化的差异化配置，设施的配置既要符合公共服务设施需求发展规律，又要考虑居民当前的现实需求。

另一方面，基于空间发展特征，决定时序建设差异。公共服务设施建设时序应协同乡域总体规划与村庄建设规划要求。处理好近远期发展建设、新建与改扩建关系，提出分期建设计划，做好不同发展时期公共服务设施的统筹部署，从而提高乡村公共服务设施的整体服务水平（杨细平，张小金，2007）。

6 结语

我国量大面广的山地乡村空间是实施乡村振兴规划的重要阵地，其公共服务设施的精准配置是乡村振兴工作的重要内容与载体。然而山地乡村具有与一般乡村不同的空间异质性突出特征，并衍生出与众不同的人口与社会结构的异质性，给均等化的公共服务设施规划带来巨大挑战，成为乡村振兴战略的痛点，必须予以重视。研究以"乡村振兴规划建设需要避免一哄而上、搞'一刀切'，宜根据各地发展的现状和需要分类有序推进乡村振兴"的要求认识为导向，在系统认知屿头乡村民的群体特征及其对公共服务设施的满意度与需求特征基础上，提出山地乡村公共服务设施应差异供给、精准规划，应创新规划编制思路与方法：在内容配置上以需求为导向，探索多元化供给机制；在空间布局上保有"精明收缩"理念，建构网格化统筹协调格局；在发展时序上应时应需配合城镇化发展步伐，采取动态化弹性配置策略。

（参加本研究调查的有同济大学建筑与城市规划学院杨贵庆教授黄岩美丽乡村规划建设团队成员，在此一致表示感谢！）

参考文献

[1] Calderón C，Servén L. The Effects of Infrastructure Development on Growth and Income Distribution[J]. Social Science Electronic Publishing, 2004（270）: págs.

[2] 栾峰，陈洁，臧珊等，城乡统筹背景下的乡村基本公共服务设施配置研究 [J]. 上海城市规划，2014（03）: 21–27.

[3] 单彦名，赵辉. 北京农村公共服务设施标准建议研究 [J]. 北京新农村 . 2006（3）: 28–32.

[4] 杨细平，张小金. 村庄整治过程中公共设施配置的标准与途径 [J]. 规划师 . 2007，23（10）: 74–78.

[5] 耿健，张兵，王宏远. 村镇公共服务设施的"协同配置"——探索规划方法的改进 . [J]. 城市规划学刊 . 2013（04）. 88–93

[6] 宁苡. 快速城镇化时期山东村镇基本公共服务设施配置研究 [D]. 天津大学 . 2013.

[7] 赵民，邵琳，黎威，我国农村基础教育设施配置模式比较及规划策略——基于中部和东部地区案例的研究 [J]. 城市规划，2014. 28–33+42

[8] 张沛，杨欢，张中华. 新型城镇化导向下公共服务设施空间配置模式研究——以渭南市主城区为例 [J]. 现代城市研究 . 2015（3）: 70–77.

[9] 杨贵庆，杨建辉，张颖薇，等. 农村住区公共服务设施村民满意度调研及需求分析 [J]. 小城镇建设 . 2011（11）: 67–70.

[10] 刘复友，钱行，山区县乡村基本公共服务设施配置水平评价及优化策略——以岳西县为例 [J]. 池州学院学报，2016（03）: 8–12.

[11] 张磊，陈蛟，供给需求分析视角下的社区公共服务设施均等化研究 [J]. 规划师，2014（05）: 25–30.

[12] 张京祥，葛志兵，罗震东等 . 城乡基本公共服务设施布局均等化研究——以常州市教育设施为例 [J]. 城市规划 . 2012（02）: 9–15.

[13] 董世永，邱崇珊，公租房住区公共服务设施需求特征及规划对策——以重庆民心佳园公租房住区为例 [J]. 西部人居环境学科，2014.（07）: 98–102.

[14] 朱玉春，唐娟莉，郑英宁 . 欠发达地区农村公共服务满意度及其影响因素分析——基于西北五省 1478 户农户的调查 [J]. 中国人口科学，2010（2）: 82–91

[15] 赵民，游猎，陈晨，论农村人居空间的"精明收缩"导向和规划策略 [J]. 城市规划，2015（07）: 9–18, 24.

乡村振兴的规划探索与实践——以富平县驻村规划师制度建设与实施为例

高 莉 邬 莎 李欣鹏*

【摘 要】美丽乡村建设是实现乡村振兴的重要途径，是补齐城乡不平衡发展短板的重要基础，是解决不平衡、不充分发展问题的重要载体。富平县在乡村振兴过程中，以美丽乡村建设为载体，强化规划引领，创新以驻村规划师制度为保障的实施路径，这可以为进一步深化县域乡村振兴提供思路，也为其他地区的乡村建设及振兴发展提供参考。分析富平县乡村建设特征及问题，阐明富平县驻村规划师制度在美丽乡村建设中的实践路径：通过因地制宜创新村庄编制思路强化科学规划，通过推行驻村规划师制度保障建设实施，通过健全基层管理架构建立长效机制。最后提出驻村规划师制度对乡村振兴工作的意义与成效：人居环境全面提升，为"生态宜居"奠定基础；文化意识普遍增强，为"乡风文明"提供风向标；基层干部柔性引才，为"治理有效"拓宽新途径。

【关键词】富平县，美丽乡村建设，驻村规划师制度，乡村振兴

2017 年底，中央农村工作会议明确提出，"到 2050 年，乡村全面振兴，农业强、农村美、农民富全面实现"，这再一次将"建设什么样的乡村、如何建设这样的乡村"这一历史性课题摆在我们面前。美丽乡村建设是对物质空间的有序布局，对生活环境的全面治理，对生态、历史资源的有效保护，对文明风尚的正确引导，因而是实现乡村振兴的重要途径，是补齐城乡不平衡发展短板的重要基础，是解决不平衡、不充分发展问题的重要载体。

富平县辖 14 镇、2 个街道办、268 个行政村，是陕西省人口第一大县，也是西部地区典型的工业弱县、农业大县，尚处于城镇化发展初始阶段[①]。近年来，由于缺乏产业经济支撑，农村剩余劳动力外流，空心化、老龄化问题凸显，同时也带来了村庄布局无序、村庄公共设施配套不足、人居环境低下等一系列民生问题。这些问题既具有普遍性，又有较强的地域特征，同时带有欠发达地区的典型性。为解决上述问题，富平县自 2015 年始，进行了覆盖县域范围的美丽乡村建设工作，建设过程中强化规划引领、创新了以驻村规划师制度为保障的实施路径，取得了一定成效。文章将围绕该问题进行具体阐述，以期能为进一步深化县域乡村振兴提供思路，也为相关地区乡村建设及振兴发展提供参考和借鉴。

1 县域乡村建设特征及问题

富平县位于关中东北部，地处渭北黄土台塬地带，丘陵、平原、台塬等多重地貌的构成，造就了差

---

* 高莉（1986–），女，陕西省渭南市富平县城乡规划管理局局长，中级工程师，国家注册规划师。
邬莎（1992–），女，陕西省渭南市富平县城乡规划管理局局长助理。
李欣鹏（1987–）男，西安建筑科技大学建筑学院讲师。
① 据《富平县 2000 年至 2015 年人口年报统计数据情况（本县及乡镇村社区）》统计，2016 年，富平县户籍总人口 800106 人，其中，农业人口 601082 人，占全县人口的近 75%。据《2016 年富平县国民经济和社会发展统计公报》显示，2016 年，富平县耕地面积 681km^2（占县域面积约 55%），农业设施用地面积 515.8km^2（占县域面积约 41.5%），有效灌溉面积 493.3km^2（占县域面积约 40%），园地面积 159.57km^2（占县域面积约 12.8%）。

异化明显的乡村聚落空间分布。近年来，富平县城镇化发展进程逐步开始，在这一过程中，由于主城区对人口的吸引力及对城市发展的贡献远超镇区，使得镇区、乡村发展的日趋萎缩，乡村的生命力更是持续降低，反映在乡村建设中则呈现以下特征。

1.1 农房无序建设、村庄规模小、布局分散，乡村空间畸形发展

富平县依据地形特点，分成北部山区和南部丘陵山区（图1）。南部地区用地基础好，村庄呈匀质分布，规模大、较为稠密，一般选择在交通沿线和塬畔布局；北部山区村庄分布比较稀疏，受地形及交通等多因素影响，多选择沿谷地、交通线进行布局（图2）。长期以来，乡村用地缺乏统一管控，村庄布局缺乏统一引导，导致农房建设无序，自发性较强。例如，齐村镇文宗村位于齐村镇北端，辖9个村民小组，村域内村组呈均质布局（图3）；刘集镇双合村下辖8个村民小组，村级布局分散且无规律（图4）。通过县域村庄大规模调研发现，此类现象普遍存在。因此，县域乡村布局分散、乡村空间畸形发展逐渐问题凸显。

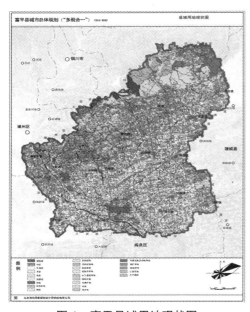

图1　富平县域用地现状图
资料来源：《富平县城市总体规划（"多规合一"）（2015-2030）》

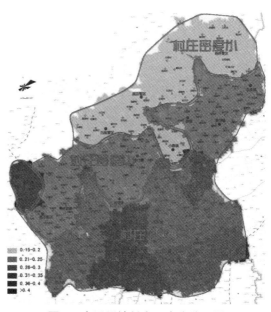

图2　富平县镇村人口密度分区图
资料来源：根据《富平县县域村庄布局规划（2015-2020）》绘制

图3　富平县齐村镇文宗村村组分布
资料来源：《富平县齐村镇文宗村村庄建设规划方案》

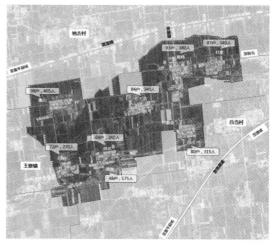

图4　富平县刘集镇双合村村组分布
资料来源：《富平县刘集镇双合村村庄建设规划方案》

1.2 危房、旧宅、荒废住宅比重大，空心化、老龄化问题导致村庄活力缺失

随着农村地区生产力的提高，富平县农村地区析出了大量劳动力，而由于小城镇普遍存在规模小、设施配置低，缺乏产业经济支持、发展平庸等问题，县城就业和再就业压力逐步增大，剩余劳动力大量外流。据劳动部门统计数据，20世纪末以来，富平县外流劳动力呈不断增长趋势，而流入劳动力比例极低，县域劳动力大量外流。另外，2016年利用省测绘局高清影像图对村庄内部闲置荒废用地的统计数据显示，选取的40个典型村庄中，废弃闲置荒废用地占村庄建设用地20.6%，约2400ha。可见，县域乡村空心化、老龄化现象明显，乡村内生活力缺失。

1.3 环境卫生差、基础设施缺失、公共服务设施少，人居环境水平低下

作为农业大县，富平县乡村经济发展水平长期受限，其根源是农业产业结构不合理、农业产业创新力度不足、农村发展观念落后等。在此背景下，县域村庄基础设施建设不均、水平低，环境卫生差、卫生观念不强，以及公共服务设施配置严重不足等问题普遍存在。2016年，通过对全县32个典型村庄的现场勘查结果显示，土泥路长度达79.5m，占村庄道路的30%；无排水设施的村路268km，达村庄道路的95%。这说明县域村庄道路硬化需求大，道路排水等基础设施的覆盖率极低，公共服务设施的配置量不足问题更加严重。因此，县域村民生活条件不好、生活环境不高、生活品质不优，乡村人居环境亟待改善。

1.4 忽视生态环境、历史文化、公共空间保护，建筑风格现代化，丧失本土特色

富平县历史悠久、人文底蕴深厚，地貌独特、生态本底价值高。唐陵、堑城、金代铁佛等历史文保众多，荆山塬、中山塬等台地自然环境优越，却因县域经济发展受限及保护意识不强，长期忽视了对乡村历史文化建筑、生态环境等资源的保护利用。在大规模的村庄建设过程中，一座座现代民房拔地而起，形成"一户一形象"现象，传统的关中民居往往因质量低而闲置甚至拆除，县域乡村水库、耕地、林地等生态资源保护及陵墓等历史文化资源的保护利用不到位，村庄正在逐步丧失本土特色。

2 驻村规划师制度在美丽乡村建设中的实践路径

针对村庄环境复杂多变、镇村基层专业人才缺乏、镇村干部规划意识淡漠等造成的规划落地难等一系列问题，富平县于2015年开始推行由规划引领、驻村规划师制度保障的美丽乡村建设工作。通过创新村庄规划编制思路、推行驻村规划师制度、建立健全基层规划管理架构等方式，保证了美丽乡村建设依规实施，也为推动乡村振兴奠定了基础。

2.1 规划引领：因地制宜创新村庄编制思路

根据富平县域乡村地区基础条件差异大，城镇化程度不一等现状，驻村规划师在村庄规划阶段开始介入，创新规划编制模式，采取分类施策、分期推进、分步实施方式，立于长远的战略目标，制定明确的近期任务，整体规划、统筹推进。

2.1.1 分类创设村庄规划编制标准

在《富平县城市总体规划（"多规合一"）》《县域村庄布局规划》《美丽乡村建设五年规划》等指导下，根据现有村庄的区位、地形条件、资源现状，将268个行政村划分为4种类型，提出了4种不同的规划编制标准（表1）。

富平县村庄规划编制类型及内容　　　　　　　　　　　　　表1

序号	村庄类型		数量	比例	规划方案	主要内容
1	城镇开发边界内行政村	县城、庄里试验区	28	20%	村庄基础设施规划建设方案	对行政村的道路、排水等基础设施建设提出完善方案
		其他镇区	25		完整的村庄规划建设方案	对基础设施、公共服务设施及公共空间设计提出整治提升方案
2	一般区域内行政村		198	74%	完整的村庄规划成果	对村庄性质、规模、发展方向及产业定位等进行研究，对村庄的用地布局进行优化，对村庄基础设施和公共服务设施进行总体配置，对道路交通系统进行规划，对村庄近期需要启动的区域进行施工层面的整治方案设计
3	25°坡以上行政村		17	6%	村庄建设指导图	明确道路、排水等基础设施指导实施方案
4	特色生态旅游村		—		村庄规划深化完善方案	进一步明确定位，将美丽乡村建设与特色产业、休闲农业、生态治理、文化复兴、乡村旅游等有机结合，以美丽乡村建设示范村为目标，通过试点示范，带动整体提升

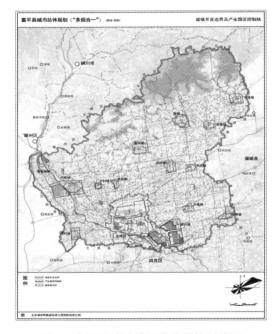

图5　富平县域城镇开发边界控制线图
资料来源：《富平县城市总体规划（"多规合一"）（2015–2030）》

第一类是城镇开发边界内行政村[①]（图5）。这种类型行政村分为两种：一种是城镇化速度较快的城镇，为避免重复建设，编制村庄基础设施规划建设方案，另一种为城镇化速度稍缓的城镇，因其近期难以被取代，故编制完整的村庄规划建设方案；第二类是一般区域行政村，该类行政村在县域乡村中比例最高，应编制完整的村庄规划成果；第三类是25°坡以上行政村，该类行政村位于富平县北部山区，村庄基础条件差，从长远发展看该区域将退耕还林，届时所有村庄将面临整体搬迁，但考虑近期无法实施搬迁，编制村庄建设指导图；第四类是特色生态旅游村，选择人居环境优越、公共服务设施配置齐全、村干部管理成绩突出，具备生态、文化、产业或旅游资源的行政村，在已有村庄规划编制成果的基础上，编制村庄规划深化完善方案。

2.1.2　分区确定村庄规划设计深度

传统意义的村庄规划分为村庄总体规划和村庄建设规划两个阶段，在编制时间上存在阶段性和滞后性特点。在编制过程中，因总体规划阶段不需要指导建设，往往站位高、立足远，而建设规划阶段往往由于编制主体更换，难以精准把握总体规划的思路，最终导致两个规划严重脱节。富平县在美丽乡村建设过程中，创新规划编制思路，对一般区域内的198个行政村，采取总体规划和建设规划"同一主体、同步编制"方式，通过对同一村庄、不同区域编制不同深度的方式，尝试将"一张蓝图绘到底"，确保总

---

① 城镇开发边界是指《富平县城市总体规划（"多规合一"）（2015–2030）》中划定的一定时期内规划区范围内城镇开发建设用地界线。

体规划对建设规划的指导作用。

（1）所有方案首先达到总体规划要求

在规划编制过程中，要求所有村庄首先达到总体规划要求，对村庄的性质、产业定位、规模和发展方向等进行研究，对村庄的用地布局进行优化，对村庄基础设施和公共服务设施进行总体配置，对道路交通系统进行规划。

（2）科学划定核心区，集中配置公共服务设施

立足富平县乡村村组布局分散、空心率高的实际，以《富平县城市总体规划（"多规合一"）》中城镇村三级体系人口和用地规划为依据，分析人口分布、基础设施、公共服务设施及空废宅院等因素，科学确定村庄发展核心区，划定村庄建设用地规模控制线，着力解决"摊大饼"式建设现象，重点规划核心区内的基础设施、公共服务设施，引导群众向核心区集聚，促进土地集约节约利用，使政府投资更加高效，也为下一步国土部门开展的村级土地利用规划编制提供依据（图6）。

图6　乡村规划核心区划定

资料来源：《富平县村庄规划建设方案》

（3）划定启动区，绘制村庄整治施工方案

在核心区划定的基础上，立足县情农情，考虑客观条件，以群众诉求为主，坚持问题导向，在核心区内选定可启动实施的范围和内容，增加规划实施性、操作性章节，形成图纸尺寸标注明晰、方案效果直观的村庄公共设施、基础设施及空间节点等建设事项的设计施工方案，切实指导村庄建设，确保村庄规划落地实施（图7～图11）。

图7　广场节点设计效果图　　　　图8　街道整治效果图

图 9 门前整治效果图   图 10 文化墙设计效果图

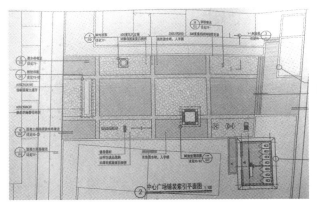
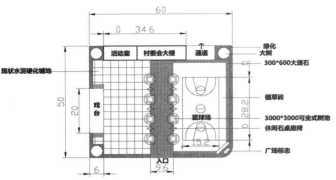

图 11 广场施工平面图

资料来源：《富平县乡村规划建设方案》

2.1.3 分批依序启动美丽乡村建设

（1）制定年度任务，分批启动建设

对所有行政村进行统筹规划，制定年度任务清单，分批启动建设。2015 年、2016 年，富平县分别进行了 13 个、33 个行政村的乡村建设，2017 年进行了 72 个行政村的美丽乡村建设，2018 年正在启动 70 个行政村的美丽乡村建设，2019 年计划完成剩余 80 个行政村的美丽乡村建设，届时将达到县域美丽乡村建设全覆盖。

（2）基础设施先行，坚持依序建设

对年度建设计划内的行政村进行整体推进，坚持基础设施先行、依序建设。所有行政村建设坚持以道路通畅、排水设施建设、垃圾处理、污水治理、厕所革命作为"排头兵"，完成这些项目后若有剩余资金或增加额外投资，再进行公共空间、公共服务设施、门前整治、亮化工程、文化墙绘制等建设项目。

2.2 保障实施：推行驻村规划师制度保障规划落地

从规划设计到落地实施还面临诸多困难：设计到施工周期较长，村庄环境复杂多变，已有图纸需要根据现场环境变化进行调整；施工过程有镇村干部、施工队、村民等多方利益的交织，需要公共利益维护者进行协调；基层专业人才缺乏、镇村干部规划意识不强，实施方案往往与规划不符等。为此，富平县在陕西省率先推行驻村规划师制度，创新规划师管理制度，树立规划师权威，确保村庄建设高质量实施。

2.2.1 选聘驻村规划师

借助于大西安丰富的专业人才和众多的设计机构等优势，自 2016 年开始，县人民政府公共聘请了 30

多名对村庄建设有情怀、具备专业素养及乡村建设实践经验的技术人员担任驻村规划师，与规划师所在单位签订合同，明确工作内容、时限和报酬，确保每村各有一名规划师全程指导乡村建设（图 16）。

2.2.2 创新管理制度

通过制定《富平县驻村规划师管理细则（试行）》，明确规划师工作职责、机制、管理及考核办法。

（1）明确驻村规划师职责

驻村规划师主要职责为传播规划相关知识，现场指导施工。具体为宣传村庄规划建设相关法律法规、政策等基本知识以及规划、建筑学等科学理念，在建设过程中为镇村解读规划，指导建设；结合实际情况，制定建设方案，勾画草图，指导施工。

（2）工作机制、管理及考核

每位驻村规划师负责 2～4 个村庄，每周指导现场至少 1 次，平时通过电话、网络等方式指导，并详细填写周工作记录单和工作台账（图 12～图 16）；建立网络工作群，邀请行业相关专家入群指导；定期召开驻村规划师座谈会，通过探讨交流，分享经验、整改提高；建立规划师考核奖惩制度，授予荣誉证书。

图 12 驻村规划师现场指导图

图13 驻村规划师邀请函

图14 驻村规划师乡村建设规划档案

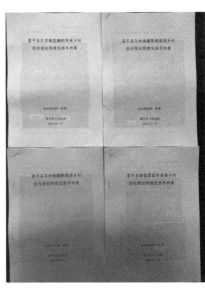
图15 驻村规划师建设指导档案

城关镇新庄村改造前

城关镇新庄村整治效果图

城关镇新庄村改造前

图16 驻村规划师指导效果对比图
资料来源:《富平县城关镇新庄村村庄规划建设方案》

2.2.3 树立规划师权威

县委县政府出台政策,要求全县所有乡村建设必须严格按照规划内容和规划师指导意见进行建设;推行规划师签字背书制度,赋予规划师不签字、工程不予验收的权力;规划师每周进驻现场检查施工落实情况,对不按规划实施的工程,规划师有权利要求施工单位立刻停工整治,并采取坚决不予拨付资金措施;涉及重大规划内容的变更,必须由镇、村、规划师共同签字认可后方可实施,确保既定的蓝图执行落实好。

2.3 长效机制:建立基于驻村规划师制度的基层管理架构

目前,驻村规划师的职责重在保障村庄规划落地实施,而后期如何建立健全镇村管理制度、形成长效机制,将驻村规划师的作用发挥更大,则是工作的重点和难点。为此,富平县正在筹备成立镇村规划管理机构,建立健全镇村规划管理长效机制,为基层输送技术型管理干部,提升基层治理能力。

2.3.1 常设机构,储备基层技术干部

富平县人民政府办公室制定《关于成立镇(街道)村镇规划管理办公室的通知》,要求全县14镇2个街道办成立村镇规划管理办公室,由1名专职主管规划的副镇长和3名工作人员组成,组建独立的办公场所集中办公;村镇规划管理办公室负责辖区内的村镇规划编制、建设项目规划初审等规划管理工作,

县规划局定期就各镇办镇区发展定位、建设内容、项目报建及资料管理等内容进行技术指导，提升管理水平。

2.3.2　柔性引才，提升基层管理水平

筹备聘请往年优秀驻村规划师担任镇村规划技术顾问，作为以后驻村规划师、镇村干部及施工队的培训导师，因各镇办工作需求，在后期考虑在各镇挂职副镇长，分管镇村规划建设管理工作，不仅能为镇村发展出谋划策，也为基层行政管理工作培育、储备人才，解决村镇人才不能发挥才华、难以留住等问题。

3　基于驻村规划师制度的乡村振兴工作意义与成效

纵览乡村振兴战略 20 字总要求，"产业兴旺"是根本，"生态宜居"是基础，"乡风文明"是关键，"治理有效"是保障，"生活富裕"是目标。富平县美丽乡村建设工作统筹规划、分期实施的过程是对乡村振兴战略 20 字总要求的具体实践，对推动乡村振兴战略目标的达成具有积极的作用。

3.1　人居环境全面提升，为"生态宜居"奠定了基础

"乡村振兴，要把乡村建设成为幸福美丽新家园。"[①] 富平县美丽乡村建设是人居环境整治的"升级版"，它不仅达到水电气路垃圾排水厕所治理等一系列满足村民基本生活环境的要求，更是通过公共空间营造、公共服务设施配置等，为村民留住记忆，重塑乡愁。驻村规划师在指导过程中，注重将文化注入规划设计，利用本土材料，通过一棵古树的保护、一座老宅的修葺、一处闲置用地的整理、一片树林的利用⋯⋯，营造干净整洁、舒适宜居、各有创意的公共空间场所，避免了千村一面，提炼了乡村特色。这些都为"生态宜居"乡村的全面建设迈出了步伐，奠定了基础。

3.2　文化意识普遍增强，为"乡风文明"提供了风向标

"提升乡风文明，必须坚持物质文明和精神文明一起抓，提升农民精神风貌，培育文明乡风、良好家风、淳朴民风，不断提高乡村社会文明程度。"[①] 富平县美丽乡村的建设现场是县镇村干部以及驻村规划师集中交流的"大本营"，规划意识和知识、社会主义核心价值观等文化知识逐渐在村民中渗透，成为这场交流的"意外收获"。驻村规划师深入村庄实际，普及规划法律法规、传播乡村规划技术与知识，结合村庄现状为镇村干部及群众解读规划，介绍实施效果，在共同实践乡村规划方案、解决建设难题的过程中，赢得了群众信赖和支持，无形中引导他们学习规划、尊重规划、落实规划，极大地提升了村民规划意识，也激发了村民家园共建的积极性。同时，卫生室、农家书屋建设、文化墙绘制、村规民约展示甚至垃圾分类收集等做法，都在无形中为村民普及了知识，提高了健康文明卫生意识，成为美丽乡村建设过程中的"无形财产"，促进了乡风文明的不断提升。

3.3　基层干部柔性引才，为"治理有效"拓宽了新途径

"实施乡村振兴战略，要把人力资本开发放在首要位置，畅通智力、技术、管理下乡通道，造就更多乡土人才，聚天下人才而用之。"[①] 驻村规划师制度的推行不仅给予专业人士实践锻炼的机会，也为基层招贤纳士建立了联系、提供了可能。驻村规划师下乡指导，为鼓励社会各界人士投身乡村建设提供了榜

---

① 中共中央国务院 . 关于实施乡村振兴战略的意见 [Z]，2018。

样，而柔性引才策略的提出更是创新了乡村人才的引进机制，为乡村治理有效拓宽了途径，为乡村振兴战略的实施积累了力量。

4 结语

实施乡村振兴战略是党的十九大作出的重大决策部署，是解决人民日益增长的美好生活需要和不平衡不充分的发展之间矛盾的必然要求，是实现"两个一百年"奋斗目标的必然要求，是实现全体人民共同富裕的必然要求。中国不平衡不充分发展问题在乡村最为突出，而西部乡村作为中国经济发展条件较为薄弱的地区之一，实现乡村振兴战略的道路往往更为曲折和艰难。富平县美丽乡村建设、乡村振兴发展的推动，得益于驻村规划师在村庄规划过程中的思路创新，在村庄建设过程中的有效指导，以及在健全基层管理架构、促进基层人才储备过程中的全力支持。诚然，作为一种创新性的地方实践，富平县驻村规划师制度的建设和实施还有许多不足。乡村振兴任重而道远，未来如何全面破解乡村体制机制障碍，创建有效的乡村治理体系，推动乡村的全面振兴，将会是全社会面临的一道需要不断摸索的挑战性难题。

参考文献

[1] 中共中央国务院. 关于实施乡村振兴战略的意见 [Z]. 2018.

[2] 中央农村工作会议在北京举行，习近平作重要讲话 [EB/OL]. [2017-12-29.]http：//www. gov. cn/xinwen/2017-12/29/content_5251611. htm.

[3] 村里来了规划师——富平县在全省率先推行驻村规划师制度纪实 [EB/OL]. [2017-12-01]（2017-04-28）. http：//www. fuping. gov. cn/Home/Information/detail/id/5228. html.

[4] 北京清华同衡规划设计院有限公司. 富平县城市总体规划（"多规合一"）（2015-2030）[Z]. 2016.

[5] 陕西省城乡规划设计研究院. 富平县县域村庄布局规划（2015-2020）[Z]. 2015.

[6] 陕西方圆工程设计有限责任公司. 富平县齐村镇文宗村村庄建设规划方案 [Z]. 2017.

[7] 陕西建工集团有限公司建筑设计院. 富平县刘集镇双合村村庄建设规划方案 [Z]. 2017.

[8] 陕西建工集团总公司建筑设计院. 富平县新庄村村容村貌整治方案 [Z]. 2016.

[9] 方明. 市县如何落实乡村振兴战略 用乡村空间规划指引美丽乡村建设 [EB/OL]. [2017-11-22]. http：//www. gdupi. com/Common/news_detail/article_id/1279. html.

[10] 张毅，刘美宏，张薇. 乡愁卫士——成都乡村规划师制度实践探索 [J]. 四川建筑，2016（12）：72-77.

[11] 赵毅，张飞，李瑞勤. 快速城镇化地区乡村振兴路径探析——以江苏苏南地区为例 [J]. 城市规划学刊，2018（2）：98-105.

[12] 沈丽贤. 乡村规划模式探讨——以厦门市海沧区青礁村院前社规划为例 [J]. 建设科技，2016（13）：68-70.

内生式旅游乡村空间演化路径及机制——
以常熟市蒋巷村为例

吴丽萍　王　勇[*]

【摘　要】消费时代的到来，内生式旅游乡村依托农民内生力量以旅游经济带动乡村空间嬗变成为乡村发展的重要途径。本文以时间为轴线梳理了内生开发下蒋巷村空间演化的路径依赖过程，通过剖析乡村空间历时性变迁特征，借空间表征的现象透视空间演化背后的权力逻辑与社会关系，以期对类似乡村旅游型乡村的发展提供借鉴意义。研究表明，蒋巷村空间在乡村权威和产业资本积累、多元参与和土地资本化带动下，从旅游路径形成前的分散式空间形态经历农业空间标准化、居住空间的集中化建设到路径发展阶段的"生产、生活、生态"三位一体的集约化功能空间布局。因此，旅游乡村的内生开发过程中，应当保障乡村基层组织主导下的多方利益主体均衡发展。

【关键词】内生式旅游乡村，空间演化，路径依赖，机制

20 世纪 60 年代以来，伴随着资本主义生产方式的巨大转变，资本流动过程的重点从生产领域转向消费领域，我国广大乡村开始成为资本运作的舞台，随着全民旅游需求不断攀升以及乡村振兴战略的提出，乡村旅游开发成为许多农村地区复兴的重要途径。乡村旅游开发过程中涉及多方利益主体，依据相关利益主体在参与决策中地位和利益分配结果两方面来考察和评定[1]旅游型乡村开发模式，可以将旅游型乡村分为外生式与内生式 2 种不同开发模式。其中，内生式旅游乡村发展是自我导向的发展模式[2]，是在地方共识的基础上，依托农民内生力量，利用本地积累或自有资金，由农村公共权威主导，本地人参与，推动乡村空间演化的开发模式。有别于传统村落自然生长历程，乡村空间形态和结构在乡村社区主导的旅游经济的推动下发生异化与重构，以适应旅游发展的步伐。目前学界对旅游型乡村空间演化的研究相对较少，从研究内容而言，大体上可以分为两个方面：一是旅游型乡村空间演化的影响因素，如王璐璐对我国区域乡村旅游空间演变进行分析，并提出影响我国乡村旅游区域空间布局的因素主要包括资源条件、区位条件、旅游经济水平、政府政策等几个方面[3]；二是关于旅游型乡村空间演化的特征与机制等的研究：席建超等通过对野三坡旅游区 3 个旅游乡村聚落的土地利用、空间形态变迁两方面的分析，对旅游业驱动下乡村旅游地的空间演化特征及相应规律进行了总结[4]；龚伟等认为乡村旅游地的景观空间演化可以划分为四个阶段：景观空间形成之前、景观空间形成、发展、停滞或衰落，并就其阶段性演化特征和机制做了解释[5]。综而观之，研究对象和内容上较少涉及乡村旅游空间的历史性演变过程，研究重点上目前鲜有从利益主体导向视角揭示旅游乡村的空间演变机制。

村落空间作为旅游产业的载体，旅游效应最终投影在物质空间之上。为适应旅游发展需求，乡村空间必须不断解构与重组，并叠加多样化、复合化的功能。本文基于路径依赖理论与城乡规划学的融合视

---

* 吴丽萍（1992–），女，苏州科技大学硕士研究生。

　王勇（1974–），女，苏州科技大学建筑与城市规划学院副院长。

角，以常熟市蒋巷村为实证对象，对旅游内生开发下的乡村空间历时性变迁特征剖析，以管窥内生驱动下旅游型乡村空间演化的根本动力，借空间表征的现象透视空间演化背后的权力逻辑与社会关系，以期为类似乡村旅游型乡村的发展提出可借鉴的建议。

1 蒋巷村及其路径依赖过程

1.1 蒋巷村概况

蒋巷村隶属江苏省常熟市，位于常熟、昆山、太仓三市交界水网纵横、沟塘密布的阳澄湖畔地区，常嘉高速和沈海高速东西相夹，锡太一级公路从村庄北部擦境而过，具有优越的交通区位优势（图1）。村内地势平坦，水系发达，河网密布，水田为主的耕地面积占到村庄总面积的55.0%[6]，主要区内河流水面有彭家溇、大溇河、外泾河等，主要交通道路有任昆路和任蒋路。村域范围面积2.2km²，全村现有常住人口870人，总农户192户，主要分布在蒋巷新村一期和二期，并遗留有9户旧农宅，全村村庄居住用地8.5hm²。

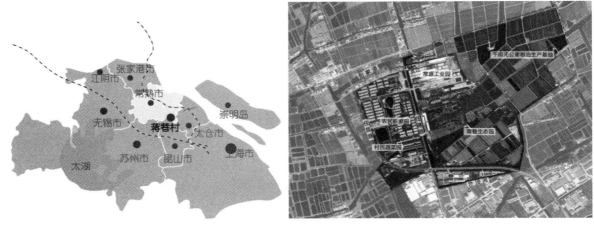

图1 蒋巷村区位图
资料来源：作者根据卫星图改绘

1.2 蒋巷村演化的路径依赖过程

旅游地演化的路径依赖模型解释了旅游地构成部分（旅游产品、机构及制度等）之间的相互作用和共同演化如何促进旅游地的路径依赖演化。旅游型乡村空间的演化本身就是一个符合路径依赖的演化过程，是乡村空间在旅游产业的偶然刺激作用下随着产业变迁而发生的空间解构与重组。

蒋巷村旅游发展的动因很大程度上源自于漫长的新农村建设为其带来的乡村面貌翻天覆地的变化，社区环境极大改善所奠定的环境基础以及经济发展需求促使蒋巷村由村委会一手主导的旅游发展路径的形成。1966年蒋巷村开始社会主义新农村建设，至今50年，期间蒋巷村历经农业起家、工业发家、旅游旺家的三次产业跨越与升级，带动乡村经济蓬勃发展。相应地，蒋巷村旅游空间演化历程具有明显的阶段性，各个时期的空间表征实质上是乡村空间在内生推力作用下的结果，既揭示背后的动力机制，也反映经济与社会关系在空间内的交错和映射结果。通过实地调研发现，从建村至今，旅游内生开发下的蒋巷村空间演化大致经历了路径形成前（建村～2005年），路径形成和发展（2006～2014年）、路径锁定阶段（2014年至今）。蒋巷村乡村空间演化在内生力量主导开发下的路径依赖过程及对其可能走势的预判如图2所示。

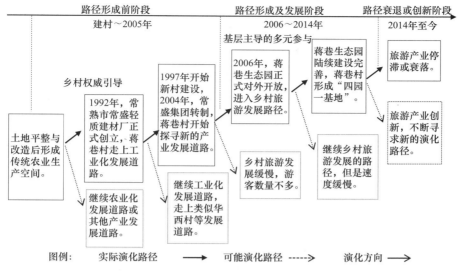

图2 内生作用下蒋巷村空间演化的路径依赖过程
资料来源：作者自绘

2 路径形成前（建村～ 2005 年）：乡村权威引导的空间重构

2.1 现代产业发展下的渐进式空间重构

2.1.1 农业空间标准化

蒋巷村原名马沙村，地处低洼、河浜纵横，最早是个"十年九涝一旱荒"的 地方的贫困村。1966 年始，蒋巷村开始走上蜕变之路，先后进行了四次农田基本建设战役，前后历时 32 年，为蒋巷村"改天换地"，共计铲除坟地 100 多个，填埋河塘面积达七十多亩，筑坝 60 多条，修建水泥干道 22km，明暗水渠 2 万 m²，使蒋巷村成为土壤肥沃、田块成方、渠道成网，道路纵横的全国农副业强村。这一时期，由于传统农业的发展与乡村经济的滞后，乡村整体布局分散，居住散布于农田之间。

图3 蒋巷村旧照片
资料来源：村委会提供

2.1.2 居住空间集中化

（1）新村建设伊始

20 世纪 90 年代，苏南乡镇企业以星火燎原之势成为建设现代化新农村的希望。蒋巷村村民开始意识到单纯的农业发展不足以真正强村富民，开始思考利用长期的农业剩余积累，走上兴办乡镇企业的发家之路。1992 年蒋巷村南端的 4000m² 厂房建成，常熟市常盛轻质建材厂正式创立，标志着蒋巷村史上首家村办企业成立，蒋巷村进入新一轮的经济发展。2001 年，利用购买的邻村 400 亩低洼地，蒋巷工业园投入建设，工业生产规模不断扩大，成为江苏省最大的新型建材生产基地。从 1992 年到 2003 年，蒋巷村的工业销售年递增率 40.0% 左右，2003 年，蒋巷村农民收入中 70.4% 来源于工业，工业经济占据主导地位。

随着乡镇工业主导下的乡村经济快速增长与集体资本累积，蒋巷村开始着手推进新农村建设。早在 1994 年，蒋巷村就委托设计单位编制了《1995-2010 年蒋巷村总体建设规划》，1997 年起蒋巷村新农村集中居住区的建设拉开序幕，由村集体投资，并于 2000 年建成第一期 86 栋二层单体别墅，占地 4.1hm^2，每栋独院别墅建筑面积 220m^2，每户仅需支付 10 多万元即可入住。为使乡村实现老有所养，蒋巷村村集体出资，自 2003 年起，先后建造了 158 套三星级老年公寓，并配备高标准的老年活动中心，毗邻老年公寓区的是 20 亩村民蔬菜园。

（2）新村分区不断完善

常熟市在 1995 年率先启动企业产权制度改革，在苏南地区掀起乡镇企业改革热潮。多年来蒋巷村工业企业一直采取的是以集体公有制为主体的生产经营体制，为顺应改制浪潮，让企业更好地顺应市场经济发展趋势，2004 年常盛集团公司进行转制，将土地、厂房、设备以租赁形式实现经营权的转移给 4 个私营股份有限公司，每家企业每年向村集体上交 175 万租金，常盛集团公司 5.1 亿元的集体固定资产仍归蒋巷全体村民所有。工业转制后，蒋巷村开始寻求致富新道路。于是，转变传统产业结构、创新发展农业旅游的想法被提出。2004 年起，蒋巷村陆续投入上亿元，开塘疏河、建桥铺路、植树种花、造屋修亭，开启农业旅游的准备工作（图 4）。

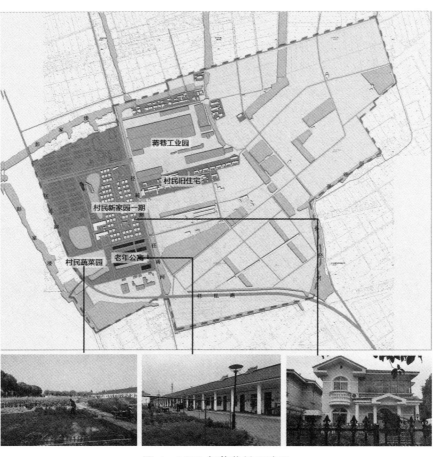

图 4　2003 年蒋巷村用地图
资料来源：根据村委会提供的地形图改绘

与此同时，蒋巷村新村建设也不曾中断，2004年江苏常盛集团转制，蒋巷村在村干部的领导下开始投资建设生态园，并进行一系列新村建设与旧村改造工作，为传统乡村社区向旅游型乡村的转化奠定基础；2005年蒋巷村建成农村新家园二期100栋单体别墅，占地面积4.44hm²。别墅区环境优美，宅前屋后预留足够的空间为村民提供红白喜事的进行空间，并于别墅区中心规划公园一处，作为村民日常活动场所；2005年村集体还投资建设了一座设施齐全的农民剧场，位于村口桥头（图5）。

图5　2004～2005年蒋巷村新增用地
资料来源：根据村委会提供的地形图改绘

综上所述，这一阶段蒋巷村从一个低洼贫困村发展成苏南工业强村。工业发展、农民新村建设与旧村整改同步进行。在交通空间方面，村庄道路体系得到完善，两条主要道路——任昆路、任蒋路贯穿全村，联系内外；在生产空间方面，形成了靠近任阳镇区的占地400亩的常盛工业园北区，中部占地300亩的常盛工业园南区、南部蒋巷民营工业园区三大产业区，村民就业实现离土不离乡，进厂不进城；在居住空间方面，东部蒋巷新家园、养老公寓、农民蔬菜园等基本形成功能完善的居住生活区；在公共空间方面，除了新建的农民剧场，这一时期的公共空间建设尚在起步阶段。与此同时，村庄外围自然环境也在不断改善，河流水系得到整治，传统水乡风貌基本得到保留，最终形成了如图6所示的"生产、生活"一体化的乡村空间布局模式。

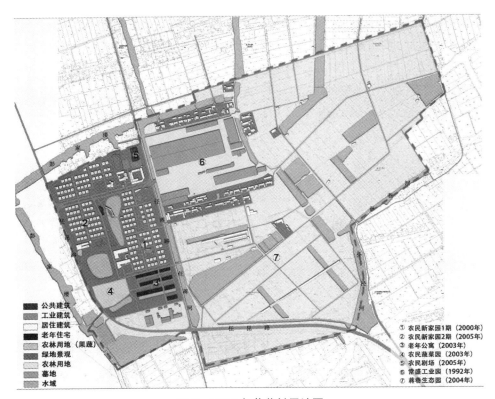

公共建筑
工业建筑
居住建筑
老年住宅
农林用地（果蔬）
绿地景观
农林用地
墓地
水域

① 农民新家园1期（2000年）
② 农民新家园2期（2005年）
③ 老年公寓（2003年）
④ 农民蔬菜园（2003年）
⑤ 农民剧场（2005年）
⑥ 常盛工业园（1992年）
⑦ 蒋巷生态园（2004年）

图6　2005年蒋巷村用地图
资料来源：根据村委会提供的地形图改绘

2.2　空间演化机制：乡村权威引领和产业资本积累

2.2.1　乡村内生权威引领的乡村变革

演化经济学认为，权威决策比分散决策更有效率。而乡村权威实质上是指在乡村范围内具有极高威望和地位的某个人，如邹统钎（2005）在对中国乡村旅游发展模式中所提出的"好书记模式"便是在"好书记"这一乡村权威的引领下形成的 [7]。无独有偶，蒋巷村旅游空间演化路径形成前阶段，正是在村干部常德盛这一村庄权威的领导下一步步发展向前的。1966年9月常德盛任蒋巷大队大队长，1973年，常德盛担任常熟县任阳公社蒋巷大队党支部书记，2004年1月常德盛任常熟市任阳镇蒋巷村党总支书记，自1966年常德盛走马上任以来，他始终是蒋巷村的灵魂人物，是兼具开拓者的权威、转型引领者的权威、乡建领导者的权威于一身的领导者。作为乡村基层组织的领跑者，常德盛带领全体村民将蒋巷村从一个贫困村变成工业强村，实现乡村的华丽变革，有力地促进了公共利益的最大化。

2.2.2　产业资本积累带动的空间嬗变

资本是推动空间演化的主要驱动力，是空间进行生产的基础，因此，资本积累是蒋巷村发展的前提。传统农业的发展为蒋巷村奠定经济基础，而通过农村工业化实现"就地城镇化"这一苏南地区乡村发展的典型模式是蒋巷村加速产业资本积累的有效途径。蒋巷村通过村办工业的快速成长，积累了大量的集体资本，使蒋巷村集体具备成为乡建主导力量的经济实力。蒋巷村利用集体资金投资农民新家园的建设与旧村整改，并进行相应公共服务设施的完善。

3 路径形成及发展阶段（2006～2014年）：多元参与的空间修补

3.1 产业转型升级下的进展式空间修补

3.1.1 生活空间的服务性转向

伴随着工业转制，农业生态旅游的构思在蒋巷村萌生。2005年，蒋巷村正式开启农业生态旅游进程，在南京玄武湖一次农业旅游会议上，村干部常德盛派人分发了5000份宣传资料。2006年，蒋巷村成立常盛旅游发展有限公司，蒋巷生态园建成并正式对外收费，全村产业重心逐步向农业生态旅游转移，这一标志性事件推动蒋巷村由村办工业阶段迈入乡村旅游兴起阶段，旅游发展路径开始形成，乡村空间开始新一轮的演化。

游客的大量涌入，旅游消费市场的形成，对蒋巷村建设提出了新的要求。旅游接待的配套设施（旅游公厕、绿化养护、环卫设施等）建设、村容村貌改善工作在蒋巷村全面铺展开，蒋巷生态园内部旅游商业用地逐步增多。最初，村集体利用生态园北侧一处民居开设农家乐，后因经营不善关闭。至此，蒋巷村实现了工业村向旅游村的基本转型，乡村生活空间内化成为旅游服务空间，整体布局呈现新村－工业园－生态园的"三足鼎立"之势。

图7 农家乐

3.1.2 旅游服务空间快速扩张

自2006年起，利用工业集体经济积累的资金及农田外包等集体收入，蒋巷村陆续大量投入旅游产业开发，其中2006年、2007年旅游设施投入超过1000万元；乡村旅游设施的逐步完善带来游客量的增长，旅游收入不断增长，到2016年已达1000万元，农业旅游发展势头良好（图8、图9）。

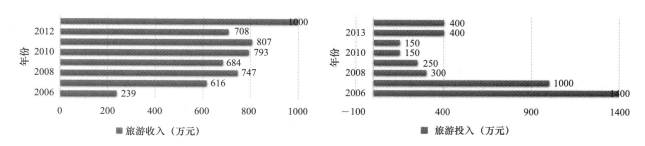

图8 蒋巷村历年旅游收入柱状图	图9 蒋巷村历年旅游投入柱状图
图片来源：作者自绘	图片来源：作者自绘

乡村旅游发展进入快车道，蒋巷村乡村空间演化也随之进入快速扩张阶段。2006年，蒋巷村在村庄

核心区域建设游客服务中心，辟出停车场地，新建村委会办公大楼、影像放映室、蒋巷宾馆、蒋巷度假村等旅游服务设施；2009年，蒋巷村《蒋巷村生态村建设规划》由同济大学完成编制，同年，江苏省未成年人社会实践基地大楼及宿舍在蒋巷农民剧场南面建成，蒋巷生态园最初仅有常盛农艺馆、青少年社会实践基地、百亩果园、烧烤区等几大分区，为扩大生态园规模，蒋巷村拆除常盛工业园南面旧村建筑，纳入蒋巷生态园建设范围，江南农家民俗文化园、知青馆相继在此落成；2011年又在生态园内辟出动物园区；2013年蒋巷村委托常熟市村镇规划建筑设计有限公司编制了《蒋巷村美丽村庄建设规划》，这一年，蒋巷村村史馆、档案馆建成投入使用，同时，生态园中的七巧湖休闲区、儿童游乐场与10栋一层独栋木屋别墅建成；随着游客数量与日俱增，2015年，蒋巷村填塘造地，扩大停车场地，为保障村民居住环境，蒋巷村将老年公寓南侧的蒋巷民营工业园南迁，在北侧建成蒋巷农业服务中心（图10）。这一时期，旅游商业用地大大增加，乡村集体用地锐减。

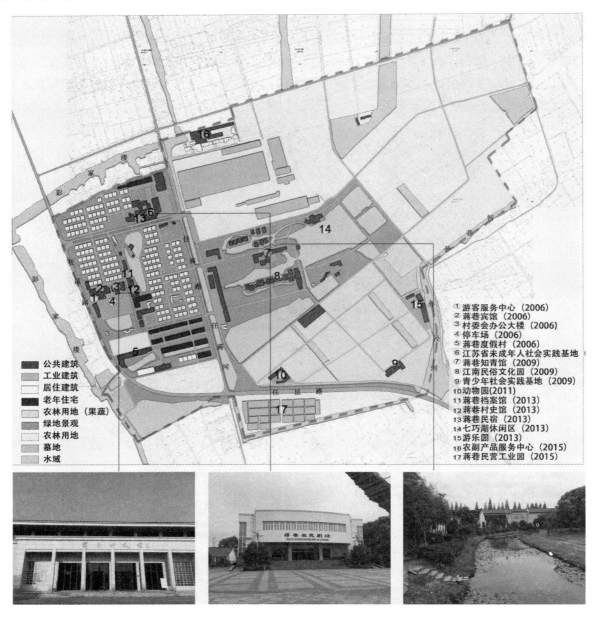

图例
- 公共建筑
- 工业建筑
- 居住建筑
- 老年住宅
- 农林用地（果蔬）
- 绿地景观
- 农林用地
- 墓地
- 水域

① 游客服务中心（2006）
② 蒋巷宾馆（2006）
③ 村委会办公大楼（2006）
④ 停车场（2006）
⑤ 蒋巷度假村（2006）
⑥ 江苏省未成年人社会实践基地
⑦ 蒋巷知青馆（2009）
⑧ 江南民俗文化园（2009）
⑨ 青少年社会实践基地（2009）
⑩ 动物园（2011）
⑪ 蒋巷档案馆（2013）
⑫ 蒋巷村史馆（2013）
⑬ 蒋巷民宿（2013）
⑭ 七巧湖休闲区（2013）
⑮ 游乐园（2013）
⑯ 农副产品服务中心（2015）
⑰ 蒋巷民营工业园（2015）

图10　2016年蒋巷村用地图

资料来源：根据村委会提供的地形图改绘

这一阶段蒋巷乡村空间的演化可以归结为以下几点：交通空间上，路网体系上整体不变，完善生态园步行系统；生产、生活空间上，"蒋巷生态观光园"在边开放边建设中日趋完善，如今已形成包括常盛工业园、农民新家园、村民蔬菜园、蒋巷生态园、千亩无公害粮油生产基地的"四园一基地"五大旅游版块。工业生产用地在外围，农业生产用地规模化集中经营，由16位种植大户承包，生活居住空间集中，生态旅游成片布局共同构成了蒋巷乡村旅游的完整环线，逐步形成"生产、生活、生态"三位一体的功能布局形态，同时公共空间也不断发展完善，形成了住区游园、村民活动中心等多个层次的，活动空间，方便村民日常交往的同时大大增强了游客满意度。

3.2 空间演化机制：多元参与和土地资本化

3.2.1 多元参与下的自发建设

蒋巷村的发展现象超越了以往关于乡村治理行为模式与角色定位的描述——行政治村"唯上"性、家族治村"唯亲"性、能人治村"唯利"性[8]。与"外资驱动型"乡村发展模式不同，蒋巷村工业化及旅游业的发展得以实现的根源在于依靠村集体力量有效地将原始资本积累内化成村民财富并不断实现资本增值。其乡村旅游是由农村基层组织主导的内生式发展，虽然内生式发展是自发形成，并非指政府和外部力量对乡村旅游发展没有影响。它是在政府的支持、引导下，农村基层组织（村两委）代表乡村社区行使土地使用权和旅游经营权，以村两委为管理主体，依托村民自身力量特别是乡村内在体制来推动乡村旅游发展的模式[9]，农民深度参与，有效做到控制当地化、决策民主化、农民组织化，使乡村具备自我发展的能力（图11）。

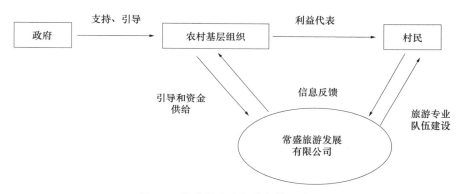

图11 蒋巷村内生权力架构示意图
图片来源：作者自绘

（1）农村基层组织与政府

农村基层组织是村民秉持自愿的原则在共同利益的驱动下，自发组建的群众性自治组织，在广大乡村社会具有较高的认可度，蒋巷村乡村基层组织在村干部的引领下，更是获得全体村民的高度信赖。当前多数乡村由于地方政府与乡村集体的财政紧张，往往需要借助"资本下乡"的过程来构建发展的资本有机结构[10]。而蒋巷村由于自有资金的充裕，对外来资金和技术的需求相对较弱，从近几年蒋巷村村级可用财力与乡村建设投入的数据可以看出（表1），蒋巷村村级可用资金足以覆盖乡村建设投入。在蒋巷村空间路径依赖演化进程中，农村基层组织始终占据主导地位，在乡村旅游产业的驱动下，土地资本化由村社主导，较好地保障了村民利益，构成了村庄内生发展的良性路径。也正是由基层组织主导土地流转与新村建设的整村推进，为蒋巷村乡村旅游的发展奠定坚实基础。

蒋巷村历年财力与乡建投入统计表　　　　　　　　　　表1

时间	村级可用财力（万元）	乡村建设投入
2012 年	1808	955
2013 年	2005	1250
2014 年	2009	1165
2015 年	1605	700

蒋巷村原本隶属于常熟市任阳镇，2003 年，任阳镇与支塘镇、何市镇合并设立支塘镇。从上级政府与村委会的关系而言，上级政府对蒋巷村委会并不具备支配关系，但蒋巷村空间生产过程依旧受到上级政府政策和资金的鼓励与扶持。例如，在江苏省未成年人社会实践示范基地的建设资金约 1200 万，其中村自筹 600 万，省财政奖补 600 万；支塘镇在 2013 年规划建设了以蒋巷村为基点的苏州美丽村庄示范点，2014 年在蒋巷村现有的基础上进一步规划建设省级美丽乡村示范点 1 个，示范点建设范围为蒋巷村全村；对 2014 年支塘镇蒋巷村省级美丽乡村试点建设资金合计约 670 万，其中，村自筹资金 570 万，省财政奖补 100 万。

（2）企业

资本作为空间演化的原动力，为实现其自身的增值，2005 年村干部作为法人代表，成立了村集体控股的江苏省常盛旅游发展有限公司作为乡村旅游开发、经营、管理的主体，主抓农业旅游工作及导游、营销、服务等旅游专业队伍建设并为乡村旅游空间的生产提供原始资金支持；此外，除其他驻村企业每年向村两委缴纳一定租金，如常盛集团下属四家股份有限公司每年向村集体缴纳 175 万企业上缴款，农田承包大户以 650/ 亩向村集体缴纳租金；在常盛旅游发展有限公司的引导下，蒋巷村旅游开发适当引入外来资本，共同推动空间生产进程，如由常熟国际饭店承包经营的蒋巷宾馆每年向村集体缴纳 180 万，蒋巷客栈与青少年社会实践基地均由外来企业承包经营。

（3）当地村民

蒋巷村的旅游开发不仅以公共利益为先，实现了村民参与、决策民主化，更是将全体村民视为占主导地位的利益主体而非一般利益相关者。村民作为乡村生活的主体具有改善生活环境、提高经济收入的空间权益诉求，其凭借自身拥有的生产资料以不同形式介入乡村空间演化进程中。路径形成前，村民通过创业、工业生产参与等方式参与生产实践；进入旅游发展阶段，在村干部召开的村民大会动员下，村民参与到四园一基地的建设中。到现在，全村近 380 人直接或间接参与到旅游建设与发展中，就业岗位涉及各个层级，上至旅游公司管理层、下至环卫保洁、导游服务等，旅游参与率达到 45.2%。

3.2.2　土地资本化下的空间生产

1990 年代中后期，苏南模式面临转制的迫切需求，政府行为逻辑从"经营企业"向"经营土地"转变。在此背景下，蒋巷村在村庄层面进行了土地"三集中"，农村基层组织不再直接经营和控制企业，转而借助土地资源进行旅游开发以转变乡村发展方式。为增强乡村吸引力，乡村土地资源被改造、设计，逐渐转化为土地资本，自然空间形态被人为改变，创造了价值，空间实现商品化。蒋巷村正是以土地流转为抓手推动村庄产业转型，村级组织将本村土地收归集体，集中进行新村集中住区建设，将千亩粮田承包给 16 个大户进行规模化种植，利用 20 多亩地将全村 192 户村民的蔬菜地集中，并建设 600 多亩生态种养园。市场条件下的空间商品化逐步渗透到社会内部，影响社会生活的各个方面，瓦解一切旧有的不符合要求的空间形式和空间生产关系，生产出全新的空间形式[11]。随着蒋巷生态园正式对外收费，乡村基层组织代表社区行使土地使用权，将生态园区划分为不同片区承包给外来企业经营建设。

4 路径锁定与思考

4.1 路径锁定阶段（2014年至今）

从农民收入来源占比可以看出（图12），2014年之后，服务业收入占比基本趋向稳定，蒋巷村旅游发展速度放缓，发展模式逐渐固化，仅局限于生态园与社会主义新农村游，村内近年无新的旅游项目开发。蒋巷村空间演化也明显进入路径锁定阶段，这一阶段的乡村空间除了南部蒋巷民营工业园的完善与北部农副产品服务中心的落成，无其他明显变化；乡村旅游设施投入或外来旅游项目的引入趋于停滞。因此，蒋巷村的旅游发展亟待对现有发展模式做出反思并需求新的突破，使其进入新一轮的演化循环过程。

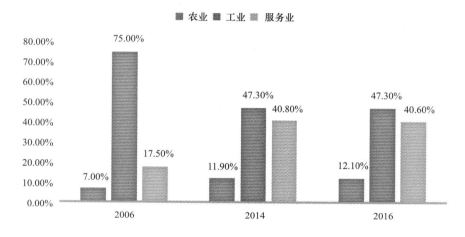

图12 蒋巷村农民收入来源占比

资料来源：蒋巷村统计报表

4.2 模式评价与思考

旅游发展作为现代化生产方式，推动了乡村空间演化进程。从蒋巷村空间路径依赖演化过程的分析中可以看出，内生式的资本和权力借助旅游产业这一载体对乡村空间产生深刻影响。内生式旅游乡村开发是在乡村内生力量主导下，以农村基层组织和村民为主体，利用当地自然、文化、农业等资源优势发展各类旅游活动带动乡村经济发展的模式。以蒋巷村为例，其乡村空间从旅游路径形成前的分散式空间形态经历生产、居住空间的集中化建设到路径发展阶段的"生产、生活、生态"三位一体的集约化功能空间布局（图13）。

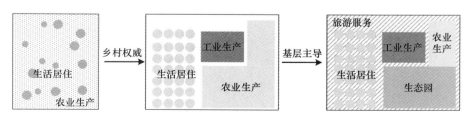

图13 蒋巷村空间演化：从分散到集中

资料来源：作者自绘

旅游内生开发下乡村以农村基层组织为载体，依托集体经济力量，充分发挥当地资源特色同时调动村民自身力量实现乡村旅游发展。相比外来企业、地方政府等外生力量，农村基层组织具有更强的信息收集能力、分析能力与问题解决能力，能够更加切实地为村民考虑，真正代表村民利益，更好地进行组织的利益判别，有效遏制由于旅游开发造成的对农民土地和资源的侵占现象，有效避免了由于外界力量的引入而削弱自身收益的情况。但是，农村基层组织也存在其自身局限性，如村民个体参与不足，措资金筹措困难、缺乏大规模投资旅游开发的经济能力等缺陷，容易引致权责界定不明、村民维权不畅、公共权力私有化、集体财政短缺等问题，因此，在内生力量主导下的乡村空间扩张有限，影响乡村旅游的持续性拓展。

因此，旅游乡村的内生开发过程中，在坚持乡村基层组织主导的前提下，始终保持村社理性，应当保障多方利益主体的均衡发展，要将乡村基层组织与村民、旅游开发公司、政府等作为一个整体考虑，尤其应重视村民的主体地位借助村社力量通过资源整合获取全村利益最大化，依托集体的组织力量化解乡村发展的外部性，鼓励村民积极参与旅游发展，分享旅游红利。同时，应有限度地引入外来资本，规模化旅游接待设施建设。

参考文献

[1] 王汝辉，幸岭. 少数民族村寨旅游开发模式变迁：来自新制度经济学的阐释——以四川理县桃坪羌寨为例 [J]. 云南师范大学学报（哲学社会科学版），2009，41（3）：128-133.

[2] 罗芬，方妮，周琴. 内生式乡村旅游发展演变、困境与调控——以长沙市桃花岭村"农家乐"为例 [J]. 中国农学通报，2012，（26）：304-310.

[3] 王璐璐，周彬. 我国乡村旅游空间分布演化与影响因素研究 [J]. 现代化农业，2014（11）：37-40.

[4] 席建超，王新歌，孔钦钦，张楠. 旅游地乡村聚落演变与土地利用模式——野三坡旅游区三个旅游村落案例研究 [J]. 地理学报，2014，69（4）：531-540.

[5] 龚伟，赵中华. 乡村旅游社区景观空间演化研究 [J]. 世界地理研究，2014（3）：140-148.

[6] 江南，戴姜蕾. 南乡村人居环境建设现状分析——以常熟蒋巷村土地资源利用现状为例 [J]. 2011（8）：8.

[7] 邹统钎. 中国乡村旅游发展模式研究——成都农家乐与北京民俗村的比较与对策分析 [J]. 旅游学刊，2005，20（3）：63-68.

[8] 胡宪洋，保继刚. 乡村旅游景观特质网络演进的蒋巷村案例 [J]. 地理研究. 2016，35（8）：1561-1575.

[9] 周永广，姜佳将，王晓平. 基于社区主导的乡村旅游内生式开发模式研究 [J]. 旅游科学，2009，23（4）：36-41.

[10] 陈靖. 村社理性：资本下乡与村庄发展——基于皖北 T 镇两个村庄的对比 [J]. 中国农业大学学报（社会科学版），2013，30（3）：31-39.

[11] 孙江. "空间生产"——从马克思到当代 [M]. 北京：人民出版社，2008.

探索村庄闲置古建改造利用的实施机制
——基于山西村庄的案例研究

王晋芳*

【摘 要】在新型城镇化背景下，受多重因素影响，越来越多的村庄呈现"空心化"的状态，出现了大量的闲置宅基地、闲置建筑，尤其是村民另选宅基地新建房屋后，原有的老房子和宅基地常年空置，既浪费了有限的土地资源，又破坏了农村景观布局，制约村庄的进一步发展。在村庄规划的编制和建设实施过程中，大量闲置下来的古建筑不可避免的成为需要解决的难点和重点，本文针对山西省两个不同类型村庄中具有保护利用价值的闲置古建进行剖析，探索适合其发展的改造方式及管理模式，以期在乡村振兴的道路上积微成著。

【关键词】闲置古建，改造利用，乡土记忆，文化传承

随着十八大"美丽乡村"一词和十九大"乡村振兴"战略的提出，村庄的发展建设再一次成为社会的焦点。在当下的城镇化发展中，受诸多因素的影响，越来越多的村庄内部呈现出大量的闲置古建，从而造成了村庄土地的浪费、景观风貌的破坏和文化的流失。由于年久失修或村庄进一步发展的需求，导致这些具有历史记忆或乡土特色的闲置古建纷纷被拆除重建或长期呈现空间闲置的状态，然而，这些建筑往往承载着整个村庄的传统文化、发展脉络和乡土记忆，如果一律采取"大拆大建"的方式来进行村庄发展建设，势必会造成村庄文化资源的浪费和乡土记忆的散失。如何结合乡村发展和乡土记忆利用这些闲置古建所遗留的闲置空间，是乡村振兴道路上亟待解决的问题。本文研究对象主要为村庄内部具有改造利用价值，能够传承乡土文化的闲置古建，并结合案例对其改造方式、发展模式等进行一些探索。

1 村庄闲置古建类型及特点

村庄闲置古建主要以具有传统风貌、乡土记忆和文化特色的居住建筑或公共建筑为主，它们大多年久失修、长期闲置处于未利用的状态，建筑质量日益变差、传统风貌逐渐流失。

1.1 从建筑分布形式划分

1.1.1 规模成片的闲置古建

在近几年的村庄调研中发现，很多具有传统文化的新旧结合型村庄大多呈现"老村破败无人、新村整洁人稀"的状态。随着人们生活水平的提高，为改善生活条件，大多数人离开自己的老宅，在外围新建住宅，致使整个老村成为闲置空间，内部的老房子则成为闲置建筑，这些闲置古建往往集中成片、功能齐备、传统风貌统一、历史记忆珍贵，是村庄一定时期发展的有力见证，具有很高的文化价值、科学研究价值和利用价值（图1～图3）。

---

* 王晋芳（1989–），女，山西省城乡规划设计研究院工程师。

1.1.2 点状分布的闲置古建

20世纪80年代初，村民开始新建房屋，村庄用地紧张的情况下，大量的居民在原有宅基地重建，这种居民自主式的重建和部分居民的外迁，使村庄内部的闲置古建呈现点状和独立的分布状态。点状分布的闲置古建中多为布局特色鲜明的家族大院或分布在村落重要位置的宗庙建筑。

图1 整体闲置的老村

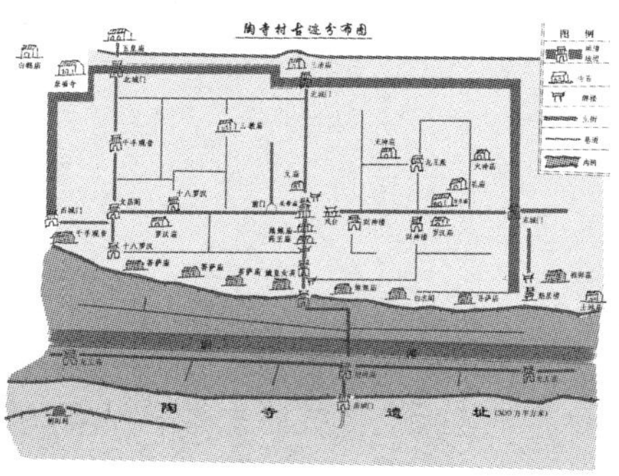

图2 点状分布的闲置宗庙

图3 村庄内部点状闲置的老宅和庙宇

1.2 从建筑原有使用功能划分

1.2.1 闲置居住建筑

村庄内部的闲置古建大多为居住建筑，闲置的传统居住建筑中，很多都是利用当地石材结合当地特色和文化进行修建的，具有一定的地域特点和文化特色（图4）。

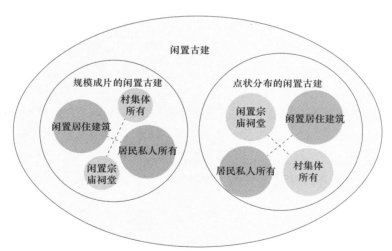
图4 闲置古建分类关系示意图

1.2.2 闲置宗庙祠堂

村庄内部闲置的宗庙祠堂大多破败，原有使用功能被新建的同类型建筑替代，但作为村庄原有的聚落中心，它们在建筑技艺、文化传承和村落格局中有举足轻重的作用，因此，对它们的修复再利用对村落具有重要的历史价值。

1.3 从建筑所有权划分

1.3.1 居民私人所有

根据《中华人民共和国物权法》第六十四条：私人对其合法的收入、房屋、生活用品、生产工具、原材料等不动产和动产享有所有权。因此，多数原住民对其居住的老房子具有所有权，即他们对这些建筑拥有占有、使用、收益和处分的权利。这些私人建筑在改造利用过程中不可避免地与其产生直接的利益关系。

1.3.2　村集体所有

村庄内部闲置的公共建筑如庙宇、戏台、祠堂等一般归村集体所有，村政府应该在正确的引导下，合理利用这些公共资源，发挥其应有的文化和经济价值。

2　村庄闲置古建开发利用的价值

通过归纳总结，本文所研究闲置古建改造利用的价值主要有：文化价值、经济价值和生态价值。

2.1　文化价值

村庄内部大部分的闲置古建代表了村庄某个时期的历史记忆，甚至有的是明清时期具有研究价值的历史建筑，保护、保留、更新并利用这些建筑是对村庄文化的有效传承和发扬。同时，闲置古建的改造利用还有利于保存居民对村庄文化的归属感和认同感。

2.2　经济价值

闲置古建与完全新建的建筑相比，具有明显的经济价值，既减少了土地的资源的浪费，又能节约成本，减少废弃物处理，同时维持了对现有资源的利用。

2.3　生态价值

闲置古建改造利用的过程是现有资源循环再利用的过程，具有十分可观的节能价值。闲置古建的改造利用可以减少大量的建筑垃圾、粉尘、噪声对环境造成的污染，具有现实的环保价值。

总之，闲置古建的改造利用不仅能节约资源、避免浪费和污染，更能展现村庄文化特色和乡土记忆，能给人以怀旧的归属感、质感和空间感。

3　闲置古建改造利用的主要类型

随着旅游产业在乡村地区的不断兴起，为村庄内部的闲置古建提供了更多的机遇和拓展空间。为适应发展需求，出现很多将民居改为民宿、餐饮等方式，主要进行商业和旅游项目的开发等，闲置古建的开发利用模式也逐渐趋于多样化。现阶段，我们对闲置古建的改造利用方式主要有传统文化展示类型、公共服务类型、商业旅游类型。

3.1　传统文化展示类型

一般由政府主导，文化企业和民间组织参与，将闲置古建改造为村落文化教育、民俗展览等建筑类型，主要陈列传统工艺、家族族谱、传统文化等，为非物质文化提供了空间载体。这种类型要求改造建筑具有开敞的内部空间、权属清晰、方便实施的公属性建筑，如宗祠等。主要通过外部建筑整治修缮，内部空间更新调整的方式进行改造利用，因此，该类型能够最大程度的保护建筑原有风貌，适当植入新的功能后，还能满足展示、教育等发展需求。

3.2 公共服务类型

由政府主导，村集体协调，将闲置古建改造成为农家书屋、青少年或老年活动中心等建筑类型，主要为村民提供公共服务。该类型一般选用公有属性的建筑进行改造。在当前村庄发展用地紧张的情况下，以改造现有房屋的方式完成设施配给，既延续了文脉，又节约资源，是一种较为有效的途径。

3.3 商业旅游类型

该类型主要将闲置古建改造为农家餐馆、客栈等，通过改造，不仅为村民提供必要的商业设施，也为外来游客提供相应的旅游服务，该类型注重经济效益，也是当前村庄发展最为倾向的一种改造类型，实施途径主要包括村民自主、企业主导两种类型。由于很多古建产权关系较为复杂，村民自主，通过选择先行改造，因规模小，更利于启动。或通过企业主导的方式，利用充足的资金，有利于村落整体环境的改善，但因避免将村落过度商业化。

4 村庄闲置古建改造利用模式探讨

本文结合山西省两个不同发展类型的村庄，对其内部闲置古建进行整理分析，试图探索出一条适合其改造利用的发展模式和实践之路。

4.1 "文化＋产业＋合作"的洞八岭模式

洞八岭村位于山西省晋城市泽州县，处在峰峦叠嶂的太行山南麓之巅的断塞关隘之处，历代为兵争要地，2014 年村庄入选第三批中国传统村落，洞八岭村内部的谢氏城堡为典型的成片闲置古建，外围有少量呈零星分布的闲置古建（图 5）。民国以后，城堡内部的居民逐渐迁出，在城堡东侧大量修建新房，最终形成村庄传统风貌和现代风貌相结合、城堡内历史建筑整体闲置的状态。现状的洞八岭村正处于百废待兴的状态，尤其是古堡内部，历史建筑亟待保护和重新利用，规划结合其文化资源、产业基础在保

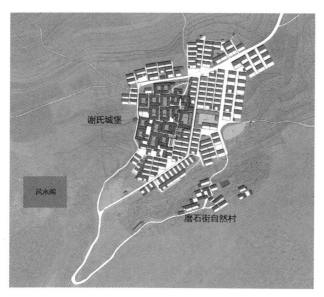

图 5 洞八岭村闲置古建分布示意图
（图示粉色部分为闲置古建）

护利用和开发模式中提出相应的发展路径。

4.1.1　保护和开发并举

谢氏城堡独特的文化资源是其旅游发展的重要抓手。首先，它是一座功能完备的防御型城堡，传承了诸侯王国的承制规格。谢氏城堡共有 22 个古建筑院落，有王院、上书房、西书房、翰林院、议事厅、公堂院、氏族食堂、中医院、蒙养院、茶楼、商铺、戏台、看楼、油坊、骡马店、风水阁等，左祖右社，公共设施可谓一应俱全。其次，它具有独特的"地下＋地面＋地上"的三位一体防御体系，城堡内设 18 个连接通道将 22 个院落相连，80 个室外楼梯通往二楼，180 个室内楼梯连接屋内一、二楼上下畅通，840 余间房屋上下畅通，户户贯通，院院连通（图 6 ）。

基于城堡独特的文化资源，规划及时对其历史建筑提出外部保护修缮和内部更新利用相结合的措施。

图 6　谢氏城堡格局分布图

外部保护修缮：主要考虑建筑传统风貌和历史文化的延续，规划要求最大程度保护城堡内部整体传统建筑风貌，包括对其建筑材料、建筑雕刻等装饰艺术、建筑整体结构等的保护和修复。

内部更新利用：根据建筑原有功能进行更新利用，例如商铺、茶楼，恢复其原有使用功能，内部则根据现代生活、服务和消费需要等进行必要的更新，但是要避免城堡内部过度商业化而散失原有古韵。规划强调只提供必要的商业服务，对一些原为居住或公益型功能的古建主要通过鼓励原住民回迁和保持原有功能为主（表 1 ）。

内部更新方式一览表　　　　　　　　　　　　　　　　　　　　表 1

建筑原有功能	规划功能	改造利用方式
村民自住	传统生活展示	鼓励原住民回迁，改善生活条件
商业	商业	恢复原有功能，内部根据现代需要适度更新
书房	农家书院	对内部有教学功能的两处书院改成农家书院，供游人参观
戏台、看台	展示、表演	修缮，恢复原有功能，定时进行民俗表演
客栈	客栈	对内部具有客栈功能的骡马店进行修缮，改造成高级客栈进行体验
作坊	参观、展示	对原有作坊形式进行展示
议事厅等	参观、展示	修缮利用，进行必要的展示

防御体系重构：规划考虑对城堡内建筑构成的立体防御体系进行修复利用，根据原有遗迹疏通地道，对连接各建筑和院落的楼梯、门楼、通道等进行修复，主要供外来游客参观、体验，并达到教育的目的。

4.1.2　闲置古建产业化

通过各方面评估，规划团队认为从区域环境、外部资源和内部文化上来说，村庄具有很大的旅游发展基础和潜力。规划提出了产业互推的发展理念，通过中药材养生休闲＋古堡旅游＋农家乐三者之间的相互带动形成较为完整的产业和旅游发展链条。

现状城堡南北两侧存在少量的闲置古建，北侧呈点状分布，南侧为一处自然村，现状建筑传统风貌尚存，都处于闲置的状态，规划对北侧和南侧的闲置古建进行保留利用。北侧闲置古建呈点状分布，规划将其改造为以村民自主农家乐发展为主的片区，游客可以在此体验养生服务、住宿、农家菜等。南侧闲置古建较为集中，因其环境良好、光照充足、宁静自在，规划将其改造成为集中养生服务基地，以企业为主导。不仅充分利用了这些闲置古建，避免土地和资源的浪费，而且实现了这些建筑的产业化（图7、图8）。

图7　商业型农家院外部整治示意图

图8　商业型内部更新示意图

4.1.3　政、企、民协作

在开发利用过程中，投资者和古建所有者之间会产生很多矛盾，因城堡内部古建多为私人所有，虽然他们并不在此居住了，但是牵扯到利益关系时，他们往往会第一个站出来"分果果吃"，只要一方不满意，开发项目便难以实施。为了缓解这些矛盾，规划提出了政府、企业和村民合作的模式。即通过政府牵头，企业投资，村民入股的合作方式实现各方的互利共赢（图9）。

图9　村庄闲置建筑利用主题分区

本项目由山西仙神河旅游开发有限公司为主体进行投资，并请专业评估机构将村民的闲置古建进行评估，作价入股，村民与投资主体共同成立开发公司，共同进行古建筑的保护利用工作。通过这样的方式既能解决古建开发利用的资金来源，又能保证村民共同享有开发带来的长远经济利益，从而避免开发者和村民之间不必要的矛盾，也形成了公众参与的良好互动局面。

4.1.4 经验总结

规划考虑了古建文化的传承、特色的利用、功能的再利用、产业的结合、投资者和所有者利益的关系等，对村庄内部不同区域的闲置古建进行充分的保护和利用，且在防止过度商业化中提出了相应的措施，形成了较为良性的循环模式。

4.2 "产村一体化"的上镇模式

上镇村位于山西省运城市闻喜县，为新旧结合的产业型发展村庄，为享受良好的居住和服务设施，村民在村庄东侧另建新宅，旧村建筑整体闲置。上镇村最大的特色就是它的产业发展，不仅是有机小麦的生产基地，而且是国家级非物质文化遗产闻喜花馍的展示基地，并有一定的历史文化资源。

4.2.1 "产村一体化"的发展模式

上镇村旧村整体建筑特色不突出，传统风貌一般，大多经过了改造，但仍旧与新村形成了鲜明的对比并留有一定的记忆，因此，规划在权衡利弊之后，决定对其改造再利用。

显然村庄在传统风貌建设和开发上不占优势，但是基于村庄良好的产业发展条件和发展设想，规划对旧村内部空间进行整理，少部分严重破败或在布局上影响使用的闲置古建进行拆除，改造为绿化休闲空间，其他闲置古建进行改造利用形成以"家庭"为单元的作坊式生产基地，主要作为传统小麦的加工、花馍的制作和展示空间，创建文化产业园区，形成"产村一体化"的发展模式。村民可以就近在此生产、经营，作坊还可进行供外来游客进行小麦加工和花馍制作的相关体验项目，进而实现多元化的经济效益和一二三产的相互融合（图10）。

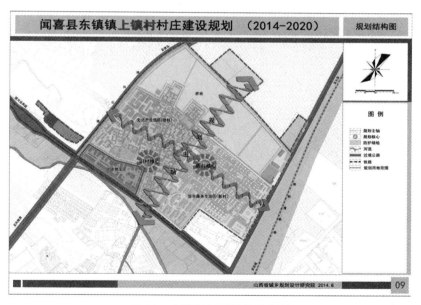

图10 上镇村规划结构示意图

4.2.2 经验总结

规划实现了村民生产和生活之间的良性互动，经过改造、传统风貌较差、特色不突出的闲置古建不一定要大量拆除重建，只要能找到合适的发展融合点，村庄的乡土记忆便能得以很好的传承，村民的归属感则随处可寻。

5 经验与建议

通过以上例子可以看出，闲置古建的保护利用不仅关系到村庄历史记忆、文化传承，而且关系到村庄产业发展和生产、生活方式的改变。在村庄规划中，政府和规划者应多挖掘这类建筑特色、结合乡村历史、文化、产业等进行必要的保护和开发利用。实行保护和适度开发相结合的手段，对于重要的历史建筑等应在保护的基础上在进行适度的开发，要避免过度商业化对文化和传统氛围造成的破坏，同时要坚持公众参与的原则，充分考虑村民的利益，实现多元化的开发渠道。

大部分的闲置古建具有重要的保护利用价值，在村庄发展和转型的过程中，除了制订合理的开发利用模式之外，地方政府需要高度重视这类建筑，并出台相关的管理制度和政策要求，完善相关运作体系，才能在闲置古建保护利用的实施过程中引入更多元化的社会力量，从而发挥其更大的价值。建筑师、规划师和业主也应当在闲置古建再利用、创造经济价值的基础上，赋予其更多的文化内涵，承担起自己的责任。

参考文献

[1] 唐琳. 梅州客家民居历史建筑的再利用研究 [D]. 硕士学位论文，2008BAJ08B02.

[2] 王建军，张振华，孙永生. 探索工业遗产保护利用的实施机制——基于广州的案例研究 [J]. 城市规划，2018（1）：82-72.

[3] 刘威宏，邢双军. 挖掘乡土文脉 - 换发村落生机——以宁波童一村为例 [J]. 包装世界，2016（3）.

[4] 黄红春. 闲置建筑改造利用为餐饮空间的价值及手法探索 [J].

[5] 传统民居的再利用——以胡同茶社为例 [J].

分论坛四

规划实施技术与评估

城市建设工地监测与规划实施评价

田　燕　甄云鹏　肖　琨　司　瑶　张宗耀*

【摘　要】建设工地是城市建设在地表上的直观反映，也是城市面貌变化的最显著特征。基于城市地理国情普查与监测信息，开展建设工地现状与变化监测，并将监测成果应用于城市用地现状、土地利用现状和规划行政审批等的调查实施评价中，为实施精细化的规划编制与管理提供了一个新的思路。

【关键词】建设工地，地理国情监测，规划实施评价

1　引言

当前，我国城市发展进入新常态，城市建设普遍从倚重增量扩张转入存量挖潜。城市空间在扩展集聚、新旧更迭过程中，形成了大量的建设工地。建设工地的规模、分布与变化，从一定程度直观反映了城市外部扩张、内部更新和建设发展的现状面貌。本文以武汉市为例，结合地理国情普查与监测工作，对全市建设工地现状与变化进行了监测，并将建设工地监测成果应用到规划用地现状、土地利用现状的调查及规划行政审批的实施评价中，反映了城市用地空间增长和演变的真实状况，为各类城市规划编制管理和各级城乡规划实施评价提供基础技术支撑与参考。

2　数据与方法

2.1　数据基础

武汉市多期遥感影像数据，全市域 2015 年地理国情普查数据、2016 年地理国情监测数据，中心城区规划用地现状数据、土地利用现状数据和规划行政审批数据等。

2.2　研究内容

建设工地的规模、分布及变化，城市用地现状调查评价、城市土地利用现状调查评价和规划审批评价。

2.3　研究方法

建设工地识别提取方法：运用遥感影像解译等方法，对同一区域、不同时相的遥感影像中的建设工地

---

* 田燕（1976-），女，武汉市国土资源和规划局总工程师；武汉理工大学教授，博士生导师。
甄云鹏（1981-），男，武汉市测绘研究院副主任。
肖琨（1984-），女，武汉市测绘研究院高工。
司瑶（1986-），女，武汉市测绘研究院工程师。
张宗耀（1988-），男，武汉市国土资源和规划信息中心工程师。

进行变化状态和特征检测，快速识别并获取该类地物的变化信息。同时，参考建设工程规划审批、城建计划、规划条件核实等资料，辅以人工判读和外业核查等手段对结果进行核查与验证。

空间分析方法：运用缓冲区分析、叠加分析、空间插值分析等方法，对地理国情数据和其他专题数据进行空间化处理和分析，利用形象生动的地图符号、色彩及视觉变量表示法等多种手段，选用单张图、系列地图的形式，对空间分析结果进行可视化表达。

2.4　工作流程

建设工地监测与规划实施评价研究开展的总体流程包括数据现状与变化监测、空间分析、得出结论等三个环节，如图 1 所示。

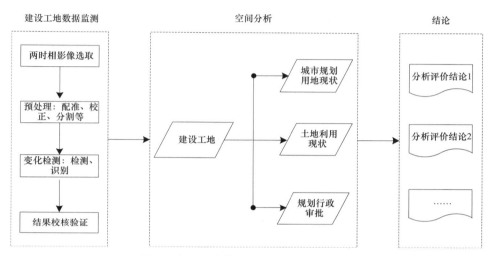

图 1　建设工地监测与规划实施评价流程

3　建设工地现状与变化监测

3.1　建设工地规模

通过监测得出，2015 年武汉市个体面积在 $1600m^2$ 以上的建设工地总面积为 $214.56km^2$，占全市面积的 2.50%。

按分区规模统计，如图 2 所示，建设工地面积最大的为东湖新技术开发区，占全市建设工地面积的 16.69%；其次为江夏区，占全市建设工地面积的 13.72%。按面积占比统计，建设工地面积占比最大的为硚口区和汉阳区，分别占各区面积的 19.55% 和 17.78%。

按建设工地类型进行统计，如图 3、图 4 所示，中心城区和功能区以房屋建设工地为主，占建设工地面积的 47.74%。房屋建设工地面积最大的为东湖新技术开发区，占全市房屋建设工地面积的 25.08%；其次为汉阳区，占全市房屋建设工地面积的 19.57%。道路建设工地面积最大的为东湖新技术开发区，占全市道路建设工地面积的 45.03%；其次为经济技术开发区（汉南区），占全市道路建设工地面积的 26.74%。

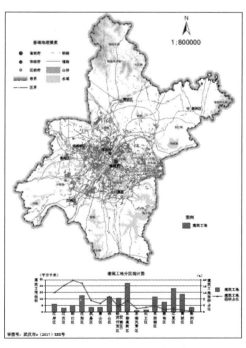

图 2　2015 年建设工地分布图

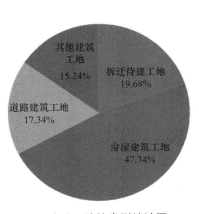

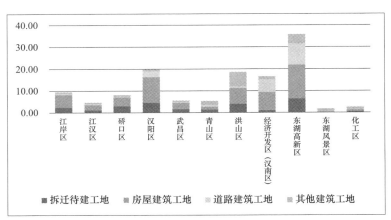

图3　建设工地按类型统计图　　　　　　　　图4　建设工地按类型统计图

3.2　建设工地分布

按城市道路环线进行统计，如图5所示，98.5%的建设工地分布在外环线内，建设工地圈层分布呈明显聚集态势。其中，70.35%的建设工地分布在二环至外环线之间，其中二环至三环之间占到42.56%，三环至外环之间占到27.79%。一环内和外环线外建设工地仅为5.11%和1.50%。

按规划圈层进行统计，如图6所示，都市发展区范围内集中了全市93.14%的建设工地。其中，主城区占28.31%；6大新城组群占64.63%，南部、东南和西部组群建设工地占比较大，分别达到了15.04%、11.66%和11.54%。

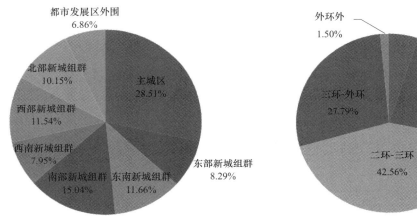

图5　建设工地按都市发展区统计图　　　　图6　建设工地按环线统计图

3.3　建设工地变化监测

如图7所示，2016年武汉市建设工地面积为188.21km²，与2015年相比，新增建设工地54.73km²，竣工建设工地81.08km²，净减少26.35km²。各区竣工建设工地面积均略大于新增工地面积，工地规模则均有少量减少。新增和竣工建设工地面积最大的均为东湖新技术开发区，其次为江夏区。全市新增建设工地主要沿原有工地进行边缘式扩展。

由建设工地规模、分布与变化可以看出，武汉市城市建设已进入"外延扩张＋存量更新"的发展模式，圈层分布集聚态势明显，建设工地主要分布在二环线至外环线之间，扩张方向主要为南部、东南和西部，东湖新技术开发区、经济技术开发区（汉南区）、江夏、汉阳区建设更新扩张较为强劲。

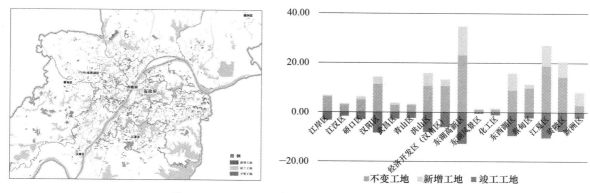

图7 2015～2016年建设工地变化分布统计图

4 规划实施评价

4.1 城市用地现状评价

城市用地现状调查是掌握城市用地和规划实施状况的重要手段，也是编制城市规划和其他各项工作的基础。建设项目从用地审批到竣工建成往往要经历几年时间，在年度城市用地现状调查工作中，通常直接参考规划用地报建与审批等资料对新增和变更用地进行判别、划定，并将其用地性质改成建成时的属性。这种方式仅能反映建设用地的最终性质，却无法反映和区分建设过程中拆迁、批而未建和未批先建等用地状态。通过开展城市用地现状调查数据和建设工地的对比分析，能够真实地反映用地建设状态，弥补传统城市用地现状调查资料不全、调研不足等问题。

如图8所示，监测结果表明：研究区域内有55.52%的建设工地在城市用地现状中为存量建设用地，但仍有31.73%建设工地分布在居住用地和工业用地中，宜归为存量待建用地。

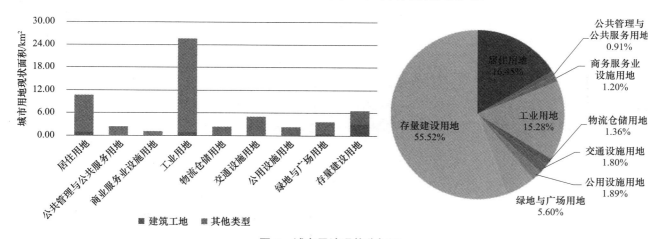

图8 城市用地现状分析图

4.2 土地利用现状评价

土地利用现状调查是指以一定行政区域或自然区域为单位，为查清区域内各种土地利用类型的面积、分布和利用状况等内容而进行的专项调查，具有政策性和科学性。其成果可为制订国民经济计划和有关政策，建立土地统计登记制度，全面管理土地等工作服务。土地利用现状调查侧重于土地的社会属性和管理属性，尤其体现在耕地方面，通常将耕作层还未被破坏的土地采集为耕地，这种调查规则和方式无法体现当时土地地表附着物和土地临时使用的实际状况。通过开展土地利用现状数据和建设工地的对比分析，能够及时发现并反映土地利用中耕地、园地等自然要素被人工建设占用的情况，为耕地保护和土地执法提供重要参考依据。

如图 9 所示，监测结果表明，研究区域内年度土地利用现状调查耕地数据中，位于南侧的少量耕地中存在着硬化地表、人工堆掘地等建设工地，疑似为违法建设用地。

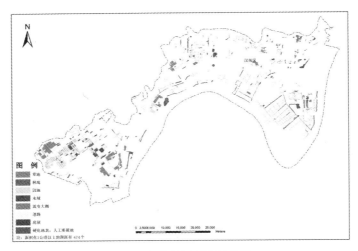

图 9 土地利用现状评价图

4.3 规划行政审批评价

我国城市规划实施管理的制度为"一书两证"，即城市规划行政主管部门核准发放的建设项目选址意见书、建设用地规划许可证和建设工程规划许可证。在实际建设工程办理规划手续准备实施过程中，存在部分用地分期开发、怠工囤地等行为。通过开展未核发建设工程规划许可证的用地规划许可证与建设工地叠加分析，可以发现疑似未批先建的违法建设工程；通过开展建设工程规划许可证与建设工地叠加分析，可以跟踪分期开发的建设工程进度，及时掌握规划审批的落实情况，并发现疑似怠工囤地的违法行为。

如图 10 所示，监测结果表明，研究区域年度审批规划建设用地面积约占城镇建设用地总面积的 2.65%，未核发建设工程规划许可证的用地规划许可证范围内开工建设率较低，鲜有未批先建现象；而对于核发了建设工程规划许可证的用地年开工率达到 95.12%，开工落实率较高。

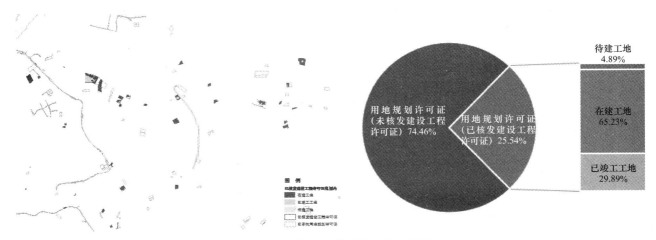

图 10 规划行政审批实施分布统计图

5 结束语

通过开展常态化的地理国情监测工作，定期监测城市地表尤其是建设工地的现状与变化，能够很好地反映城市扩展更新，对城镇化发展进行实证研判和预警；同时，融合相关专项调查管理数据与建设工地数据，运用空间统计分析等方法，能够为城市规划现状调查和实施评价提供现势性强、准确性高的支撑数据，从而有助于精细化规划编制与实施工作的开展。

参考文献

[1] 陈韦，洪旗，陈华飞等."规土融合"视角下特大城市土地节约集约利用评价与实践 [M]. 北京：中国建筑工业出版社，2016.

[2] 武汉市国土资源和规划局.《武汉市第一次地理国情普查公报》[R]. 2017：20–23.

[3] 王沛，王菁，胡金鑫. 城市用地现状调查工作研探. 城乡治理与规划改革—2014 中国城市规划年会论文集 [C]. 2014.

[4] 张勇，肖琨，李盼盼，张雪，叶琳. 地理国情普查和土地利用变更中耕地数据的对比 [J]. 地理空间信息，2015（05）.

城市总体规划评估指标体系研究
——以广州市为例

万思齐　杨励雅*

【摘　要】城市总体规划评估是城市总体规划工作的重要环节，而评估内容和指标体系的确定是总规评估工作的重中之重。本文立足国家战略和上位规划，在借鉴国内外城市规划评估有益经验的基础上，以广州市城市总体规划评估为切入点，探讨总规评估指标体系的构建原则、价值取向和构建过程，试图将主体功能区规划体系与城乡规划体系中的总规评估相衔接。本文构建了广州市及其四大主体功能区的总体规划评估和考核指标体系，既包含了城市发展目标，也体现了底线思维，是总规评估中差异化体检和考核的有益探索。
【关键词】评价指标体系，城市总体规划评估，主体功能区规划

1　引言

定期进行规划评估是确保城市规划实施的重要手段。近十年来，我国城市规划主管部门高度重视规划评估工作。2008年《城乡规划法》、2009年《城市总体规划实施评估办法》（建规[2009]59号）等文件均强调了城市总体规划实施评估的重要性，提出了"全面总结现行城市总体规划各项内容的执行状况，客观评估规划实施的效果"等要求。

我国城市规划实施过程包括规划许可、规划执法以及规划评估三大部分。随着城市规划由技术性导向向公共政策导向的发展演变，规划评估也更加强调规划全过程渗透、弹性化管控，以达到战略引领城市发展和激励城市规划工作的政策目标。总体而言，我国的城市总体规划评价内容包括对规划方案、实施过程以及实施效果的评估。其中，规划方案是指规划编制程序、规划文本等内容的评估；实施过程是指对规划实施中推进政策、公众参与的评估；而实施效果则是规划评估的主体部分，是指城市经过城市规划下，经济、社会、人文、用地、环境、公众满意度等具体指标的完成状态。本文着重于研究规划评估中对实施效果的评估，以广州为例，试图构建一个在科学发展观、"十九大"精神指导下的总规评估指标体系。

新中国成立以来广州市先后编制了14次城市总体规划，在不同的历史时期都发挥了巨大的作用，使广州成为一座历史魅力和现代色彩相融合的中心城市。作为住房城乡建设部总体规划编制试点城市之一，广州市需要"落实主体功能区战略，坚持城乡统筹，落实'多规合一'，使城市总体规划真正成为市党委政府落实国家和区域战略的重要手段"。研究广州市城市规划评估，对其他城市具有典型的借鉴意义。2017年住房城乡建设部在《城市总体规划编制试点的指导意见》（建规[2017]200号）中也明确提出："广

---

* 万思齐（1995–），女，中国人民大学公共管理学院硕士研究生。
　杨励雅（1978–），女，中国人民大学公共管理学院副教授。

州等试点城市在编制新一版城市总体规划中应制定考核评价体系，从城市发展目标和底线思维两方面确定考核评价内容，对各区县实行差异化考核；建立'一年一体检、五年一评估'的规划评估机制，评估结果报审批机关和同级人大常委会，并向社会公开。"

本文首先从国内外规划实施评估案例入手，介绍住房城乡建设部体系、北京、西雅图的规划评估指标框架和内容。在国内外经验的基础上，探讨总体规划评估指标体系构建过程中的构建原则、价值取向和构建过程。并根据《国家主体功能区规划（2010～2020）》和住房城乡建设部200号文的要求以及其关于城市总体规划编制试点的指导意见，以广州为例，立足其城市定位和本土特色，从广州全市域、市域内部各主体功能分区两个层面，提出具体的考核指标体系，以体现"各主体功能区分类发展、分类管理、分类考核"的差异化原则。指标性质区分为"评估指标"和"考核指标"两类，其中"评估指标体"现城市规划的战略引领作用，用以评估城市规划实施是否达到了预期目标；"考核指标"主要分布在资源、生态环境和公共服务领域，是以量化形式对政府及各职能部门提出的工作要求，体现城市规划的刚性约束作用，政府及各职能部门必须通过有效运用行政力量、合理配置公共资源来确保指标的实现。

2　国内外城市总体规划评估经验述评

该部分从城市规划指标体系构建的角度出发，介绍国内外城市和部门的先进经验，为城市总体规划评估指标和评估体系的构建提供依据和思路。

2.1　国外的规划评估指标体系——西雅图总规评估案例介绍

西方规划实施评估源于对政策实施的研究，后期逐渐探索出对备选方案，以及规划决策的实施效果评估。20世纪50年代前，西方城市规划侧重于对规划方案进行合理性评估；自20世纪60年代开始，转变为侧重规划实施效果评估。随着城市规划的不断发展和价值观的变迁，评估思想实现了由"理性规划评估"向"交互式规划评估"的转变。以A.Wildavsky为代表的学者倡导以规划实施效果（implementation results）与规划蓝图（blueprint）之间的契合度作为城市规划实施评价标准，来构建城市规划实施评价理论体系，这是理性规划评估思想的根本内容。在理性规划评估影响下，规划评估的主要问题是需要将规划目标的定性要素定量化，并采用成本收益分析法、规划平衡表、目标达成矩阵等评估方法进行比较与计算。而80年代以来，以Healey为代表的学者认为规划从空间转向为社会经济领域，单维的线性评估需要让位于协调的、具有不确定性的、反复的、纳入政治与社会因素的交互式规划。交互式规划更加强调评估的过程和目的，注重评估中社会公正和环境因素的纳入。而评估的目的不再是效率优先，而是带有渐进主义的思想，使得规划随着规划评估的发展而不断完善。

规划评估指标体系直接体现了规划评估中蕴含的价值取向。构建规划评估指标体系，是规划评估的关键内容，欧美发达国家有大量成功案例可供借鉴。以下以2008年西雅图的规划评估为案例，介绍规划评估指标体系的构建过程。

西雅图城市规划的可持续发展衡量指标的选取得到了国际上的认可，该指标体系也成了西雅图城市规划效果评估的特色方法。指标体系涵盖城市发展、社区发展、经济和安全、社会公正性和环境保护五大模块。

2.1.1　城市发展指标

城市发展指标主要反映城市如何发展以及在哪里发展的信息，分为人口、住宅、就业、交通机动性等几类指标。人口方面，1999～2007 年，西雅图采用总体规划第一个 8 年之后，人口总量增长了 36%。此外，西雅图通过人口普查数据确定人口增长较快和较慢的区域，以检测规划目标的实施，为之后的总规提供数据支撑。住宅方面，西雅图实现了从 2000～2007 共 8 年总计 18500 个住宅单位的增长，达到 20 年规划增量的 31%，基本上与规划中预测的年度增长数相符。就业方面，西雅图从 2000～2005 年工作职位增加了 74400 个，达到了 20 年工作职位增长 146600 个目标的一半。其中超过 60% 的西雅图就业增长是在金融、保险、房地产和服务业，特别是商业服务。至于交通机动性指标，从 1999～2007 年间，每天进出西雅图的机动车增加了 9%，比人口和就业增长率要低。

2.1.2 社区发展指标

西雅图总体规划强调加强城市人与人之间的联系，包括以下指标：首先是市民自愿参与社区活动。据统计，43% 的西雅图人经常参与自愿者活动；30% 的自愿者每周参加自愿活动 10h 以上。然后是绿色开放空间指标：从 1999 年以来，西雅图市新增了 461 英亩的开放空间，作为公园、社区花园和绿地。总体规划中有关开放空间的目标是每 100 个居民有 1 英亩的开放空间。第三是犯罪率：西雅图重大犯罪案件，包括抢劫、施暴、谋杀，数量从 1999 年的 6500 起下降到 2006 年的 4100 起，减少了 37%；财产犯罪案件，包括偷盗等减少了 18%。其后是社区安全感指标：通过居民调查，评估西雅图居民对社会安全的感知。此外，自由住房比例指标是指自由住房比例定义家庭拥有自己的住宅（包括独立住宅、排屋和公寓）占家庭总数的比例，自有住宅是增强社区感的途径，是总体规划的软性目标之一。最后，由于少年儿童是社区中需重点关怀的人群，需要测量有小孩的家庭比例指标，具体指有小孩的家庭比例是家庭中有 18 岁以下未成年人的家庭数占家庭总数的百分比。

2.1.3 经济和安全指标

总体规划中定义经济和安全的价值包括：所有居民有同等的机会；维护高质量的生活品质，包括医疗、食品、教育和公共投资；在全球中处于强有力的位置；有一个不断提供生产力的学习场所。评估衡量经济和安全的指标包括家庭收入，是指所有居民家庭收入的中间值，家庭收入增加意味着购买力增加以及需要政府在住宅方面帮助的家庭减少。西雅图居民家庭收入自 1999 年以来收入提高了 7%。此外，人口教育程度和高中辍学率能够反映教育质量：2005 年西雅图拥有大学学历的成年人比 1999 年增加 4%，2006 年西雅图高中辍学率有 3% 的降低。然后，指标还包括非成年母亲比例。具体指每 1000 个 15～17 岁的少女中做了母亲的非成年少女人数（千分比）。最后是低收入住宅单位指标。西雅图总体规划规定总共 38% 的住房必须是低收入家庭可负担的住房，该指标与总规的要求保持一致。西雅图在 2007 年有 33243 个出租住宅单位由政府提供补贴给低收入家庭居住。这其中 30% 的单位由西雅图市提供资助，其余的由联邦政府资助。

2.1.4 社会公正性指标

1990 年代末西方城市的规划评估侧重城市规划的绩效评价、公共供给政策评估等内容。而 2000 年以后，随着对社会公正问题的关注以及新自由主义、新公共行政管理思潮流行，规划评估方法更加关注社会和谐、空间公平等议题，这体现了城市规划的公共政策属性越来越凸显。在西雅图的总规评估中，社会公正性指标测量了社会资源分配的公平性。

城市规划强调不容忍在就业、住房上的歧视，和在教育和就业的不平等机会等。具体评估指标包括住房的可负担性和住房价格，这是由住房的可负担性和住房价格是通过比较家庭收入中间值、出租住房租金中间值和房屋价格中间值来确定的。结果显示西雅图 30% 以上的租房家庭在 2006 年支付的租金超过家庭收入的 36%。此外，收入分布指标用于测量家庭收入中间值同城市总体家庭收入中间值的比例的地理分布。评估显示 2004 年收入中间值低于城市中间值的区域主要在市中心。最后，种族分布指标、低于贫困线人口比例和健康保险的覆盖范围分别从种族平等、收入分配以及医疗平等机会三个维度进行评估。

2.1.5 环境保护指标

城市建设发展中生态问题日益突出和可持续性理念的出现，规划评估领域逐渐引入生态伦理、环境保护等概念，并通过设置约束性指标来对政府决策加以指导。评估不再单纯从个人或社会的福利出发，而要同时考虑环境的影响。环境要素的引入不但改变了评估的目标、方法和技术，也深刻地改变了其根本的理念。

总体规划提出了改善环境所要达到的目标。为评估该目标，西雅图设定了以下指标：①水质量：包括三类测量：一是测量华盛顿湖水内大肠菌和大肠杆菌的存在；二是测量通过测量大肠菌的存在确定海滩贝类动物的可生存性；三是测量西雅图各溪流的生态完整性（同水中有机物的存在有关）。②空气质量：通过测量 1 年中空气质量至少达到好的天数评价空气质量，2007 年西雅图大约 275d 空气质量达到好的标准。③噪声水平：该指标通过对城市居民的问卷调查的统计结果来评定。从 2001～2007 年，西雅图居民将噪声列为主要问题的人数减少。④树木覆盖率：2006 年西雅图大约有 169000 棵树，比 1999 年增加了约 10 万颗。⑤能源消耗：分别测定商业、居民、工业和政府机构等用户的电能消耗量。⑥水消耗：测量独立住宅用户、商业用户和非收入性用水等不同类用户每天的用水加仑数。⑦再循环：该指标测量城市对可再生物品的回收比例。评估显示 2006 年西雅图市回收其 48% 的废弃物，其中独立住宅居民废弃物回收率为 63%，工商企业废弃物回收率为 49%。⑧出行方式：测定 16 岁以上居民上下班使用的各类交通工具的比例，包括独自开车、与其他人拼车、使用公共交通工具、步行、骑自行车或其他方式。⑨公交乘客量：测量每年平均每人搭乘公共交通工具的次数。⑩非传统交通设施：用于衡量城市公交专用道、多乘客机动车专用道的里程数和城市街道中附带自行车道的道路里程数。

此外，西雅图 2008 年的规划评估过程中，监测了西雅图自 2000 年以来所有指标的变化趋势，这些指标是通过对不同年份的城市发展数据进行计算，或是通过市民调查而得来的。根据对指标值的比较，西雅图将城市发展的趋势分为正面趋势（↑）、很少或无变化（→）、负面趋势（↓）。

2.2 国内的规划评估指标体系

2.2.1 住房城乡建设部提出的城市总体规划指标体系

住房城乡建设部 200 号文以五大发展理念为框架，提出包含创新、协调、绿色、开放、共享五大模块共 45 项指标的总体规划指标体系，如表 1 所示。该指标体系内容涵盖经济发展、社会民生、资源生态等各个方面，是各试点城市制定总规指标体系的重要参考依据。但作为试行指导性指标体系，各城市应根据自身发展定位和具体情况筛选或改进后使用。

住房城乡建设部 200 号文提出的城市总体规划指标体系（试行）   表 1

坚持创新发展	1	受过高等教育人口占劳动年龄人口比例（%）
	2	当年新增企业数与企业总数比例（%）
	3	研究与试验发展（R&D）经费支出占地区生产总值的比重（%）
	4	工业用地地均产值（亿元 /km²）

坚持协调发展	5	常住人口规模	市域常住人口规模（万人）
			市区常住人口规模（万人）
	6	人口发展指数（HDI）	
	7	常住人口人均 GDP（万元/人）	
	8	城乡居民收入比	
	9	城镇化率指标	常住人口城镇化率（%）
			户籍人口城镇化率（%）
	10	城乡建设用地	城乡建设用地总规模（km²）
			各市县城乡建设用地规模（km²）
			集体建设用地比重（%）
			人均城乡建设用地（m²）
			农村人均建设用地（m²）
	11	用水总量（亿 m³）	
	12	人均水资源量（m³/人）	
	13	耕地保有量（万亩）	
	14	森林覆盖率（%）	
	15	河湖水面率（%）	
	16	**农村人居环境**	农村自来水普及率（%）
			农村生活垃圾集中处理率（%）
			农村卫生厕所普及率（%）
坚持绿色发展	17	城镇、农业、生态三类空间比例（%）	
	18	国土开发强度（%）	
	19	开发边界内建设用地比重（%）	
	20	水功能区达标率（%）	
	21	城市空气质量优良天数（天）	
	22	单位地区生产总值水耗（m³/万元）	
	23	单位地区生产总值能耗（吨标准煤/万元）	
	24	中水回用率（%）	
	25	城乡污水处理率（%）	
	26	城乡生活垃圾无害化处理率（%）	
	27	绿色出行比例（%）	
	28	道路网密度（km/km²）	
	29	机动车平均行驶速度（km/h）	
	30	新增绿色建筑比例（%）	

坚持开放发展	31	年新增常住人口（万人/年）			
	32	互联网普及率（%）			
	33	国际学校数量（个）			
坚持共享发展	34	人均基础教育设施用地面积（m²）			
	35	人均公共医疗卫生服务设施用地面积（m²）			
	36	人均公共文化服务设施用地面积（m²）			
	37	人均公共体育用地面积（m²）			
	38	人均公园和开敞空间面积（m²）			
	39	人均紧急避难场所面积（m²）			
	40	人均人防建筑面积（m²）			
	41	社区公共服务设施步行 15min 覆盖率（%）			
	42	公园绿地步行 5min 覆盖率（%）			
	43	社区养老服务设施覆盖率（%）			
	44	公共服务设施无障碍普及率（%）			
提升居民获得感	45	居民满意度	居民对当地历史文化保护和利用工作的满意度（%）		
			居民对社区服务管理满意度（%）		
			居民对城市社会安全满意度（%）		

2.2.2　北京新版城市总体规划的指标体系

北京市新版城市总体规划（2016～2035）在住房城乡建设部指标体系的框架下，以五大发展理念统合各类规划目标和指标，构建了包含 42 项指标的"国际一流和谐之都"的评价指标体系（表 2）。依托该指标体系，按年度对城市总体规划发展目标进程进行评估。

北京城市总体规划（2016～2035）评估指标体系　表 2

分项		指标	2015 年	2020 年	2035 年
坚持创新发展：在提高发展质量和效益方面达到国际一流水平	1	全社会研究与试验发展经费占地区 GDP 比重（%）	6.01	稳定在 6 左右	
	2	基础研究经费占研发经费比重（%）	13.8	15	18
	3	万人发明专利拥有量（件）	61.3	95	增加
	4	全社会劳动生产率（万元/人）	19.6	23	提高
坚持协调发展：在形成平衡发展结构方面达到国际一流水平	5	常住人口规模（万人）	2170.5	≤ 2300	2300
	6	城六区常住人口规模（万人）	1282.8	1085 左右	≤ 1085
	7	居民收入弹性系数	1.01	居民收入增长与经济增长同步	
	8	实名注册志愿者与常住人口比值	0.152	0.183	0.21
	9	城乡建设用地规模（km²）	2921	2860 左右	2760 左右
	10	平原地区开发强度（%）	46	≤ 45	44
	11	城乡职住用地比例	1：1.3	1：1.5 以上	1：2 以上

续表

分项		指标	2015 年	2020 年	2035 年
坚持绿色发展：在改善生态环境方面达到国际一流水平	12	PM2.5 年均浓度（μg/m³）	80.6	56 左右	大气环境质量得到根本改善
	13	基本农田保护面积（万亩）	—	150	—
	14	生态控制区面积占市域面积比例（%）	—	73	75
	15	单位地区生产总值水耗降低（%）	—	15	>40
	16	单位地区生产总值能降低（%）	—	17	达到国家要求
	17	单位地区生产总值二氧化碳排放降低（%）	—	20.5	达到国家要求
	18	城乡污水处理率（%）	87.9（城镇）	95	>99
	19	重要江河湖泊水功能区水质达标率（%）	57	77	>95
	20	建成区人均公园绿地面积（m²）	16	16.5	17
	21	建成区公园绿地 500m 服务半径覆盖率（%）	67.2	85	95
	22	森林覆盖率（%）	41.6	44	45
坚持开放发展：在实现合作共赢方面达到国际一流水平	23	入境旅游人数（万人次）	420	500	增加
	24	大型国际会议个数（个）	95	115	125
	25	国际展览个数（个）	173	200	250
	26	外资研发机构数量（个）	532	600	800
	27	引进海外高层次人才来京创新创业人数（人）	759	1300	增加
坚持共享发展：在增进人民福祉方面达到国际一流水平	28	平均受教育年限（年）	12	12.5	13.5
	29	人均期望寿命（岁）	81.95	82.4	83.5
	30	千人医疗卫生机构床位数（张）	5.14	6.1	7 左右
	31	千人养老机构床位数（张）	5.7	7	9.5
	32	人均公共文化服务设施建筑面积（m²）	0.14	0.36	0.45
	33	人均公共体育用地面积（m²）	0.63	0.65	0.7
	34	一刻钟社区服务覆盖率（%）	80（城市社区）	基本实现城市社区全覆盖	基本实现城乡社区全覆盖
	35	集中建设区道路网密度（km/km²）	3.4	8（新建地区）8	
	36	轨道交通里程（km）	631	1000 左右	2500
	37	绿色出行比例（%）	70.7	>75	80
	38	人均水资源量（m³）	176	185	220
	39	人均应急避难场所面积（m²）	0.78	1.09	2.1
	40	社会安全指数　社会治安：十万人刑事案判决生效犯罪率（人/10 万人）	109.2	108.7	106.5
	41	交通安全：万车死亡率（%）	2.38（2016）	2.1	1.8
	42	重点食品安全检测抽检合格率（%）	98.42	98.5	99

注：文中现状数据，除有特殊说明外，基准年均为 2015 年。

北京总规评估指标总体框架来自于住房城乡建设部要求，但完全相同的指标仅 16 项，相同指标项主要集中于共享和绿色领域，如各类公共服务设施、城乡建设用地、环保控制性指标等；不同指标项主要集中在开放和创新领域，具有地域特色，例如，北京作为科技创新中心和国际交往中心，增加了基础经费研究比重、万人发明专利拥有量、全社会劳动生产率、入境旅游人数、大型国际会议个数、外资研发机构数量等评估创新和开放的指标。表 3 显示了北京总规指标与住房城乡建设部指标体系的异同点。

北京总体规划指标与住房城乡建设部指标对比一览表　　　　　　表 3

	创新指标	协调指标	绿色指标	开放指标	共享指标	合计
住房城乡建设部	4	12	14	3	12	45
北京	4	7	11	5	15	42
相同项	1	8		0	7	16

2.3　小结

规划评估理论和指标体系随着规划实践的发展而不断丰富与创新。按照不同国家和城市总体规划中设立的发展目标和愿景，西雅图、北京分别提出了不同的指标目标层。西雅图的指标体系包括了城市发展、社区发展、经济和安全、社会公正性和环境保护五大模块。而住房城乡建设部和北京的指标按照创新、协调、绿色、开放、共享五个板块分类。这体现了城市间的发展战略相异。

以这两个城市作为点，管窥总体规划评估中的中西价值观差异，可以发现西方的指标体系更加注重城市品质的管控、城市安全问题保障以及基于社会公平的、中微观的居民生存发展环境提升。中国则强调更为宏观的经济发展、城镇化、三农问题等问题在城市规划中的嵌入。在指标计算方法中，西雅图的评估更加依靠公众参与和社会调查，中国的评估以可获取的数据为基准，采用了大量统计年鉴里收纳的数据类型。从这个角度来说，我国城市总体规划评估的指标体系可以更加精细化、贴近民众生活，如学习西雅图的通过吸收城市居民问卷调查测度噪声水平的方法，利用大数据算法测度公交乘客量，侧面反映城市交通系统的发展状态。

3　城市总体规划评估指标体系的构建原则

3.1　指标体系的构建原则和价值取向

3.1.1　战略导向的价值体系

城市总体规划评估内容首先需要立足国家上位战略，并围绕省委省政府、市委市政府的城市发展战略目标。中国共产党第十九次全国代表大会报告中提到，新时代明确坚持和发展中国特色社会主义，"总任务是实现社会主义现代化和中华民族伟大复兴，在全面建成小康社会的基础上，分两步走，在 21 世纪中叶建成富强民主文明和谐美丽的社会主义现代化强国"。因此在总规评估搭建指标体系时，应充分吸纳党的"十九大"精神，从"富强、民主、文明、和谐、美丽"五个视角搭建指标体系的框架，凸显社会公平，追求城乡协调发展和资源生态环境友好发展。

3.1.2　以城市总体规划的内容和目标作为评估对标的基础

评估的关键是衡量总体规划的实施结果是否与规划目标相吻合。城市总体规划评估的指标体系既然是用于评价城市总体规划实施结果的有效性，其指标的选取应该与城市总体规划的内容和发展预期紧密联系，一一对应。借鉴公共管理学的理论解释，这样的指标能够体现广州城市定位和本土特色，并充分发挥目标管理、绩效评估、综合考评的能动性作用。

3.1.3　以中外各大城市以及政府机构提供的指标作为经验借鉴

西方规划实施评估已经形成了一套完整的政策和理论体系，涵盖规划前评估、规划中评估、规划后评估、年度体检和监测的全过程，经历了从理性主义下强调社会经济因素到生态与社会公正要素引入规划体系的发展路径，不论从实践还是理论上来说都能够为我国城市总体规划评估内容提供经验和教训的借鉴。而国内大城市和住房城乡建设部体系下的评价作为试行指导性指标体系，则更贴近中国城市发展的实际。对于具体城市而言，既需要吸收国外规划评估理论与实践的成果，与国际接轨，更需要立足国情和市情，筛选并改进国内规划评估的经验。

3.1.4 形成多元主体共同参与的指标体系

城市总规实施评估由政府、专家、公众三大主体联合参与，而最后的落脚点在于公众。通过多元主体共同参与实施评估，强调市民对城市发展的满意程度，使得软性目标嵌入指标体系，激励和督促城市总体规划坚持"以人为本"的价值导向。因此，居民满意度是总规评估体系中的内容之一。

3.1.5 探索多维度、差异化的评估体系

从全市域、市域内部各主体功能分区两个层面出发填补指标，以体现"各主体功能区分类发展、分类管理、分类考核"的差异化原则。从而避免了由于区域发展目标不同，而套用同一个指标评价体系而造成的不公平问题。

3.1.6 实现刚性控制和软性激励的统一

在城市总体规划中，规划目标往往是叙事性的"定性"描述，而非量化的指标规定。因此规划实施缺乏有效的阶段性的衡量指标，造成了进一步推进实施计划的工作难题，也不利于规划实施效果评估工作的开展。因此在评估指标中，既要涵盖对硬指标的刚性控制，也要给软性指标以空间。因此将指标性质区分"评估指标"和"考核指标"两类，其中"评估指标体"强调软性控制，用以评估城市规划实施是否达到了预期目标；"考核指标"更强调量化形式，目标是对政府及各职能部门提出的工作要求，体现城市规划的刚性约束作用。

3.1.7 在繁杂与简化中寻求平衡

城市总规评估是一项规范化、精细化、专业化的工作，从这一角度出发，总规评估指标体系一定是繁杂的，这是城市规划复杂性提出的必然要求，因此粗放式管理、笼统的指标均不可取。然而，简化指标则是提升评估工作效率的必经之路，要求指标突出重点、清晰明了、便于操作、切实可行。因此在确定指标的过程中，要反复衡量考虑，获得繁杂和简化中的平衡点。

综上，我国各城市总规评估指标体系需要做到多层次评估、以人为本的公众参与、质量优先的指标筛选、充分发挥公共政策的作用四大要求，最终实现总体规划目标、总体规划评估、公众实际感知的统一。

3.2 主体功能区规划与城市总体规划评估相结合的讨论

2011年6月，《全国主体功能区规划》正式发布，该规划坚持根据自然条件适宜性开发、根据资源环境承载能力开发、控制开发强度、调整空间结构的几大理念基础上，统筹谋划未来人口分布、经济布局、国土利用和城镇化格局，将国土空间划分为优化开发、重点开发、限制开发和禁止开发四种类型。

主体功能区规划是国土空间开发的战略性、基础性和约束性规划，对于落实科学发展观，推进形成人口、经济和资源环境相协调的国土空间开发格局具有重要战略意义。由此，我国现行的城乡规划体系变得更加丰富，包括城乡规划体系、土地利用规划体系、国土规划体系、区域规划体系、专项规划体系以及主体功能区体系。但也带来了职权不明，规划职能交叉，各规划之间产生矛盾的问题。规划部门分割下的城市规划是分散的，强调城市土地利用，然而土地利用规划更强调全域覆盖，这造成了城市规划工作内容的难点。因此，以规划评估工作为突破口，将城乡规划体系和主体功能区规划体系相衔接，进行统筹考虑，是缓解现行城乡规划宏观体系中各规划平行、交叉、重叠问题的有益探索，也顺应了"一

张蓝图绘到底"，"多规合一"的要求。

3.3　城市总体规划评估指标体系构建过程——以广州为例

指标体系的构建，要以党的"十九大"提出的新时代中国特色社会主义思想和基本方略为顶层指引，借鉴国内外规划评估先进经验，针对广州市全市域、市域内部各功能区，提出差异化的规划评估指标体系和工作业绩考核指标体系。差异化的分类能够更加科学的体现不同区域发展的战略目标，带来不同方向的激励。

第一步：全面认知评估的内涵，这包括评估的意义、目的、涉及的主要问题等，确认总体规划评估的评估主体包括政府、规划管理部门、城市规划师与专家、社会民众。虽然开展评估的主体仍以规划界内部自评为主、辅以第三方参与，但将民众满意度增添到体系中，关注社会公众的实际需求，体现了渐进式的政策改进。

第二步：根据上位规划、国家以及省市的战略目标以及广州市总体规划与相关专项规划的内容，确认指标体系的基本框架，包括"富强、民主、文明、和谐、美丽"五大目标层。这是党的十九大提出的建设社会主义现代化强国的根本特征，承继并丰富了自党的十三大以来我国建设中国特色社会主义的总体目标，涵盖"五位一体"、"四个全面"的中国特色社会主义事业总体布局和战略布局思想。

第三步：在目标层的基础上，分解出实施评估的战略层结构，将所有指标划分为五大模块，即"富强——创新开放与经济发展"、"民主——人民满意度"、"文明——传统文化与现代文明"、"和谐——民生与城乡统筹"、"美丽——资源保护与生态文明"。

第四步：在五大目标模块的基础上，确立具体指标。当指标选取得当时，评估的结果才会更加接近真实的情况。指标的选取以数据可获得性；动态性与可操作性；可转化和解释三大要求为基础。

首先初步确定众多指标，将可量化的指标按照逻辑排序并进行反复提炼，经过反复检验、筛选、修正得到最终的指标体系。指标的具体选择主要来源于国家主体功能区规划、广东省及广州市主体功能区规划、广州城市总体规划、广州市各专项规划等各级规划政策的要求，并考虑指标的可获取性以及评估考核的可操作性，最终确立44个评估指标。其中，富强类指标11项、民主类指标4项、文明类指标3项、和谐类指标16项、美丽类指标10项。其中"民主"目标层下的居民满意度、企业满意度需要通过社会调查、举办听证会等方式，通过社会公众参与而进行评估。

第五步：根据一定的科学方法，如层次分析法、专家法、德尔菲法等方式确定指标权重，使得评估指标可操作、可在时间维度上进行监控。

4　广州城市总体规划评估指标体系内容说明

4.1　广州全市域评估指标体系和考核指标体系

4.1.1　富强目标层

该模块对应"贯彻新发展理念，建设现代化经济体系"这一新时代中国特色社会主义建设方略，旨在评估城市发展是否体现创新理念、经济增长是否坚持质量和效益优先，为城市实现"更高质量、更有效率、更加公平、更可持续的发展"提供决策依据。

城市创新能力部分，平均受教育年限是指对一定时期、一定区域某一人口群体接受学历教育（包括成人学历教育，不包括各种学历培训）的年数总和的平均数，该指标是衡量国家或地区人口素质和创新潜力的核心指标之一。R&D经费支出占GDP比例衡量了地区经济创新潜力，是衡量一个国家或地区经济创新潜力的重要指标。科技进步贡献率是衡量区域科技竞争实力和科技转化为现实生产力的综合性指标，是"国家级优化开发主体功能区"需重点评估和考核的指标。最后万人发明专利拥有量则是衡量一个国家或地区科研产出质量和市场应用水平的综合指标。

而对外开放战略层部分，出口贸易总额指标是指国家或地区一定时期内的进出口总金额数量，是衡量一国或地区对外贸易、对外开放的重要经济指标。国际旅客航空中转率，是指机场中转客流数占总客流量的百分比。中转是枢纽机场的本质，因此该指标是衡量机场枢纽地位的重要指标。

最后，在经济发展效率层面，全社会劳动生产率用于反映社会经济发展质量和效益；地均生产总值，即每平方公里创造的生产总值，它比人均GDP更能反映一个区域的发展效率和经济集中程度（表4）。

富强目标层指标体系示意   表4

序号	评估目标层	评估战略层	序号	评估指标
1	富强（创新开放与经济发展）	城市创新能力	[1]	平均受教育年限
			[2]	全社会R&D支出占GDP比重
			[3]	科技进步贡献率
			[4]	万人发明专利拥有量
		对外开放	[5]	进出口贸易总额
			[6]	大型国际会议个数
			[7]	世界500强投资企业个数
			[8]	国际航空旅客中转率
			[9]	入境旅游人数
		经济效率	[10]	全社会劳动生产率
			[11]	地均生产总值

4.1.2 民主目标层

党的"十九大"报告指出"坚持以人民为中心，把人民对美好生活的向往作为奋斗目标"是新时代坚持和发展中国特色社会主义基本方略的重要内容。城市规划建设中，"居民满意度"和"企业满意度"应作为一切工作的出发点。该模块包括两个分项，居民满意度和企业满意度。这几类满意度指标，需要借助问卷调查，通过第三方机构完成指标的统计和测算（表5）。

民主目标层指标体系示意   表5

序号	评估目标层	评估战略层	序号	评估指标
2	民主（人民满意度）	居民满意度	[12]	居民对社区服务管理满意度
			[13]	居民对当地历史文化保护和利用工作满意度
			[14]	居民对社会安全满意度
		企业满意度	[15]	企业对城市投资环境满意度

4.1.3 文明目标层

党的"十九大"报告指出"文化是一个国家、一个民族的灵魂。文化兴国运兴，文化强民族强"；同时指出"文化自信是一个国家、一个民族发展中更基本、更深沉、更持久的力量"，"必须不断增强意识形态领域主导权和话语权，推动中华优秀传统文化创造性转化、创新性发展，继承革命文化，发展社会主义先进文化"。该模块包括"传统文化"分项和"现代文明"分项。传统文化方面，由于历史文化风貌区是经国家有关部门、省、市、县人民政府批准并公布的，文物古迹比较集中，能较完整地反映某一历史时期的传统风貌和地方、民族特色，具有较高历史文化价值的街区、镇、村、建筑群。而对于现代文明，一方面包含了由政府部门出资修建的公共文化设施，另一方面从产业经济的角度，测量文化产业的内涵和外延，统计文化产业带来的经济增加值（表6）。

文明目标层指标体系示意　　　　　　　　　　　　　　　　　　　　　　　表6

序号	评估目标层	评估战略层	序号	评估指标
3	文明（传统文化与现代文明）	传统文化	[16]	历史文化风貌区面积
		现代文明	[17]	人均公共文化服务设施用地面积
			[18]	文化产业增加值占比

4.1.4　和谐目标层

党的"十九大"报告指出"坚持在发展中保障和改善民生，增进民生福祉是发展的根本目的"；同时指出"发展不平衡不充分已成为人民日益增长的美好生活需要的主要制约因素"。发展民生事业，缩小城乡差距，是新时期中国特色社会主义事业的重要内容，也是城市发展过程中需要解决的核心问题。"民生与城乡统筹"模块是本考核评价体系的主要组成部分，包含城镇化率、城乡居民收入水平、城乡居民居住和公共服务水平三个分项，共9个指标。

其中，城乡居民居住、就业与收入水平是衡量民生福祉、评价地区发展是否"不平衡不充分"的重要依据。此外，由于以城乡居民公共服务设施为主要内容的"要素配置"是新一版城市总体规划编制的重点内容（建规字[2017]199号），"学有所教、住有所居、病有所医、老有所养"的"十九大"报告重要内容需要涵盖在指标体系中（表7）。

和谐目标层指标体系示意　　　　　　　　　　　　　　　　　　　　　　　表7

序号	评估目标层	评估战略层	序号	评估指标
4	和谐（民生与城乡统筹）	城镇化率	[19]	常住人口城镇化率
			[20]	户籍人口城镇化率
		城乡居民居住、就业与收入水平	[21]	新增住房中租赁型住房占比
			[22]	城镇常住劳动年龄人口就业比例
			[23]	居民收入弹性
			[24]	城镇人均可支配收入
			[25]	农村人均纯收入
			[26]	城乡居民收入比
		城乡居民公共服务水平	[27]	人均基础教育设施用地面积
			[28]	中小学学位中外来务工人员随迁子女占比
			[29]	千人医疗卫生机构床位数
			[30]	千人养老机构床位数
			[31]	基本社保覆盖率
			[32]	公共交通占全方式出行比例
			[33]	社区公共服务设施步行15min覆盖率
			[34]	人均紧急避难场所面积

4.1.5 美丽目标层

从《国家新型城镇化规划（2014～2020）》到党的"十九大报告"均明确指出，要坚持节约资源和保护环境的基本国策，实行最严格的生态环境保护制度，"像对待生命一样对待生态环境"。城市发展必须走节约资源和保护环境的生态文明道路，这是城市乃至中华民族永续发展的千年大计。

其中，"生态保护红线"、"永久基本农田"和"城镇开发边界"是党的"十九大"提出的三大"生命控制线"。这三条控制线划定工作是新时期生态文明建设的核心内容，对于维护粮食安全、生态安全、资源安全具有关键意义。节能减排战略层则是用能耗、水耗、大气污染和空气质量的指标衡量区域能源消费和经济增长方式是否绿色环保（表8）。

美丽目标层指标体系示意 表8

序号	评估目标层	评估战略层	序号	评估指标
5	美丽（资源保护与生态文明）	"三条生命控制线"	[35]	生态保护红线区面积比例
			[36]	基本农田保护面积
			[37]	城乡建设用地规模
		节能减排	[38]	万元 GDP 能耗下降比例
			[39]	万元 GDP 水耗
			[40]	PM2.5 年均浓度
			[41]	空气质量达标天数
		"绿水青山"	[42]	水功能区达标率
			[43]	城乡污水处理率
			[44]	森林覆盖率

需要指出的是，根据《国家主体功能区规划（2010～2020）》，广州市总体上被纳入国家级"优化开发区域"珠三角核心区。国家优化开发区域的功能定位是：提升国家竞争力的重要区域，带动全国经济社会发展的龙头，全国重要的创新区域，我国在更高层次上参与国际分工及有全球影响力的经济区，全国重要的人口和经济密集地区。国家优化开发区域应率先加快转变经济发展方式，调整优化经济结构，提升参与全球分工与竞争的层次。

广州市作为国家优化开发区域，转变经济发展方式和保护资源环境，是其需要兼顾的主体功能，因此将地均生产总值、农村养老保险参保率、生态保护红线区面积比例、基本农田保护面积、城镇人均建设用地面积、森林覆盖率确立为"约束型"指标。

上述指标体系与住房城乡建设部199号文提供的试行指标体系进行对比，18项指标完全一致，6项指标稍作改进，根据"十九大"精神新增指标20项，22项指标因信息重叠、不易统计等原因未予纳入。本指标体系（44项）与住房城乡建设部指标体系（45项）的对比见表9。

在44项评估指标确定的基础上，进行筛选得到考核指标。评估指标代表了城市发展目标，而考核指标代表了硬性的底线思维绩效控制。考核指标筛选依据为：（1）广州市作为国家级"优化开发主体功能区"需重点考核的项有产业效率、科技进步贡献率、资源环境、城镇建设用地等；（2）公共服务和基础设施的提供，作为政府的基本职能，有关公共服务和基础设施的指标尽可能纳入考核范围。最终得到24项指标，见表10。

本研究提出的指标体系（44项）与住房城乡建设部指标体系（45项）对比一览表 表9

完全一致的指标（共18项）	稍作改进的指标（共6项）	根据"十九大"精神新增的指标（共20项）	未予纳入的指标（22项）（信息重叠、不易统计等）
（1）全社会R&D支出占GDP比重 （2）城乡居民收入比 （3）常住人口城镇化率 （4）户籍人口城镇化率 （5）森林覆盖率 （6）开发边界内建设用地比重 （7）水功能区达标率 （8）空气质量达标天数比例 （9）万元GDP能耗 （10）万元GDP水耗 （11）城乡污水处理率 （12）人均基础教育设施用地面积 （13）人均公共文化服务设施面积 （14）人均紧急避难场所面积 （15）社区公共服务设施步行15min覆盖率 （16）居民对当地历史文化保护和利用工作满意度 （17）居民对社区服务管理满意度 （18）居民对社会安全满意度	（1）平均受教育年限：衡量国家和地区人力资本和创新潜力的关键指标，替代原指标"受高等教育人口占比" （2）全社会劳动生产率：地区生产总值与从业人员数之比，较原指标"人均GDP"更能准确反映社会经济发展的质量和效益 （3）地均生产总值：替代原指标"工业用地地均产值"，综合描述各个产业的发展效率和集中度 （4）公共交通占全方式出行比例：替代原指标"绿色出行方式比例"，直观且更易于统计 （5）千人医疗卫生机构床位数：替代原指标"人均公共医疗服务设施用地面积"，卫计委通用指标，更直观，易统计 （6）千人养老机构床位数：替代原指标"社区养老服务设施覆盖率"，民政部门通用指标，更直观，易统计	富强类指标 "创新是引领发展的第一动力，是建设现代化经济体系的战略支撑" （1）科技进步贡献率（考核"优化发展主体功能区"的核心指标）； （2）万人发明专利拥有量（北京）； （3）进出口贸易总额（成都）； （4）大型国际会议个数（北京）； （5）世界500强投资企业数（成都）； （6）国际航空旅客中转率（北京）； （7）入境旅游人数（北京） 民主类指标 （8）企业对城市投资环境满意度（间接反映一个城市的市场化程度和民主程度） 文明类指标 "文化自信，是一个国家、一个民族发展中更基本、更深城、更持久的力量" （9）历史文化风貌区面积（上海）； （10）文化产业增加值占比 和谐类指标 （11）新增住房租赁型住房占比（上海，"住有所居"）； （12）城镇常住劳动年龄人口就业比例（"就业是最大的民生"）； （13）居民收入弹性（北京，"经济增长的同时实现居民收入同步增长"）； （14）城镇人均可支配收入； （15）农村人均纯收入； （16）中小学学位中外来务工人员随迁子女占比（"不平衡不充分"）； （17）基本社会保障覆盖率（"兜底线、织密网"，"全面实施全民参保计划"） 美丽类指标 （18）生态保护红线区面积比例（北京）； （19）永久基本农田保护面积（北京）； （20）PM2.5年均浓度（北京、上海）	（1）当年新增企业数与企业总数比例 （2）常住人口规模 （3）人类发展指数 （4）用水总量 （5）人均水资源总量 （6）耕地保有量（包含在生态红线内） （7）河湖水面率 （8）农村人居环境 （9）城镇、农业、生态三类空间比例 （10）国土开发强度 （11）开发边界内建设用地比例 （12）中水回用率 （13）城乡生活垃圾无害化处理率 （14）道路网密度 （15）机动车平均行驶速度 （16）新增绿色建筑比例 （17）年新增常住人口 （18）互联网普及率 （19）国际学校数量 （20）人均人防建筑面积 （21）公园绿地步行5min覆盖率 （22）公共服务设施无障碍普及率

广州市政府工作考核指标体系构成（共24项） 表10

类别	指标
"国家级优化开发主体功能区"重点考核指标（13项）	科技进步贡献率、全社会劳动生产效率、地均生产总值、生态保护红线区面积比例、基本农田保护面积、城乡建设用地规模、万元GDP能耗下降比例、万元GDP水耗、PM2.5年均浓度、空气质量达标天数比例、水功能区达标率、城乡污水处理率、森林覆盖率
政府职能范围以内的公共服务及设施类指标（11项）	人均公共文化服务设施用地面积、新增住房中租赁型住房占比、城镇常住劳动年龄人口就业比例、城乡居民收入比、人均基础教育设施用地面积、千人医疗卫生机构床位数、千人养老机构床位数、基本社保覆盖率、公共交通占全方式出行比例、社区公共服务设施步行15min覆盖率；人均紧急避难场所面积

4.2 广州市内各主体功能区评估与考核指标体系

广州市总体上纳入国家级"优化开发区域"珠三角核心区。但从广州市内部空间功能差异看，广州市域的国土空间仍可进一步细分。因此，对广州市总体规划评估，不仅需要从"国家级优化开发区"功能角度，对广州市域进行总体评价，还需要进一步根据细分的国土空间功能，进行差异化评估。

4.2.1 广州市"优化开发主体功能区"评估与考核指标体系

广州市优化开发区面积约1000km²，包括传统城市中心地带和番禺区西北部等地。对于这一区域，应应实行转变经济发展方式优先的绩效评价，强化对经济结构、资源消耗、环境保护、自主创新以及外来人口公共服务覆盖面等指标的评价，弱化对经济增长速度、招商引资、出口等指标的评价。由于面积基本与广州市域相同，广州市的优化开发区评估指标与针对广州全市的评估指标一致。同样地，广州市优化开发区考核指标与全市域的考核指标也一致。

4.2.2 广州市"重点开发主体功能区"评估与考核指标体系

根据"全国主体功能区规划"，重点开发区域是有一定经济基础、资源环境承载力较强、发展潜力较大、集聚人口和经济的条件较好，从而应该重点进行工业化城镇化开发的城市化地区。广州市的重点开发主体功能区面积约1457km²，包括番禺南沙、增城南部以及花都–白云等区域部分。

对重点开发区域，实行工业化和城镇化水平优先的绩效评价。综合评价经济增长、吸纳省内转移人口、质量效益、产业结构、资源消耗、环境保护以及外来人口公共服务覆盖等内容。因此，"重点开发区"评估指标在全市指标的基础上，在富强类目标层，增加"人均生产总值"和"服务业增加值比重"两项指标，共计46项指标；考核指标则在对市政府考核指标的基础上，增加"人均生产总值"、"服务业增加值占比"、"常住人口城镇化率"、"户籍人口城镇化率"，同时剔除"科技进步贡献率"，共27项指标。

4.2.3 广州市"限制开发主体功能区"评估与考核指标体系

该类型区域资源环境重要度高或中等、现有开发密度小或中等、未来开发潜力中等，是具有一定生态服务功能，同时又具有一定经济发展潜力的地区，在地理位置上分布在禁止开发区和重点开发区或优化开发区之间。其主要功能是广州市的主要农业基地。包括流溪河中下游、增城中部和花都西部部分地区。

对限制开发区域，要实行农业发展优先和生态保护优先的绩效评价，并弱化对工业化城镇化相关经济指标的评价。评估指标选取上，在全市域评估指标基础上，富强类指标剔除原所有指标，仅增加"第一产业人均效率"、"第一产业地均效率"两个指标，文明类指标剔除"文化产业增加值占比"，和谐类指标剔除"新镇住房中租赁性住房占比"和"中小学学位中外来务工人员随迁子女占比"两大指标，共计有29项评估指标；在考核指标的选取上，除"城乡收入比"外，增加考核"农村人均纯收入"。

4.2.4 广州市"禁止开发主体功能区"评估与考核指标体系

"禁止开发区域"是依法设立的各级各类自然文化资源保护区域，以及其他禁止进行工业化城镇化开发、需要特殊保护的重点生态功能区。该类型区域资源环境重要度高、现有开发密度小、未来发展潜力小或中等，是具有较高生态服务功能的山地地区或生态环境较为脆弱的地区，其主要功能是广州的生态保护屏障。该部分占地面积达2766km²，主要涵盖从化等北部山地地区。对于该重点生态功能区域的评估，需要根据法律法规和规划的要求，按照保护对象具体确定评价指标。因此在该部分，考虑剔除所有富强类指标，强调和谐类与美丽类指标。重点考核指标则为美丽类目标层所有指标。

5　结语

　　城市总体规划评估是城市总体规划编制和审批的重要环节，而确定规划评估的内容，即构建科学化、可操作的指标体系时总规评估的重中之重。与绩效考评带来的工作激励相似，规划评估能够引导城市渐进地实现其发展战略目标，同样能够指导总体规划的修编完善和此后规划建设工作的顺利开展。

　　本文充分吸纳了党的"十九大"精神，将之作为指标体系构建的顶层指引，借鉴国内外规划评估的经验，提炼了总规评估指标体系的构建原则、价值取向和构建过程。并从"富强、民主、文明、和谐、美丽"五个视角搭建指标体系，并根据"国家主体功能区规划"的要求，以广州总规评估为具体案例，制订分区的差异化的指标体系，强调了公众参与、环境保护等内容，构建广州市地区间相对公平的指标体系，实现了城乡规划体系与主体功能区规划体系的融合，形成了较为科学的总体规划评估体系。

　　在城市规划的公共政策属性不断强化的当下，规划评估工作应该更强调交互性、社会性、人本主义、生态环境价值等议题，这些"以人为本"的要素是创造一个和谐的、高品质的城市生活必不缺少的部分。

参考文献

[1] 郑德高，闫岩. 实效性和前瞻性：关于总体规划评估的若干思考 [J]. 城市规划，2013，37（04）：37-42.

[2] 刘长松. 国外规划评估对我国应对气候变化规划的借鉴与启示 [J]. 发展研究，2016（09）：14-19.

[3] 张磊. 理性主义与城市规划评估方法的演进分析 [J]. 城市发展研究，2013，20（02）：12-17.

[4] 周珂慧，姜劲松. 西方城市规划评估的研究述评 [J]. 城市规划学刊，2013（01）：104-109.

[5] 郭垚，陈雯. 区域规划评估理论与方法研究进展 [J]. 地理科学进展，2012，31（06）：768-776.

[6] 汪军，陈曦. 西方规划评估机制的概述——基本概念、内容、方法演变以及对中国的启示 [J]. 国际城市规划，2011，26（06）：78-83.

[7] 龙瀛，韩昊英，谷一桢，沈振江，毛其智. 城市规划实施的时空动态评价 [J]. 地理科学进展，2011，30（08）：967-977.

[8] 吕传廷，吴超，严明昆. 探索以实施为导向、以公共政策为引导手段的战略规划——以《广州2020：城市总体发展战略规划》为例 [J]. 城市规划学刊，2010（04）：5-14.

[9] 张昊哲，宋彦，陈燕萍，金广君. 城市总体规划的内在有效性评估探讨——兼谈美国城市总体规划的成果表达 [J]. 规划师，2010，26（06）：59-64.

[10] 赖世刚. 城市规划实施效果评价研究综述 [J]. 规划师，2010，26（03）：10-13.

[11] 林立伟，沈山，江国逊. 中国城市规划实施评估研究进展 [J]. 规划师，2010，26（03）：14-18.

[12] 孙施文，周宇. 城市规划实施评价的理论与方法 [J]. 城市规划汇刊，2003（02）：15-20+27-95.

[13] 住房城乡建设部. 关于城市总体规划编制试点的指导意见 [EB/OL].（2018）.http：//www.gdupi.com/Common/news_detail/article_id/1844.html

目标与实施导向下的城乡规划评估监测指标体系
——以北京为例

张 健 王 博 吕 元 张书海*

【摘 要】《北京城市总体规划（2016年—2035年）》提出，要建立实时监测、定期评估、动态维护的城市体检评估机制。本文从北京城乡规划实施监测评估需求出发，结合建设国际一流的和谐宜居之都的城市发展目标与打造全国科技创新中心的城市战略定位，构建了目标与实施导向下的北京城乡规划评估监测指标体系，建立城乡规划与实施之间的反馈机制，为政府决策提供科学依据。

【关键词】目标与实施导向，城市总体规划，实施评估，监测指标

2014年国家新型城镇化规划提出"开展城乡规划动态监测与评估"，评估的前提是建立与城市定位、城市发展目标一致的评估系统和评估指标体系。2005年北京市发布的《北京城市总体规划（2004年—2020年）》中，将北京的城市性质定义为全国的政治中心、文化中心，世界著名古都和现代国际城市。2017年9月，北京市发布了《北京城市总体规划（2016年—2035年）》。新版总体规划中，将北京城市战略定位概括成四个"中心"，即全国政治中心、文化中心、国际交往中心、科技创新中心，确定了城市发展目标为建设国际一流的和谐宜居之都。同时，新版总规明确提出要建立城市体检评估机制，提升规划实施的科学性和有效性，强调了对城乡规划的实施情况进行实时监测与定期评估。

对比两个版本的北京总体规划可以看出，新一轮总体规划增加了科技创新中心的城市定位，提出了和谐、宜居的城市发展目标，并出台了实时监测、定期评估和动态维护等"城市体检"的相关政策。在新版总体规划中，北京市以和谐、宜居的城市发展目标为导向，构建了建设国际一流的和谐宜居之都评价指标体系，指标体系基于"创新、协调、绿色、开放、共享"五大发展理念，通过42个核心指标对城市的发展和运行情况进行描述。但是，对于新版总规中提出的关于城市体检的政策以及建立"一年一体检、五年一评估"的常态化机制，却缺少相应的规划实施监测指标与之匹配。我们认为，对于刚刚发布的北京城市总体规划，亟待建立面向新定位、新目标的城乡规划实施评估监测指标体系。

本文试图从北京城市发展目标出发，对比国内外与北京具有相似规模、地位、发展程度的国际化大都市的总体规划评估指标体系，以新定位、新目标为基础，结合北京总体规划核心指标体系，构建目标与实施导向下的北京城乡规划评估监测指标体系，建立规划与实施之间的反馈，完善城市体检评估机制，提高规划实施的科学性和有效性。

＊张健（1969–），女，北京工业大学建筑与城市规划学院院长。
王博（1992–），男，北京工业大学建筑与城市规划学院硕士研究生。
吕元（1975–），女，北京工业大学建筑与城市规划学院硕士研究生导师。
张书海（1983–），男，中国人民大学公共管理学院硕士研究生导师。

1 城市定位与城乡规划实施监测指标体系

城市定位从城市体系发展的角度确定了城市的职能分工，其根本目的是指导城市发展。一个城市定位的确定，是政府有关部门在分析城市在一定时期内，对周边相关区域发展的作用和影响的基础上，结合城市自身的资源、区位等特点，对城市的发展目标、发展战略和城市性质等要素进行凝练的、准确的科学概括。

城市定位是城乡规划的导向，也是城乡规划实施评估工作的导向。明确、清晰的宏观定位是规划实施评估监测机制有效运转的基础，确保城乡规划与城市发展沿着正确的道路前进。同时，准确、合理的城乡规划实施监测能够实时反映出城市发展建设的成效与进程，判断城市发展方向是否对位城乡规划的预定目标，以及城市建设进程是否满足规划的要求标准，从而及时对偏离规划目标的城市建设活动进行纠偏，并针对城市发展过程中出现的新问题做出规划层面的政策调整。

2 城乡规划实施监测评估指标体系的构建原则与方法

目前我国对规划实施评估理论及实证的研究主要聚焦于城市总体规划和镇总体规划，涉猎了评估监测、评估体系、指标体系及实施机制等方面，相比国外仍有较大的差距。最近几年，通过学界的不断研究与实践，我国逐渐认识到城乡规划实施监测评估工作的重要性，并在充分参考国外相关领域成熟经验的基础上，不断深入研究适用于中国城市的规划实施动态监测评估体系。

2.1 城乡规划实施评估研究现状

国外成熟的城乡规划评估体系的形成大致经历了对规划方案的技术评估、规划结果评判、规划过程检测以及规划价值分析等四个阶段。20世纪60年代，受系统方法论的影响，国外城乡规划领域对于评价工作的研究大多聚焦于对规划方案的技术性支撑；从20世纪70年代开始，很多学者认为规划评估的核心在于理清规划的价值属性问题；1990年代末，西方城市的规划评估开始把重点放在城乡规划与相关政策的绩效上面，很多评估的内容也都围绕规划绩效和公共供给政策来展开；到了2000年以后，对于规划评估方法的理论研究开始逐渐把更多的注意力放在了社会和谐、生态环境等关乎整个城市民生的方面，而不再重点聚焦于单纯的个体利益。

由于城市发展阶段不同，发达国家城市已经进入到建设维护和规划回顾阶段。从对城乡规划评估研究的发展历程看，国外城乡规划评估已从简单的对规划编制方案的评估扩展到对规划价值标准、方案、政策落实情况、规划实施目标等各方面的全面评估与分析，尤其注重规划实施过程中公共政策对规划目标的影响等；评估方法已经介入到从监测到评估、从定性到定性与定量相结合、从宏观框架到指标细化方向发展；参与评估的人员也包含了政府部门、专业人士和市民大众的全方面参与；完善的信息系统和评估实施机制对城乡规划评估工作的顺利开展也提供了有力的保障。

当前我国城乡规划实施评估工作开展得并不充分，虽然在城乡总体规划方面开展了相关的评估研究，但理论、框架研究偏多，目标达成式评估偏多；基础信息库建设不健全无法保证评估的科学性，使评估工作流于形式，无法真正反馈到规划调整和修正的需求中来。尤其是对于城乡规划实施情况的监督和反馈的研究更是缺失，在对城乡规划实施情况定量化监测的基础上，系统地结合规划编制、实施、效果等方面进行相关研究，实施动态的监测与评估，及时对规划进行回顾和维护，对于城乡建设具有重要意义。

2.2　全球主要城市规划评估指标研究

随着社会的发展，城乡规划评估指标已不再仅仅停留在技术层面，涉及的范围将更多地考虑到人文、经济、历史等多方面因素。2014 年 9 月，东京政府公布了《东京发展长期愿景 2020》，规划的基本框架，是以举办有史以来最好的奥运会以及确保东京走向可持续发展的未来两个主要目标为基础，突出八个特点鲜明的主题，与城市风貌及城市定位息息相关。纽约市 2015 年 4 月发布了《一个纽约——规划一个强大而公正的城市》的城市总体规划，主要面向 2040 年提出了四项发展愿景，这个计划清晰的说明了城市需要解决的问题，明确了各部门的责任分工，可实施性很强。伦敦的城市定位是世界城市、欧洲领袖和首都。其城市评估体系为伦敦未来 20 ～ 25 年的发展制定出一个集合了经济、环境、交通和社会机构伦敦总体战略规划，结合城市自身特点，制定了一套针对性强，与人民生活息息相关的规划评估指标体系。上海 2016 年 8 月完成了《上海市城市总体规划（2016-2040）》草案并面向社会进行公示，规划根据其城市愿景和城市性质提出了十个主题，并进一步分解成 33 个分目标。上海城市总体规划的制定模式与纽约相似，以城市长期愿景为导向，从城市居民的生活出发，充分考虑城市品质和环境的塑造，同时直面城市自身的问题并设定了严格的标准。2017 年 9 月，北京市新版总规发布的《建设国际一流的和谐宜居之都评价指标体系》，从坚持创新发展、协调发展、绿色发展、开放发展、共享发展五个主要方面选取了 42 项核心指标。作为城市发展的评估指标，围绕城市发展目标展开，能够有效把控城市发展的方向和进程（表 1）。

全球主要城市规划评估指标对比表　　　　　　　　　　　　　　　表 1

城市	评估指标	指标个数		城市	评估指标	指标个数	
		分项	总和			分项	总和
东京	公共安全保障	7 项	55 项	上海	迈向卓越的全球城市	3 项	29 项
	社会福利支持	19 项			资源环境紧约束下的睿智发展	6 项	
	国际领先地位	10 项			网络化、多中心的空间体系	4 项	
	可持续发展	14 项			更具活力的繁荣创新之城	7 项	
	多摩地区及离岛特殊政策	5 项			更富魅力的幸福人文之城	4 项	
伦敦	能够应对经济发展和人口增长的挑战	7 项	42 项		更可持续发展的韧性生态之城	5 项	
	成为一个具有国际竞争力的成功城市	8 项		北京	坚持创新发展，在提高发展质量和效益方面达到国际一流水平	4 项	42 项
	拥有多元、强健、安全、生活工作便利的邻里社区	6 项			坚持协调发展，在形成平衡发展结构方面达到国际一流水平	7 项	
	成为一个令人感官愉悦的城市	7 项			坚持绿色发展，在改善生态环境方面达到国际一流水平	11 项	
	成为改善环境的世界领先者	8 项			坚持开放发展，在实现合作共赢方面达到国际一流水平	5 项	
	成为一个每个人都能便利、安全地获取机会的城市	6 项			坚持共享发展，在增进人民福祉方面达到国际一流水平	15 项	
纽约	城市繁荣	18 项	56 项				
	公平公正	15 项					
	可持续发展	12 项					
	韧性城市	11 项					

东京、纽约、伦敦、上海、北京等城市的总体规划评估指标体系，很大程度上对位城市的发展

目标，更注重城市发展的核心问题，内容涉及城市的历史地位、经济规模、发展条件、产业现状等各个方面，还需要进一步分解到城乡规划实施层面，落实到具体指标上对规划实施情况进行准确描述与及时反馈。例如，上海在现有的 29 项核心指标的基础上提出了 70 个左右的监测指标项，并分为全市、分区和专项层面，便于年度体检和评估。北京提出的 42 项核心指标着眼于对城市发展建设进行方向性的把控，其内涵包括了城乡规划和城市治理的范畴，偏向评价城市综合性的宏观发展，应在此基础上进一步制定城市定期体检评估的常态化监测指标，还需要对维持城市正常运转的大量强制性和关键性指标进行监测与评估，体现城市发展建设规模与结构，空间关系，资源配置以及规划实施过程变化等。

2.3 城乡规划监测评估体系框架建构

2007 年，住房城乡建设部在《关于贯彻落实城市总体规划指标体系的指导意见》中提出了包括经济、社会人文、资源、环境 4 个大类、15 个中类、27 项指标的城市总体规划指标体系，为其他城市总体规划内容的制定提供参考和借鉴。我们认为，城乡规划实施评估监测指标体系在规划评估领域中，应该同时对位城市发展目标与规划政策的落实，将目标定位与规划内容结合起来，通过实施指标作为二者之间的联系并建立实时的、正向的、积极的反馈机制。选取的指标应与规划领域建立较强的关联，将评估指标体系与城市总体规划结合，落实到具体政策实施上，为规划的制定和纠偏提供客观的数据支持。同时，指标选取应易于定量化，在建立通用的数据标准和数据关联机制的前提下可以与相关政府部门数据互为支撑，形成城乡规划实施过程中的反馈监测机制，并设立明确的阶段性目标以监测规划实施的进度和效率。便于规划的决策者掌握城市当前发展情况与城市既定目标之间的关系，及时评估与反馈并对规划做出及时的调整。同时，总规实施评估指标要进一步分解成监测指标，将指标落实到规划层面，与城乡规划领域全面结合并反映城市发展目标，作为规划监测系统的核心指标构成。

目标与实施导向的监测指标体系从城乡规划的角度出发，强调了发展目标与规划实施内容之间的联系，建立监测指标，使整个评估机制明确了规划实施评估的整体目标和阶段性规划目标。但监测指标构成较为复杂，部分指标需要进行运算，不能通过原始数据直接获取，与规划的具体实施工作联系得不够紧密。所以，为了将总规评估指标进一步落实到规划政策实施上，需要在监测指标的基础上进一步构建监测指标因子。监测指标因子主要由监测指标分解而来，部分指标因子可以作为监测指标评估范围的补充和完善，并全部可以通过政府相关部门的原始数据直接获取。评估体系的监测指标因子是规划目标和实施结果之间关系的解释桥梁，指标的信息采集就是规划实施过程的展示，评估指标信息采集需求分析是评估的关键。

因此，我们以总规实施评估指标为基础，进一步建立了监测指标层与监测指标因子层，共同与政府相关部门的空间数据库目录体系建立联系并打造自己的数据本底库，使监测指标体系真正落实到规划实施层面（图 1）。

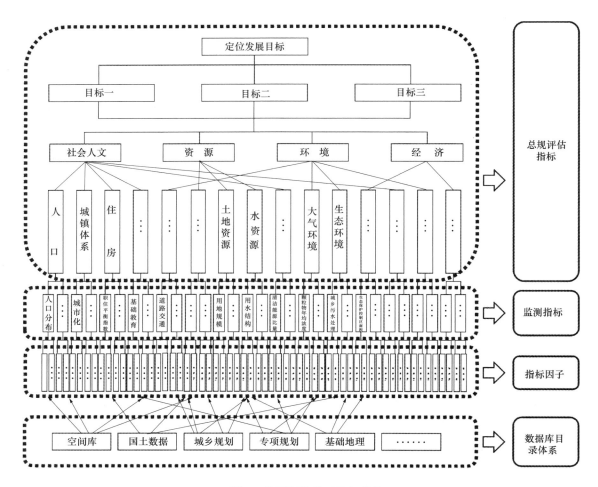

图 1　监测评估体系框架结构

资料来源：笔者自绘

3　目标与实施导向下的北京城乡规划评估监测指标体系

根据之前的分析，我们以北京为例，以北京和谐、宜居的城市发展目标和新增的科技创新中心定位为导向，明确了城市目标定位与规划内容的对位关系，以住房城乡建设部《关于落实城市总体规划指标体系的指导意见》为核心，增加科技产业、GDP等支持科技创新定位的指标，共计15项总规评估指标（图2），并以此为基础建立了与城乡规划领域相关的目标与实施导向下的北京城乡规划评估监测指标体系，对位和谐、宜居的城市发展目标和科技创新的战略定位，将目标定位与城乡规划监测评估联系起来，初步建立规划政策与建设实施之间反馈机制（表2）。

监测指标体系由3个目标、15个指标、53个监测指标以及监测因子构成。目标层分为宜居、和谐与创新，响应北京城市发展目标和战略定位，指标层将三个目标进行分解，从不同方面反映城市定位、发展目标以及城市基础运行，并在此基础上与城乡规划领域产生紧密的联系。监测指标层是对指标层的深入分解和城乡规划层面的具体体现，是监测指标对规划实施进行监测评估的核心。监测因子是将监测指标进一步量化分解从而为其提供支持。

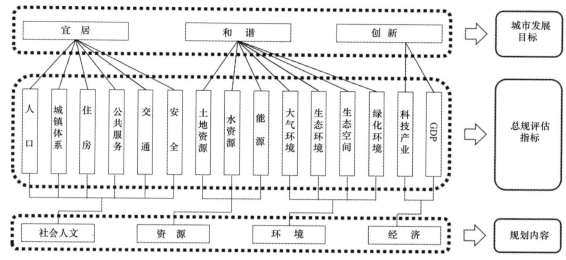

图2　北京城市目标定位与规划内容的对位关系

资料来源：笔者自绘

3.1　指标层

指标层的15项指标中，人口、城镇体系、住房、公共服务、交通和安全是针对城市宜居性设置的评价指标。通过人口指标及其下属4个监测指标，可以看出城市人口的分布密度、构成情况以及变化趋势，有利于对城市未来的发展规模与方向做出预判，进而在规划上做出相应的调整与把控；城镇体系是城乡空间资源配置情况的体现，对城镇体系的评估，不仅是传统的空间关系和规模、轴线的分析，还要对地区内城镇人口集聚规模、分布密度以及活力等相关要素进行综合考量；住房一项反映人们对城市提出的最基本的生存需求，对住房及其下属四个监测指标进行监测，有利于优化城市就业岗位的结构和布局，打造更加丰富、适应性更强、包容度更大的人居环境；公共服务、交通和安全这几项指标描述了城市在人口、土地等基础指标之上的弹性发展、包容发展、可持续发展，从城市使用者的角度出发，评价城市给予人民的获得感与幸福感。

土地资源、水资源、能源、大气环境、生态环境、生态空间、绿化环境能够反映出城市和谐发展的进度与成效，包括人与城市之间的和谐以及自然城市与环境之间的和谐。其中，土地资源是城市发展建设的根本，对土地进使用情况行监测，能够掌握城市发展的规模和结构，便于政策制定者合理调配空间资源，梳理空间关系，安排城市功能，制订发展策略，打造更加完善的城市运行机制；水资源是城市发展的后盾和支撑，水资源的合理利用程度决定了城市功能的发挥水平，并直接影响着城市的可持续发展。通过监测城市的用水结构、水质达标率等水资源情况，有利于了解城市的基础资源分配合理性以及环境友好程度，进而预测城市的未来资源需求和对居民的承载力，便于规划及时作出相应的调整；能源一项侧重体现城市对清洁能源和可再生能源等新型能源的利用情况与实施成效，反映城市在发展建设过程中对生态环境的影响，进一步对城市与自然的关系是否达到和谐做出评判；大气环境、生态环境、生态空间和绿化环境从不同方面对城市环境状况做出了描述，能够反映城市发展的可持续性理念以及生态城市的可持续建设进程。

科技产业和GDP两项指标体现的是城市创新性发展，对应北京全国科技创新中心的城市战略定位。其中，科技产业具有四项监测指标，将科技创新指标与规划结合，强调创新与土地的联系，便于规划评估工作具体落实的同时，能够反映科技产业在城市产业中的地位以及城市产业结构的更新变化情况，从而进一步判断科技创新产业是否成为城市发展的核心驱动力；对 GDP 相关指标进行监测，可以直观看出城市的绝对经济实力以及城市产业发展的变化趋势。

3.2 监测指标层

目标与实施导向下的北京城乡规划评估监测指标，在选取时应遵照以下原则：第一，对位发展目标。指标体系以北京新版总规给出的 42 项核心指标为基础，需要与核心指标体系建立直接的联系。从 42 项核心指标的具体内容来看，部分基础指标可以直接纳入监测指标，部分指标则可纳入监测指标层分解后的监测因子层中。例如，42 项指标中"坚持协调发展"下属的 7 项指标里，常住人口规模与城六区常住人口规模属于对城市人口的描述，被纳入到人口规模下属的监测因子层；居民收入弹性系数可以侧面反映城市的经济情况，被纳入到 GDP 总量下属的第二层级监测因子层；城乡建设用地规模描述了城市用地的一个方面，被归到用地规模后面的监测因子层；城乡职住用地比例被归纳到职住平衡指数下属的监测因子层；平原地区开发强度作为对城市土地资源的直接描述，综合性、代表性很强，被纳入指标体系中作为监测指标；实名注册志愿者与常住人口比值这一指标属于城市发展范畴，与城乡规划领域关联性不强，所以没有被纳入指标体系。第二，对位城市基础运行。参考住房城乡建设部《关于落实城市总体规划指标体系的指导意见》，将城市正常运行的基础指标纳入规划实施评估监测指标体系。第三，可操作性原则。评价过程中尽量避免出现定性指标，并考虑指标原始数据的易得性。

3.3 监测因子层

基于上述研究分析，我们在 53 个监测指标的基础上进一步将指标分解成监测因子层作为监测指标层的支撑，将监测指标分解成可量化的基础数据，所有数据均可由相关政府部门直接提供，将评估体系与规划实施紧密结合。同时，由于监测因子之间存在计算和隶属关系，故将监测因子分为两个层级，第一层级的监测因子是对指标层各个指标的分解和展开，将指标层中定性的、模糊的指标定量化、具体化、数据化，并作出进一步的阐述说明，作为整个监测因子层的主体部分。第二层级作为第一层级指标因子的进一步分解和补充，将第一层级中仍然存在运算关系的指标再次分解，确保指标因子全部由原始数据组成，保证规划实施监测体系的可操作性和原始数据易得性。另一方面，第二层级的指标因子还考虑到评估体系在实际应用中辅助规划决策时需要用到的其他相关数据，并对这些辅助数据做出了分析整合，作为与监测指标内容相关的变量，打造监测体系的因子库，以便需要的时候加以控制和参考。两层监测因子共同为监测指标提供量化支撑，将监测指标与规划实施紧密结合，建立完整的政策与规划实施之间的反馈机制（表 2）。

目标与实施导向下的北京城乡规划评估监测指标体系　　　　　　　　　　　　　　　表 2

目标层	指标层	序号	监测指标层	监测因子层一	监测因子层二
宜居	人口	1	人口规模	常住人口、户籍人口、流动人口、中心城人口、中心城以外区域人口	
		2	人口分布		
		3	人口增长	人口机械增长率、人口出生率、人口自然增长率	
		4	人口结构		
	城镇体系	5	城市化	城市化水平、集中城市化地区城市化率	城市人口数／总人口、农业人口
		6	城镇体系	新城人口平均规模、乡镇人口平均规模、乡镇密度、乡镇用地平均规模、乡镇人口平均规模、村庄人口平均规模、村庄人均用地	

目标层	指标层	序号	监测指标层	监测因子层一	监测因子层二
宜居	住房	7	职住平衡指数		平均住房价格、出租房屋平均租金水平、城乡职住用地比例
		8	新增住房中政府、机构和企业持有的租赁性住房比例		
		9	城镇人均住房建筑面积		城镇住房总建筑面积
		10	城镇家庭户均成套住房数量		城镇成套住房总数、保障性住房数量
	公共服务	11	基础教育	万人学位数、生均校园占地面积、覆盖率	城市总学位数、在校学生总数、校园总占地面积、服务半径
		12	医疗卫生	千人床位数、人均规划用地面积、医疗机构占比	医院病床位总数、每10万人社区卫生服务中心床位数、医疗设施用地总面积、社区医疗服务中心辐射半径面积、各级医疗设施占地面积
		13	养老设施	常住百名老人拥有养老床位数（国外4～8床）、各类养老床位占比、人均建筑面积	城区与郊区养老设施床位数比例、政府养老床位、机构养老床位
		14	文化	每10万人设施个数、人均设施建筑面积	10万人拥有公共图书馆、10万人拥有影剧院、博物馆、美术馆、文化馆数量
		15	历史文化保护	历史文化风貌保护区、中心城历史文化风貌保护区划定范围、历史建筑与街区保护面积	
		16	体育	人均规划用地面积	城市体育设施人均用地面积、村镇体育设施人均用地面积、社区体育场地总面积
		17	一刻钟服务圈	社区医疗服务中心、养老、教育、文化、体育等社区公共服务设施15min步行可达覆盖率	
	交通	18	道路交通	建成区道路网密度、社会停车泊位密度、公共交通出行比例	各类停车泊位比例、机动车保有量、停车位、公共交通年客运量
		19	轨道交通	轨道交通网密度、万人拥有轨道长度、轨道交通占公共交通量比例	轨道交通线长度、轨道交通客运量、轨道交通出行占公共交通出行比例
	安全	20	紧急避难场所	人均紧急避难场所面积	避难场所面积、避难场所服务半径
		21	消防服务	消防站服务半径	消防站数量
		22	城市排水系统服务	城市排水系统服务面积	
和谐	土地资源	23	用地规模	城乡用地规模、建设用地规模、中心城区面积、集中城市化地区城市建设用地	城乡规划区面积、中心城地区建设面积、城乡建设用地规模、CBD用地面积、绿地面积、道路广场用地面积、城市建设量、城市绿化率
		24	用地结构	产业用地规模及比例、居住用地、配套用地、绿地、道路广场用地	国家级工业区、市级工业区、中心城新增居住用地、新建大型居住区
		25	人均用地	人均城市建设用地、人均居住用地、人均工业用地、人均道路广场用地、人均绿地、人均公共绿地	
		26	基本农田保护面积	耕地面积、人均耕地面积	
		27	可利用建设用地	可更新改造用地、新发展用地	规划审批、一书两证
		28	平原地区开发强度	容积率、建设强度、建筑高度、建筑密度	
	水资源	29	用水结构	用水总量、用水比例	市区自来水公司供水能力、工业用水、城镇生活、农村人畜、农业灌溉、生态用水
		30	可供水资源总量		
		31	单位地区生产总值水耗降低（比上年）		万元GDP用水量
		32	重要江河湖泊水功能区水质达标率		
		33	再生水资源利用率		

续表

目标层	指标层	序号	监测指标层	监测因子层一	监测因子层二
和谐	能源	34	清洁能源比重	能源消费总量、清洁能源供应总量	能源供应总量、城市供热总户数、清洁能源供热户数
		35	新能源及可再生能源比重	新能源及可再生能源供应总量	
		36	清洁能源比重供热比例		
		37	单位地区生产总值能耗降低（比上年）		
	大气环境	38	细颗粒物（PM2.5）年均浓度		
		39	单位地区生产总值二氧化碳排放降低（比上年）		
	生态环境	40	城乡污水处理率		
		41	城乡垃圾无害化处理率		
	生态空间	42	生态保护控制区面积	一级控制区面积、二级控制区面积	
		43	生态控制区面积占总用地面积的比例		
	绿化环境	44	森林覆盖率		绿色空间面积（公共绿地＋水域＋耕地＋园地＋林地）
		45	建成区公园绿地500m服务半径覆盖率		建成区公园绿地500m服务半径覆盖面积
		46	建成区范围人均公园绿地面积		建成区范围公园绿地总面积、全市城市建成区范围万人拥有综合公园面积
创新	科技产业	47	科技创新产业用地占总产业用地比重		科技创新产业总用地面积、总产业用地面积、科技创新园区总建筑面积、R＆D经费投入总数、科技创新园区R&D经费投入强度
		48	单位科技产业用地产出率	科技产业产值、科技创新产业总用地面积	
		49	科技进步贡献率	科技产业年均增长、地区GDP增幅	规模以上工业企业高新技术产业总产值
		50	城市科技产业产出比重	科技产业产值	
	GDP	51	GDP总量		居民收入弹性系数、平均工资水平、居民消费价格指数
		52	GDP增长率		
		53	人均GDP		

4 结论

城乡规划的动态监测与评估是在确定城乡规划目标的基础上，通过各种技术手段使目标指标化和定量化，继而对这些指标进行实时的或周期性的监测，掌握城市发展与城市预定目标之间的关系，及时评估与反馈并作出新决策。它是平衡城乡规划与城市发展，预防城市无组织无序发展的有效手段，对规划内容、政策设计及规划运作制度的修正、调整和完善具有重要意义。本文在明确城市定位与城乡规划评估以及规划政策实施之间关系的基础上，构建了一套目标与实施导向下的城市总体规划实施评估监测指标，将城市总体规划与监测指标相结合，又以监测因子为桥梁，将监测指标与具体政策实施相联系，将和谐、宜居的城市发展目标与科技创新中心的城市定位一步一步落实到规划政策的具体实施层面，为目标导向下的城市发展建设提供有效的技术支撑。

资助基金：（1）国家自然科学基金面上项目，面向新型城镇化建设的城镇体系规划实施动态监测与评估机制研究，项目批准号：51578010。

（2）北京市科技计划，空间规划改革导向下的北京城市副中心"两线合一"技术指引及管控政策研究与应用，项目编号：Z161100001116100。

参考文献

[1] 北京城乡规划和国土资源管理委员会 . 北京城市总体规划（2016—2035）[Z]. 2017-9-13.

[2] 房淑媛 . 面向智慧管理的城乡规划动态监测与评估机制构建的研究 [C]// 2015 中国城市规划年会，2015.

[3] 张晓军，万旭东，邢海峰 . 国外城市规划指标的特点及启示——以美、英、法、德、日等国规划案例为例 [J]. 城市发展研究，2008，15（4）：69-75.

[4] 朱丽娜 .《创造未来：东京都长期展望》的启示 [J]. 上海商业，2016（1）：38-40.

[5] 姜紫莹 . OneNYC："一个纽约"规划概要 [J]. 上海经济，2015（9）：57-62.

[6] 佚名 . 新《伦敦规划》展示 2036 年伦敦人生活愿景 [M]// 国际城市发展报告（2016）. 社会科学文献出版社，2016：186-196.

[7] 上海市规划和国土资源管理局 .《上海市城市总体规划（2016-2040）》草案公示 [Z]. 2016-8-22.

[8] 范宇，石崧，张一凡，等 . 目标与实施导向下的总体规划指标体系研究 [J]. 城市规划学刊，2017（s1）.

[9] 中华人民共和国住房和城乡建设部 . 关于贯彻落实城市总体规划指标体系的指导意见 [Z]. 2007-12-25.

北京新总规下的城乡结合部地区规划实施单元划定研究
——以丰台河东地区为例

赵勇健　杨　贺[*]

【摘　要】 在北京市进入城市存量发展转型期和《北京城市总体规划（2016-2036）》开局实施背景下，面对城乡结合部地区"疏解整治促提升、减量提质增绿"整体要求，本文对以"强化统筹、面向实施、对接管理"为出发点的规划实施单元进行研究，系统梳理了我国"规划单元"的类型与主要特征，在借鉴相关经验的基础上，从规划实施单元的"三个统筹"出发以北京丰台河东地区为例，系统思考了北京城乡结合部地区规划实施单元划定原则、机制内涵、实施保障等内容。

【关键词】 新总规，规划实施单元，丰台河东地区，内涵，机制

目前，北京市处于社会经济发展机遇期和城市存量发展转型期，社会、经济、城市空间等各方面矛盾在城市建成区尤其是城乡结合部集中凸显，如何破解发展瓶颈、优化城市结构，是北京在现阶段发展中亟待解决的问题。《北京城市总体规划（2016—2036）》（以下简称"新总规"）提出"加大治理力度，实现城乡结合部地区减量提质增绿"的新要求，成为该地区下一步规划实施的重要方向。

北京市城乡结合部主要是指四环路至六环路范围内规划集中建设区以外的地区，主要包括第一道绿化隔离地区、第二道绿化隔离地区，总面积约 1220km^2；城乡结合部地区是构建平原地区生态安全格局、防控首都安全隐患、遏制城市摊大饼式发展的重点地区，同时也是全市人口规模调控、非首都功能疏解、产业疏解转型和环境污染治理的集中发力地区。针对该地区的规划实施问题，近年北京市在政策整合与统筹、机制创新、多元协调等方面开展了一系列探索，如大兴西红门实施规划、朝阳六个乡试点、海淀山后四镇等。北京丰台河东地区整体发展较城六区相对落后，城市建设于"不稳定与快速发展期"，具有较为典型的城乡结合部特征，本文以丰台河东地区为例展开研究，希望进一步明确城乡结合部地区规划实施单元的内涵、划定原则、实施机制等问题。

1　规划实施单元的主要特征

1.1　规划单元的发展与类型

在我国规划管理工作中将"控制性详细规划"作为最直接的城市管理手段，"规划单元"最初是为解决总体规划与详细规划衔接性问题被提出的，以应对上下层规划之间的脱钩与衔接问题，如广州市"分区规划"、北京"街区 – 片区规划"等，实质上是具有"层次性和动态性"的规划管理手段。

---

* 赵勇健（1988–），男，北京市城市规划设计研究院工程师。
　杨贺（1978–），男，北京市城市规划设计研究院主任工程师。

另一方面，我国城市特别是特大城市逐渐由"增量"转向"存量"阶段，传统规划层级和管理手段难以满足"利益协调、资金统筹、实施策动"等现实需求，一种面向实施的"规划实施单元"便被提出，如深圳市的"城市发展单元"、"城市更新单元"、上海市的"郊野单元"及北京市正在探索的"规划实施单元"等，实质上是一种具有"统筹性、实施性和特定性"的规划实施管理工具。

1.2 我国规划实施单元的实践探索

1.2.1 深圳市"城市发展单元规划"

深圳"城市发展单元规划"是针对深圳市高度城市化地区提出的，目的是解决资金、土地、资源等一系列瓶颈，是协调多部门、多利益主体的协商式综合规划。城市发展单元规划是为了完成特定发展目标而划定的，通常为城市重要节点或近期实施的重点项目地区，一般面积不超过 $5km^2$，具有明确的操作性和指向性；它不是传统规划体系上的一级，是传统法定图则的优化和补充，与其他单元规划具有包含与被包含的关系。

城市发展单元规划一般包括规划评估、规划方案和规划实施三个部分，是以"利益平衡、动态实施"为内核的规划。例如在"规划评估"部分，就要通过多方意见征询、公众参与等方式对该单元发展方向和利益分配形成共识，在"规划实施"部分，包括投资与土地政策、运营模式等，均体现了该规划"利益协调、注重实施"的特点。

1.2.2 上海市"郊野单元规划"

与深圳市城市发展单元针对高度城市化地区不同，上海市郊野单元是针对集中建设区外郊野地区划定的。现行规划体系中，集中建设区外的乡镇地区主要依靠镇域体系规划和村庄规划进行管理，该类地区通常控制难度大、违法建设多、缺乏上位规划引导。郊野单元规划是以"乡镇"为单位编制的、以土地整治为核心的针对集中建设区外郊野地区的综合性规划，承担着指导土地整治、生态保护、村庄建设和土地管理等作用。

在单元划定上，原则上以镇域为 1 个基本单元，对于较为复杂的乡镇可划分为 2~3 个单元，一般划定三类政策区——集建区、类集建区和减量区，以指导不同区域土地使用方向。在内容上，郊野单元规划主要包括总体布局、土地整治规划、建设用地增减挂钩规划、专项规划整合、效益分析等内容。

1.3 规划实施单元的主要特征

1.3.1 统筹性

规划实施单元相较传统规划及其他规划单元更具统筹性。在规划内容上，其是多类、多层级规划的统筹综合，由蓝图、目标式单一规划转变为综合实施规划；在参与主体上，由原有单一利益主体参与、从上而下式的规划，转向多元主体、利益协商式的规划，更符合存量规划阶段的特征；编制组织上，由规划设计部门单一承担向联合规划、土地评估、资金测算等多部门共同工作；管理部门上，规划实施单元由城乡规划单一部门主管向多部门统筹管理转变，是多部门协调并给定政策的平台。

1.3.2 实施性

规划实施单元具有可实施、易操作的基本特征。规划注重政策配套，控制内容不局限于功能、规模、空间等传统内容，更注重土地、资金、实施等配套，逐渐由"技术规划"向"实施政策"转变；另外，由静态规划向行动计划转变也是规划实施单元的特征，强调规划的弹性和动态更新特征。

1.3.3 特定性

规划实施单元通常以解决某类具体问题为出发点，一般针对城乡结合部、特殊功能区、生态地区等特定地区，或针对"城市更新、城乡统筹、乡村美化"等特定问题编制单元规划。从目标到成果具有特定性的单元规划从编制内容、配套政策、实施路径各方面均更具可实施性（图1）。

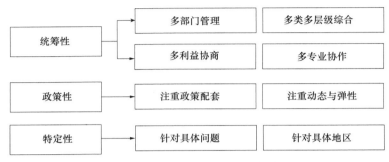

图1 规划实施单元主要特征与内涵

2 北京规划实施单元的要求和关注问题

2.1 新总规的要求

城乡结合部地区在长期发展中遗留较多问题，城乡和郊野地区建设品质较低，"骨肉分离、肥瘦不均、短板突出"问题较为严重，针对上述问题，新总规对该地区提出"减量提质增绿"的总体要求，并在北京市海淀山后、朝阳五个乡、大兴西红门等实践和相关研究的基础上，提出推动以乡镇（街道）为基本单元的规划实施单元。规划实施单元变项目平衡为区域统筹，将集中建设区新增用地与绿化隔离地区低效用地减量捆绑挂钩，强化土地资源、实施成本、收益分配和实施监管统筹管理；针对实施任务较重的地区，探索跨区域平衡机制。同时，创新土地收益分配方式，集中建设区的土地收益优先用于解决周边城乡结合部改造，也是总体规划提出的新要求①。

2.2 规划实施单元与现有规划的关系

规划实施单元是北京规划体系的补充完善。在规划体系上，规划实施单元应编制"规划实施方案"，作为街区控规深化方案的组成部分，重点考虑城乡统筹、减量提质、补充短板等问题；在规划管理上，规划实施单元是"街区－片区"控规管理单元的补充，在规模控制、空间管理、设施核算等方面，应以"街区－片区"规划为基础，在城乡统筹、土地整理、资金测算、利益协调等方面，应以"规划实施单元"为基础，以"规划实施方案"为手段落实相关任务。

2.3 规划实施单元应解决的主要问题

2.3.1 城乡统筹问题

在北京近年发展中，城乡结合部、近郊乡镇等地区出现了过于依赖土地资源、公共设施被甩项、部门不统筹等问题。在该类地区划定规划实施单元，就是要形成统筹实施的抓手，实现资源、资金、实施的统筹平衡，避免在后续城市化过程中上述问题的再次出现。

---

① 《北京城市总体规划（2016–2035）》。

2.3.2 城市提质问题

在城乡结合部的城市建成区，城市建设相对成熟，面临着存量用地功能提质、设施增补、**道路实施**、环境优化等"提质"问题。但该类地区用地资源紧张，一般缺少重大项目和资金政策支撑，**通常以街道**作为城市管理最基础单位。

2.3.3 权责匹配问题

在北京城市管理与实施中，各级政府的城市管理与建设责任，主要依靠规划国土、发改、**建委等部**门来实现，部门间、各级政府间权责并不完全匹配。"街道"作为政府基层派出机构，承担城市管理职能但并无足够的行政约束力，"乡镇"作为基层政府，承担着城乡统筹的重要责任，但对城市管理与公共服务并不承担主要管理责任。

2.3.4 多元协调问题

目前，各行政部门政策实施口径与实施路径不同，如发改部门一般以项目对象，在项目范围内统筹资金与政策；财政部门一般以"政府、政府部门"为对象进行财政拨款、资金分配；规划部门一般以"功能区、片区"作为管理单元，在不同片区内管控功能、规模、设施等指标。规划实施单元便是**解决上述**问题的重要手段，通过规划实施单元可实现等多部门协调统筹，构建多元协商机制，实现由"管理"到"治理"的转型。

3 丰台河东地区概况与规划实施问题

3.1 地区概况

丰台河东地区位于北京中心城区南部，是丰台区永定河以东的地区（图2），该区域包含丽泽商务区、丰台科技园、北京南站等重要功能区，也是城六区中基础较为薄弱、发展相对滞后、外来人口集中**的地**区，部分区域具有城乡结合部的典型特征。

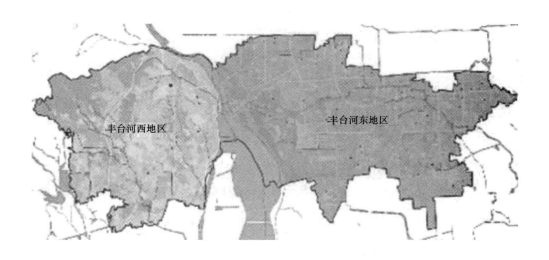

图2 丰台区"河东"与"河西"范围示意图

3.2 规划实施的主要问题

3.2.1 "量"的问题

丰台河东地区常住人口中外来人口约为40%，外来人口较多；同时，截至2015年该区域待安置农民约9万人，占地区原有农民总数的一半左右，农民任务较重;该地区有大片区域位于第一道绿化隔离地区，位于"310"范围内的土地约占丰台河东地区总面积的43%；享受一道绿隔政策的实施单位（行政村）有39个，绿隔面积大。

3.2.2　"质"的问题

由于历史原因，河东地区部队大院、国有工厂和仓储用地等非用地较多，基础设施建设滞后，道路交通市政、公共设施设施实施率较低，公共服务配套不足，难以满足居民生活需求。从功能产业上看，丰台河东地区虽已形成丰台科技园、丽泽金融商务区等重要功能区，但批发零售、建筑和工业等低端产业仍占较大比重。

3.2.3　"管"的问题

管理问题首先体现在诉求多样、管理混乱。由于大量国有单位、市属企业、部队等用地的存在，导致用地资源利用和城市设施补充协调难度大，行动步调难以一致；各级行政管理部门和乡村等集体组织存在各管一摊、权责不明、事权不对等多方面问题；城市管理政策较多、互有交叉，造成政府和市场的低效运行。其次体现在配套政策的缺失上，不论是规划、产业政策还是相关标准，在实施中面对现实情况尤其是城乡问题，往往存在政策的有效性、时效性缺失。

4　丰台河东地区规划实施单元研究

4.1　规划实施单元的划定原则

（1）以行政边界为基础。规划实施单元划定以行政边界为基础划定，在集中建设区内的城市建成区，以"街道"作为基本单元统筹单元内规划实施；未完成城市化地区，如城乡结合部、城中村等地区，以"乡镇"基本单元；在集中建设区外以"乡镇"为基本单元。

（2）以自然边界、道路边界为参考。行政边界一般较为不规整，在单元划定中，可根据河道、山脉、园林等自然边界和快速路、干路等道路边界，适当对以行政边界划定的单元范围进行调整，便于实施。

（3）综合各方利益，保障地块完整性。实施单元应尽量保障规划用地的完整性，对于行政边界切割商业、居住、工业用地的情况，可根据实际情况决定是否适当对边界进行调整；对于行政边界切割配套设施、基础设施的情况，应综合土地权属方和管理部门意见，根据地区规划和实际情况对行政边界进行适当调整，以明确实施主体。

（4）单元可细分与捆绑。以行政区划为基础的实施单元划定后，可根据实际情况再进行细分或合并。如在乡镇内可根据问题的复杂程度和区域特征进一步划分为多个子单元，单个乡镇难以解决相关问题，可在乡镇间统筹实施。

4.2　规划实施单元的具体类型

由于丰台河东地区存在大量"城乡统筹"任务，规划实施单元划定以街道、乡镇行政边界为基础，以"是否包含农民问题"为基本依据，结合"道路、地块、自然绿地河道"，划分为两类18个全覆盖的实施单元（图3）。

4.2.1　集中建设单元

以街道这一政府派出机构为主责部门，分布在集中建设区内，包含右安门街道、太平桥街道、西罗园街道、大红门街道、南苑街道等实施单元，实施目标以提升城市品质、完善设施、存量用地更新为主。

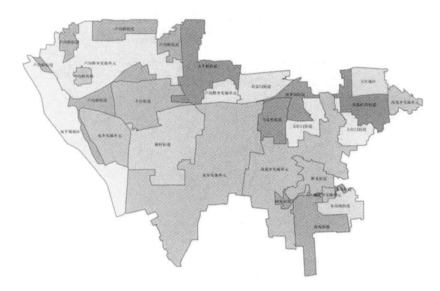

图 3 丰台河东规划实施单元划分示意图

4.2.2 绿隔城市化单元

以乡镇为主责部门，分布在集中建设区及绿隔地区，包含卢沟桥乡实施单元、花乡实施单元、南苑乡实施单元、卢沟桥农场及和义农场实施单元，除需承担与集中建设单元相同任务外，重点统筹农民城市化中的各项问题。

在两类规划实施单元管理与实施中，除街道、乡镇外，区政府负责统筹协调各类问题，推动重点项目和重要功能区建设，并落实中央、市级重要任务；各级政府及规划、发改、国土、农业、财政等部门在规划实施单元平台上，统筹落实各项职责（图 4）。

图 4 丰台河东地区规划实施单元类型与管理机制示意图

4.3 规划实施单元的主要内容

丰台河东地区规划实施单元以区、乡和街道作为实施主体，统筹协调各部门与机构关系，统筹资源与任务、统筹空间管制、统筹实施机制，搭建规划协调与实施的平台（图 5）。

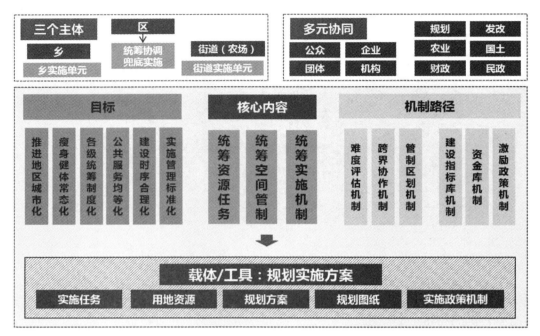

图 5　丰台河东地区规划实施单元主要内容

4.3.1　统筹资源任务

（1）用地资源的统筹

统筹国有用地资源和集体用地资源保障城市功能，整体来看，国有用地资源最多的实施单元为南苑乡实施单元，集体用地资源最多的为花乡实施单元。

（2）实施任务的统筹

从丰台河东所处位置和现实问题出发，在城市存量更新阶段，该地区规划实施单元重点任务可大致分为三类：保障首都功能任务、全市统筹发展任务和丰台自身发展任务。

保障首都功能：作为北京中心城的有机组成部分，丰台河东地区肩负着承载首都核心功能、服务中央的相关任务，具体包括保障中央党政军机关发展和用地需求，服务国家重大功能、战略功能安排等。

全市统筹发展：具有该项任务的单元主要指全市重点功能区、重要节点或需要特别控制区域，该类地区实施通常由市、区级政府主管部门主责，统筹用地、空间与政策，如丽泽金融商务区、南中轴地区、关键通风廊道区域、重要交通枢纽周边地区等，均属于这类地区。

丰台自身发展：丰台河东地区城市建设需完成以下五方面主要任务，即推动城乡结合部地区农民城市化、实现用地腾退、实施规划绿地、增补公共设施和完善道路。未来一段时期，丰台河东地区规划实施任务较为艰巨，按目前规划来看，还有约 10km² 规划绿地尚未实施，需增补约 6km² 各类公共设施，并将有约 9 万农民完成城市化，腾退约 14km² 的宅基地、产业用地和违法建设。

（3）实施统筹匹配

统筹摸排实施单元中的资源和任务，将剩余用地资源与相应任务在空间与规模上进行统筹匹配，并核算拆建比、拆占比、公共设施分担比等情况。梳理保障首都功能和全市统筹发展任务所需用地资源，在保障重要设施基础上优先满足该类任务；统筹丰台自身发展任务，剩余用地情况，农民城市化问题应优先利用集体用地解决（图 6）。

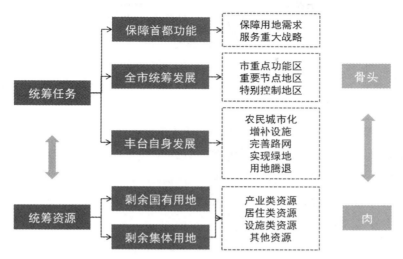

图 6 实施单元的任务与资源统筹匹配

4.3.2 统筹空间管制

根据刚性控制要素和相关建设要求,将丰台河东地区划分为限制建设区、有条件建设区和集中建设区三类政策分区,制定差异化政策。其中,生态绿地、城市公园、通风走廊核心、历史风貌保护区、气候影响敏感区、限高区等为限制建设要素;城市集中建设区、规划及现状高强度建设区等为集中建设要素。在严格限制建设区,应严格限制建设活动,部分地区禁止建设活动,提高拆建比,可以通过异地建设容积率奖励来实现建设指标向集中建设区转移;在集中建设区,可进行较高强度的城市建设,在政策方面可通过建设指标转移、容积率奖励、降低拆建比指标要求等方式,实现集中建设。

4.3.3 统筹实施机制

(1)划定跨界协作组团,实现资源任务捆绑。依据各实施单元资源任务情况、管理实施难度、行政区划等情况,利用资源与任务匹配性、用地资源量、集体资源占比、拆建比等指标,综合判断各单元实施难度,明确丰台河东地区各实施单元协作机制(表1)。按照上述评估方式,丰台河东地区可划分为四个跨界协作组团,分别为卢沟桥乡组团、花乡组团、南苑乡组团和宛平城组团。

规划实施单元实施难度综合评估指标 表 1

	评估指标	数值	权重	说明
定量指标	A:资源与任务匹配性指标	解决任务后剩余用地比重	0.55	比重越高,实施难度越小;比值为负,该单元难以实施
	B:用地资源量指标	用地资源规模	0.15	剩余用地资源面积越大,实施难度相对越小
	C:集体资源比重指标	集体用地占总用地比重	0.15	集体资源比重越大,集体用地承担任务可能性越高,难度相对小
	D:用地拆建指标	拆建比	0.15	拆建比越高,实施难度越大
定性指标	国有单位用地改造、部队大院道路实施、用地腾退情况、管理现实需求			

(2)制定管理机制,保障实施。制定面向具体实施管理的政策、措施和要求,保障规划落地,主要包括以下几个方面:以拆定供,核算整个单元内拆除腾退与用地资源的平均比值(拆建比),具体建设项目应根据具体情况,单个项目拆建比原则上应不低于平均指标;以补定建,核算整个单元内待实施公共设施与用地资源的平均比值,单个项目实施时应补充完善公共设施,且建设规模与实施公共设施比值不低

于平均数值；动态更新，各实施单元根据任务完成情况和新的变化，动态更新任务与资源底账，并制订下一阶段的行动计划；底账公开，各实施单元需承担任务尤其是绿地、公共设施等公共产品应向公众公开，实现由公众的监督管理，保障顺利实施。

4.4 政策保障与机制

4.4.1 用地指标统筹政策

用地指标统筹是指通过城乡统筹和市场运作等方式，实现建设用地指标由限制建设区向集中建设区转移、由郊野地区向城市地区转移。以实现郊野地区和绿隔地区的减量提质，提高集中建设区土地使用效率，优化城市布局的同时完成公共设施补充、拆迁腾退等任务，引导建设指标和空间布局向更合理的方向转变。

4.4.2 资金统筹政策

在乡镇一级设立统一的资金账户，用于统筹成本和收益，在实施单元内统筹核算成本，统筹资金使用，改变以个体项目为单位进行资金核算的实施模式。通过市、区政府收益的适当让利，溢价返还给乡一级政府；返还资金可作为后续项目的启动资金，待具备条件后，用返还的收益回补资金账户，协调各类项目的开发时序。

4.4.3 考核评估政策

一定时期对各单元实施情况进行评估，根据评估结果制订动态的实施策略，并纳入规划实施单元管理主体的考核指标。将各实施单元（如乡镇、街道）需要承担的主要任务尤其是公共产品向公众公开，实现由公众的监督管理，保障各项任务能够在公众监督下顺利实施。

4.4.4 多元协调机制

建立多部门协调机制和多主体协商机制，实现城市管理与实施过程中，多部门在规划实施单元为平台上给定政策、进行管理；通过公众参与、多主体协商等方式，协调不同利益主体并指导规划实施。

5 结语

规划实施单元是在北京新总规背景下，解决城市尤其是城乡结合部地区存量阶段的规划实施手段，核心是将规划边界与管理边界合一，在规划实施主体的管理权限内进行统筹与政策突破。通过将资源与任务统筹、空间管理统筹、实施机制统筹，全方位打通规划实施难点，是多部门协同管理的抓手与平台。本文以丰台河东地区规划实施单元的相关研究为基础，思考北京城乡结合部地区规划实施单元的划定思路和具体内涵，希望能为相关研究、实践提供借鉴与指导。

规划管理方式的转型并不能一蹴而就，需不断探索完善。目前，北京市规划实施单元工作已进行了多轮试点，面临的瓶颈主要在于如何理顺多部门的协调关系，完善现有的财政、土地、规划政策以适应新的发展需求；如何统筹市区与乡镇、乡镇与村庄之间的利益与任务，统筹乡镇之间、村集体之间的利益与任务，最终实现"绿地设施不漏项、配套政策有保障、利益任务搭配均、部门协同有方向"。

参考文献

[1] 邹兵. 实施性规划与规划实施的制度要素 [J]. 规划师，2015（1）：20–24.

[2] 王飞，石晓冬，郑皓，伍毅敏. 回答一个核心问题，把握十个关系——《北京城市总体规划（2016 年 –2035 年）》的转

型探索 [J]. 城市规划，2017（11）：9–16.

[3] 罗罡辉，李贵才，徐雅莉 . 面向实施的权益协商式规划初探——以深圳市城市发展单元规划为例 [J]. 城市规划，2：79–84.

[4] 吕晓蓓，赵若焱 . 对深圳市城市更新制度建设的几点思考 [J]. 城市规划，2009（4）：57–60.

[5] 王富海 . 从规划体系到规划制度——深圳城市规划历程剖析 [J]. 城市规划，2000，24（1）：28–33.

[6] 庄少勤，史家明，管韬萍等 . 以土地综合整治助推新型城镇化发展——谈上海市土地整治工作的定位与战略思考 [J]. 上海城市规划，2013（6）：7–11.

[7] 刘俊 . 上海市郊野单元规划实践——以松江区新浜镇郊野单元规划为例 [J]. 上海城市规划，2014（1）：66–72.

[8] 孙翔，姚燕华 . 基于规划发展单元的总规—控规联动机制研究——以广州市为例 [J]. 城市规划，2010（4）：32–37.

[9] 陈玚，杨贺 . "控规 +"——北京中心城控规管理方式转型探索 [C]. 中国城市规划年会，2016.

[10] 张尔薇，何闽，邱红 . 城乡规划实施转型与运作机制研究——以北京规划实施单元为例 [C]. 中国城市规划年会，2016.

面向海绵城市实施的空间规划尺度研究

朱 钊[*]

【摘　要】尺度效应的存在使得对应水文空间尺度的土地利用有着相应的规划方法与重点，但城市土地使用规划因缺乏对水文尺度的理解，使得空间规划尺度往往与水文过程发生的流域单元尺度冲突，导致水文结构破坏，产生负向水环境效应，因此海绵城市空间规划尺度需要遵循水文空间尺度实施。文章在认知海绵城市内涵趋向及水文空间结构特征的基础上，进一步分析了当前海绵城市空间规划实施的困境与诉求，并结合眉山市岷东新区规划实践，提出基于水文空间尺度，整合自然流域单元与土地使用单元重构海绵城市实施的空间规划尺度，目的是将人工建设规划的水环境与自然流域水环境整合，掌握对应空间规划尺度的海绵城市规划目标与任务。

【关键词】海绵城市，水文空间尺度，空间规划尺度，尺度效应，规划实施

　　流域下垫面在人类活动干预下极易发生水文空间分布异化并产生显著的水环境效应，其根源在于城市土地使用对流域的影响。流域单元作为具有明确分水线界限的区域，往往与空间规划单元无法耦合，导致城市土地使用过程缺乏对水文过程的理解及预测，使得产业结构升级、土地政策等因素通过不合理的用地布局加剧流域自然水文情势和产汇流过程的异化以及流域水文格局的紊乱，而城市"快速排除"与"末端集中"的工程基础设施缺乏应对暴雨事件的弹性及过量荷载能力，无法解决流域整体的水环境胁迫与生态补偿，使得流域自身不得不承担土地使用扰动的外部成本及其生态后果。

　　笔者认为，在海绵城市建设背景下，无论是城市土地使用规划，还是城市双修等水相关的空间规划不能完全基于现行的规划管理单元进行，因为其已经与水文过程发生的空间尺度存在了一定的空间错位，是城市水问题的根源，势必会导致规划实效的严重缺失，因此海绵城市的规划实施必须要从空间规划尺度的重新建构着手，规划实施的空间尺度需要遵循水文系统的整体性及水环境的空间约束，因循水文过程发生的流域单元来反馈规划实施的空间尺度是从源头上规避土地使用对水系统扰动的重要途径，文章结合眉山市岷东新区规划实践作以阐释。

1　海绵城市内涵趋向与水文空间尺度认知

1.1　海绵城市的内涵趋向：基于水文空间结构的空间规划

　　低影响开发（Low Impact Development，LID）雨洪管理一直是海绵城市建设的核心任务，早期城市雨洪管理在最佳管理措施（Best Management Practices，BMPs）的基础上，结合生态滞留技术发展成低影响开发理论与方法，从侧重场地尺度的视角，利用微工程技术，以分散、小规模、低成本的生态措施管理雨洪，目的是控制径流与水质，以契合被控制区域的微小次级流域尺度的水文情势，但当时的雨洪管理方法对于更大水文空间尺度的水资源管理的局限性显而易见。为此美国在20世纪80年代就借助水文及水

---

　　* 朱钊（1990–），男，同济大学建筑与城市规划学院博士研究生。

力学模型促进了雨洪总体规划在流域空间尺度上的协调，20世纪90年代初美国再一次明确了在流域空间尺度上的雨洪系统协调与管控，并且综合考虑了土地使用方式及不同利益主体的协调问题。在雨洪管理的尺度拓展下，低影响开发雨洪管理理念也随之有了不同的解译，美国住房与城市发展部将其视为"保护自然资源并减少基础设施成本的土地开发方法"，美国低影响开发研究中心将LID界定为"维持城市和流域开发前水文环境的一种新的土地利用规划和工程设计方法"。随后澳大利亚水敏性城市设计（Water-sensitive Urban Design. WSUD）在BMPs与LID的基础上结合城市设计，强调通过空间规划设计保护水生生态系统健康；新西兰低影响城市设计和开发（Low impact urban design and development. LIUDD）将LID进一步理解为一套运用于土地利用规划与发展的指导原则，除了关注雨洪控制和资源化利用以外，强调减小对流域影响的土地利用规划，实现可持续的区域发展及综合管理改善城市流域。由上可见雨洪管理已经趋向于在水文空间上进行，因此海绵城市规划实施的内涵可以理解为是基于水文空间结构的空间规划框架建构，是一种水文结构与空间用地布局关联耦合的生态理念。

1.2 水文空间结构特征：存在显著的水文尺度效应

从海绵城市的内涵趋向来看，要做好海绵城市规划的实施，必须首先充分理解水文空间结构特征。正如景观单元是生态过程发生的最小地域尺度一样，流域单元是水文过程发生的基本空间单元，反映了水文尺度的空间属性。水文生态学中流域单元是将径流汇到一个共同点的、相对独立的自然集雨面或集流区域，是具有完整水文生态功能的自然地理单元；水系统规划中的流域单元是能在较短周期及较小规模内执行检测评估任务与管控非点源污染的水资源管理单元；国土规划领域提及的流域单元是分水岭界限的自然水流汇聚区域，是具有独立生态系统结构的土地开发单元。可见流域单元不仅是一个水文过程发生与水资源管控单元，也是一个社会、经济、政治综合单元。

而流域单元因为水文过程的高度非线性化而存在明显的空间层级，大致分为流域（Basin）、中小流域（Watershed）、小流域（Subwatershed）、集水区（Catchment）与集水单元（Sub-catchment）五个等级（图1）。其空间尺度的差异性存在水文信息变量的选择及内容的取舍，水文尺度的扩展不是小尺度个体的叠加，尺度的缩小也不是大尺度的分解，其根源在于流域的水文尺度效应，即不同尺度等级的流域单元具有各自的完整性与差异性，其水文尺度变量也各不相同，使得各自承载不同的水资源管理目标，对应尺度的雨洪管理也随之有着不同的规划方法与重点（表1）。小尺度流域单元由土地资源配置、人类活动方式等变量支配，

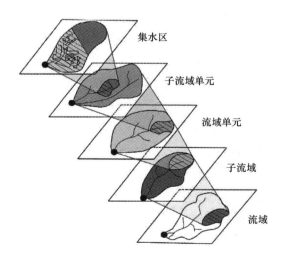

图1 水文过程的空间尺度划分（资料来源：参考文献[11]）

场地汇流情势、土地非渗透覆盖等是其主控变量，水文生态因子的环境作用更为明显，然而对于大尺度流域单元而言，取决于流域空间结构、河网特征等因子，水文空间格局是其主控变量。由此可见，不同水文空间尺度，对应的空间规划方法与重点也随之不同，因此海绵城市规划实施的空间尺度需要基于不同层级的水文空间尺度进行，不仅可以清晰地获取对应流域尺度范围内的水文情势，还可以在此基础之上模拟推导扩展尺度内自然水文过程及格局信息，从而制订相适应的水资源管理目标与方法，以此来保证规划的实效性。

不同流域空间尺度对应的雨洪管理重点　　　　　　表 1

地理空间	流域单元	面积（km²）	重点规划内容	主管部门
区域	流域	2500～25000	流域保护规划	水利部门
区段	中小流域	250～2500	基于小流域单元区划	水利、城建部门
地段	小流域	80～250	水环境修复与管理规划	城建部门
街区	集水区	1～80	用地雨洪管理规划	城建部门
地块	集水单元	0.1～1	雨洪管理措施及场地设计	城建部门

注：资料来源：作者整理改绘自 The Practice of Watershed Protection, editors Thomas R. Schueler and Heather K. Holland, published 2000 by the Center for Watershed Protection, Ellicott City, MD. : P136.

2　当前海绵城市空间规划实施的困境归指与诉求

2.1　物质空间尺度不耦合：空间规划单元与流域单元的空间错位

国际水科学计划（IHP、WCRP、IGBP、GWSP 等）研究显示，短期内土地利用 / 覆被变化（Land Use/Land Cover Change, LUCC）是流域单元结构异化的主要因素。在水文空间尺度上，水流由于重力作用产生的汇集促进水文生态要素之间的物质流与能量流的联系交换，使得流域下垫面的土地使用均会对水文过程与流域单元结构产生显著的影响，这也是当前城市水问题的根源，海绵城市空间规划是解决城市水问题的重要途径，但必须指出如果基于现行空间规划单元进行规划实施（表 2），规划过程依然缺乏对水文空间尺度的考量，海绵城市的规划实效仍会严重缺失。这主要是因为我国城市土地使用规划单元主要是以行政单元、规划区等划分的地理空间，在当前规划编制体系下能很好地与城市规划内容衔接，但基于行政管辖边界的规划单元忽视了水文尺度的影响，往往与流域单元矛盾重重，一方面硬化下垫面阻碍了地表径流的自然下渗并压缩了水的产汇流空间，单一排水与防洪工程改变了水文时空过程的强度与容量削弱流域自身的滞洪能力，且超标排污等对水量、水质的急剧改变，在土地使用单元内超出了自然流域单元的调节能力；另一方面建设用地边界与流域单元边界无法整合，使得流域下垫面难以规避工程性扰动而直接破坏到水文过程及水网组织，虽然在建设过程中等级较高的河流湖库容易被保留，但承载重要径流通道的汇水线及季节性支流等"隐形"水系极易遭遇填埋覆盖，间接破坏流域单元结构，导致原有汇水涵盖区域被建设用地割裂"剪化"，地表水系产生不可恢复的改变，当遭遇强降雨事件时城市水系会在极短时间内达到暴雨洪峰值，若遇持续降雨则不可避免地发生内涝。

海绵城市规划中的空间尺度框架　　　　　　　　　　　　　　　　表2

空间尺度	规划阶段	雨水体系构建重点内容
宏观层面	城市总体规划	确定控制目标及指标（绿地率、水域面积率、年径流总量控制率等），用地布局及土地利用模式，确定 LID 设施重点建设区域
	相关专项规划	
中观层面	控制性详细规划	各地块单位面积控制容积，单项控制指标（下沉绿地率等）
微观层面	修建性详细规划	LID 设施空间布局、规模，雨水控制量值（下渗、储存、调节容积）
	施工维护与评估	竖向设计、汇水区划分、水文模型模拟、技术选择及 LID 设施平面布局、建造规模及技术经济评估

注：资料来源于作者整理。

2.2　管理部门的实效缺失：空间规划尺度不一、管理各自为政

意识到我国大规模城市开发建设引发的水资源与水环境的严峻压力，相关部门编制出台了多部水资源保护法律条文，水利部颁布的《中华人民共和国水法》（2002 年 10 月 1 日实施）在流域范围与行政区域进行水功能区划、制订水量分配方案等，以及《中华人民共和国水土保持法》（2011 年 3 月 1 日实施）制订水土流失类型区划、预防与治理水土流失目标任务与措施等。环保部门颁布的《中华人民共和国水污染防治法》（2008 年 6 月 1 日实施）提出重点水污染排放实施制度及饮用水水源保护区管理规定等，以及 2015 年 2 月审议通过的《水污染防治行动计划》（即"水十条"）提出了水环境保护指标性建设。相关部门也从不同侧重点提出了水相关规划的规范与导则（表3），可见住房城乡建设部门侧重于从规划区、行政管辖的土地使用空间范畴安排水资源的配置与保护、进行水环境保护下的生态规划，却缺乏对流域空间的考虑，而水利部门、环保部门则是侧重于从流域空间范畴来构建水资源保护的技术措施，建立水资源的监测网络、规范流域内的排污行为，却缺乏明确的流域所承载的土地使用空间的界定，可见相关部门缺失空间交流语言，导致城市土地使用与流域的管理空间依然存在错位，致使统筹水文空间尺度与城市土地使用空间尺度进行海绵城市规划的空间框架尚且薄弱，水管理部门陷入各自为政、实效缺失的困局。

我国水相关规划的规范与导则　　　　　　　　　　　　　　　　表3

	城市水系规划导则	城市水系规划规范	水资源规划规范
批准部门	水利部	住房和城乡建设部	住房和城乡建设部
编号	SL431—2008	GB 50513—2009	GB/T 51051—2014
实施时间	2009 年 2 月 10 日	2009 年 12 月 1 日	2015 年 8 月 1 日
适用范围	全国城市水系规划	城市总体规划中水系专项规划及以城市水系为主要规划对象的相关规划	流域和区域水资源规划以及与水资源规划相关的其他规划编制工作
空间尺度	城市范围内河流、湖库、湿地及其他水体构成脉络相通的水域系统	城市规划区内构成城市水系的各类地表水体及其岸线和滨江地带	流域范围、行政区域
主要内容	河湖等级划分、水功能区划与生态修复、水景观与水文化规划建设等	城市水质保护、岸线保护与利用、滨水空间控制与利用、工程设施与城市水系协调等	水资源开发利用调查评价、需水与供水预测、水资源配置与保障方案、水资源保护与管理制度等

注：资料来源于作者整理。

2.3　海绵城市的规划诉求：基于流域单元的空间规划尺度实施

理想状态下土地使用的空间规划单元能与流域单元在空间上耦合，这样土地使用单元内的建设用地布局、生态基础设施布置、土地开发结构强度等都能依据流域单元进行预测与管控，从而使城市土地开

发从源头上遵循水文过程的空间约束。目前国外对此方面的优化途径是通过流域间各政府制定合作协议框架来协调流域单元内的水环境保护目标。环境工程学、景观生态学等学科也展开了水文尺度在土地利用生态规划方面的应用研究，关注了水文单元对用地布局的约束和限定作用，从国土、区域、流域、城市、社区、建筑单体等多尺度对水系统的弹性规划，基于生态基础设施约束的用地布局与土地适宜性开发强度控制，水文结构与用地布局的关联耦合途径，在子流域层级布局土地开发单元及开放空间，将集水区作为用地规划与空间管制措施，将分水岭或生态功能区作为规划单元等。

基于水文空间的尺度层级，空间单元也具有不同的尺度，美国马里兰州的实践值得借鉴。马里兰州将空间规划单元分别对应水文空间尺度层级划分为区域（Community）、中小流域（Watershed）、小流域（Subwatershed）、街区（Neighborhood）以及项目场地（Project Site），用以明晰各尺度流域的土地开发保护重点（表4）。区域代表实施流域保护政策的管辖范围（可以是一个独立的政治管辖区如城市），它包含多个引导城市主体制订具体流域保护目标的中小流域单元，并在小流域尺度进行更为详细的目标规划，由街区管理单元分解为若干场地项目进一步实施，由此可见社会重组过程产生的地域尺度都可转换为不同等级的流域单元进行规划操作，在流域单元内扩展进行生态水文信息的综合，指引对应空间单元的土地使用模式与规划设计（图2），这样的空间尺度划分不仅可以在空间规划中保证水文过程的完整性、生态系统的相对独立性，还能有效地引导与自然生态和谐的街区、社区及城市规划区的划定和组织，实现对流域生态水文过程及环境的可持续管理。

马里兰州对应空间规划尺度的土地开发及保护要点　　　　　　　　　　　　　　　　　表4

土地开发阶段	流域尺度	流域保护工具	土地开发保护的重点内容
大尺度区域规划	流域	水生物缓冲区	对河流、湿地、湖泊等敏感单元及缓冲区的保护、恢复或再造
		土地保护	采用收购、地役权及开发权转让
中尺度土地使用	小流域	土地利用规划	维护与限制未来土地用途及非渗透覆盖控制
	中小流域	水土监管	开发区域水土流失、沉淀物控制与排水方法的设计标准与监管
小尺度建设项目	集水区	雨洪管理	雨水利用、防洪排涝、污染控制为目标的雨水控制系统
	集水单元	最佳场地设计	降低非渗透覆盖方法、新开发或再开发项目中径流改道方法

注：根据参考文献 [18] 整理自制。

流域/区域	中小流域	小流域	集水区/街区	集水单元/项目基地
流域保护规划	流域保护规划	水环境修复与管理	用地雨洪管理规划	雨洪管理措施及场地设计

图2　马里兰州空间规划单元的尺度层级及规划内容
资料来源：根据参考文献 [18] 整理自绘

3　基于水文空间尺度的海绵城市空间规划尺度探索

3.1　重构空间规划尺度——联动整合自然流域单元与土地使用单元

基于当前土地使用单元与流域单元存在严重的空间错位，土地使用已经对自然流域带来了不可回避的扰动，并势必引发水文空间结构的异化，那么海绵城市空间规划的实施尺度就必须要正视这样的事实，并试图去寻求基于现有土地使用单元、自然流域单元的最佳优化方案，笔者认为这就需要整合自然流域单元与土地使用单元的水文空间结构，以此来划定规划的汇水单元，重新建构空间规划尺度。目前应用数字高程模型（Digital Elevation Model，DEM）划分自然流域单元已是成熟的技术，通过数字高程流域水系模型（Digital Elevation Drainge Network Model，DEDNM）提取"自然流域单元的分水线"反映河网水系、地表径流、漫流沟床等流域单元空间结构，鉴于城市建设已经改变了自然流域的水文结构，那么可以将城市地貌数据通过转换，以适应土地使用后的水文尺度信息获取，反映自然流域在城市开发建设影响下的水文要素重组，其中城市数据银行（Urban Databank）、城市数字高程模型（Urban Digital Elevation Model，Urban DEM）等研究成果均有借鉴意义。在 GIS 平台中对城市地貌要素赋予转换的高程值，包括建设用地（代表城市季节性水道来源）、水系（代表城市自然水文通道）和道路（代表城市雨洪排放人工管网），再利用 DEDNM 模型来划定新的汇水单元，重构空间规划尺度，目的是将人工建设规划的水环境与自然流域水环境整合，作为海绵城市规划实施的空间单元，掌握空间单元内自然水文情势与土地开发建设的水环境影响。

以眉山市岷东新区为例，岷东是位于中心城区东部的新区，西临岷江干流，区段经长约 31.91km，年均过境径流量约 134.06 亿 m³，年均流量约 425.10m³/s。区内主要以中浅丘地形为主，无常年性自然河流，地表水系主要由人工修建的堰渠（崇礼支渠、金花支渠、蟆颐堰）及水库（穆加沟水库、石埂子水库）构成，现状沟谷间存在大量堰、塘、湖和季节性水体，经 GIS 系统分析，其潜在地表径流系统高度发育，径流通道长达 172.72km，密度达 2.50km/km²，根据现状水系、植被覆盖及地形在 GIS 平台上的分析，岷东新区可划分为 3 个主要自然流域单元：北部岷江流域单元（汇入岷江）、南部穆家沟水库流域单元及粤江河流域单元（汇入粤江河）。但受到岷东土地使用单元的扰动，经 GIS 分析可以看出，自然流域单元间重要的地表径流通道及坑塘洼地被土地使用单元在空间上所占据且割裂，侵蚀破坏了大片水源涵养地，为减缓土地开发对自然流域单元的进一步破坏，海绵城市规划需要对自然流域单元与规划用地布局进行整合考量，联动整合土地使用单元与自然流域单元，重新构建岷东新区 7 个自然与人工复合的汇水空间单元作为海绵城市实施需要遵循的空间规划尺度（图 3）。

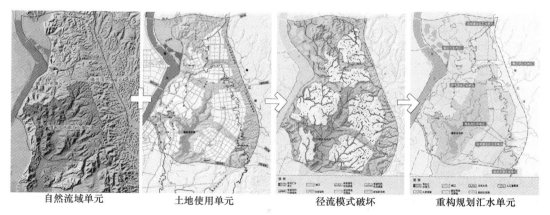

　　自然流域单元　　　　　土地使用单元　　　　　径流模式破坏　　　　重构规划汇水单元

图 3　岷东水文空间的影响及空间规划尺度的重构
资料来源：作者自绘

3.2　明晰海绵城市规划目标与任务——基于重构的空间规划单元

3.2.1　制订对应空间尺度下的规划目标

重构的规划汇水单元的水文信息异化主要表现在非渗透覆盖率（与径流系数密切相关）及地表径流产生量，非渗透性覆盖面积数据由 GIS 平台直接提取，并在 GIS 系统数据缺失区域做出调整统计，年预测地表径流量计算公式如下：

$$WQV=(RV)\cdot(S)\cdot(A)$$

式中，WQV指径流容量（此例代表预测年地表径流产生量），RV指径流转化系数（流域单元非渗透覆盖率越高，径流系数越高），S指降雨深度（此例代表岷东新区降雨频谱中90%的暴雨降雨深度），A指流域单元面积。规划预测年径流量的重点是分析地表径流系数的变化给规划区年径流量带来的影响，岷东新区年均降雨量为1224.58mm，径流转化系数为0.8，计算结果显示在建设单元影响下规划区年地表径流量达2337.94万m³，为自然流域状态的近180%（表5）。

因此增加的地表径流量作为在重构的空间规划尺度下，岷东雨洪控制目标的量化依据，指出需要区内的环境区与建设区共同承担增加的地表径流量，并以此作为规划目标，制订相应的规划策略[①]。岷东的规划则是通过水网梳理、径流通道组织、坑塘洼地体系布局规划，实现土地使用单元与自然流域单元共同对雨水的整体收集与存储，来满足流域的整体协调目标。

土地使用重构的水文空间单元统计表 表5

名称		流域面积（ha）	非渗透覆盖面积（ha）	非渗透覆盖率	自然地表径流产生量（万m³）	土地开发后地表径流产生量（万m³）
原自然流域单元	岷江	1698.21	432.16	24.92%	473.56	540.01
	穆家沟	1438.81	392.96	27.31%	392.38	474.39
	粤江河	751.19	95.57	12.72%	432.97	194.00
土地开发增加的汇水单元	崇礼支渠	763.93	305.38	39.97%	—	299.26
	北部建设区	486.6	146.32	30.07%		167.01
	东部建设区	866.65	356.73	41.16%		344.54
	金花支渠	900.18	290.59	32.28%		318.72

注：资料来源于作者整理。

3.2.2 梳理对应空间尺度下的规划任务

（1）综合梳理环境区与建设区的径流系统

岷东新区建设用地排水组织通过雨水的近地表排放形成分流系统，应用水文模型提取建设用地排水分界线，并将其与未受土地开发单元扰动的自然流域汇水线衔接，实现环境区地表径流系统与建设区地表雨水排放系统空间上的整合连通（图4）。这样做的目的是在一些雨水工程管网的出水区域规划设置蓄水池、生态湿地等生态基础设施，既可在暴雨时期蓄洪调水，又可经过生态湿地改善水质后再排入下游河流或湖泊等自然水体当中。并对"自然水文－人工排水"的调蓄、汇聚、储蓄、滞留过程景观化设计，借助商业、服务业及旅游业的支撑，形成商业特色水街、生活休闲水街、近自然特色水道，核心景观湖泊、城市湿地公园等城市"景观－商业－旅游"综合空间。

（2）统筹组织环境区与建设区的用地布局

重构的空间规划单元最显著的空间特征便是密切关联了环境区与建设区，因此海绵城市规划需要统筹布局两区的水系统结构。环境区注重保护水系廊道与植被，修复岸线及植被缓冲带，重构河流沟渠与湿地构成的城市水系；建设区则是对接环境单元的径流通道来规划建设用地的雨洪管理系统，结合建设区内的河道水系进行景观空间设计，并以水系支撑其关联产业的发展（图4）。二者在重构的空间规划单元内协同运作，建设区需对接环境区汇水线规划雨水排放体系，硬化覆盖产生的地表径流增量可排放至邻近的环境区，环境区接纳并对建设区排放的水体调蓄净化处理后下渗补充流域地下水，完善自然水循

---

① 对应的策略探讨不作为本文的研究重点，因此不在文中赘述。

环过程，以此减缓建设用地空间结构与土地使用的工程性弊端对水文结构的破坏，抑制环境干扰在空间上的扩散，最大程度保护流域资源禀赋与水文生态价值要素。

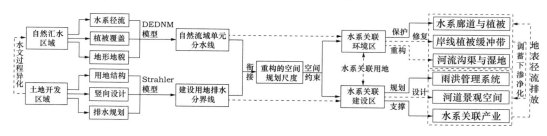

图 4 重构空间规划尺度下的海绵城市规划内容
资料来源：作者自绘

4 结语

（1）城市土地使用导致的水环境效应，归根结底是因流域单元结构破坏而引发水文过程的异化，其症结在于空间规划尺度与水文空间尺度的不耦合，导致水文系统结构的异化。

（2）基于水文空间尺度进行空间规划尺度的重构，应当作为海绵城市规划实施的重点研究内容，文章提出了笔者对于重构海绵城市实施的空间规划尺度的思考，即基于自然流域单元与城市土地使用单元重构新的规划汇水单元作为空间规划尺度，目的是将人工建设规划的水环境与自然流域水环境整合，掌握空间单元内自然水文情势与土地开发建设的水环境影响，并以此空间规划尺度制定对应的海绵城市规划目标与任务。

（3）海绵城市实施的空间规划尺度的重构，实质是引导土地使用模式、用地布局结构能够遵循水环境的空间约束，规避建设用地的工程性扰动在流域空间范围内的扩散，对于城市土地使用生态规划缓解城市水问题具有一定的理论与实践价值，也是对海绵城市建设中源头控制思想的技术方法响应。然而，水环境容量与功能目标转化为用地规划的空间约束，城市土地使用性质、形态与规模的控制指标及其控制值阈等方面的研究还有待城乡规划学、水文生态学、景观生态学等多学科交叉协作展开进一步的探讨。

参考文献

[1] 颜文涛，周勤，叶林 . 城市土地使用规划与水环境效应 [J]. 重庆师范大学学报（自然科学版），2014，31（3）：35-41.

[2] 薛丽芳，谭海樵 . 城市的水循环与水文效应 [J]. 城市问题，2009，172（11）：22-26.

[3] Grimm，N.B.，Faeth，S.H.，Golubiewsk，iN.E.，et al. Global Change and the Ecology of Cities [J]. Science，2008，（319）：756-760.

[4] 魏兆珍，李建柱，冯平 . 土地利用变化及流域尺度大小对水文类型分区的影响 [J]. 自然资源学报，2014，29（7）：1116-1126.

[5] 李强 . 低影响开发理论与方法述评 [J]. 城市发展研究，2013，（6）：30-35.

[6] 陆鼎言 . 小流域综合治理开发技术初探 [J]. 水土保持通报，1999，（1）：36-40.

[7] 赵柯，夏清清 . 以小流域为单元的城市水空间体系生态规划方法——以州河小流域内的达州市经开区为例 [J]. 中国园林，2015，（1）：41-45.

[8] 卢剑波，王兆骞 .GIS 支持下的青石山小流域农业生态信息系统（QWAEIS）及其应用研究 [J]. 应用生态学报，2000，11（5）：

703–706.

[9] Fletcher T D, Andrieu H, Hamel P. Understanding, management and modelling of urban hydrology and its consequences for receiving waters : A state of the art[J]. Advances in Water Resources, 2013,（51）: 261–279.

[10] Braud I, Fletcher T D, Andrieu H. Hydrology of peri–urban catchments : Processes and modelling [J]. Journal of Hydrology, 2013,（485）: 1–4.

[11] 陈灵凤. 海绵城市理论下的山地城市水系规划路径探索 [J]. 城市规划, 2016, v.40;No.346（3）: 95–102.

[12] 仇保兴. 海绵城市（LID）的内涵、途径与展望 [J]. 给水排水, 2015, 41（3）: 1–7.

[13] 萧敬豪. 城乡规划过程的环境绩效分析及优化途径 [D]. 重庆：重庆大学, 2014 : 66.

[14] 杜宁睿, 汤文专. 基于水适应性理念的城市空间规划研究 [J]. 现代城市研究, 2015（2）: 27–32.

[15] Shannon K, Water urbanism : hydrological infrastructure as an urban frame in vietnam [C]. Water and Urban development Paradigms–Towards an Integration of Engineering, Design and Management Approaches, 2009,（4）: 55–65.

[16] Yeo I Y, Guldmann J M. Land–use optimization for controlling peak flow discharge and nonpoint source water pollution [J]. Environment and Planning B : Planning and design, 2006, 33（6）: 903–921.

[17] Shrestha B K, Shrestha S. Urban waterfront development patterns : water as a structuring element of urbanity [C]. Water and Urban development Paradigms–Towards an Integration of Engineering, Design and Management Approaches, 2009（4）: 105–113.

[18] Prince George's County.Low Impact Development Hydrologic Analysis [M]. Maryland : Department of environment resources, 1999.

[19] 杜宁睿, 汤文专. 基于水适应性理念的城市空间规划研究 [J]. 现代城市研究, 2015, 27（02）: 27–32.

[20] Thomas R, Schueler, Heather K.Holland. The Practice of Watershed Protection Articles [M].Ellicott : the Center for Watershed Protection, 2000. 123–136.

[21] Rodriguez F, Andrieu H, Creutin J. Surface runoff in urban catchments : morphological identification of unit hydrographs from urban databanks [J]. Journal of Hydrology, 2003, 283（1–4）: 146–168.

[22] Amaguchi H, Kawamura A, Olsson J, et al. Development and testing of a distributed urban storm runoff event model with a vector–based catchment delineation[J]. Journal of Hydrology, 2012, 420–421 : 205–215.

基于内容分析法的"十三五"专项规划文本质量评估研究

方　浩　李东泉*

【摘　要】"良好的规划"应能有效表达、转译各种规划决策，并应具备高水平的内容与格式。然而，国家级专项规划作为特定领域的顶层设计，并没有很好地展现出其良好属性，这必然会导致规划政策在传递过程中出现不一致性与偏差性。在现有的规划评估机制下，如何来确保专项规划的良好性，就具有非常重要的现实意义。因此，本文首先系统地梳理"十三五"期间专项规划主要内容；其次，比较当前文本规划评估的研究方法，最终选择内容分析法；然后，以"十三五"时期国家级专项规划文本为研究样本与范本，结合西方成熟的规划文本评估原则，重新构造一套符合中国特色的专项规划文本质量评估框架。研究结果发现，大部分专项规划的文本都存在要素不完备、要素结构不清晰的问题，特别是目标政策较为模糊、行动计划缺失。最后，对此提出以下几点建议：（1）在编制阶段，加强规划政策文本的规范性和标准化；（2）在审核阶段，加强第三方机构专业认证；（3）在评估阶段，由注重规划实施评估转向加强规划编制评估。

【关键词】专项规划，顶层设计，政策传递，质量评估

1　引言

20世纪末，我国初步建立起社会主义市场经济体制，为了能更好地推动市场经济的发展，我们国家开始制定专项规划，用于指导和推动相关产业的发展。专项规划是以国民经济和社会发展特定领域为对象编制的规划，是政府指导该领域发展以及审批、核准重大项目，安排政府投资和财政支出预算，制定特定领域相关政策的依据。由此可见，专项规划涉及国民经济和社会发展的众多领域，作为特定领域的顶层设计，其工作创新将更好的发挥国家发展战略规划对不同领域的导向和约束作用，其编制与实施都具有重大的研究意义。然而，现实中常常会有一些专项规划在公布后，并未能有效地实施；还有一些规划在实施几年后，却不见踪迹；甚至有一些规划，实施后带来一些负面影响。面对这些低质量地、低效地、戛然而止地规划政策，我们不禁需要反思一下，什么是一个好的规划？一个高质量的规划需要具备哪些要素呢？因此，在新的历史发展时期，我们非常有必要探索一套"好的规划"评价标准，才能确保规划政策在传递过程中出现理解一致性与执行有效性。因此，本文以"十三五"时期国家级专项规划文本为研究样本与范本，结合西方成熟的规划文本评估原则，重新构造一套符合中国特色的专项规划文本质量评估框架，及时总结历史的发展经验与教训，从而有助于我们深入认识当前专项规划在国家发展与改革的作用以及存在的问题，有助于更好地发挥专项规划对国民经济和社会发展特定领域的顶层设计作用以及国家总体规划的支撑作用。

---

* 方浩（1991–），男，中国人民大学公共管理学院城市规划与管理系博士研究生。

李东泉（1970–），女，中国人民大学公共管理学院城市规划与管理系副教授。

2 文献综述

2.1 国外关于规划文本质量研究现状

规划文本质量评估是规划研究的一项重要环节，科学的规划文本是政策有效执行的基础，其目的是需要识别规划的优势与劣势，评价规划的整体质量，以确保规划达到一定的标准。高质量的规划文本不仅能够加强人们对议题的关注度，更能加强规划执行中的沟通与理解，为具体的政策活动提供明确的行动指示[1]。如何才能确保文本的高质量呢？Norton（2008）认为高质量包含两个维度：分析质量和一致性质量，并且着重强调规划文本的沟通功能和劝说性作用[2]。Berke，Godschalk，（2009）在 Norton 基础上，进一步将高质量凝练为两个维度：内在质量标准，关注规划核心要素的内容和形式；外在质量标准，关注利益相关者价值、规划制度和情景因素等[3]。从高质量的定义来看，不同学者虽然在表述形式上有所差异，但无外乎都是关注规划本身的要素特征及规划外部的协调性。Burby（1998）对高质量进行进一步的反思，我们不仅需要知道如何确保高质量的规划文本，更需要知道我们为什么需要高质量的规划文本呢？他指出规划文本质量评估的作用表现在两个方面：第一，规划文本本身是规划成果形式之一，高质量的文本更能增强地方政府对规划执行的承诺；第二，规划文本是政策执行的依据，为规划执行提供明确的指引[4]。从 20 世纪以来，越来越多的西方学者开始认识到高质量规划文本评估的重要性，并将其推广到各个领域，包括城市发展、医疗卫生、住房保障、环境保护、气候变化、健康卫生、公共交通，自然灾害等（如 Edwards，Haines 2007[5]；Hoch 2007[6];Tang 2010[7]; Evenson et al. 2012[8]）。

2.2 国内关于规划文本质量研究现状

相对于西方成熟文本质量评估体系来说，国内规划文本质量评估起步较晚。2007 年，《中华人民共和国城乡规划法》的颁布是我国首次在法律层面对规划评估工作做出初步规定。2009 年住房城乡建设部和国务院办公厅才出台了《城市总体规划实施评估办法》，城市规划的评估工作才逐渐被受到重视。在规划评估过程中，国内规划学者纷纷指出了城市规划编制中存在的问题，其中很多问题都涉及规划文本质量。如吕晓蓓（2006）认为城市规划成果质量进步不大，但规划编制耗费人力与物力成本却在节节攀升，并建议将评估也纳入到规划编制阶段[9]。宋彦等（2010）指出我国城市规划编制存在较多的问题，包括编制内容不具有可行性、规划方案表述模糊、文本质量不高等[10]。虽然有少部分学者注意到规划编制过程中缺乏评估环节的问题，但我国大部分的研究还是主要集中在城市总体规划实施评估方面（汪军、陈曦 2011[11]，张磊 2013[12]，马娜，刘士林 2015[13]，马利波等 2013[14]）。总之，现阶段我国城市规划依然是停留在对西方规划评估理论的引进，在联系中国城市规划的实践方面，也依然集中于总体规划评估指标体系的建立，较少地对规划编制和规划文本质量进行审视和评价，或尝试为整个规划过程构建整体性评估框架。

2.3 评述

综上所述，我们国家现阶段文本规划评估与西方还存在较大的差距，主要存在以下几个方面：第一，在评估的过程中，我们更加注重实施评估，注重考核事后技术指标，对于规划编制的评估并未引起有效地重视；第二，对于现有的规划实施评估，寄希望于建立一套多维度、多层次的综合评估指标体系，这种评估在实践中很容易被数字化而导致流于形式，并且这种评价方式也很可能因为平均效应而忽视掉了内部的差异，导致城市内部发展相对不公平；第三，当前评估的领域和范围都仅仅局限于城市总体规划或城镇化规划，并未像西方针对多个领域的专项规划展开有效地评估。针对当前研究中忽视规划编制阶段的文本评估及缺乏探讨专项规划领域的评估研究，本文希望对此有所填补。因此，本文首先系统地梳理十三五期间专项规划主要内容；其次，比较当前文本规划评估的研究方法，最终选择内容分析法；然后，以十三五时期国家级专项规划文本为研究样本与范本，结合西方成熟的规划文本评估原则，重新构造一套符合中国特色的专项规划文本质量评估框架，从而为未来专项规划的编制与评估提供一定的指导和借鉴。

3　国家级"十三五"专项规划发展现状

为了能更好地总结国家级"十三五"专项规划的特征及其演变规律，一方面，我们从纵向来看"十一五"至"十三五"三个时期专项规划的数量与比例变化；另一方面，我们从横向来看"十三五"期间专项规划的内部差异。

首先，从纵向来看，我们根据《国家专项规划编制》的目录体系，将"十一五"至"十三五"编制的所有国家级专项规划进行汇总，形成表1国家级专项规划分类一览表。从表1中，我们可以发现相比于"十一五"，"十三五"的产业发展、资源环境、农业农村等领域的专项规划占总体比例都显著减少，而基础设施、科技教育、社会发展等领域的专项规划占总体比例都显著增加，这些领域的比例变化恰好体现了我国社会主要矛盾的变化，由人民日益增长的物质文化需要同落后的社会生产之间的矛盾向人民日益增长的美好生活需要和不平衡不充分的发展之间的矛盾进行转换，与此同时，我们国家的规划工作也由重视物质规划向以人为本规划转型，在国家的大政方针中，越来越重视人的因素，更强调满足人的基本需求。

国家级专项规划分类一览表　　　　　　　　　　　　　　　　　表 1

	产业发展	基础设施	科技教育	农业农村	社会发展	资源环境	总计
十一五	26.96%	7.83%	8.7%	8.7%	18.26%	26.09%	100%
十二五	10.27%	20.55%	7.53%	10.96%	23.29%	21.23%	100%
十三五	17.39%	13.59%	14.13%	4.35%	32.07%	11.96%	100%

其次，从横向来看，"十三五"时期，产业发展专项规划比例明显增多，科技教育和社会发展也相对于"十二五"比例有较大增长，资源环境领域专项比例减少。在产业发展方面，《国家十三五总体规划》描述到了产业迈向中高端水平，在产业发展上更加重视发展战略新兴产业，且在传统产业更重视重工业和化工业的转型升级。为了鼓励产业创新和升级，"十三五"在产业发展领域专项规划的数量和比例都明显增多，这与国家总体规划方向是一致的。在科技教育方面，"十三五"重点强调当前面临挑战有效需求乏力和有效供给不足并存，结构性矛盾更加凸显，传统比较优势减弱，创新能力不强，经济下行压力加大。为了应对经济下行的风险，"十三五"在科技创新与人才教育方面的专项规划比例有较大的增幅。除此之外，在社会发展方面，十三五总体规划强调基本公共服务供给仍然不足，收入差距较大，人口老龄化加快，消除贫困任务艰巨，重大安全事故频发，影响社会稳定因素增多。为了应对社会矛盾的主要转变，"十三五"在社会发展、国民健康的专项规划数量和比例都有着飞跃提升。在资源环境方面的专项规划比例下降，主要是因为前期生态保护工作取得一定成效，主要污染物排放持续减少，并且此时的资源环境规划从分散单一走向综合全面的规划，规划数量虽然减少，但其覆盖面更广泛。

4 专项规划的评估机制设计

4.1 专项规划的评估方法

当前，在规划文本上的评估方法主要有内容分析法和S-CAD评估方法。内容分析法是一套用于分析任何特定文本内容的研究方法，可以应用于任何文献或有记录的传播事件的研究，因此被广泛应用于政治科学、管理科学和城市规划等不同研究领域。它的本质简化信息内容，通过设定一些类别来反映总体特征。它作为一种传统的评估方法，主要侧重评价规划文本的内在有效性与外在有效性，内在有效性主要包括基础事实、愿景陈述、目标政策、行动计划，而外在有效性主要包括传递过程中一致性和执行过程中合作性。在评估过程中，重点考察两个方面：第一，要素单体特征维度，包括要素完备性、要素明晰性；第二，要素结构关系维度，包括要素之间是否存在递进线性逻辑关系、不同专项行动之间的协调性。[15]而S-CAD法由加拿大规划学者梁鹤年于20世纪70年代在吸收不同公共政策评估模式的基础上提出，并逐渐发展完善。S-CAD法的评估通常包括五个步骤：（1）立场；（2）政策（目标、手段、结果）；（3）一致性检验；（4）充要性检验；（5）依赖性分析（也被称为可行性分析）[16]。与内容分析法相比，S-CAD法要素体现更加直接、具有针对性、步骤比较简化的，其难点在于要素识别，需要高度概括和提炼能力，比较适合单个政策文本评估分析。

本文主要分析十三五期间国家级专项规划，涉及评价的文本数量较多，因此不太适合S-CAD评估方法。内容分析法虽然不能很详细地展示每个规划文本的具体要素，但是通过构建系统的评估规则，可以科学地判别文本的质量及结构，而且可以对多个文本规划文本进行比较分析。内容分析法通常主要包括以下的步骤：（1）协议的设计、使用和可用性；（2）评分标准；（3）编码者；（4）编码过程；（5）测试；（6）抽样；（7）评估可靠性。所以，本文以"十三五"国家级专项规划为研究样本，严格按照内容分析法的步骤，来构建专项规划的事前评估机制。

4.2 协议的设计

早期对于规划质量的概念研究主要集中在三个维度：事实基础维度，阐述当前的规划条件，有助于分析"我们来自哪里"；目标愿景维度，阐述未来的理想状态，有助于分析"我们想去哪里"；政策手段维度，阐述实现目标的手段，有助于分析我们如何实现"我们来自哪里"向"我们想去哪里"的过程转变[17]。随后，Godschalk et al.（1999）在Berke的研究基础上，新增了四个规划质量的评价维度，分别为执行保障、监控与评估、组织间协同和公众参与[18]。这七个规划质量评价维度已经被大量从事规划质量研究的学者所引用。Stevens（2013）在这七个评价维度上又新增一个维度，呈现形式[19]。所以，当前国外质量规划评估的研究维度一共有8个，如表2西方规划质量评估维度一览表所示。

西方规划质量评估维度一览表　　　　　　　　　　　　　　　表2

评价维度	作用	衡量标准
事实基础	依据现状作出预测、发现问题，为规划目标和政策提供信息基础	人口、经济、土地利用、基础设施、自然资源等
目标愿景	判断规划是否成功的标准	清晰具体、前瞻性、覆盖较长时期、一致性的、可测量的等
政策手段	实现目标的手段	限制性政策、鼓励性政策
执行保障	具体的行动计划	行动时间表、各部门责任分配、行动资金来源
监控与评估	判断规划政策的执行情况、规划目标是否实现，以及观察到的变化是否符合规划	明确组织监控责任，更新规划行动时间表
组织间协同	保证规划的执行效率	统一领导、部门间合作
公众参与	有助于提高规划质量，有助于规划实施	机构参与、个人参与、利益相关者参与
呈现形式	最大化规划文本的可读性、可解释性、用户友好型	概要、术语表、信息来源的参考、表格、插图、数字等

此评估体系因其系统完整性得到广泛的运用，国内已有相关学者运用此框架对国内一些规划文本进行质量评估，通常涉及国家总体规划和地方专项规划。但是，针对我国专项规划文本时，这套评估体系很多要素并不完全适用。所以，我们非常有必要重新编制一套适合我们国家专项规划的评估框架。在编制专项规划质量评估框架过程中，我们首先筛选了得分最高的几个专项规划，分别是产业发展领域《粮油加工业"十三五"发展规划》、基础设施领域《天然气发展"十三五"规划》、农业农村领域《全国农村沼气发展"十三五"规划》、资源环境领域《全国森林防火规划（2016—2025 年）》，其次对这些不同专项领域规划文本所包含的基本要素进行分类整理，然后结合表 2 西方质量规划评估维度，根据现有文本要素的共性及这些要素是否具有科学性、必要性和前瞻性为基本原则，最终得到表 3 我国专项规划质量评估维度一览表。

我国专项规划质量评估维度一览表　　　　　　　　　　　表 3

评价维度	评价因子	操作说明
事实基础	现状描述	是否有过去发生的状况或当前面临的状况描述
	主要问题	是否明确指出具体的问题
	发展形势	是否有趋势分析或必要性的描述
愿景陈述	指导思想	是否体现党的会议精神
	规划原则	是否有科学的价值观
	规划依据	是否有相关的政策文件支撑
	规划范围	是否界定清楚规划对象、规划期限、规划区域
目标政策	总体目标	是否有对未来发展状态的概括性描述
	目标分解	是否有按一定的逻辑分类
	可测量指标	是否有可统计、可测量的指标
行动计划	主要任务	是否有明确的计划活动
	工作部署	是否有明确的责任分工或任务清单
	专栏	是否有解释某项活动计划的专栏
	可行性分析	是否有明确的资金预算或环境影响分析
	监测与评估措施	是否有明确的评价指标体系
保障措施	组织	是否有具体的部门负责开展实施
	技术	是否有技术投入、人才建设、合作交流
	资金	是否有融资、税收补贴、专项基金或其他资本投入
	制度	是否有明确的管理制度或政策规定
附件	相关图表	是否有相关的插图或表格

4.3　评估的可靠性

在前期研究中，正式评估之前由导师带领评估小组进行了评估者培训、预测试和有关指标理解歧义的讨论及指标理解的确认过程。在两名评估者按照指标体系初稿从各主题中随机抽取 2～3 份规划文本进行独立的预测试后，评估小组比对两个评估结果，并共同讨论评估中有较大分歧的指标，讨论过程中，一方面消除理解偏差，另一方面也对指标体系初稿进行修改。当指标体系的具体指标、指标表述、理解得到评估者一致确认后，指标体系也确定下来。

由 2 名专业规划人员按照总体规划文本中的体现程度分别进行打分，其中没有涉及为 0 分，部分涉及为1分，完全涉及为2分。如果两位评估者打分均为0，或均为非零（1或2）为一致，则为该项的最终得分；如果两位评估值打分不一致，由2人讨论后，再确定该项的分值。其次，在每项打分的基础上，以组或以全体指标为单位，加总得分，并除以指标数量的2倍（指标数量乘以2即全部指标都为2的满分情况），得到一个范围在0~1的小数，即为反映该项内容的得分率。具体公式为：$\alpha=\frac{1}{2\times m}\sum_{i=1}^{m}I_i$，式中$\alpha$为得分率，$m$为指标的数量，$I_i$为每一项指标上的得分（数值上是0、1或2）。

5 "十三五"国家级专项规划政策评估分析

5.1 总体专项规划文本质量评价

根据专项规划质量评价的五大维度：事实基础、愿景陈述、目标政策、行动计划、保障措施，我们对"十三五"期间151个国家级专项规划的文本进行质量评估，十三五期间专项规划文本总体平均得分率为0.74，总体质量较好。从各个评价维度来看，行动计划的得分率为0.59，质量较低；事实基础、愿景陈述、目标政策得分率均在0.75左右，质量较为良好；保障措施得分率为0.83，质量较高。

行动计划得分率较低主要是因为大部分规划文本中缺乏明确的工作部署或任务清单，很多专项规划并未对主要任务当中的活动开展专栏进行解释说明，在监督与评估措施中，规划文本里未有明确的指标评价体系，而是单纯几个零散的数据，导致后期的监控与评价无法顺利开展，最主要的一点，很对规划只谈到活动任务，而未有详细的预算方案或环境影响评价。在151个样本中，有7个样本在行动计划得分率为1，这7个样本分别为1项产业发展《可再生能源发展"十三五"规划》，3项基础设施《地热能开发利用"十三五"规划》、《全国民用运输机场布局规划》、《天然气发展"十三五"规划》，1项农业农村《全国农村沼气发展"十三五"规划》，2项资源环境《耕地草原河湖休养生息规划（2016—2030年）》、《全国森林防火规划（2016—2025年）》。我们可以发现行动计划质量较高的大多为能源、自然资源领域。对比这些规划中的行动计划，发现他们都有清晰的指标体系，同时按照地理区域位置，明确规定各个区域具体的任务和发展策略，并且规划文本中包含预算和环境影响分析。

5.2 各领域专项规划文本质量评价

首先，我们将十三五期间所有的规划文本按照《国家专项规划编制》的目录体系划分6个领域：资源环境、社会发展、农业农村、科技教育、基础设施、产业发展。根据数据统计，我们发现十三五期间产业发展领域规划共有35项，基础设施发展领域共有23项，科技教育领域共有23项，农业农村共有3项，社会发展共有50项，资源环境共有16项，各个领域分别占总体的比例见表4。从表4中，我们可以发现国家对社会发展关注度最大，对产业发展关注度较大，而对农业农村关注度较小，这说明随着经济发展，人民生活水平不断提高，物质需求逐渐得到满足，但社会问题却日益突出，关于社会发展的规划也越来越多，国家对民生问题也越来越关注。

我国十三五专项规划领域分布一览表　　　　表4

	资源环境	社会发展	农业农村	科技教育	基础设施	产业发展
数量	16	50	3	23	23	35
比例	0.11	0.33	0.02	0.15	0.15	0.24

其次，我们按照规划质量评估的五大维度分别对其评价，农业农村规划文本的整体质量较高，而社

会发展和科技教育的规划文本质量较低。我国一直以来都强调自己是农业大国，对三农问题一直是非常重视，农业农村的规划文本编制技术相对成熟，质量较高。社会发展所包含的问题较多，涉及范围较广，形式上缺乏统一，对所规划的对象、问题范围都没有明确界定，在各专项规划上没有明确的评价指标体系，在具体任务上没有开展专栏进一步说明解释，整体规划质量相对较低；而科技教育，主要一些规划很少强调事实基础，直接开始阐述发展目标，另外在目标政策方面，一些规划只强调总体目标，并未对目标进行分解，也没有相应的评价指标体系，整体规划质量相对较低。

最后，我们从质量评估的五个维度分别评价十三五规划中的六大领域，得到表5。首先，从横向对比来分析表5。从事实基础方面来看，科技教育规划文本有待加强；从愿景陈述方面，农业农村规划文本有待加强；从目标政策方面，科技教育规划文本有待加强；从行动计划方面，科技教育和社会发展规划文本有待加强；从保障措施方面，各领域规划文本质量表现较高。其次，从纵向对比来分析表5，除了农业农村领域规划文本需要再愿景陈述方面加强，其他领域规划文本都需要在行动计划方面加强。

十三五专项规划领域文本质量要素评价表　　　　　　　　　　　　　　表5

	产业发展	基础设施	科技教育	农业农村	社会发展	资源环境
事实基础	0.84	0.83	0.63	1.00	0.71	0.78
愿景陈述	0.80	0.86	0.73	0.67	0.71	0.79
目标政策	0.80	0.80	0.63	1.00	0.74	0.80
行动计划	0.66	0.70	0.44	0.83	0.54	0.64
保障措施	0.78	0.82	0.83	0.83	0.85	0.85

5.3　结论

通过对十三五期间的国家级专项规划文本评估，发现我国当前的专项规划存在以下几个方面的问题：

（1）在事实基础方面，主要问题往往与现状描述或发展形势混合在一起，要素结构不够清晰突出；

（2）在愿景陈述方面，对于规划依据或规划范围很多规划文本放在前言中表现出来，有些与指导思想混合在一起。对于规划编制的依据一些规划文本并未指出相关的政策文件参考，对于规划范围也仅仅描述时间范围，并未对规划对象或地域范围有一个边界的说明；

（3）在目标政策方面，很多规划文本虽有监测指标，但并未按一定逻辑进行分类，从而未形成一个明确的指标体系，不便于后期的监控与评估；

（4）在行动计划方面，十三五专项规划文本评估质量较低，主要原因在于缺乏专栏、可行性分析和完整指标评价体系这三个要素，另外在工作部署方面，只提到了主要任务或发展策略，并未有详细责任分工，很容易导致规划活动在地方被忽视或相互推诿，最终导致规划停留在文本上，而无法实践；

（5）在保障措施方面，对于资金方面保障论述较少，很多文本只是简单提到政府税收补贴、专项基金，很少提到通过其他途径（私人投资、债券、民间资本等）解决资金问题。

6　相关对策与建议

6.1　在编制阶段，加强专项规划文本的规范性和标准化

通过内容分析法，对十三五专项规划文本质量进行评估，发现十三五规划中很多政策文本存在要素不完备、要素结构不清晰，不同领域的文本结构千差万别，甚至同一领域的文本结构也大相径庭。因此，

在专项文本规划的编制过程中，非常有必要出台专项规划的技术指引，专门用于指导中央及地方相关部门编制专项规划，确保规划的规范性，达到标准统一，要素完备，结构清晰、逻辑一致的目的。一个好的专项规划，首先能让人看得懂、读得明白，其次才能确保规划地顺利实施。

6.2 在审核段，加强第三方机构专业认证

现有专项规划管理体制中，主要包含三个阶段：专项规划的编制阶段（立项—起草—衔接）、专项规划的审批阶段（报批—备案—公布）、专项规划的实施阶段（实施—评估—反馈），而欧洲的规划管理体制，主要是改革前的调研—原有计划评估—征集改革方案—改革方案的研究—各方位的全面咨询—事前评估—规划出台与发布—实施、监测与评估。与西方规划管理体制相比，我们国家的规划在文本编制阶段缺失评估环节，整个规划的过程几户都由政府主导，缺少第三方机构以及公众的参与。对比西方规划的成果，宋彦等（2010）指出我国城市规划编制存在较多的问题，包括编制内容不具有可行性、规划方案表述模糊、文本质量不高等[10]。这主要是因为缺乏第三方机构认证，没有科学地预测规划所带来的不确定性及问题。所以，在规划的编制阶段，需要加强第三方机构专业认证，最大效率地提高规划可实施性。

6.3 在评估阶段，由注重规划实施评估转向加强规划编制评估

当前，我们国家的专项规划的研究，较多地注重实施评估，力图通过建立一套评估指标，来说明规划的实施效果。但是，不同城市、不同产业都有自己的独特性，我们无法通过建立一套指标将其穷尽，而且实施规划评估所带来的沉默成本更大，也无法解决现在规划所造成的困境。因此，我们更应该将视角集中于编制规划评估，通过制定科学规范的专项规划文本，有利于规划文本的可读性、可解释性、用户友好型；通过编制阶段专家学者充分论证，有利于最大程度减少规划不确定性及实施风险；通过公众充分参与，有利于减小规划实施的阻力以及降低未来可能带来的潜在冲突。总之，编制阶段的规划评估可能耗时较长，需要经过反复地论证与讨论，但是实践证明，编制评估有利于提高专项规划的科学性、可行性、成功性。

参考文献

[1] Berke，P. R. and M. M. Conroy. Are We Planning for Sustainable Development? An evaluation of 30 comprehensive plans.Journal of the American Planning Association，2006，66（1）：21–33.

[2] Norton，R.（2008）. Using content analysis to evaluate local master plans and zoning codes. Land Use Policy，25（3），432–454.

[3] Berke，P, and D. Godschalk.（2009）. Searching for the Good Plan：A Meta–analysis of Plan Quality Studies. Journal of Planning Literature 23（3）：227－40.

[4] Burby RJ，May P.（1998）. Intergovernmental environmental planning：ad– dressing the commitment conundrum. J Environ Plan Manag，41（1）：95－110.

[5] Edwards，M. M.，& Haines，A.（2007）. Evaluating smart growth：implications for small communities. Journal of Planning Education and Research，27，49－64.

[6] Hoch，Charles.（2007）. How Plan Mandates Work：Affordable Housing in Illinois. Journal of the American Planning Association，73（1）：86－99.

[7] Tang，Zhenghong.（2008）. Evaluating Local Coastal Zone Land Use Planning Capacities in California. Ocean & Coastal Management 51（7）：544－55.

[8] Evenson, Kelly R., Sara B. Satinsky, Daniel A. Rodriguez, and Semra A. Aytur. (2012). Exploring a Public Health Perspective on Pedestrian Planning. Health Promotion Practice, 13 (2): 204 - 13.

[9] 吕晓蓓, 伍炜. 城市规划实施评价机制初探 [J]. 城市规划, 2006 (11): 41–45+56.

[10] 宋彦, 江志勇, 杨晓春, 陈燕萍. 北美城市规划评估实践经验及启示 [J]. 规划师, 2010, 03: 5–9.

[11] 汪军, 陈曦. 西方规划评估机制的概述——基本概念、内容、方法演变以及对中国的启示 [J]. 国际城市规划, 2011 (6): 78–83.

[12] 张磊. 理性主义与城市规划评估方法的演进分析 [J]. 城市规划, 2013 (2): 12–17.

[13] 马娜, 刘士林. 区域规划实施效果评估指标体系构建研究 [J]. 区域经济评论, 2015 (4): 20–23.

[14] 马利波, 席广亮, 盖建, 陈颖. 城市总体规划评估中的指标体系评估探讨 [J]. 规划师, 2013 (3): 75–80.

[15] 张昊哲, 宋彦, 陈燕萍, 金广君. 城市总体规划的内在有效性评估探讨——兼谈美国城市总体规划的成果表达 [J]. 规划师, 2010 (06): 59–64.

[16] 康晓琳, 梁鹤年, 施祖麟. 透过 S–CAD 分析框架回顾土地垂直管理政策 [J]. 中国土地科学, 2014 (06): 51–57.

[17] Berke, P. R., & French, S. P. The influence of state planning mandates on local plan quality[J].Journal of Planning Education and Research, 1994 (4), 237–250.

[18] Godschalk, David R., Timothy Beatley, Philip Berke, David J. Brower, and Edward J. Kaiser. 1999. Natural Hazard Mitigation: Recasting Disaster Policy and Planning. Washington, DC: Island Press.

[19] Stevens, M. R. Evaluating the quality of official community plans in southern British Columbia[J]. Journal of Planning Education and Research, 2013 (4), 471–490.

"旅游飞地"划定及管控机制研究——以"双世遗"武夷山市城市总体规划为例

韩天祥 杜 洋 张 悦*

【摘 要】城市规划作为城市公共政策的管理工具，在资源分配与市场调节、发展引导与底线管控、保障公共利益和市场监管之间起到重要作用，也是城市规划需要重点解决的核心问题。本文以旅游用地为例，思考规划在市场经济条件下如何发挥引导、管控作用，规划的角色和职能如何应对市场经济的灵活性做出精细化调整，由"全景式终极目标引导"转变为"底线过程控制"＋"弹性发展指引"方法，形成可监控可考核的成果体系；立足政府部门事权，强化城市规划的公共政策属性，形成针对政府各职能部门的责任清单、权利清单、负面清单，提高规划成果对接城市管理的能力。使新一轮总体规划能够更好适应我国城乡治理体制改革，与城乡规划改革方向达成一致。

【关键词】旅游飞地，弹性旅游引导区，管控机制

近年来，随着大众旅游时代的到来，全国旅游业呈现迅猛发展，对旅游城市的规划管理水平要求越来越高。旅游用地作为旅游业发展的载体，已成为旅游研究和城市规划管理的重要命题。

旅游用地具有较强的特殊性。由于旅游产业具有极强的关联性，涉及"吃住行游娱购"等方方面面，旅游用地难以像工业用地或居住用地那样在国土部门和住建系统的用地分类标准中进行清晰的界定；同时旅游项目空间分布广、环境风险高的显著特点，同样也给旅游城市用地管理造成很大困难。

"飞地"源于行政概念，指隶属于某一行政区管辖但不与本区毗连的土地。"旅游飞地"正是借用"飞地"概念，应用于旅游发展领域，特指区别于在城镇集中建设区分布，在全域中分散布局，以旅游发展为目的的用地需求。这类用地有以下两大显著特征：一是空间分布广，布局分散，空间边界模糊，不确定性强。旅游飞地常依托良好山水环境和优秀资源景点，零散分布于田野之间、森林深入，空间上往往不存在边界明确的连续实体，用地需求和项目类型常常带有不确定性。二是兼容性强，形式多样，环境风险高。与其他产业的排他性利用不同，旅游业对于土地资源的利用具有良好的兼容性，可以在不改变土地原有用途的情况下叠加旅游功能；同时，旅游业发展方式灵活，旅游开发形式多种多样，如景观房地产、旅游综合体等，使旅游用地的类型和形式日趋多元化。此外，旅游飞地往往选址环境优美、生态优质地区，一旦开发利用不得当，土地资源和景观遭到破坏，将严重影响持续利用。

随着全域旅游的逐步推广和融合发展理念的落实，旅游飞地已在各旅游城市普遍存在。对旅游飞地的有序引导和合理管控已经成为旅游城市规划管理的重大难题。本文以武夷山市世界双遗产地为典型案例，针对旅游飞地引导和管理这一特殊的发展需求，通过GIS分析技术在全域划定旅游发展引导区，并

---

* 韩天祥（1981–），男，北京清华同衡规划设计研究院有限公司高级工程师，项目经理。
杜洋（1990–），男，北京清华同衡规划设计研究院有限公司助理规划师，主创规划师。
张悦（1985–），女，北京清华同衡规划设计研究院有限公司中级工程师，项目经理。

制订贯穿项目评估、选址、实施、运营的"全流程"管控措施。

1　旅游引导区划定

旅游引导区的划定需秉承"严守生态底线、确保切实可行、遵从客观规律"的原则。"严守生态底线"要求旅游发展引导区的划定应秉承"先底后图"的原则，严禁触碰生态保护红线，杜绝旅游发展与环境保护存在冲突;"确保切实可行"要求旅游发展引导区的划定需要与城市总体规划、土地利用总体规划等规划有效衔接，不得突破城市总体规划规模要求，同时不得与土地利用总体规划四区划定成果存在冲突。"遵从客观规律"则要求旅游引导区划定要统筹考虑旅游产业发展、旅游项目布局的实际需求，引导区的选取需综合考虑旅游资源、服务基础等潜力因素，及地形、坡度等阻力因素，综合筛选圈定符合旅游用地布局要求的引导范围。

1.1　严守生态底线

落实"先底后图"发展思路，全面梳理市域范围内的各类环境保护要素，禁止触碰各类生态敏感要素，在各保护要素管制框架下开展旅游用地布局与开发（图1）。

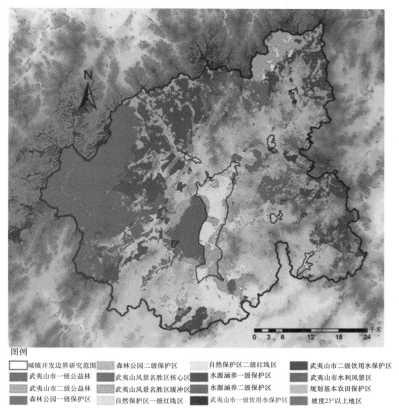

图 1　武夷山市生态禁建与限建要素空间分布

1.2　确保切实可行

1.2.1　合理预测旅游飞地规模

旅游用地主要包括旅游住宿、旅游餐饮和其他配套设施用地。基于预测旅游人口对旅游服务设施的需求，结合城市日均旅游人口、旅游设施建设的一般标准等参数，推算旅游设施用地规模。

根据武夷山旅游市场现状规模，基于多种方法预判未来旅游市场发展规律，综合推算，2020年市域旅游用地规模约为5～6km²，2030年市域旅游用地规模约为8～10km²。考虑武夷山市作为旅游城市，且全年适游天数高达300d，随着全域旅游景区的布局与接待设施建设，基于市域旅游资源等级分布和旅游服务综合能力判断，中心城区以外承载的旅游当量人口将逐步上升，但中心城区由于良好的服务设施配套和核心景区资源，仍将承担70%的旅游人口，中心城区以外的市域将承载30%的旅游人口。

考虑未来中心城区将承担70%的旅游人口，中心城区和外围节点旅游设施用地按照7:3分配。2020年，市域旅游设施用地规模为5～6km²，外围节点旅游建设用地规模为1.5～1.8km²。2030年，市域旅游设施用地规模约为8～10km²，外围节点旅游建设用地规模为2～3km²。

1.2.2　衔接国土用地要求

衔接国土政策允许区和旅游用地鼓励区，结合相关规划和重点项目，进一步明确旅游引导区范围。

在用地操作层面，对接土规规划的允许建设区、有条件建设区和规划建设用地；同时对接规划重点项目，如悦榕山庄、安岚酒店等。

在政策鼓励层面，积极利用现状荒地、裸地等经济与生态价值较低的土地，同时对接风景名胜用地，与规划风景名胜用地范围衔接（图2）。

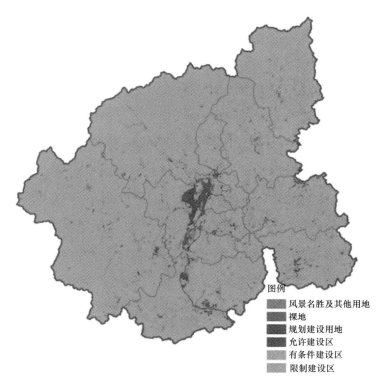

图例
- 风景名胜及其他用地
- 裸地
- 规划建设用地
- 允许建设区
- 有条件建设区
- 限制建设区

图2　土地利用规划用地分布

1.3　遵从客观规律

1.3.1　评价全域旅游发展潜力

筛选对全域旅游发展有突出影响的因素，运用GIS地理空间技术，对武夷山市全域旅游发展空间建立潜力－阻力模型，开展空间评价。选取的因子主要包括潜力因子和阻力因子两大类。潜力因子的构成包括台江县旅游资源条件、生态景观条件、旅游发展基础条件、交通区位可达性和衔接相关规划；阻力因子主要考虑生态刚性制约和生态阻力因素（表1）。

武夷山市旅游发展适宜性评价标准体系　　　　　　　　　　　　　表 1

一级因子	二级因子	三级因子
潜力因素 旅游资源条件	文化旅游资源	世界文化遗产、国省州级文保单位、非物质文化遗产、历史文化名村等
	生态旅游资源	自然保护区缓冲区、自然保护区试验区、森林公园风景观赏区、森林公园其他区域、地质公园二级／三级保护区等
生态景观条件	生态景观资源	公益林地、其他林地、草地、河流水域
旅游发展基础	旅游服务基础	乡镇农家乐数量、乡镇接待床位数、城乡建设用地
	旅游开发基础	已开发旅游产品
旅游交通区位	交通可达性	高速路口、国道、省道、县道、乡道、村道和城市道路的辐射距离
衔接相关规划	土地利用规划	土规建设用地、土规有条件建设区、允许建设区、限制建设区
阻力因素 生态刚性制约	一级生态管控	武夷山市一级饮用水保护地、武夷山风景名胜区核心区、武夷山市一级公益林保护区、自然保护区一级红线区、武夷山市水利风景区、水源涵养一级保护区、森林公园一级保护区
	二级生态管控	武夷山市风景名胜区缓冲区、武夷山市二级公益林保护区、自然保护区二级红线区、森林公园二级保护区、坡度 15～25° 地区、水源涵养二级保护区等
生态阻力因素	地形阻力因素	坡度、起伏度

　　旅游资源条件因子综合考虑支撑县域旅游发展的文化、生态等各类资源，选取的因素包括生态景观资源因子和文化旅游资源因子（图 3）。旅游发展基础条件会对未来旅游开发布局有显著影响，因子选取主要包括武夷山市已开发的旅游产品以及已建设的一些旅游服务。交通区位会深刻的影响旅游发展空间潜力布局，评价因子的选取主要包括高速路口、国道、省道、县道、乡道、村道和城市道路等。阻力因子主要包括生态阻力和地形阻力，生态阻力包括自然保护区核心区、森林公园生态保护区、地质公园一级保护区等；地形阻力则主要考虑地形的坡度和起伏度对旅游开发的阻碍。

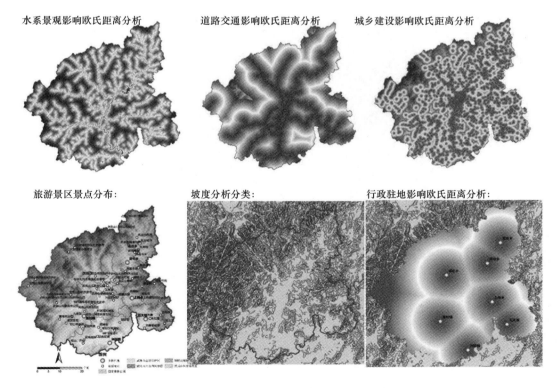

图 3　各项要素在空间中的影响强度分布

1.3.2 识别旅游发展引导区

基于武夷山市旅游发展适宜性评价标准体系对全域空间进行评价，结果如下。旅游发展空间呈现单核分布，发展核心在中心城区及兴田镇范围。全域旅游发展空间与全域地形特征、交通分布匹配度较高。北部由于地形限制较大，发展空间沿 1514、X860、X807 呈现带状分布；南部呈现面状分布，主要旅游发展区分布在上梅乡集镇东部地区、五夫镇镇区周边地带及星村镇西南部广大范围（图 4）。

根据全域旅游发展适宜性评价和旅游飞地合理规模预测，为全域旅游用地预留一定弹性，在全域范围内筛选全域旅游发展空间适宜性评价评分 70 分以上地区，共计 112.5km² 用地面积，作为全域旅游发展引导范围（图 5）。

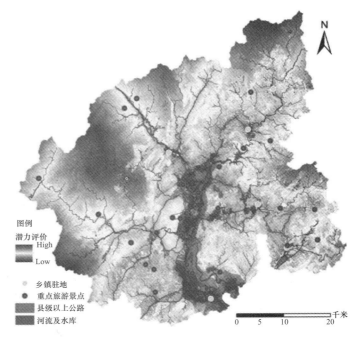

图 4　全域旅游发展空间适宜性评价

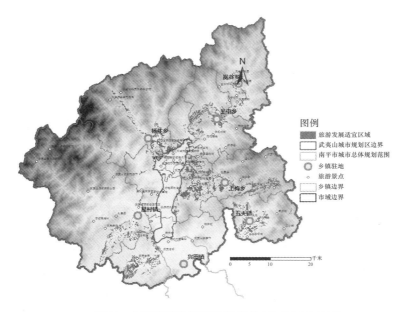

图 5　全域旅游发展适宜性评分 70 分以上地区

2　旅游飞地管控

2.1　审批前的门槛和要求

2.1.1　基本门槛

项目准入前设定基本门槛，要求符合武夷山发展定位、生态保护、用地高效的基本要求。项目主题特色方面，要求具有武夷山地域山水、文化特色，能作为具有特色的独立旅游项目或旅游目的地；生态环境保护方面，开发形式采用低影响、海绵技术，减少对自然环境干扰，禁止大面积的地形条件改变；用地集约高效方面，要求占地规模适宜，防止资源浪费；建筑高度上，宜低不宜高，局部搭配高点造型，形成与周边环境相掩映效果，建筑群体体量不超出环境协调尺度，建筑风貌考虑地域文化特色传承（表2）。

旅游飞地管控基本门槛要求 表2

	准入门槛指标（项目）	单位	指标
基本门槛	主题鲜明：符合武夷山发展定位及山水、人文特色主题		
	主题定位：引入和建设符合武夷山市发展战略定位、主题特色鲜明的旅游项目	—	—
	用地高效：容积率	—	0.8～1.2
	gsh 建筑系数	%	≥ 40
	绿地率	%	≥ 40
	自持旅游经营性用地	%	≥ 35
	环境保护：空气污染指数	kg / 万元	≤ 1.2
	垃圾无害化处理率	%	100
	地表水水质	—	达到一级饮用水要求
	植被覆盖率	%	98.8

2.1.2 提升门槛

提升门槛是落实供给侧结构改革的有效抓手，在基本门槛要求基础上，主动提升旅游项目建设特色品质，鼓励品牌知名度高、具有民生保障效应的旅游项目进驻，规划从核心竞争力和民生保障职能两个方面设置控制指标，使旅游飞地项目建设与全域旅游发展引导与提升、城乡公共服务完善与民生保障有机结合（表3）。

旅游飞地管控提升门槛要求 表3

	提升门槛指标（项目）		标准	评分
提升门槛	核心竞争力	服务水平：旅游接待服务设施星级	三星以上	20
		品牌知名度：核心旅游产品品牌	国内一流	20
		产品多样：旅游产品类型多样	—	10
		投资规模：投资强度	≥ 300 万元 / 亩	10
		企业实力：年产值	≥ 1000 万元	10
	民生保障职能	优先保障：优先保障社会民生类项目，积极推进各类公共设施类、保障性住房类项目的发展和建设	—	20
		就业吸纳：就业强度	≥ 200 人 / hm²	10

2.2 审批后的精细化管理

2.2.1 创新旅游城市用地管理机制

旅游城市相对于传统城市有所不同，尤其新时期旅游业大发展，各种旅游项目需求呈爆发式增长，旅游项目形式更加多元化、布局更加分散化、需求更加个性化，需要针对旅游城市和旅游用地特点提出创新性的管理机制，本文结合上述旅游飞地引导区划定和管控办法，针对旅游飞地特点提出严控总量、盘活存量、增加流量、集约节约的管理机制。

保障生态，严控总量。武夷山保持适宜的低密度，生态保护，城乡建设用地总量必须控制在适宜的范围之内。在生态环境适应性评价基础上，划定生态保护红线，在保持生态环境容量范围内可持续发展，城乡建设用地发展不对原有生态环境造成破坏。参照城市公园内配建服务设施用地强度标准，控制城乡建设用地总量在全域面积的 4% 以内，约 $112km^2$。

尊重权利，盘活存量。按照当前国家政策，对集体建设用地、农村宅基地确权，从现实性、法律和城乡发展公平的角度，颁发不动产登记证，明确农民合法权益，为城乡土地流转、现状存量土地盘活等政策试点，奠定法理基础。逐步增加城乡建设用地增减挂钩、工矿废弃地复垦利用和城镇低效用地再开发等流量指标，推动现状 $78km^2$ 的城乡建设用地在城镇和农村内部、城乡之间合理流动。积极推动旅游产业用地管理改革，探索集体经营性建设用地以入股的方式参与旅游产业用地开发建设。

保障发展，有限增量。武夷山目前处于工业化的中期阶段、城镇化发展加速阶段，还有很大的提升空间，随着全国旅游大环境的发展，武夷山内部有旅游发展、区域交通优化、经济社会发展等多方面的建设需求，为促进武夷山旅游、经济社会的持续发展，需要有限增量用地保障发展需要，初步预测将有 $15km^2$ 左右的建设用地增量需求。有限增量的同时，要抑制以土地财政为目的的圈地行为和谋取暴利的投资行为，回归城市本真发展需求，未来武夷山城市发展应该以"精明增长 + 精明紧缩"并重的发展方式推进城市建设，提升旅游服务品质，塑造精品旅游名城。

弹性布局，灵活置换。旅游城市项目建设具有很大的不确定性，为增加规划弹性，应对复杂发展环境，增加弹性用地布局，在管住总量的前提下，划定发展重点控制区，对接国土有条件建设区，根据项目情况和空间发展确定建设用地配置。规划应对发展不确定性，设置多情景模式，进行弹性用地布局，根据武夷新区建设、旅游大环境变化、度假养生项目引导以及旅游产业用地政策试点等不同发展情景环境下，灵活配置近期建设用地指标，促进旅游发展与城乡发展的融合。

2.2.2 批后政策管控

保证商业属性，严禁转为住宅。参考北京严禁科研、工业、酒店、旅游、文化、娱乐等六类产业用地严禁改成住宅类产品销售。明确旅游用地商业属性，应将更多资源分享给海内外旅游人士，严禁转为住宅私有化销售。

约束最小自持比例，限定最小分割面积。参考中关村管委会产业园区运营经验，规定最小 1/3 自持比例，用于园区综合服务运营和平台搭建，以保障销售部分良好的商业服务运营。参考北京商业金融用地和海南临海一线商品房的管理要求，规定最小分割面积 $100m^2$。参考北京对商业金融类产业用地管理经验，规定最小分割面积在 $500m^2$ 以上，海南临海一线商品房最小户型面积要求达到 $100m^2$。根据武夷山城市特点，合理确定旅游用地产品销售最小分割面积，防止炒房投资行为。

限制买入和再销售。根据武夷山库存量，合理限制买入主体资格，建议设立积分制度，按照每年往返频率、社会贡献、停留时间、社保等综合情况确定。同时，限制再销售资格，防止炒房等投资行为，对一般商品房、门市房、公寓等产品，约束再销售行为，限制时间，规定两年内不得入市再交易；对于政策保障房、非经营性用房，满五年，补交土地出让金后方可入市交易。

3　结论展望

城市规划作为城市公共政策的管理工具，在资源分配与市场调节、发展引导与底线管控、保障公共利益和市场监管、平衡社会各方需求之间起到重要作用，也是城市规划需要重点解决的核心问题。旅游用地需求多样、品质要求高、分布极其分散，市场敏感性很强，同时旅游用地本身又与生态环境保护、资源利用相关，在供给侧改革深化过程中，如何有效引导和合理配置，旅游用地在其中的矛盾尤其尖锐。

本文从规划与管控两个视角探讨旅游城市总体规划中如何针对旅游用地的市场性特点进行有效引导。一方面从规划的技术方法上，本文探讨了旅游用地及其规模的合理预测、底线管控、区位引导等内容，在此基础上，本文强调还要给市场主体留有一定的弹性，因此涉及选址论证、划定弹性旅游引导区、指标区域平衡、严控总量、盘活存量等内容。另一方面从规划实施管理角度，本文实质思考的是，规划在市场经济条件下如何发挥引导、管控作用，规划的角色和职能如何发挥。通过反思过去这些年城镇化高速扩张时期，"蓝图"预测这种简单的规划和管理模式，对市场需求反应不足的问题，在计划配置制度中，规划是土地资源的基本配置者，每块土地的用途都由规划来确定；在市场配置制度中，市场是土地资源的基本配置者，规划是市场配置的调节者，是做市场配置做不好、做不到的事。

本文建立的旅游用地预测、选址、管控、调节等机制，希望对其他旅游城市有一定借鉴作用，但各旅游城市情况不同，单一地区实践难以形成普适性经验进行有效推广。

参考文献

[1]　罗丽霞. 有机更新新用——基于快速城镇化的城市再次更新行为 [J]. 南方建筑，2013.01.

[2]　易晓峰. 从地产导向到文化导向——1980 年代以来的英国城市更新方法 [J]. 国外城市规划研究，2009.06.

[3]　翟斌庆，伍美琴. 城市更新理念与中国城市现实. 城市规划学刊，2009.02.

[4]　李利锋，成升魁. 生态占用——衡量可持续发展的新指标 [J]. 自然资源学报，2000，15（4）.

[5]　王书华，毛汉英，王忠静. 生态足迹研究的国内外近期进展 [J]. 自然资源学报，2002，17（6）.

[6]　杨桂华，李鹏. 旅游生态足迹：测度旅游可持续发展的新方法 [J]. 生态学报，2005，25（6）.

[7]　陶伟，戴光全. 区域旅游发展的竞合模式探索 [J]. 人文地理，2002，17（4）.

[8]　孙静，苏勤. 古村落旅游开发的视觉影响与管理——以西递宏村为例 [J]. 人文地，2004，19（4）.

[9]　熊侠仙，张松，周俭. 江南古镇旅游开发的问题与对策——对周庄、同里、甪直旅游状况调查分析 [J]. 城市规划汇刊，2002（6）.

[10]　蒋文举，朱联锡，李静，等. 旅游对峨眉山生态环境的影响及保护对策 [J]. 环境科学，1996，17（3）.

[11]　陆林. 旅游的区域环境效应研究——安徽黄山市实证分析 [J]. 中国环境科学，1996，16（6）.

[12]　邓金阳，吴云华，全龙. 张家界国家森林公园游憩冲击的调查评估 [J]. 中南林学院学报，2000，20（1）.

[13]　李贞，保继刚，覃朝锋. 旅游开发对丹霞山植被的影响研究 [J]. 地理学报，1998，53（6）.

[14]　高婧婷，李国印. 中国旅游城市化研究综述 [J]. 经济研究导刊，2011，（7）.

已建小区海绵城市建设公众参与机制探索——以厦门海沧内湖片区为例

黄黛诗　王　宁　谢鹏贵*

【摘　要】海绵城市建设是惠及民生的工程,但如何顺利开展不仅需要合理的方案,更需要当地居民的认可与支持。将公众参与机制引入海绵城市规划设计环节中,不仅能够实现方案优化,达到海绵城市理念宣传效果,而且能够极大地缓解后期的实施阻力。以厦门海沧内湖片区为例,针对其已建小区众多的特点,采用社区宣传、重点座谈及问卷调查等公众参与方式,征集当地居民的问题及诉求,在规划设计中将海绵城市建设与基础设施改善充分结合,探索式地寻找海绵建设工程与居民诉求同步兼顾的途径,以期更好地推动海绵城市建设。

【关键词】海绵城市,公众参与,已建小区

1　海绵城市内涵与发展

近年来,海绵城市建设逐步由点及面在全国范围内推广开来,是对传统城市开发建设模式的巨大转变。海绵城市,是指让城市能够像"海绵"一样,具备蓄水、滞水、净水等功能,同时能够在需要的时候释放雨水资源加以利用[1]。建设海绵城市,目的在于尽可能地恢复城市的自然水文功能,在宏观层面修复和保护城市"山、水、林、田、湖"的自然格局,在中观层面构建"源头减排、中途转输、末端调蓄"的雨水径流总量及污染控制的全过程管理体系[2],在微观层面采用下凹式绿地、雨水花园、透水铺装、绿色屋顶、雨水回用系统等低影响开发设施,通过"渗、滞、蓄、净、用、排"等作用在源头留住雨水并加以净化、利用[3]。从宏观、中观和微观层面搭建城市海绵网络,减少径流,蓄存雨水,净化水质,同步实现城市内涝防治、水资源补给、水环境整治及水生态修复功能。

2015年,由住房城乡建设部牵头开展海绵城市建设试点工作,全国共计16个城市入选第一批试点城市,次年共有14个城市入选第二批试点城市。经过3年的实践,各地海绵城市建设日见成效,在规划编制、方案设计、施工验收、运营管理等方面都探索和积累出适用于当地且可复制、可推广的宝贵经验[4]。同时,在探索实践过程中,也出现了多种共性问题,如绿地率较低的商务商业地块、集约型厂区等项目的海绵建设,或已建小区、学校、体育中心等项目的海绵改造,由于实施空间有限、实际条件差异性较大,在规划指标制定及方案设计过程中遇到较大的困难,仍需在实践中不断探索和总结新模式、新机制,让规划设计更科学合理,更具备可落地性。

---

* 黄黛诗(1990–),女,厦门市城市规划设计研究院。
　王宁(1987–),男,厦门市城市规划设计研究院。
　谢鹏贵(1988–),男,厦门市城市规划设计研究院。

2　已建小区海绵城市建设难点

已建小区海绵改造作为当下各城市在海绵城市建设过程中共同面临的难点之一，最核心的困难在于"人"[5]。突然进场实施的海绵城市改造，常常会引发居民投诉，主要问题包括：施工扰民、原有公共绿化空间的功能变更、景观效果降低、屋面漏水等。同时，随着居民反对的声音越大，周边邻里的小区也会相继拒绝海绵城市改造的进场施工。最终，导致规划方案难以落地，惠民的好事变成扰民的坏事。如何让居民理解并接受海绵城市改造，不仅仅需要施工阶段由居委会等基层部门做好思想工作，更需要规划设计者以居民的视角衡量利弊，发掘能够共赢共利的方式，既能够让方案落到实地，又能够得到居民的理解和肯定，将已建小区海绵改造由难点变亮点，让海绵城市建设真正地惠及民生。

3　公众参与机制探索

为了在海绵城市改造中赢得居民的理解和肯定，需要在规划设计阶段引入公众参与机制。通过居民的参与，一方面能够初步了解整体意愿，同时也可以收集小区内存在的排水及其他基础设施问题，如道路积水、路面及停车位破损、绿地裸露、屋面漏水、污水溢流、停车库进水等，并将其作为海绵改造实施过程中同步提升的内容，让居民切身感受到海绵改造是惠及民生的好事；另一方面，能够达到很好的以点及面的宣传教育效果，因为大多数小区的居民都承担着一定的社会角色，且分散在城市的各个角落，如果在家门口感受到海绵城市建设所带来的诸多益处，每个居民将成为一个个移动的宣传讲解员，这十分有助于海绵城市建设工作在全市范围内的顺利开展。因此，引入公众参与机制，不仅能解决各个已建小区海绵设施落地问题，而且能够更好、更广地推动全市海绵城市建设。

海绵城市建设虽然已经开展 3 年，但对于大多数居民而言仍然十分陌生。要让居民接受海绵城市建设，首先需要让他们了解海绵城市是什么，以及能给大家带来什么益处。目前，面对信息量巨大的社会，人们对信息的获取越来越趋于个性化，大多仅选择性地接收感兴趣的某几方面信息，而海绵城市建设作为陌生领域的信息，利用传统电视、网络、报纸等广撒网的方式对某一特定小区居民的宣传效果十分有限。因此，要针对性地让某个小区的居民基本都接收到海绵城市相关信息，可以采用社区宣传、重点座谈、问卷调查等有针对性的点对点信息传递及反馈方式，同步达到耳濡目染、引起重视、意见回馈等有效的信息传递效果。

社区宣传。制作海绵城市宣传海报，并在小区出入口、楼道出入口等易接触区域的宣传栏进行展示。通过图文并茂地展现海绵城市建设的目的及效果，让人们耳濡目染地对海绵城市形成初步印象。

重点座谈。召集小区物业、业主代表等进行重点座谈。通过座谈会等面对面交流的方式，由规划设计人员向小区的物业、业主代表等意见领袖群体仔细讲解初步拟定的海绵改造内容、可能的影响及最终的效益，以互动的方式了解居民的担忧、困惑及诉求，并能够及时商讨解决方案，尽可能争取到小区意见领袖的理解和支持。

问卷调查。制作调查问卷，进行网络问卷或入户问卷调查。从调查人群信息、小区设施存在问题、海绵城市了解程度、海绵改造意愿等方面设置若干半开放性问题，以网络问卷或入户问卷调查的形式，在获取尽可能多的海绵改造及基础设施完善需求反馈的同时，也能够起到加强海绵城市建设的宣传作用。

通过信息的有效传递及问题和意见的征集，既能够达到宣传沟通的效果，又能够辅助设计人员进行规划设计方案的优化，让已建小区海绵改造时兼顾小区环境整体提升，实现双向沟通，互利共赢。

4 案例分析——以厦门海沧内湖片区为例

4.1 项目概况

海沧新城内湖片区是厦门市环西海域中心区的重要组成部分，集行政、文化、体育、商业、金融、居住中心等多项功能为一体，整体发展水平较高，对空间环境的品质要求很高。但该片区在城市开发建设时仍采用传统开发模式，建筑布局紧凑，未保留原有的下垫面可渗透功能，导致流域径流急剧增大、径流污染无处净化，最终演变为局部内涝积水及内湖水质显著下降。为解决片区突出的内涝及水环境问题，提升片区环境品质，迫切需要进行海绵城市建设。内湖片区主要包括居住用地、公建及商业用地，其中，海绵改造难点在于8个已建小区。各已建小区条件差异较大，部分为老旧小区，基础设施亟需改善，部分为新建小区，整体绿化环境较好。因此，针对不同的小区需要制订不同的改造策略（图1、图2）。

图1 海沧内湖片区现状影像图

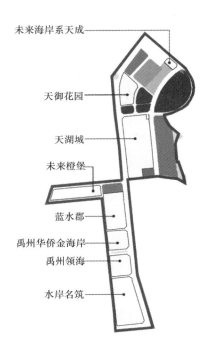

图2 海沧内湖片区小区分布图

4.2 公众参与环节

对已建小区的海绵改造工作重点在于充分掌握各小区的实际问题及需求，而传统的现场踏勘很难全面发现小区存在的问题及需求，因此让公众参与到规划设计环节显得尤为必要。为了提高公众参与度，更全面有效地收集具体问题及需求，调研工作分社区宣传、重点座谈及问卷调查三个步骤进行。首先，在居民小区宣传栏张贴《致居民的一封信》和《宣传海报》，并发放海绵城市宣传手册，让居民对海绵城市建设的目的及效果形成初步的了解，同时也为后续工作的开展打好基础。其次，由海绵城市建设主管单位与设计单位召开重点座谈，邀请街道、社区等相关部门代表以及小区物业代表、业主代表等参加座谈，在做海绵城市建设工作动员的同时，及时收集各部门、物业代表及业主代表等的现场反馈意见和建议，为设计工作的调整及下一步问卷调查的方向打好基础。最后，制定问卷调查方案，通过一对一入户问卷调查，共收集8个小区1100户的样本数据，整体抽样率达14%，具体见表1。

实际问卷调查量明细

表 1

名　称	小区名称	入驻户数	样本量（户数）	抽样率（%）
1	水岸名筑	1634	220	13
2	禹州领海	672	100	15
3	禹州华侨金海岸	716	100	14
4	蓝水郡	1184	160	14
5	未来橙堡	1624	220	14
6	天湖城	1010	150	15
7	天御花园	872	120	14
8	未来海岸系天成	175	30	17
	合　计	7887	1100	14

4.3　数据分析

4.3.1　基本信息

被访人群的年龄分布、文化程度及职业分布如图 3 所示，基本涵盖各个年龄段、各种受教育程度及各类型职业。其中，被访者年龄多为 20～40 岁的青年人，且高中以上学历居多，职业分布较均匀。总体而言，被访人群趋向年轻化，且文化程度相对较高。

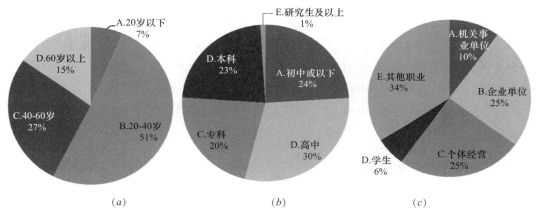

(a)　　　　　　　　*(b)*　　　　　　　　*(c)*

图 3　被访人群基本信息
（*a*）年龄分布；（*b*）文化程度；（*c*）职业分布

4.3.2　居民对海绵城市认知程度

通过设置"是否了解海绵城市"、"是否知道厦门市为海绵城市试点城市之一"、"是否清楚海绵城市的作用"等问题，既可掌握居民对海绵城市的认知程度，也能从侧面进行海绵城市宣传。其中，在"是否了解海绵城市的问题"中，可以了解到海绵城市只被少数居民熟知，绝大多数居民仍是仅仅听说过或完全没听说过，具体比例如图 4 所示。

4.3.3　居民反馈的水环境现状

解决片区受纳水体污染是此次海绵规划设计的重点内容。通过居民的反馈（图 5、图 6），小区水污染现象主要为阳台洗衣机排水进入雨落管散排、小区污水检查井冒水、临街餐饮废水随意倾倒等，内湖水体污染主要原因则为生活垃圾随意投放、部分生活污水直排、部分企业排污、初期雨水径流污染等。通过向居民了解小区内部及海沧内

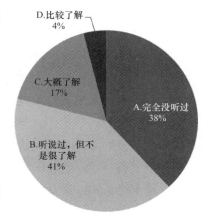

图 4　被访人群对海绵城市认知程度

湖水体污染原因，能够在设计人员专业分析的基础上，以居民的生活观察经验补足理论分析的遗漏，更为全面客观地判断水体污染的主要原因。同时，针对绝大多数居民反映的水污染原因，设计人员进一步引起重视，并通过现场踏勘加以确认，在下一步设计过程中提出方案。

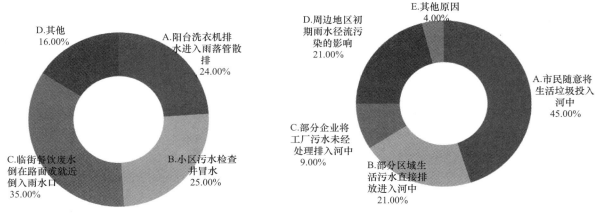

图5　所在小区水污染现象的主要原因　　　　图6　海沧内湖水体污染原因

4.3.4　居民反馈的积涝问题

根据居民反映，小区的排水问题有路面积水、地下车库进水、污水外溢及屋面漏水，部分居民详细提供了具体积涝点位置，有助于在规划设计中进行重点分析和解决。依据居民的生活经验，小区的积水原因多样，主要原因是管道排水能力不足，无法应对短时强降雨，部分原因为施工细节处理不当，例如雨水口位置不合理、雨水口被堵塞或偏少、坡度设置不合理等，为设计人员提供了解决问题的具体方向，可以在下一步设计中有所侧重地提出相应的改造方案或保障措施（图7、图8）。

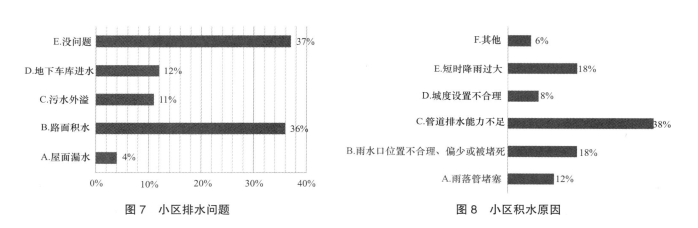

图7　小区排水问题　　　　　　　　　　图8　小区积水原因

4.3.5　居民的改造意愿及建议

海绵改造工程进场施工，势必会影响到周边居民的正常生活，因此征询居民的意见和建议十分重要。从"是否希望进行海绵城市改造"的问题反馈中，达到91%比例的居民是非常希望或者比较希望进行海绵城市改造，仅有2%的居民表示不希望海绵改造。对于"海绵改造施工影响"方面，也有66%的居民表示理解并支持，32%的居民处于较为中立的状态，仅有2%的居民表示不能接受。这说明居民对海绵城市进小区的总体接纳程度较高，海绵改造工程具备基本的可能性，有利于下一步工作的继续开展，但同时应做好施工组织、工期优化，最大限度地减少对居民生活的干扰（图9）。

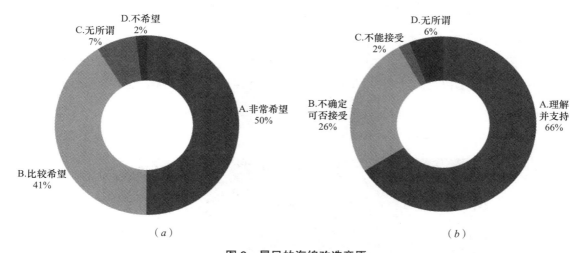

图 9　居民的海绵改造意愿
（*a*）是否希望进行海绵城市改造；（*b*）是否接受海绵改造施工影响

　　海绵城市建设是一项综合性很强的工程，涉及道路、绿化、屋面、雨水系统、污水系统等，可在海绵改造的过程中同步实现对小区环境及基础设施的提升。例如，路面破损改造、景观功能提升、绿化补种、车位破损修补、雨落管修补、屋面漏水改造、地下车库渗水等（图 10），既是小区居民的利益诉求，也是海绵改造工程能够同步修缮的内容。从居民的角度看，海绵改造工程能够切实解决了小区积涝及水污染问题，并同步改善居住环境，提升生活品质。从政府的角度看，海绵改造的顺利实施能从源头污染控制解决内湖污染问题，也降低了小区道路、车库积涝风险，切实保障人民群众财产安全。因此，将海绵改造与小区基础设施及环境质量同步改善相结合，是一项互利共赢的民生工程（图 10）。

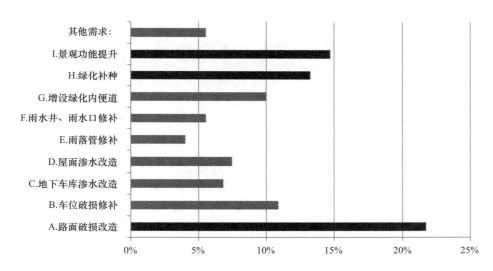

图 10　建筑小区基础设施改善需求的统计图

4.4　设计优化

　　在海绵设施平面初步布局的基础上，结合问卷调查结果进行修正完善。根据 1100 份调查问卷的统计结果，详细梳理 8 个小区各自亟待解决的问题，重点关注居民反映的水污染及积涝的问题及其原因、具体位置，经现场踏勘及方案讨论后，提出改造方案或保障措施，相应地对海绵设施平面布局进行优化。同时，结合居民反馈的路面破损改造、景观功能提升、绿化补种、车位破损修补、雨落管修补、屋面漏水改造、地下车库渗水等改善需求，逐一论证是否能与海绵设施布置相结合，如车位破损位置可采用植草砖、雨落管修补可通过雨落管断接将雨水导入周边下凹式绿地（含雨水花园）内等，尽可能地在海绵改造同时满足居民改善小区环境的需求。最终，将居民的诉求和建议尽可能地纳入海绵设施平面布局中，对非工程措施解决的问题在规划的保障措施篇章中提出合理保障方案，经优化的海绵设施平面布局如图11 所示。

图 11　海绵设施总体布局图

5　结语

海绵城市建设的顺利开展不仅需要合理的方案，更需要当地居民的认可与支持。将公众参与机制引入海绵城市规划或设计环节中，不仅能够实现方案优化，达到海绵城市理念宣传效果，而且能够极大地缓解进场施工的阻力以及后期动员工作的压力。针对厦门海沧内湖片区已建小区众多的特点，采用社区宣传、重点座谈及问卷调查等公众参与方式充分调动居民参与感，征集当地居民反馈的问题及诉求，在规划设计中将海绵城市建设与基础设施改善充分结合，探索式地寻找海绵建设工程与居民诉求同步兼顾的途径，希望能够更好地推动海绵城市建设。

参考文献

[1] 中华人民共和国住房和城乡建设部 . 海绵城市建设技术指南——低影响开发雨水系统构建 [M]. 2014.

[2] 车伍，吕放放，李俊奇，李海燕等 . 发达国家典型雨洪管理体系及启示 [J]. 中国给水排水 .2009，25（20）：12–17.

[3] 谢映霞 . 基于海绵城市理念的雨水综合管理 [J]. 建设科技 . 2017，01：17–19.

[4] 于中海，李金河，刘绪为 . 已建建筑小区海绵化改造系统设计方法探讨 [J]. 中国给水排水 .2017，33（13）：119–123.

[5] 王建廷，魏继红 . 基于海绵城市理念的既有居住小区绿化改造策略研究 [J]. 生态经济 [J]. 2016，32（7）：220–223.

厦门市海绵城市年径流总量控制率分解方法研究与实践

黄毅贤　廖祁明　张李翔*

【摘　要】国家海绵城市建设试点明年将要验收，全国其他非试点城市正在如火如荼的开展海绵城市建设。统筹推进，规划先行，各市在大力推进海绵城市建设之前需编制海绵城市专项规划统筹指导。年径流总量控制率是海绵城市建设的核心指标。在不同层次的规划中，指标如何分解至管控单元或者地块是每一个海绵相关规划均需考虑的问题。本文以厦门市集美区海绵城市专项规划为例，采用 GIS 适宜性分析和地块概化取值的基础上，进行年径流总量控制率指标分解，以供同行参考。

【关键词】年径流总量控制率，适宜性分析，海绵城市

海绵城市是一种城市发展方式，强调城市规划建设管理，控制雨水径流，实现雨水资源的自然积存、自然渗透、自然净化。按照《海绵城市专项规划编制暂行规定》，海绵城市规划落实海绵城市建设要求应从水生态、水环境、水安全、水资源等方面提出系统性控制目标，统筹低影响开发雨水系统、城市雨水管渠系统及超标雨水径流排放系统，建立相互依存、互为补充的城市生态水系统。

海绵指标是落实目标，进行规划管控的标准和依据。年径流总量控制目标是海绵指标的核心指标，是可操作、可落实的基础性指标，其他指标则以实现径流总量控制为出发点，根据水生态、水环境、水资源、水安全等方面的现状问题和规划管理需求来构建。

分解年径流总量控制率需要解析城市建设范围内海绵城市建设条件，在划分管控单元的基础上，根据城市降雨数据，解析城市建设区的高程、坡度、下垫面，分析土壤、地下水埋深情况，综合考虑城市建设区内建设强度、建成区比例，结合内涝风险点和水环境状况，最终整体评价建设条件。

1　区域概况

集美区是厦门市六个行政区之一，位于厦门市西部，隔海与厦门本岛相望，辖集美、杏林、侨英、杏滨 4 街和灌口、后溪 2 镇，面积 275.79km²，自东南向西北呈箭头状。全区山地面积约 98 km²，耕地约 6.7 万亩，海岸线迂回曲折，长达 22km。全区划定生态控制线范围 143.03km²（图 1），城市建设用地范围 132.76km²。

* 黄毅贤（1989– ），男，厦门市城市规划设计研究院助理工程师。
廖祁明（1987– ），男，厦门市城市规划设计研究院设计师。
张李翔（1990– ），男，厦门市城市规划设计研究院设计师。

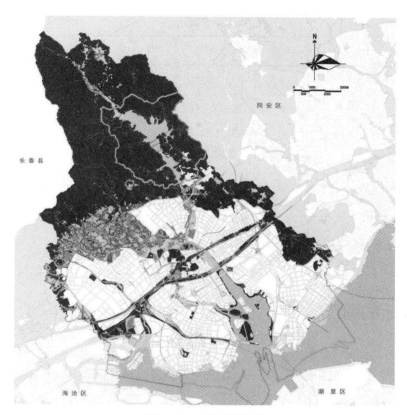

图 1　生态控制线范围

2　管控单元的划分

根据地形、汇水路径和排水规划划分的排水分区，按照街区，划分管控单元。集美区共划分 24 个排水分区，除开生态控制线范围，剩下的城市建设区范围分为 20 个管控单元，作为海绵城市建设的控制单元（图 2）。因马銮湾新城（集美片）已将该区域年径流总量控制目标分解至地块，本次规划继续沿用原规划（表 1）。

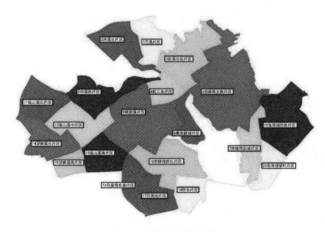

图 2　管控单元划分

管控单元面积 表1

编号	管控单元	面积（ha）	编号	管控单元	面积（ha）	编号	管控单元	面积（ha）
1	苎溪片区	437.27	8	集美新城片区	311.45	15	深青溪南片区	224.54
2	许溪北片区	554.49	9	锦园溪片区	1099.4	16	马銮湾东直排区	181.66
3	后溪北站片区	750.18	10	杏林湾杏北片区	714.47	17	月美池片区	526.73
4	软三片区	258.4	11	瑶山溪北片区	496.25	18	杏东片区	322.22
5	许溪南片区	562.77	12	瑶山溪中片区	547.22	19	东海域侨英片区	886.09
6	杏林湾文教片区	1621	13	瑶山溪南片区	439.33	20	东海域学村片区	346.91
7	杏林湾旧城片区	424.63	14	深青溪北片区	516.05	总计		11221

3 规划指标的确定

3.1 上位规划

《厦门市海绵城市专项规划》（2016年），对后溪－杏林湾流域片区、集美旧城－美峰片区、深青溪－瑶山溪－杏林片区径流总量控制率分别要求为：72%、70%和73%。

3.2 建设情况和拟解决的主要问题

现状城市建设开发强度大，城市内涝和水环境质量差，尤其是合流制溢流污染问题。

3.3 径流总量控制的投入/产出比

技术指标与产出之间平衡的一个过程，在70%～85%之间变化时，控制率每增加一个百分点，平均需增加62000m³容量的蓄滞设施。

3.4 自身基底条件的限制

1）降雨天数多，降雨量大；
2）沿海地区大部分是冲击层潜水和冲洪积层潜水，属弱水区，埋深较浅，土壤自身的下渗能力有限。

3.5 指标确定

确定集美区的径流总量控制目标为不低于70%，对应的设计降雨量为不小于26.8mm。

4 适宜性分析及权重确定

采用多因子权重综合评分法，选取坡度、绿地率、水面率、建成区比例、建设强度、内涝风险和水环境状况7个影响因子，对这7个影响因子进行评价，初步判断各管控单元的海绵城市建设条件，详见表2，形成分析图如图3所示。

不同影响因子赋值表

表2

分数	坡度 a（°）	绿地率 b（%）	水面率 c（%）	建成区比例 d	建设强度	内涝风险	水环境状况
10	$a<3$	$b>70$	$c>10$	$d<10$	低	低	较好
8	$3<a<5$	$50<b<70$	$8<c<10$	$10<d<20$	中低	中低	良好
6	$5<a<10$	$30<b<50$	$6<c<8$	$20<d<30$	中	中	一般
4	$10<a<15$	$20<b<30$	$4<c<6$	$30<d<50$	高	高	差
2	$15<a<25$	$10<b<20$	$2<c<4$	$50<d<75$	较高	较高	较差
0	$a>25$	$b<10$	$c<2$	$d>75$	非常高	非常高	非常差

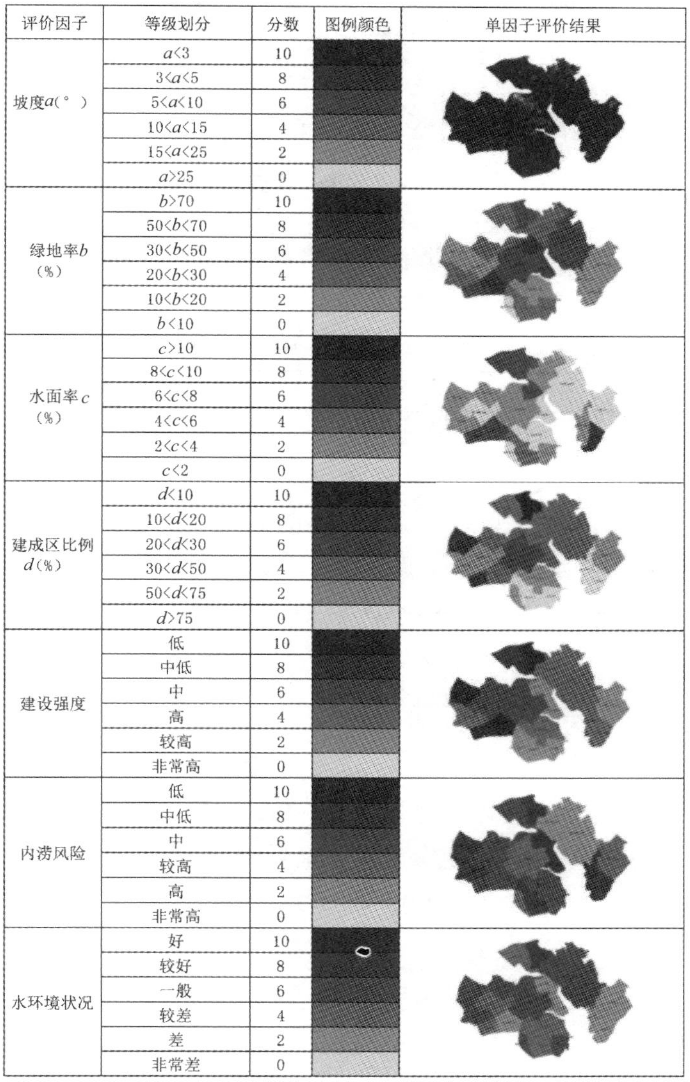

评价因子	等级划分	分数	图例颜色	单因子评价结果
坡度 a（°）	$a<3$	10		
	$3<a<5$	8		
	$5<a<10$	6		
	$10<a<15$	4		
	$15<a<25$	2		
	$a>25$	0		
绿地率 b（%）	$b>70$	10		
	$50<b<70$	8		
	$30<b<50$	6		
	$20<b<30$	4		
	$10<b<20$	2		
	$b<10$	0		
水面率 c（%）	$c>10$	10		
	$8<c<10$	8		
	$6<c<8$	6		
	$4<c<6$	4		
	$2<c<4$	2		
	$c<2$	0		
建成区比例 d（%）	$d<10$	10		
	$10<d<20$	8		
	$20<d<30$	6		
	$30<d<50$	4		
	$50<d<75$	2		
	$d>75$	0		
建设强度	低	10		
	中低	8		
	中	6		
	高	4		
	较高	2		
	非常高	0		
内涝风险	低	10		
	中低	8		
	中	6		
	较高	4		
	高	2		
	非常高	0		
水环境状况	好	10		
	较好	8		
	一般	6		
	较差	4		
	差	2		
	非常差	0		

图3　单因子分析

用多因子综合评价该区域海绵城市建设条件，对以上7个影响因子采用不同的权重分析，所占权重见表3，得到多因子分析图，详如图4所示。

	坡度	绿地率	水面率	建成区比例	建设强度	内涝风险	水环境状况
权重	0.15	0.15	0.10	0.10	0.10	0.20	0.20

不同影响因子所赋予的权重 表3

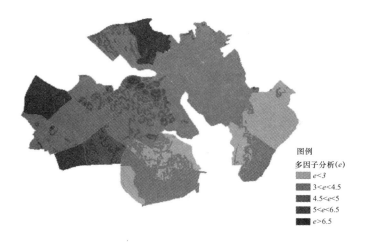

图例
多因子分析(e)
　e<3
　3<e<4.5
　4.5<e<5
　5<e<6.5
　e>6.5

图4　多因子分析

根据各管控单元的海绵城市建设适宜性分析，按照表 4 初步提出各管控单元的海绵城市年径流总量控制率指标。

年径流总量控制率初步分解表 表4

综合得分 e	年径流总量控制率
e>6.5	80%
5<e<6.5	75%
4.5<e<5	70%
3<e<4.5	65%
e<3	60%

5　指标复核

在近几年厦门市海绵城市建设方案评估的基础上，对管控单元内不同用地类型地块的技术指标进行典型化，详见表 5。同时对表 5 中绿地、绿色屋顶、铺装比例进行典型化，详见表 6。

不同用地类型典型技术指标表 表5

控制指标	绿地率	建筑密度	道路与广场
居住用地	35	40	25
公共设施与管理用地	30	40	30
商业用地	20	40	40
公园绿地与广场	85	5	10
工业用地	15	60	25
村庄	25	45	30
道路	20	0	80

典型地块海绵设施情况 表 6

	居住用地（%）	公共设施与管理用地（%）	商业用地（%）	公园绿地与广场（%）	工业用地（%）	村庄（%）	道路（%）
下沉式绿地建设比例	≥ 60	≥ 60	≥ 40	≥ 20	≥ 60	≥ 60	≥ 80
绿色屋顶覆盖比例	—	20～30	20～30	—	30～60	—	—
人行道、停车场、广场透水铺装比例	≥ 90	≥ 90	≥ 40	≥ 50	≥ 60	≥ 60	≥ 90
不透水下垫面径流控制比例	≥ 40	≥ 20	≥ 80	100	≥ 80	≥ 40	≥ 80

结合表 5 不同用地类型典型技术指标和表 6 典型地块海绵设施情况计算各管控单元所能达到的雨水控制容积，依据各片区的雨水总控制容积，核算总控制容积，比对年径流总量控制率 – 设计降雨量曲线，得到全区的年径流总量控制率（表 7）。

指标复核表 表 7

编号	管控单元	面积（ha）	年径流总量控制率	编号	管控单元	面积（ha）	年径流总量控制率
1	苎溪片区	437.27	72.29	12	瑶山溪中片区	547.22	65.12
2	许溪北片区	554.49	65.80	13	瑶山溪南片区	439.33	72.27
3	后溪北站片区	750.18	69.70	14	深青溪北片区	516.05	65.02
4	软三片区	258.4	73.53	15	深青溪南片区	224.54	72.37
5	许溪南片区	562.77	70.12	16	马銮湾东直排区	181.66	64.27
6	杏林湾文教片区	1621	68.88	17	月美池片区	526.73	70.15
7	杏林湾旧城片区	424.63	69.57	18	杏东片区	322.22	70.56
8	集美新城片区	311.45	70.75	19	东海域侨英片区	886.09	66.43
9	锦园溪片区	1099.4	68.38	20	东海域学村片区	346.91	73.91
10	杏林湾杏北片区	714.47	68.65	总计		11221	
11	瑶山溪北片区	496.25	68.19				

6　指标优化

在以上的初步分解、指标复核之后，对各管控单元的海绵指标优化，最终完成指标优化表（表 8）。

指标优化表 表 8

编号	管控单元	面积（ha）	地块雨量径流系数	初步分解	指标复核	优化
1	苎溪片区	437.3	0.53	80	72.3	75
2	许溪北片区	554.5	0.60	75	65.8	70
3	后溪北站片区	750.2	0.52	65	69.7	70
4	软三片区	258.4	0.47	75	73.5	75
5	许溪南片区	562.8	0.52	70	70.1	70
6	杏林湾文教片区	1621	0.51	65	68.9	70
7	杏林湾旧城片区	424.6	0.55	65	69.6	70
8	集美新城片区	311.4	0.50	65	70.8	70
9	锦园溪片区	1099	0.51	75	68.4	70
10	杏林湾杏北片区	714.5	0.53	65	68.7	65
11	瑶山溪北片区	496.3	0.56	75	68.2	75
12	瑶山溪中片区	547.2	0.57	65	65.1	65

续表

编号	管控单元	面积（ha）	地块雨量径流系数	初步分解	指标复核	优化
13	瑶山溪南片区	439.3	0.48	75	72.3	75
14	深青溪北片区	516.1	0.57	70	65.0	70
15	深青溪南片区	224.5	0.48	75	72.4	75
16	马銮湾东直排区	181.7	0.59	65	64.3	65
17	月美池片区	526.7	0.55	70	70.1	70
18	杏东片区	322.2	0.52	70	70.6	70
19	东海域侨英片区	886.1	0.55	65	66.4	65
20	东海域学村片区	346.9	0.56	70	73.9	70
总计		11221	0.53			

7 小结

本次研究以厦门市集美区海绵城市为例，对海绵城市规划中年径流总量控制目标进行分解，在用地适宜性分析的基础上，结合管控单元内用地性质构成，最终完成年径流总量控制率分解。

参考文献

[1] 杨俊宴，史宜，邓达荣．城市公共设施布局的空间适宜性评价研究_南京滨江新城的探索 [J]．规划师，2010，04：19-24．

[2] 张车琼．海绵城市规划中年径流总量控制目标分解方法研究 [J]．给水排水，2017，08：51-54．

基于 citespace 的国际城乡规划实施与管理研究计量分析

林白云山 *

【摘　要】以 Web of Science 中的 SCI-E、SCI 数据库 1998 ～ 2017 年有关城乡规划实施和管理主题的 1300 篇文献为研究对象,通过文献计量法、引文分析法、知识图谱等方法,梳理近二十年国际城乡规划实施与管理研究发文量、国家分布、主要期刊、高产作者和高产机构,绘制研究关键词、研究热点等可视化图谱,并在此基础上描绘二十年来热点的动态演化路径。得出以下结论：城乡规划实施与管理研究是全球范围都关注的课题；中国城市化在城乡规划实施与管理研究领域处于关注重点；重点发文期刊明确；城乡规划实施与管理研究从管理、城市化研究发展到更加细化的社区、健康、生态服务系统研究,结合水生物学、公共行政管理学、生态学等学科,研究领域不断扩大。

【关键词】城乡规划实施与管理，国家分布，主要期刊，研究热点，动态演化路径，Citespace5.0

自 2001 年我国将《城市规划法》修订为《城乡规划法》以来，城乡统筹规划得到长足的发展。随着我国进入"十三五"发展阶段，增量规划转化为存量规划，对城乡规划的实施和管理作为统筹规划、建设实施、行政管理的中间环节，越来越凸显其在城乡规划管理工作中的重要性。对国际城乡规划实施和城乡规划管理研究进行相关研究有助于了解国际上规划实施和管理的最新发展，从而学习和借鉴。

借助信息计量可视化软件 Citespace5.0，本文主要从两个层面展开研究：a. 通过对国际城乡规划实施和城乡规划管理文献的统计分析，提取期刊发文、高水平机构、核心作者等内容，分析国际城乡规划实施和城乡规划管理研究现状与研究主体；b. 通过聚类分析与高频词分析，探究国际城乡规划实施和城乡规划管理的研究重点，展示发展路径、描绘发展趋势。

1　数据来源

以 Web of Science 数据库核心合集中的 SCI-E、SCI 为来源数据库进行检索。以 "Urban rural planning implementation" 或 "Urban rural planning management" 为主题检索，时间跨度为 1998 ～ 2017 年，共检索到 1300 篇文献，其中期刊论文（article）975 篇，会议论文（proceeding paper）317 篇，文献综述（review）45 篇、编辑资料（editorial material）4 篇，将检索的信息设定为"全记录"并且"包含所引用的参考文献"并以 download_.txt 格式保存，以与城乡规划实施和城乡规划管理有关的文献作为研究对象，采用 citespace5.0 软件对其进行定性与定量相结合的可视化分析。

2　研究方法

文献计量法是运用数学与统计学的方法，定量地分析一切知识载体的交叉科学，其计量对象主要包

---

* 林白云山（1978-），女，武汉大学城市设计学院建筑学博士研究生，讲师。

括文献量（各种出版物，尤以期刊论文和引文居多）、作者数（个人、集体、团体）、词汇数（文献标识、词）等。引文分析（Citation Analysis）是文献计量分析最常用的一种分析方法，它利用各种数学及统计学的方法和比较、归纳、抽象、概括等逻辑方法，对科学期刊、论文、著者等各种分析对象的引用与被引用情况进行分析，以揭示其数量特征和内在规律。引文分析可视化是信息可视化的重要分支，它首先处理海量的引文数据，之后利用信息可视化技术使人们更容易观察、浏览和理解信息，进而找到数据中隐藏的规律和模式。

本研究使用由美国德雷赛尔大学计算机与情报学院的陈超美教授研发的 Citespace5.0 可视化应用软件，该软件可直接把抽象信息转化为直观的空间结构与知识图谱。利用该软件对国际城乡规划实施与城乡规划管理研究的高产机构、高产作者、研究热点和发展脉络进行聚类分析。

3 城乡规划实施与管理的文献分析

3.1 年发文量及文献来源

对年发文量进行分析有助于了解行业发展情况。从图 1 看出，国际城乡规划实施与管理发文量呈现阶梯状上升趋势，尤其经历 2008 年和 2015 年两个转折点，2017 年达到 182 篇的年发文量，反映出对该研究领域的关注和研究越来越多。

图 2 为城乡规划实施与管理发文量前 15 位的国家，其中美国以 297 篇居第一位，随后是中国 187 篇，澳大利亚 116 篇，英国 85 篇，加拿大 62 篇，意大利 58 篇，印度 52 篇，西班牙 51 篇，德国 46 篇，荷兰 37 篇，南非 35 篇，土耳其 34 篇，巴西 23 篇，葡萄牙 22 篇。发文国家分布于亚洲、美洲、欧洲、非洲、大洋洲，说明城乡规划实施与管理是个全球性的问题，受到全球规划学术界的关注。

图 3 表明，对城乡规划实施与管理关注最多的是《LANDSCAPE AND URBEN PLANNING》发文 43 篇，其次为《LAND USE POLICY》发文 35 篇，其后是《PLOS ONE》、《RURAL REMOTE HEALTH》《HABITAT INTERNATIONAL》。

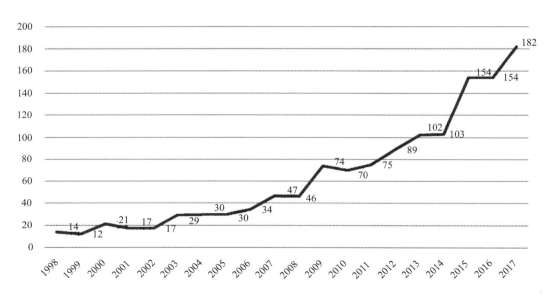

图 1　城乡规划实施与管理年发文量

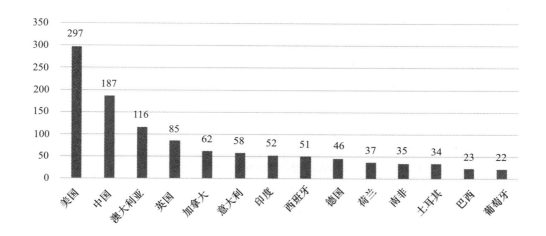

图 2 城乡规划实施与管理年发文国家

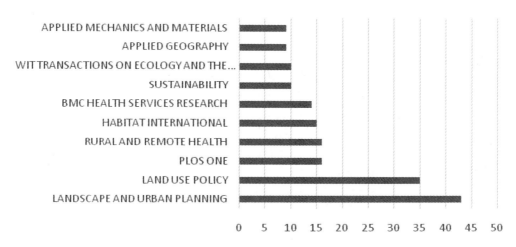

图 3 国际城乡规划实施与管理文献来源

3.2 核心作者与发文机构

核心作者和发文机构是城乡规划实施和管理研究的主体，可以观察到城乡规划实施和管理的关注程度和空间分布。图 4 为国际城乡规划实施和管理研究的核心作者，排名前 10 位的分别是 ANGELSTAM P、ELBAKIDZE M、SCHOLZ M、BEATTIE CI、JEONG JS、LIU J、LONG HL、LONGHURST JWS、MOURI G、SALVATI L，分别来自瑞典、中国、意大利、日本、西班牙。表 1 对前十位作者发文进行统计。图 5 为国际城乡规划实施与管理研究主要发文机构，排名前三位的分别是 CHINESE ACADEMY OF SCIENCES、UNIVERSITY OF CALIFORNIA SYSTEM、UNITED STATES DEPARTMENT OF AGRICULTURE USDA。表 2 为城乡规划实施与管理发文机构统计。

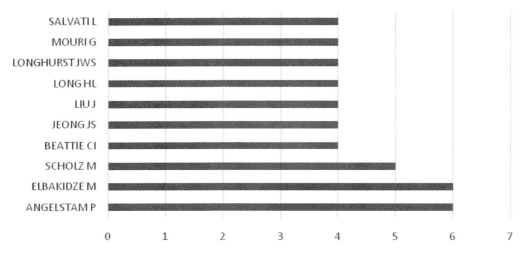

图4 城乡规划实施与管理核心作者

城乡规划实施与管理核心作者统计 表1

作者	国家	记录	% of 1300
ANGELSTAM P	瑞典	6	0.462
ELBAKIDZE M	瑞典	6	0.462
SCHOLZ M	英国	5	0.385
BEATTIE CI	西班牙	4	0.308
JEONG JS	西班牙	4	0.308
LIU J	中国	4	0.308
LONG HL	中国	4	0.308
LONGHURST JWS	意大利	4	0.308
MOURI G	日本	4	0.308
SALVATI L	意大利	4	0.308

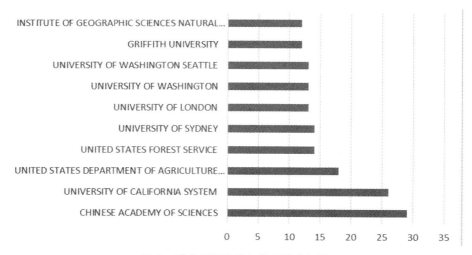

图5 城乡规划实施与管理发文机构

城乡规划实施与管理发文机构统计 表2

机构	记录	% of 1300
CHINESE ACADEMY OF SCIENCES	29	2.231
UNIVERSITY OF CALIFORNIA SYSTEM	26	2
UNITED STATES DEPARTMENT OF AGRICULTURE USDA	18	1.385
UNITED STATES FOREST SERVICE	14	1.077
UNIVERSITY OF SYDNEY	14	1.077
UNIVERSITY OF LONDON	13	1
UNIVERSITY OF WASHINGTON	13	1
UNIVERSITY OF WASHINGTON SEATTLE	13	1
GRIFFITH UNIVERSITY	12	0.923
INSTITUTE OF GEOGRAPHIC SCIENCES NATURAL RESOURCES RESEARCH CAS	12	0.923

3.3　基金资助机构

图6表明，对城乡规划实施与管理研究资助最多的前3位机构依次为 NATIONAL NATURAL SCIENCE FOUNDATION OF CHINA、EUROPEAN UNION、EU。

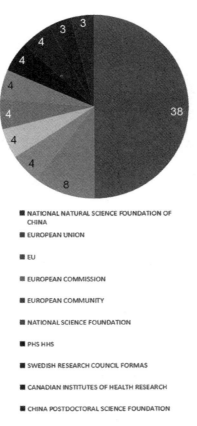

图6　城乡规划实施与管理研究基金资助机构

4 学科基础、热点与发展趋势分析

4.1 学科基础

引文作者对学科的关注和研究能体现学科领域的关注和内容，对文献引文作者学科网络的分析有助于了解学科知识基础。运用 citespace5.0 软件，选择"cited author"作为节点，对 1998～2017 年间国际城乡规划实施与管理研究的 1300 篇文献进行知识图谱的绘制，以知识图谱直观清晰地揭示出国际城乡规划实施与管理研究主要知识内容。图 7 为 1998～2017 年国际城乡规划实施与管理引文作者图谱，节点大小表示引文作者出现的频数，两个节点间的连线体现二者关系及亲疏程度，通过引文作者学科网络聚类形成九个聚类，表 3 是对九个聚类进行的统计分析。

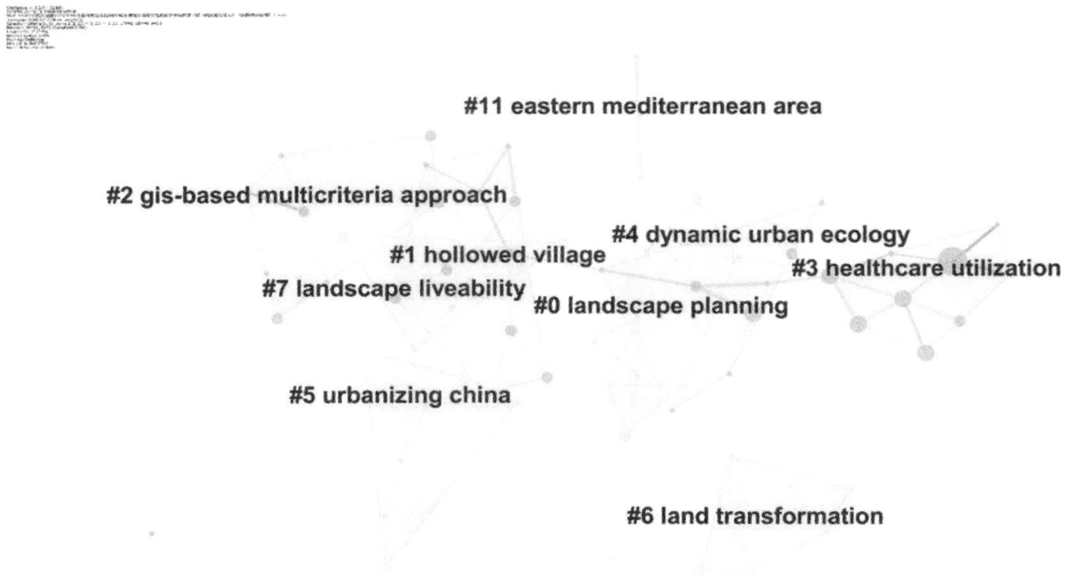

#11 eastern mediterranean area

#2 gis-based multicriteria approach

#4 dynamic urban ecology

#1 hollowed village

#3 healthcare utilization

#7 landscape liveability

#0 landscape planning

#5 urbanizing china

#6 land transformation

图 7 1998～2017 年国际城乡规划实施与管理引文作者图谱

城市规划实施与管理研究引文作者学科网络聚类统计 表 3

序号	名称	成员数	内容	翻译
0	landscape planning 景观规划	12	landscape planning; urban–rural gradient; ecosystem service bundle; green infrastructure; high biodiversity; recreational ecosystem service; cultural ecosystem service perception; exploring city–wide pattern; hollowed village; rural china; decreasing balance land–use policy; healthcare utilization; administrative region; land transformation; case study; urban residential spatial structure; gis-based multicriteria approach	景观规划；城乡阶梯发展；生态系统服务；绿色基础设施；高度生物多样性；娱乐性的生态系统服务；文化生态系统服务前景；城市大范围开发模式；村镇空心化；中国乡村；不断降低的土地使用政策的平衡；医疗设施使用；行政区域；土地使用转变；案例研究；城市居住空间结构；基于 GIS 的多种评价手段方式
1	hollowed village 村镇空心化	10	hollowed village; rural china; accelerated restructuring; urban sustainability; exploring city–wide pattern; urban–rural gradient; administrative region; urbanizing china; dynamic urban ecology; urban residential spatial structure; rural tourism; transitional period; municipal land use planning; metropolitan region; urban ecology; waste management modeling; outdoor recreation; various landscape; integrating spatial; rural housing; participatory method	村镇空心化；中国乡村；加速重组；城市可持续性；开发城市更广阔区域的模式；行政区域；中国城市化；动态变化的城市生态；城市居住空间结构；乡村旅游；交通时代；市政土地使用规划；大都市区域；城市生态；荒废地管理模型；户外娱乐；景观多样化；空间集成化；乡村住宅；分享体验的方式

序号	名称	成员数	内容	翻译
2	gis-based multi criteria approach 基于 GIS 的多标准化评价方法	0	gis-based multi criteria approach; rural tourism; urbanizing china; rural housing; participatory method; rural china; urban-rural gradient;case study; urban ecology; landscape risk assessment mode; gradient analysis; labour market risk;spatiotemporal pattern; urban-rural development; community involvement	基于 GIS 的多标准化评价方法；乡村旅游；中国城市化；乡村住宅；参与体验时代；乡村中国；城市乡村阶梯发展；案例研究；景观风险评价模型；阶梯分析；劳动力市场风险；空间句法；城乡发展；社区包容
3	healthcare utilization 医疗健康设施	9	healthcare utilization; administrative region; non-communicable disease; risk factor; professional opportunities; labour market risk; cultural ecosystem service perception; exploring city-wide pattern; hollowed village; rural china; decreasing balance land-use policy; landscape planning; urban-rural gradient	医疗健康设施；行政区域；低传染性疾病；风险因素；专业因素；劳动力市场风险；文化生态系统服务期望值；开发更广阔城市模式；村庄空心化；中国乡村；降低土地平衡使用政策；景观规划；城乡阶梯发展
4	dynamic urban ecology 动态的城市生态	8	dynamic urban ecology; urban ecology; cape town; cultural ecosystem service perception; exploring city-wide pattern; hollowed village; urban-rural gradient; accelerated restructuring; administrative region; ecosystem service bundle; green infrastructure; high biodiversity; recreational ecosystem service; land transformation; case study; urbanizing china; urban residential spatial structure ;	动态的城市生态；城市生态；开普敦；文化生态系统服务感知；村镇空心化；城乡阶梯化；加快重组；行政区域；生态系统服务附加；绿色基础设施；高度生物多样性；娱乐生态系统服务；土地使用转变；案例研究；中国城市化；城市居住空间结构
5	urbanizing china 中国的城市化	7	urbanizing china; natural resource; resident perception ; rural china; decreasing balance land-use policy; landscape planning; administrative region; green infrastructure; land transformation ; ; transitional period; urban sustainability; landscape pattern; urban ecology;small-sized cities; cultural heritage; decision support system; landscape risk assessment model; gradient analysis; landscape live ability; urban service; integrating ecosystem; spatial assessment;	中国的城市化；自然资源；居住愿望；中国乡村；景观规划；行政区域；绿色基础设施；土地使用转变；转型期；城市可持续性；景观类型；小尺度城市；文化遗产；决议支持系统；景观风险评估模型；阶梯性分析；景观生存能力；城市服务；复合生态系统；空间评价
6	land transformation 土地使用转变	7	land transformation; urban residential spatial structure; transitional period; case study; exploring city-wide pattern; hollowed village; rural china; decreasing balance land-use policy; landscape planning; healthcare utilization; urban-rural gradient; accelerated restructuring;	土地使用转变；城市居住空间结构；转型时期；案例研究；开发城市广阔区域的模式；乡村空心化；中国乡村；降低土地使用平衡政策；医疗卫生设施；城乡阶梯发展；加快重组
7	landscape live ability 景观活跃度	6	landscape live ability; urban service; integrating ecosystem; spatial assessment; ecosystem service; regional planning; integrating spatial valuation;; hollowed village; rural china; decreasing balance land-use policy; landscape planning; healthcare utilization;	景观活跃度；城市服务；集成生态系统；空间评价；身体系统服务；区域规划；集成化空间估算；城镇空心化；中国乡村；降低土地使用平衡政策；景观规划；医疗卫生设施
8	eastern mediterranean area 东地中海区域	3	eastern mediterranean area; cultural heritage; decision support system; landscape risk assessment model; site characteristics; outdoor recreation; various landscape; hollowed village; rural china; decreasing balance land-use policy; urban-rural gradient; accelerated restructuring	东地中海地区；文化遗产；决策支持系统；土地风险评估模型；场地特性；户外娱乐；景观多样化；乡村空心化；中国乡村；降低土地使用平衡政策；城乡阶梯发展；加快重组

4.2 研究热点分析

突变性关键词（Burst Detection）表示待考察的关键词在短时间内跃迁的现象，强调突变性。通过对关键词突变性的考察，可得知特定时间内的研究热点。运用 Citespace5.0 软件，选择 "key words" "burst terms" 作为节点形式，对 1998 ~ 2017 年间国际城乡规划实施与管理研究的 1300 篇文献进行知识图谱的绘制，以知识图谱直观清晰地揭示出国际城乡规划实施与管理研究热点（图 8），节点越大表明受到的关注越多。表 4 对前 20 个研究热点进行统计，表明 "管理" 成为第一位热点，同时 "中国" "城市化" 均收到较高关注度，"土地使用方式" "生态系统服务" "社区" 也逐渐成为研究热点。

rural perspective
united states forest
biodiversity conservation sustainability
policycityareaurban framework
pattern
china land use climate change
land use change
region management community
growth urbanization model
quality gi impact system
health landscape perception
remote sensing ecosystem service
program care

图8　国际城乡规划实施与管理研究热点

前20个研究热点统计　　　　　　　　　　　　　　　表4

序号	热点名称	引文数目
1	management 管理	135
2	urbanization 城市化	55
3	China 中国	53
4	land use 土地使用方式	50
5	impact 影响	46
6	city 城市	38
7	landscape 景观	38
8	model 模型	35
9	area 区域	35
10	conservation 保护	32
11	system 系统	31
12	Policy 政策	31
13	GIS 地理信息系统	29
14	Urban 城市	28
15	ecosystem service 生态系统服务	24
16	United states 美国	24
17	health 健康	23
18	climate change 气候变化	18
19	quality 质量	17
20	community 社区	16

4.3　研究发展趋势分析

利用膨胀词探索（Burst Detection）功能，把频次变化率高的词语（Burst Term）挖掘出来，依靠词频的时间变化趋势，来确定研究发展趋势。选择与前节研究热点相同的系统参数，选定时区（Time Zone）图，得到国际城乡规划实施与管理研究时间序列分析图谱（图9），以知识图谱直观清晰地揭示出国际城乡规划实施与管理研究主要内容及其演进历程。通过国际城乡规划实施与管理研究的主题词时间序列图谱，将频次变化率较高的主题词分为以下 4 个时间段：首先是 1998～2000 年，出现时间最早、频次最高的词为管理、政策、城市；其次是 2001～2004 年，Gis、模型、中国、土地使用是频次较高的主题词；再次是 2005～2012 年，高频词主要有城市化、影响、保护、景观、气候变化、健康等，开始健康和气候变化；最后是 2013～2017 年，关注生态系统服务、增长、社区、公众愿望等主题（图 9）。

图 9　国际城乡规划实施与管理研究时间序列图谱

4.4　研究领域分析

以 Category 作为节点类型，以每个时间切片中出现最多的 50 个研究领域作为提取阈值，运用 Cosine 方法计算关系强度，经过 Citespace 对关键共现分析之后，得到由 103 个节点、230 条连线组成的知识图谱。其中年轮的大小代表发文数量，年轮最外圈代表中心性，越宽中心性越大。从图 10 中可以看出，对国际城市规划实施与管理的研究涉及多个学科和领域，充分体现出其跨学科的特色，其主要研究领域包括环境科学、生态学、城市学、工程学、地理学、计算机科学，除此之外还涉及水资源学、工程科学、能源科学、公共健康、公共行政管理、经济学、医疗与健康、绿色与可持续发展等科学领域，包含学科越来越广泛，研究内容也越来越人本化，生态化。

GREEN & SUSTAINABLE SCIENCE & TECHNOLOGY
GEOSCIENCES, MULTIDISCIPLINARY
ENGINEERING, ENVIRONMENTAL
SCIENCE & TECHNOLOGY - OTHER TOPICS
WATER RESOURCES
COMPUTER SCIENCE GEOGRAPHY GEOLOGY
ENGINEERING, CIVIL ECOLOGY PHYSICAL GEOGRAPHY
ENERGY & FUELS ENGINEERING GEOGRAPHY, PHYSICAL
ENVIRONMENTAL SCIENCES & ECOLOGY
ENVIRONMENTAL SCIENCES
ENVIRONMENTAL STUDIES
BUSINESS & ECONOMICS URBAN STUDIES AGRICULTURE
PUBLIC, ENVIRONMENTAL & OCCUPATIONAL HEALTH
PUBLIC ADMINISTRATION
HEALTH CARE SCIENCES & SERVICES
PLANNING & DEVELOPMENT
EDUCATION & EDUCATIONAL RESEARCH

图 10　国际城乡规划实施与管理研究学科领域

5 结论

本文借助 Citespace5.0 软件对 Web of Science 中的 SCI-E、SCI 数据库 1998 ～ 2017 年有关城乡规划实施与管理主题的 1300 篇文献进行分析，归纳整理了 1998 ～ 2017 年国际城乡规划实施与管理文献的研究内容、热点和研究趋势，避免了传统定性分析中主观成分的干扰，对国际城乡规划实施与管理的进一步研究提供了方向。根据研究结果发现：

（1）从 1998 ～ 2017 年二十年间，城乡规划实施与管理研究进入加速发展时期；城乡规划实施与管理研究是全球范围都关注的课题；中国城市化在城乡规划实施与管理研究领域处于关注重点；重点发文期刊明确；

（2）目前城乡规划实施与管理研究从管理、城市化研究发展到更加细化的社区、健康、生态服务系统研究，结合水生物学、公共行政管理学、生态学等学科，研究领域不断扩大。

参考文献

[1] 邱淞，潘黎，侯剑华. 21 世纪国际学前教育研究的热点领域和前沿演进——基于 SSCI 中最有影响力的 5 种学前教育期刊文献的计量和可视化分析 [J]. 学前教育研究，2014（06）：10-20.

[2] 陈悦，陈超美，刘则渊，等. CiteSpace 知识图谱的方法论功能 [J]. 科学学研究，2015（02）：242-253.

[3] 王云，马丽，刘毅. 城镇化研究进展与趋势——基于 CiteSpace 和 HistCite 的图谱量化分析 [J]. 地理科学进展，2018（02）：239-254.

北京市城乡空间治理的思考与具体实践

舒　宁[*]

【摘　要】本文首先系统分析了"治理"的内涵，明确了推行"治理"政府与民众应肩负的使命；其次，结合"国家治理体系与治理能力现代化"，提出了转变政府职能、建立科学合理的"国家治理（制度）体系"是当前的首要任务；再次，提出了城乡空间的治理的重要性及作为城乡治理集中体现的城乡规划在新时代应达到的新目标；最后，结合近年来北京市城乡规划的新理念与新变革，提出了北京市针对推行"城乡治理体系现代化"所做的部分实践探索。

【关键词】治理，治理体系现代化，城乡空间

1 　"治理"的内涵

　　2013 年 11 月，党的十八届三中全会审议通过了《中共中央关于全面深化改革若干重大问题的决定》，正式作出了"全面深化改革"的重大部署，这体现了我们党在总结改革开放 40 年得失的基础上，为应对新情况、新挑战，真正实现建设富强、民主、文明、和谐、美丽的社会主义现代化强国而做出的伟大变革。

　　2017 年 10 月，党的十九大进一步将"全面深化改革"作为"新时代中国特色社会主义思想"的八项核心内涵之一，并提出了"坚持全面深化改革，必须坚持和完善中国特色社会主义制度，不断推进国家治理体系和治理能力现代化"。至此，"推进国家治理体系和治理能力现代化"明确成为实现"全面深化改革"，协调推进"四个全面"战略布局的核心路径。

　　那么何为"治理"？"治理（governance）"是 1990 年代在西方公共管理领域相对于管理而迅速兴起的一个概念。它不同于传统自上而下、以行政强制力为主导的政府管理，"治理"更强调"治"，所谓"治"，一方面包含了传统的"管"，即政府自上而下的强制要求，体现了政府参与（任何行为都不能完全脱离政府）；另一方面包含了自下而上的公众参与，这是"治"的核心内涵，也是传统"管"的有效补充，这体现了国家在新时代的各项决策更加重视"以人为本"、"民主协商"。因此，"治理"应该理解为"政府与公众的上下共治"，其中，充分发挥公众的力量、认真听取公众的心声、赋予公众更多参与决策的权利是核心要义，它既是目标也是过程，总体来说是一种新的、更健康、更有效的社会秩序的构建过程，从而最终达到"多赢"的社会发展目标。

---

* 舒宁（1983– ），男，北京市城市规划设计研究院高级工程师。

2　治理体系与治理能力的现代化

2.1　政府的职能转变是推行"治理"的前提保障

新社会秩序的构建需要新的事权划分。虽然"治理"强调"共治"，公众将被赋予更多的权利，但是，我国的发展阶段不同于西方发达国家，我国由于长期"不均衡、不充分发展"带来的地区差异、城乡差异、文化差异、贫富差异仍十分显著，现阶段让公众统一思想，自下而上与政府一同参与"共治"，尤其是一些宏观领域的"共治"，还需要一定时间。因此，笔者认为，我国的"治理"应首先以政府的职能转变、事权重构为先导，应由传统的"一抓到底"的"管全面"向"简政放权"转变，进一步提升公众的参与意识。

2.2　政府制定"现代化的制度体系"是当前的主要工作

党的十八届三中全会提出："建设统一开放、竞争有序的市场体系，是使市场在资源配置中起决定性作用的基础"。这为政府职能转变指明了工作方向，政府应将事权重点转向我国经济、政治、文化、社会、生态文明领域的顶层制度设计，并使其形成一套紧密相连且又相互协调的制度体系，从而为后续真正实现全社会、全体公民参与的"共治"培育适宜生长的沃土。

对此，党的十九大系统阐明了构建制度体系的重要意义。报告指出"明确全面深化改革总目标是完善和发展中国特色社会主义制度、推进国家治理体系和治理能力现代化"，其中，将"国家治理体系和治理能力现代化"作为权衡全面深化改革是否成功的标准，将"国家治理体现现代化"作为"治理能力现代化"的前提和基础。而"国家治理体系现代化"的内涵就是作为治理主体之一的国家（由政府为代表）在参与治理过程中应达到现代化的水准，由上可知，政府水准是否现代化的标准就是是否"简政放权"，是否建立一套行之有效的制度体系，即一套全面、合法、高效、协调的科学体系。因此，"治理体系现代化"就是"制度体系的现代化"，是孕育高水平的治理能力——"提高公众参与意识、推行上下协同共治"的保障。

3　城乡空间是"治理"重要领域

3.1　城乡空间治理是统筹推进"五位一体"总体布局的重要支撑

党的十八大提出"全面落实经济建设、政治建设、文化建设、社会建设、生态文明建设'五位一体'总体布局，促进现代化建设各方面相协调，促进生产关系与生产力、上层建筑与经济基础相协调，不断开拓生产发展、生活富裕、生态良好的文明发展道路"。作为一切"上层建筑"的承载地，如何使用好我国广袤且珍贵的城乡空间就成为切实落实"五位一体"总体布局的基础。

但是，我国的城乡空间也是经济、政治、文化、社会、生态的矛盾交织点。众所周知，改革开放后我国城乡土地虽为经济发展、社会进步、政治稳定做出了巨大贡献，但是由于在土地使用方式上的粗放，造成了对土地资源的浪费、基本农田、河湖水系、自然生态空间的大量侵占。这种不可持续的土地使用模式将对形成彼此协调的"五位一体"总体布局带来极大阻碍，因此，开展针对我国城乡空间的治理恰逢其时。

3.2　城乡空间治理是缓解新时代我国社会主要矛盾的重要手段

党的十九大指出"中国特色社会主义进入新时代，我国社会主要矛盾已经转化为人民日益增长的美好生活需要和不平衡不充分的发展之间的矛盾"。而我国长期以来依据传统的空间规划手段所营造的不平等的城乡空间恰恰是引发这一主要矛盾的主要原因之一。仍以北京为例，传统的空间规划"重城轻乡"，导致规划范围以内的城镇地区空间规划较为完备，基础设施、公共服务设施完备，社会文明程度、环境宜居度、公民收入及公民权益保障等各个方面均获得较好发展；而对于不在规划范围内的乡村地区，其基础设施等与城镇仍有一定差距。诚然，造成我国城乡差异的根源是长期存在的制度壁垒——城乡二元结构，但传统的城乡空间规划因"圈"而异的规划标准则在无形中对这种差异（不均衡、不充分）也起到了一定的影响作用。

4　城乡规划是实现城乡空间"治理体系现代化"的重要路径

4.1　城乡规划是一套针对城乡空间的"治理体系"

我国的城乡空间（主要指土地）所有权由国务院代表国家行使，因此其治理主体必然由政府担当；另外，由于城乡空间的使用权、收益权、处置权等用益物权主要由全体公民行使，公民理应具有针对其切身利益建言献策的基本权利。鉴于此，我国的城乡规划在法理上已经被正式确立为一种公共政策（由国家制定，协调经济社会活动及相互关系的一系列政策）。

如果对照美国政治学家 David Easton（1917～2014）对政治过程的定义："对社会价值的权威性分配、重大公共利益的决策和社会重要利益的制度性分配"，那么，今天我国的城乡规划显然应该被视为一种政治过程——城乡规划是对空间资源进行配置的过程。在此过程中必须以制定科学合理的空间配置政策为手段，充分体现上与下多元权益主体的诉求，使得公共利益、部门利益和私有利益得到最佳协调。

因此，城乡规划其本质任务就是由政府主导，充分关注公众利益的一套针对城乡空间配置的综合性、协调性"制度体系"。

4.2　"上下兼顾、谋求共治、共建、共享"是新时代我国城乡规划的"着力点"

为落实十九大精神，当前正在推进的城市总体规划改革的理念是"使规划更有用"，而以"目标为导向"的规划制度体系设计主要包含三方面的关键内容，一是强调城市规划的两个重要作用（战略引领、刚性约束）；二是强调"以人为中心"考量资源和要素配置；三是强调规划的落实和执行。其中，更加强化了对于关乎实现"五位一体"总体布局的相关内容"自上而下"的刚性管控制度设计，同时，对于资源和要素配置领域的制度设计着重从人的角度出发，这体现了新时代城乡空间规划"制度体系"的制定理念，更加强化公众的主体地位，这为后续全体公民参与城乡空间共治、真正纳入群众意见、实现共建共享"预留"了良好的"制度接口"。

5　北京市城乡空间治理的思考与实践

5.1　建立一个有限但有效的政府：开展"多规合一"，形成"一个标准、一张图及一个信息平台"

2016 年 3 月 16 日，十二届全国人大四次会议审查通过了《中华人民共和国国民经济和社会发展第十三个五年规划纲要》（以下简称《纲要》），《纲要》提出要"以市县级行政区为单元，建立由空间规划、用途管制、差异化绩效考核等构成的空间治理体系"。

当前正在推行的城市总体规划改革中也提出了落实提高城市治理体系与能力现代化的要求。一是"多规合一",统筹各类空间规划,建设"多规合一"信息平台,实现各政府部门在"一张蓝图"上作业,建立科学、高效的会商决策机制。二是"简政放权",依靠"多规合一"平台,从前期策划到竣工验收全链条开展流程再造和机制重塑。部门协同审批,促进策划生成的项目"可落实、可决策、可实施、可评估、可考核、可督查",实现项目快速精准落地。降低企业、组织和个人的交易成本。

由此可知,国家对于城乡空间治理提出了明确的要求,其中,以"多规合一"为手段,建立"多规合一"协同平台,构建统一的空间规划体系,从而实现政府"简政放权"的核心目标,最终为"治理体系现代化"奠定基础已成为基本共识。

5.1.1 基础工作:一个标准、一张图

2016年5月26日,北京市委十一届十次全会审议通过了《关于全面深化改革提升城市规划建设管理水平的意见》(以下简称《意见》),《意见》提出:推进北京规划、国土机构合并,从管理职能上实现"两规合一",促进城市规划转型与土地利用方式转变相融合。自此,北京市的"两规合一"工作正式启动。

为使工作尽快见效,北京市将构建"两规合一"用地分类校核标准及形成现状、规划"一张图"作为了近期工作重点。经过近两年的努力,标准与图样的统一工作已形成了初步成果,目前正在征求各部门意见。

5.1.2 核心工作:一个信息平台

为加快转变职能,建设服务型政府,简化企业办理行政审批事项的相关流程,2018年3月,北京市规划和国土资源管理委员会印发了《"多规合一"协同平台工作规则》(以下简称《规则》)。该《规则》不仅明确了"多规合一"协同平台的具体工作机制,同时也将工作流程、审查内容和审查标准向社会公开,接受社会监督,规范权力运行,是北京市实现"共治、共建、共管"的制度保障。为具体执行《规则》,北京市借助总规时代的分区规划工作开展了平台的建设。建立"多规合一"核心数

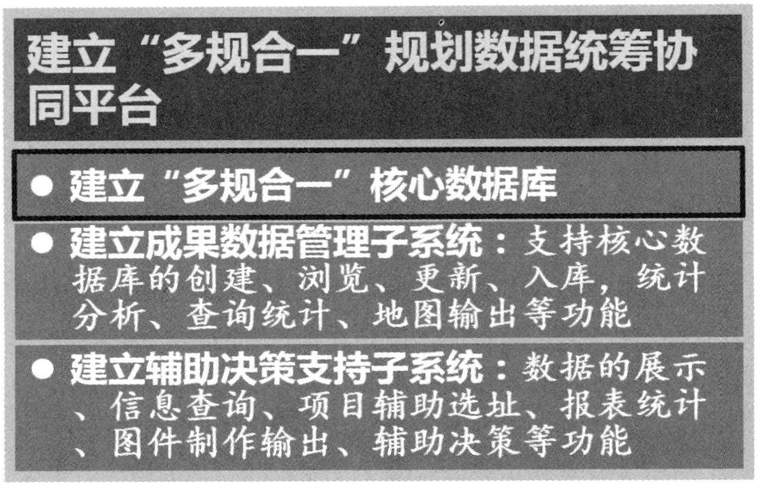

图1 "多规合一"协同平台总体框架示意图

据库,将各部门的规划数据纳入;建立成果数据管理子系统;建立辅助决策支持子系统,实现审批由以往的"串联式"流程向"并联式"转变,从整体上提高建设项目的落地效率(图1)。

5.2 开展综合性、协调性的顶层制度体系设计

5.2.1 开展全域全要素用途管制分区划定工作

相比广州"规划一张图"的"四线五区、两刚一弹"(图2)、厦门的"两小线、一大线、四区、两刚一弹"(图3)。北京市的全域空间用途管制分区划定更为全面、细致,针对性更强,即在划定"两线三区"(城市开发边界、生态控制线)的基础上,为保证后续城乡空间得到精准治理,重点开展了针对限制建设区的一系列研究,其中,在建设用地领域,开展了集体建设用地减量与空间布局研究,明确了北京市宅基地、公共服务及集体产业三块地的使用策略;在非建设用地领域,对接国家生态文明建设,对山水林田湖草进行了详细梳理与分析,并按类型与等级对全域全要素绿色生态空间进行了分区(图4),明确

了各自的管控要求。另外，鉴于北京市实施了最严格的城乡建设用地管控制度，北京市在城市开发边界内部及外围增划了"有条件建设区"（图 5），其目的主要是为规划城乡建设用地指标减量与空间布局调整提供空间，从而满足北京总规制定的 2035 年全市规划城乡建设用地规模 2760km² 的总体目标。

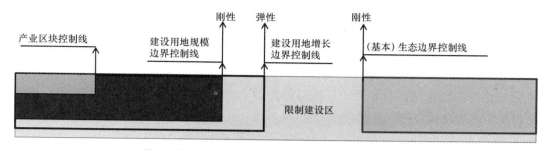

图 2　广州市"规划一张图"控制边界划分示意图

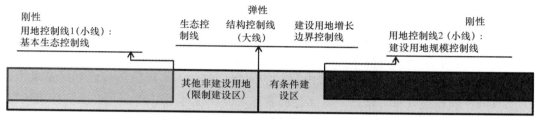

图 3　厦门市"规划一张图"控制边界划分示意图

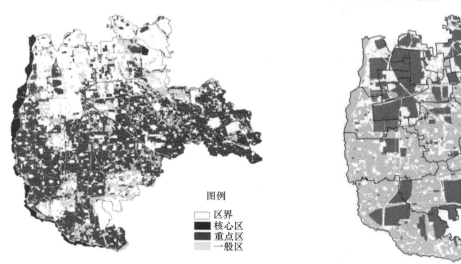

图 4　北京市大兴区全要素绿色生态空间用途管制分区划定示意图

图 5　北京市大兴区有条件建设区划定示意图

5.2.2　"人、地、房"的综合治理

为认真贯彻落实习近平总书记视察北京的重要讲话精神，北京市新总规提出了人口管控、用地管控、规模管控的三大管控要求。为保障总规要求能够得到落实，当前开展的分区规划结合各区目标提出了有针对性的"人、地、房"管控措施，并正在研究切实有效的实施制度体系。

在人口管控方面，首先在梳理地区规而未施的居住用地规模的基础上，明确了理论上可承载新增人口的规模，其次经与规模人口目标比对，明确各区应对现状人口进行疏解的具体规模，最后结合村庄城镇化、产业疏解将规划人口细分至各实施单元，一方面明确了各实施单元的具体规划人口目标，另一方面也让地方政府初步明确了应疏解的人口任务。

在用地管控方面，各区结合已开展的现状、规划"两图合一"工作成果，在图样比对与差异详查的基础上，明确了自身应减量的规划集中建设区外的现状集体建设用地规模与布局，规划集建区内的存量低效建设用地规模与布局及现状违法建设用地的规模与布局，从而核算了各区减量实施的拆占比，为后续减量实施制度的制定提供了可衡量的标尺。

在规模管控方面，作为全国的先行区，北京市在详细梳理现状居住与就业的建筑规模的基础上，以规划人口定规划建筑规模，通过浮动系数设施与人均居住与就业建筑面积标准研究，提出了中心城区、多点地区（北京市平原地区的区县）及山区区县的规划建筑规模。并由分区规划结合各区自身特点制订了多项保障目标实现的建筑规模减量措施。

6　结语

党的十九大明确提出了我国"两个一百年"的奋斗目标，为全力实现这一目标，国家提出了全面深化改革的战略要求，而推进国家治理体系与治理能力现代化则是改革的重中之重。作为一个城乡规划工作者，我们应清醒地认识到在城乡规划领域中存在的问题，并在深入理念治理内涵的基础上，分步骤、抓重点有序开展城乡规划的改革工作，一方面我们要在规划制度体系的制定上更加发挥市场在资源配置中的决定地位，优化并明确政府事权范围；另一方面我们要在规划制度体系制定上增加广大群众的话语权与决策权，从而真正在城乡规划领域实现"上下共治、统筹兼顾、多方共赢"的新局面。

产业园区控规编制实施研究

苏嵩焘 *

【摘　要】为深化山西转型发展，山西省委、省政府决定整合太原都市区内主要开发区，建立山西转型综合改革示范区，先行先试，率先突破，为全省提供可复制、可推广的经验。本文结合山西综改示范区太原起步区（南区）控制性详细规划的实证研究，提出工业园区控规应以产业选择研究为基础，对产业不确定因素进行控制，合理确定空间布局，强化用地布局的弹性、增加适合产业用地的控制指标，增强控规成果的科学性和可操作性，减少规划编制与规划实施之间的脱节问题，从技术角度，立足城市设计、海绵城市等角度，提出了多项管控指标；从实施角度，站在管理者的工作实际，提出了刚性与弹性相结合的各项规划管理手段，更好地实现对工业园区建设的引导。

【关键词】产业园区，产业布局差异化，控制性详细规划，规划编制，规划实施

1　案例背景

1.1　项目背景

　　山西转型综改示范区潇河产业园区太原起步区位于太原市南部小店区与清徐县交界处、潇河两岸，处于示范区产业园区的核心位置。为适应示范区建设发展需要，示范区管委会、筹委会先后组织编制了山西转型综改示范区总体发展战略规划、潇河产业园区概念性总体规划，明确了产业园区的定位、发展理念、空间结构、产业用地及其他配套功能用地布局，并对重大基础设施做出前瞻性的规划安排，指导产业园区分期、分区开发建设（图1）。

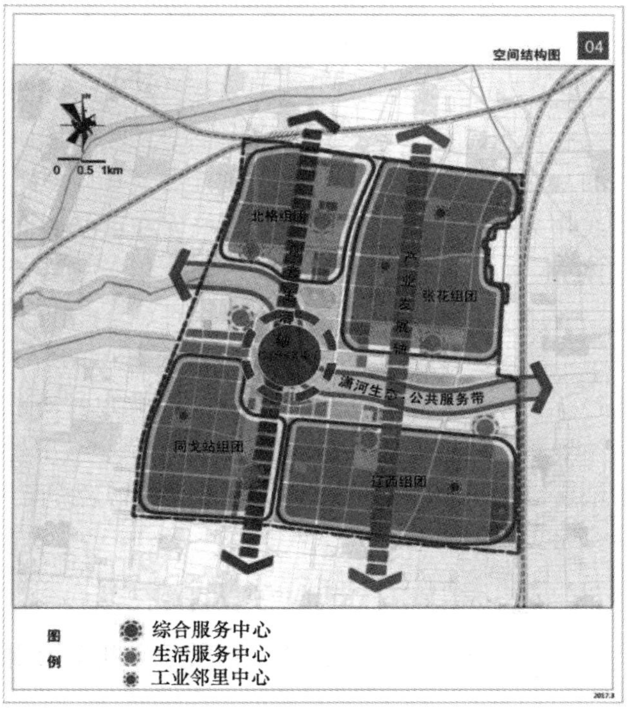

1.2　总体规划的要求

　　总体规划提出"创新智造引领、绿色活力示范"的产业园区开发理念。同时确定太原起步区规划形成"一心、一轴、两带、多组团"的空间布局结构。"一心"：位于起步区中部潇河两岸的公共服务中心，规划形成集行政管理、政务服务、金融商务、文化会展、体育

图1　山西转型综合改革示范区潇河产业园区太原起步区总体规划

* 苏嵩焘（1982–），男，山西省城乡规划设计研究院主任工程师。

休闲、医疗卫生等功能为一体的潇河产业园区公共服务主中心，服务于整个潇河产业园区。"一轴"：文源路产业发展轴。沿文源路形成的近远期相结合的产业发展轴。"两带"：潇河生态、公共服务带和北格 – 同戈站配套生活带。"多组团"：在潇河南、北两区布局的多个工业、物流等产业组团及生活服务组团。

1.3 基地情况

1.3.1 规划范围

太原起步区南区的规划范围西至人民路，东到桃园堡路和北格西路、南至文源路，北至姚村规划南一路和敦化街，总面积为 22.04km²。居住人口规模约为 7.5 万人。

1.3.2 其他情况

太原起步区南区地势相对平坦，地下水类型为潜水。太原起步区南区范围内现状涉及南录树村、董家营村、同戈站村、刘村、西辽西村、中辽西村、东辽西村、桃园堡村、良隆村、靳村、庄子营村、北关村、赵家堡村十三个村庄，总人口为 15904 人。

1.4 控规编制中存在的问题

1.4.1 用地类别划分过于单一和机械，与未来发展情况不相适应

与城市地区相比，产业园区中产业用地比重较大，产业用地的类型较多，单一的工业用地类别无法涵盖产业发展的需求。众创类产业用地在控规中用地类型中无法用《城市用地分类与规划建设用地标准》来确定的，产业用地标准中需要更复合、更多元的类别要素。另外不同类型工业产业其投资强度、工艺要求、功能布局区别极大，如只依据国家标准的分类，过于单一和机械，忽略了未来发展的可塑性，控规用地分类标准将在一定程度缺乏科学性和合理性，不利于产业的实际发展和布局需求。

1.4.2 用地布局模块化难以适应产业差异化的布局

产业园区内各类工业用地因工艺要求、用地规模、交通需求的差异，对工业用地的路网密度和地块大小存在较大差异，现行规划布局的路网结构体系难以适应产业多元诉求的需要，且道路红线作为控规的强制性内容调整难度和手续的便捷度较差，亟须编制出适应产业需求的路网结构控制体系。

1.4.3 缺乏对规划的动态性考虑

产业发展应以更长远的眼光审视土地价值的变化。由于在我国正处在产业转型期，情况复杂变化大，产业发展情况很难预测，而控规一旦确定，其强制性内容固定下来，虽能满足近期要求，但可能与远期发展不相适应，造成土地浪费或效率低下。上述问题主要根源在于控规忽略了产业开发的特征及发展，缺乏动态规划，从而影响开发区土地资源合理配置。

2 规划编制与实施重点

2.1 落实总体规划、专项规划批复成果和总体城市设计的要求

在功能布局和控制体系进一步深化和落实总体规划、专项规划和总体城市设计确定的规划设计理念、规划目标、用地布局、交通组织、绿色、低碳等各项要求，以指导下层次修建性详细规划编制和具体地块开发建设。

2.2　协调和指导近期建设项目

紧密协调近期建设项目，确保规划设计条件的可操作性，确保近期建设与整体城市发展理念、空间结构和景观风貌的协调。

2.3　科学预测南区的功能构成和开发量

在总体规划的基础上，结合南区的片区功能，进一步研究南区的功能构成和各类公益性和商业性服务设施适宜的开发量。

2.4　研究绿色生态、海绵城市控制指标

结合示范区太原起步区的总体理念和规划布局，探索绿色生态、海绵城市等先进理念的规划落实与实施。

2.5　研究适应示范区发展的规划模式和实施体系

规划范围作为山西转型综合改革示范区潇河产业园区的核心起步区，考虑未来发展的不确定性，在规划编制中预留弹性控制的内容。

3　项目编制创新与落地实施

本项目案例应对产业园区现有控规的弊端和不足进行了创新，并对《山西综改示范区太原起步区总体规划》进行了落实，对国内外先进的规划理念与本地实际进行了融合，对管理中遇到的实质性问题进行了思考，形成了适应山西综改示范区要求的产业园区控规编制体系和实施体系。

3.1　落实邻里单元模式，构建产业单元和生活社区

1. 邻里单元划定

根据总体规划确定的道路网体系及邻里单元尺度，本规划以主、次干道路为边界，划定了3大产业单元和6个居住单元。其中，产业单元一般按照2000m×2000m的尺度划分，产业单元内部路网根据产业不同而间距不同，居住单元按照400m×400m的尺度划分。

2. 邻里单元中心深化

本规划将邻里单元服务中心与邻里单元中心公园、体育场地等集中布置，共同形成邻里单元中心，满足人们的日常行为活动，为邻里单元居民及工作人员创造一个交往、休闲、购物、娱乐等日常的活动中心，构建活力社区。

邻里单元服务中心：根据两类邻里单元的功能要求，居住邻里单元服务中心主要配置文化、医疗、养老、社区服务、商业等设施。产业邻里单元服务中心主要配置文化、社区服务、商业、商务、单身公寓等设施。邻里单元的体育用地单独设置（表1）。

邻里单元中心公园：中心公园用地为产业和居住单元内的社区级绿地。单元公园绿地的布置，距单元内地块最远点不宜超过300m。每个邻里单元中心公园的面积不宜小于0.7公顷。邻里单元中心公园绿地的形态可以结合单元的整体开发进行适当的调整，但是规划确定的公园绿地面积不允许改变。

邻里单元设施功能分布 表1

设施类型	建筑面积 (m²)	
	居住邻里单元	科研邻里单元
行政办公	15	—
文化设施	20	15
医疗卫生	20	10
社会福利	15	—
社区服务	20	15
商业设施	300	100
商务设施	—	250
市政公用设施	10	10
合计	400	400

注：邻里单元级公共服务设施人均指标不含幼儿园和体育，这两项建议单独用地控制。

3. 邻里单元设施指标量化

邻里单元服务中心：配套设施建筑面积指标按照 400m²/ 千人计算，各项设施分配比例各有侧重。

体育场地：结合邻里单元中心公园布置体育活动场地，总用地规模按照邻里单元人口人均 1.0m²/ 人进行配算，每处占地面积不得小于 420m²。

3.2 引入城市设计、海绵城市、低碳指标要求，实现绿色低碳建设

1. 城市设计要求

本项目增强了城市设计控制的内容，城市设计控制由条文控制、指标控制两部分内容构成：

（1）条文控制：针对单元总体景观风貌、公共空间设计、建筑设计提出控制要求。例如，太原起步区建设深入贯彻"创新、开放、绿色、协调、共享"理念，打造"魅力潇河之城、三晋产业之都"的总体城市目标。太原起步区范围内建筑风貌按照四个主题风貌进行控制和引导，即核心景观风貌区、产业景观风貌区、生活景观风貌区以及生态景观风貌区。

（2）指标控制：各街道不同路段的街道贴线率、街道高宽比等指标，对城市建设有效引导。按照不同类型界面的控制要求，对商业区、商务区整体进行较高的贴线率控制，商业区、商务区沿主要道路建筑贴线率按照下限 0.7 控制;工业区及居住区贴线率按照下限 0.5 控制，居住区设底商界面贴线率按照下限 0.7 控制。对不同功能类型的街道，提出不同空间尺度，采用一次、二次高宽比作为引导性控制指标。

2. 海绵城市建设要求

结合海绵城市的要求，建设生态绿色排水设施，充分发挥城市绿地、道路、水系等对雨水的吸纳、蓄渗和缓释作用。规划在单元控制条文中对邻里单元内雨水综合径流系数、下沉式绿地率、透水铺装率、雨水调蓄设施、道路及绿道建设等都提出了具体的指标要求。

3. 低碳城市建设要求

为落实总体规划低碳目标，规划编制中进行了以下实践：

（1）新建建筑根据使用功能和区位条件，在单元控制条文中明确其绿色建筑星级标准;

（2）有针对性的布置光伏及光热设施;

（3）有条件的室外停车场推荐采用太阳能光伏发电并配建充电桩;

（4）对因实施外墙外保温、遮阳、太阳能光伏幕墙等绿色建筑技术而增加的建筑面积，可不纳入建筑容积率计算。

这些指标的规划控制可根据具体项目和实际情况设定为强制性或引导性指标，在项目规划条件的下达中予以明确，体现规划的可实施性。最终通过以上指标的控制和引导实现科技创新城的绿色低碳建设。

3.3 规划控制、强化刚性，规划实施、留有弹性

1. 刚性控制

本规划按照"系统控制 – 邻里单元控制 – 地块控制"三级体系进行规划控制和管理。其中系统控制、邻里单元控制为规定性要求，地块控制为指导性要求。

系统控制是对太原起步区南区的道路、绿道、各类绿地、各类市政和交通基础设施用地、重要的公共服务设施用地的控制，主要目的是确保与总体规划的衔接和强制性内容的贯彻落实，确保本区各类系统完整，布局均衡，容量匹配，特色明显。

邻里单元控制是本次控规的核心控制层次。以邻里单元为单位，对邻里单元的开发建设总量、公共服务设施、绿地、交通组织、市政基础设施配套、绿色建筑星级等提出强制性指标要求，强化其刚性控制；对生态智慧设施建设、空间形态等内容进行整体控制和引导。一方面可以对单元进行总量控制，保证一定的开发建设灵活性。

地块控制是对建设地块的容积率、建筑高度、建筑密度、绿地率、用地兼容性等常规性指标的控制，并对海绵城市的年径流总量控制、设计降雨量等指标进行控制。地块控制的内容和方式一方面要满足太原控规管理的要求和程序，另一方面对开发地块提供规划条件。

2. 弹性实施

在规划实施中对用地性质、用地兼容性、地块细分用地、分界线调整、规划地块合并建设、虚线控制的城市道路、幼儿园等作出具体规定。

（1）用地性质弹性设置

为提高地块控制指标适应市场开发建设的多样性、复杂性，提高规划实施的可行性，例如本规划中 M（B）指工业用地或商业服务业设施用地，开发建设中可以根据实际情况确定地块全部或部分性质为工业用地（M）或商业服务业设施用地（B）。

（2）设施弹性设置

重点控制规划确定的中小学、医疗、体育、文化等公益性公共服务设施用地。例如相邻邻里单元规划的幼儿园可合并建设，但合并前后总用地规模不得减少等。

（3）地块划分弹性设置

在地块细分或合并开发时，在保证满足细分前地块建筑总量、绿地总量、建筑限高、邻里单元中心公园和绿道面积、各类配套设施等要求的前提下，可将规划地块细分为两个或以上的分地块，也可合并开发。从而为规划实施留有弹性，以适应市场开发建设的需要。

（4）道路设施弹性控制

虚线控制的城市道路可根据实际情况调整位置、线形或取消。道路调整（包括增设支路）涉及的地块，其控制指标及有关要求参照道路调整前原地块控制指标确定。单元机动车出入口、禁止开口路段、慢行交通组织以及自行车租赁点、公交车站等设施可根据规划实施内容进行调整，不作为控规调整内容。

4 总结

综上所述，本控规落实了总体规划"创新智造引领、绿色活力示范"的规划理念。在空间营造上，

通过打造邻里单元，来构建产业单元；在交通组织上，通过轨道交通和公交引领，打造慢行交通系统，来实现绿色低碳出行；在规划指标上，引入城市设计、海绵城市、低碳指标，来实现绿色低碳要求；在规划管控上，采用刚性、弹性相结合的管控方式，以适应市场开发建设的需要。

参考文献

[1] 段德罡，王瑾. 工业园区控制性详细规划编制方法调整的探讨 [J]. 现代城市研究，2010，（6）.

[2] 白艳伟. 刍议工业园区控制性详细规划编制办 [J]. 房地产导刊，2014，（16）.

[3] 杨俊宴，谭瑛. 由"环境导向"到"效益导向"——对开发区规划控制体系价值导向的思考 [J]. 华中建筑，2009，（10）.

[4] 刘智丹，孙灿. 浅议控规修编的思路与方法——以湘潭天易示范区金霞区控制性详细规划（修改）为例 [J]. 中外建筑，2013，（11）.

街区制住区推广及规划管理方法变革的探讨

徐丹丹 *

【摘　要】街区制代表了中国未来住区的发展方向，但受传统文化以及居民固有观念和城市发展现状等多方面的阻力，街区制的推广任重而道远，因此城市规划设计以及管理等方面也必将为适应其发展做出相应的调整；本文肯定了街区制推广对中国城市发展的推动作用，并总结了街区制推广所存在的各方面的矛盾，并通过借鉴国外多个优秀街区案例，归纳总结了西方街区制的发展模式及建设管理的方法，然后结合中国街区制推广的现存问题，提出相关的应对措施；主要从街区制的推广到总控规层面相应调整方法的再到具体的路网宽度、路网密度、交叉口处理、车辆停放等交通问题以及公共服务设施配置问题，住区景观环境和声环境改善问题等方面提出了相应的建议。

【关键词】街区制，城市规划，道路交通，公共服务设施，居住环境

2016 年国务院发布的《中共中央国务院关于进一步加强城市规划建设管理工作的若干意见》，标志着中国街区时代已然来临。意见明确了街区制发展的方向和目标——"实现内部道路公共化，解决交通路网布局问题，促进土地节约利用"，即创造更加"开放便捷、配套完善、尺度适宜、邻里和谐"的生活街区。

1　研究背景

1.1　封闭住区的历史渊源

我国封闭式住区模式的存在历史渊源深厚（表 1），尤其是新中国成立后计划经济时期的单位大院以及市场经济条件下的商品房和当代大型豪华住区潜移默化地影响了人们的思维习惯和行为方式，使人们对封闭住区有着根深蒂固的认同感；另外旧版的住区设计规范的要求使封闭住区的建设变得模式化；最后我国目前大部分城市仍处于以经济建设为中心的快速发展阶段，土地出让与地产开发模式表现为大面积地块一次性拿地，分期开发建设，这决定了我国目前的城市建设更多注重速度而忽略质量，以经济效益为目标而缺少人文关怀，注重街道的通达性而忽略场所感。而且受传统文化的影响，这种能够保障私人权益的封闭模式更能产生归属感，因此更深入人心。这也决定了在中国推行街区制任重而道远。

我国传统居住模式发展历程　　　　　　　　　　　　　　　　　　　　　　表 1

发展阶段	主要模式	特点
西周到隋唐	封闭的里坊制	高墙环绕，强化管控，阶层划分，职业划分
北宋到鸦片战争前	传统"街巷制"	城市自由开放，基本单元（私家宅院）封闭
19 世纪 60 年代至新中国成立前	"里弄住宅"	主弄开放，支弄对外封闭，邻里氛围活跃，基本单元高墙闭合内向布局
计划经济时期	公有制单位大院	通过主次干道分割，内部功能体系小而全
改革开放至今	居住小区	"居住区 – 居住小区 – 组团"三级规划方式，周边道路，四菜一汤，等级严格，统一管理的封闭式住区

* 徐丹丹（1993–），女，天津大学建筑学院硕士研究生。

1.2 街区制推广的矛盾解析

1.2.1 推广街区制的益处

随着社会经济等各方面的发展，现状城市在功能化和利益化的条件下，城市空间布局不合理导致的交通拥堵、人际关系淡漠、城市肌理混乱、城市活力日渐衰退等问题日益凸显。面对次城市发展困境，街区制的推广为城市问题的解决指明了方向，它是对世界先进城市规划经验的总结，亦是目前最优良的城市布局模式。街区制推广的益处如下：解决交通拥堵，改善通行秩序；临街面的增加，促进三产发展，增加就业岗位、繁荣经济；增进邻里交往，丰富街道生活，缓解社会分化；增强交通微循环能力，创造更加宜人的街道空间，增添活力，使人们更加充分地感受城市的生机。

1.2.2 推广街区制的阻力

针对街区制推行的问题，笔者调查了各大论坛和网站，发现居民偏向于住区空间封闭的原因，主要有封闭小区可阻隔外部交通进入、避免外来商贩进入，使居民能够独享住区内部景观环境。其中在新浪新闻版块发起的一项非正式调查，大约四分之三的被调查者表示对街区制的反对，65% 的受访者表示安全问题是他们最大的担忧（表 2）。

通过对相关反对意见进行整理，并收集各方面资料，发现街区制推行所面临的问题如下：

街区制推行面临问题 表 2

主要问题	主要体现
安全	由于道路的共用性，无法进行统一管理，外来人员、车辆较多，游商浮贩乱窜现象严重，居民的人身财产安全受到威胁，贫富差距带来的不安定因素更为明显
居民权益	广场、停车场、休闲设施等专属社区的资源被公众占用，业主私人权益受到威胁
生活品质	居住建筑临街，底商较多，来往车辆混杂，噪声严重
	道路变多，一定程度上导致组团绿地减少，环境卫生问题突出
物业权责	街区制将使原本整体的住区网络化分隔，边界不清导致权责模糊
建设成本	车辆增多，地下停车空间需求加大，地下车库的建设成本随之增加
传统观念	国人由于固有观念的影响，对于私密性的空间有一种领域感和归属感
其他问题	地方财政，法律法规的不健全，开发商利益受损等

针对以上问题，城市规划部门主要面临以下挑战：如何以城市规划部门为纽带，合理高效的协调其他城市管理等部门，共同促进街区制的推行；其次城市的规划模式应该从哪些方面进行改变以适应街区制的发展；再次如何从整体上系统考量规划新建住区和现存住区的关系，使现有的城市格局与街区制实行后的城市规划格局不产生冲突，并合理有效的衔接；最后如何运用规划的手段协调各管理部门，解决居民担忧，实现社会的有效治理。

2 西方街区制案例及启示

2.1 西方街区制发展简介

西方街区制的发展起始于 20 世纪 60 年代简·雅各布斯对现代主义的空间的尖锐批判，强调城市多样性和土地混合利用的重要性，主张减小街区尺度，增加沿街店铺，增加街道活力；自 20 世纪 70 年代开始，随着马丘比丘宪章的签署，以鲍赞巴克为代表的建筑师提出了开放街区的概念并将其运用到住区的实际开发建设中；而后新城市主义的提出，代表了街区制的进一步完善和发展。至今，西方街区制成为新城市主义设计在社区规划层面的体现，并作为基础制度被纳入各国的城市规划，成为街区制稳定发展的基本条件。

2.2　西方街区制发展案例及其启示

2.2.1　旧金山耶尔巴布埃纳生活街区

耶尔巴布埃纳生活街区曾经是工业级区，道路以运输功能为主，设施陈旧，但功能多样，除遗留的工业旧址外还有配套餐饮住宿等商业设施，也是博物馆、艺术馆等文化设施集中地区域。除此之外，该地区居住人口年龄及经济阶层多样。该项目于 2010 年启动，规划设计前历时 14 月，进行了现状调研、需求评议、公众决策、社区参与、专家评估等社区设计倡议，最后设计师形成了一套宽泛而清晰的街区改造原则策略，并从中形成了 36 个不同的项目设计。

街区生活规划——规划设计与景观设计协调运作，制定民主化建设标准，充分尊重民众的价值观，社区公共开放空间的规划设计由公众参与决策。

道路规划设计——通过网上调查的方法来获取人们的步行特点、街巷使用特征、人群活动特征，通过实地调查研究街区特性如沿街植物、地面铺装等的物理属性，通过访谈和社区内部利益相关者交流获取民众意见，基于以上调研结果进行街区内部道路交通规划。为增加街道活力，通过自行车停车位定制设计，增添公共座椅等来增加街区的艺术性，并提升街道景观环境的品质（图 1）。

规划实施——方案确定后由当地政府机构进行深入研究和评估，提供资金资助等，并将一系列细节性方案纳入市政远景规划等的审查评估范畴，使之进一步规范化、合法化。

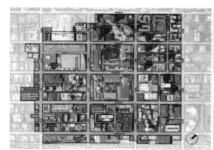

图 1　耶尔巴布埃纳生活街区道路设计

2.2.2　佛罗里达州 Seaside 小镇

Seaside 小镇坐落于佛罗里达州狭窄地带上的沿海城镇，占地 80 英亩（约 32ha），社区的规划与设计以坚持公众价值为核心原则，主要体现在以下方面：

功能布局——功能混合，公共服务设施齐全（图 2），包括学校、礼堂、露天市场、帐篷形竞技场、城镇商业街和广场、小型邮局、网球俱乐部。

建筑——风格统一但住宅类型多样，满足不同人群的需求。

公共空间——等级明确并形成完整系统，以中央广场为核心，通过街道串联商业、小游园、凉亭等小节点空间，营造浓厚的社区氛围。

道路——人住区内部人车混行，道路无主次等级之分，路网密度较高，宽度适宜提高开放程度。遵循五分钟步行原则，邻里半径 ≤ 400m，公园等绿地开放空间以及学校、运动中心、教堂等其他公共服务设施均在步行可达范围内。

图 2 Seaside 功能布局示意图

2.2.3 西方街区制规划实践特点

基于以上案例不难发现，西方街区主要体现在尺度规模适度、用地功能复合、居住人群混合、街区安全管理系统完善、注重公众参与等方面。

另外不同国家对于街区制发展也有不同的策略，表 3 为美国 – 英国街区制发展策略。

美国 – 英国街区制发展策略   表 3

国家	确立时间	起源	特征	发展趋势	具体示例（1km×1km）	
美国	18 世纪 80 年代	确立方格制的产权地块分割模式	城市呈现"小街区、方格网"格局，住区内建筑、街区、街道构成一个整体	市区内以开放式街区为主，郊区存在少量封闭住区		路网密度：16.6 街廓个数：0.67 交叉口密度：83
英国	20 世纪 70 年代	制定《街区保护法》	居住、休闲、娱乐等功能混合布置	政府"自上而下"的通过制定法律或制度来保障街区制的建设		路网密度：22.26 街廓个数：1.43 交叉口密度：126

总而言之，西方国家的街区制没有简单地停留在拆除围墙、打通道路上，而是多管齐下、多方配合、因地制宜地应对开放街区可能带来的挑战，逐渐形成了一套系统化的社区发展方式。

3 街区制住区的推广方法

（1）政府引导、机关示范——以政府机关大院等项目作为示范，向大家展示开放街区的益处，优先拆除影响区域交通的市中心大型楼盘等。

（2）先易后难、循序渐进——杜绝"运动式"的大拆大建。先增量后存量，先在城市新区进行试验，通过建设，来积累经验。对现状小区，可以先进行试点示范，在保证安全并征得业主同意的情况下，再逐步推进。同时，采取一系列鼓励措施对主动打开的小区进行补贴，如免费安装楼栋安全设施、减免房地产税、降低水电气费以及物业费等。

（3）因地制宜、对症下药——进行开放的合理性评估，影响到城市交通的微循环的小区优先打开。中心城区，交通密集路段，优先实施。郊区等不存在交通穿越需求的路段，可以灵活选择住区方式。另外可以采用住区开放，组团封闭的方式来保证安全和居住品质。

（4）保障权益，完善法律——以人为本，尊重公民意见，保障私人权益和公共利益，通过严格的法律程序，保障原封闭式小区居民各种权益不受侵犯或制订相应补偿方案。

4 街区制住区的规划设计及管理方法

4.1 总控规等不同层面的把握

4.1.1 总体规划统筹引导

城乡总体规划作为法定规划，在城市发展中起指导和带头作用。总体规划应在住区发展的原则以及发展模式上予以确认和指引，让开放住区成为城市住区发展的共识，并协调各相关部门，获取协助与支持。

4.1.2 控规明确指标把控

控制性详细规划作为城市规划管理的依据，可以指导修建性详细规划的编制。控规详细的确定了城市用地的各类指标，如次干道的路网密度、宽度、断面形式，另外对支路的功能与形式也可进行引导，保证各地块与城市交通衔接通畅。控规层面，提出住区中内部各类公服设施的位置及规模，有力的保证了设施的开放共享。

4.1.3 修详规针对性措施

修详规是用以指导各项建筑和工程设施的设计和施工的规划设计，居住区的修建性详细规划可进一步细化住区的出入口位置、景观配置、内部组团形式等。在这一规划层次上，修详规可以依据总规、控规的指导要求因地制宜的进行规划设计，以适应不同城市、不同地段等的不同需求，具有一定的灵活性（图 3）。

图 3　街区制住区规划设计管理框架图

4.2 道路交通规划优化措施

开放街区同样是对现有交通规划理念的冲击，现状主干路的红线宽度不断增加，交叉口不断渠化拓宽，随着政策的实施，如何衔接合理衔接小区道路与城市道路，如何有效利用增加的道路资源，交通管理如何与之配套等问题亟待解决。

针对上述问题，建议从交通体系入手，由上至下逐步优化，以发展步行、自行车和公共交通为主，从路网宽度、路网密度、交叉口处理、车辆停放等方面进行规范化管理，从而解决上述问题。

4.2.1 恢复道、路、街、巷概念，树立"窄马路、密路网"布局理念

对外交通干道为道，城市主要通道为路，商贸集散路段和贯穿小区道路为街（有商业街区和景观街区之分），居民区内小道为巷。另外结合我国实际，参考国外成功经验，适应城市的多元化需求，因地制宜的根据街区功能，合理控制路网间距（约 70 ～ 200m），加密支路网密度，形成等级和功能明确的密路网规划模式。

4.2.2 积极采用单向交通组织

如何保障主干路道路红线宽度变窄还能顺畅通行，建议采用单向支路的形式来代替双向行驶的"宽

大"城市道路（图4），避免交通流汇集过于集中，保障交通高效通行，减少流线冲突，同时可以缩短交通信号周期。随着支路网密度的提高，相邻支路可因地制宜地设置单行线，形成区域交通微循环系统。

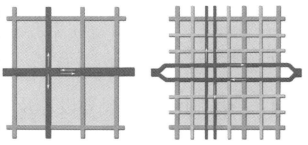

图4　单向交通分流示意

4.2.3　精细化处理交叉口

在窄马路、密路网的理念之下，建议交叉口在规划设计和控制管理等方面进行精细化，加强对行人和自行车的关注，如可以通过减少转弯半径来降低机动车右转速度，同时整合其他可增强安全性的街道设计方法，以求节约用地、保障安全、提高效率。其中主干路、次干路交叉口，可根据周边用地、交通流量等情况设置左转自行车待行区，保障交叉口处的非机动车顺畅通行。支路相交交叉口，可压缩进口道尺度，从而减少人行过街距离（图5）。

4.2.4　降低机动车车速

采用交通稳静化措施，通过道路系统的优化来降低机动车对居民生活质量及环境的负效应，通过改变驾驶员对道路的感知从而使其以合适当前环境的速度驾驶，提倡人性化驾驶行为，改变行人及非机动车环境，提升街道安全。在交叉口渠化设计方面，降低设计速度从而减小交叉口转弯半径；还可以设置交通花坛、交通环岛、曲折车行道、变形交叉口、减速台等达到降低机动车车速的目的。

4.2.5　缩小建筑退道路红线距离

目前在许多城市的规划技术管理规定中，建筑后退道路红线的距离基本是依据传统的宽马路、大街区的形态提出的，一般控制较宽的距离来实现对机动车的隔离，而这种做法会隔断街道与建筑物之间的互动，造成消极的城市空间，并削弱其宜居性。而在"窄马路、密路网、开放街区"模式下，建筑后退距离也应当相应减少，以便增加街道空间紧凑感，从而激发街道活力（图6）。

图5　交叉口精细化改造前后对比图

图6　国内外街景对比（左曼哈顿、右北京）

此外，对于居住地块，街道宽度和后退距离的设计应考虑到街区最后一排建筑对街道对侧建筑的遮挡。针对此类问题，可以考虑分层退让，即临街面设置底商，底商以上楼层适当叠退，以此保证日照（图7）。

4.2.6　街区停车

原本封闭小区内部道路的停车由住区内部物业管理，开放之后，可能会有许多其他社会车辆随意停放，造成停车混乱，因此就这个问题可以采取以下策略：增加地下停车，减少将地面停车位，把有限的地上空间尽可能多地提供给居民和行人；一旦街区制推广开来，用地混合，而同一区域内的住宅、商务、商业、娱乐等不同功能的停车高峰时段和时日不同，因此可采用共享停车策略，即在同一区域内的不同建筑物之间的停车场，利用一天、工作日或周末不同时段的停车峰值变化，来合理安排停车以此提高停车设施的利用率。

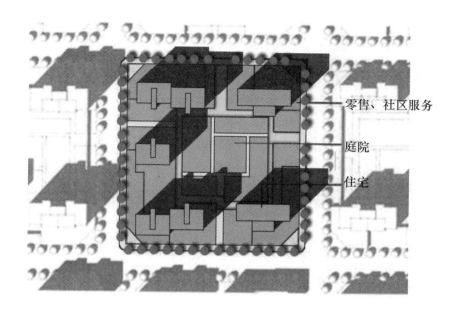

零售、社区服务

庭院

住宅

图 7　住区叠退示意（作者改绘）

4.3　住区建筑形态控制

4.3.1　建筑密度——细化分区，分级管控

建筑密度通常可以作为评判居住环境优劣的重要因素，而在小街区模式下，需要更加严格的对建筑密度进行控制与引导。通过对典型小街区地块进行研究，发现随着街区尺度的减小，建筑密度趋于增大。因此可以对不同尺度的街区地块进行分类控制，另外考虑到日照等因素，不同地区的实施标准也应有所不同。

4.3.2　建筑贴线——界面连续而富有变化

为营造好的街景立面，在街区制住区中，临街道、广场或绿地等公共空间的建筑应对建筑底层进行贴线控制，通过查阅相关资料，建议建筑裙房贴线率 ≥ 75%，以塑造连续而富有活力的界面，但塔楼贴线率建议 ≤ 40%，避免形成较狭小封闭令人压抑的街道空间。建筑临街界面应表现出一定的可渗透性，如建筑临街界面有一定数量的出入口且间距不宜过大，以保持行为上的可穿越程度，另外临街道的建筑立面宜采用通透的玻璃材质，在保持风格统一色彩和谐的同时局部可形成变化，避免千篇一律的封闭空白墙面。

4.4　公共服务设施优化措施

随着住区的开放，公共服务设施的布局也应由原来的组团布局转变为在更大范围内考虑其规模和位置以及服务半径。建议采用集中共享、区域分散、分类错位的方式，保证服务范围覆盖到各家各户，来有效促进各住区居民交叉享用公共服务设施，同时增进一定范围内住区居民的交往。

4.4.1　布局教育设施——优化布局，提升质量

在推行街区制后，对于小学以及从属于居住类公共服务设施的教育设施幼儿园，建议集中师资力量，综合考虑其规模和服务半径，在住区边缘布置，以便提高教育水平，达到跟周边住区和城市的共享。

4.4.2　商业网点——综合布局，分级配置

开放小区的商业布局应遵循"住区 – 邻里单元"的等级结构。住区级商业综合考虑其服务规模、半径，体现更大的开放性，同时注意可达性和便利性；邻里级商业应考虑生活性，以及使用频率，应在步行可达范围内，主要为小范围内的人群服务（图8）。

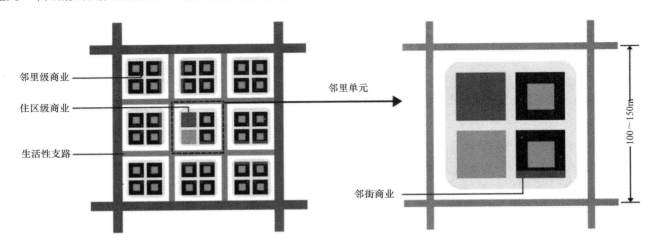

图8 开放街区商业配置示意图（作者改绘）

4.5 居住环境优化措施

4.5.1 绿地开敞空间的布置

封闭小区的绿地空间往往是内向型，独立存在，服务于组团内部但是不对外开放。而随着开放街区的推行，绿地开敞空间应该考虑整体性，充分融入城市中，服务于更多的人群（图9）。为给居民提供更加舒适健康宜居的居住环境，绿地开敞空间的布置应充分体现等级结构明确、系统完整。

绿地开敞空间的具体开放策略如下：较大面积的片状景观应根据城市景观整体系统，将绿地开敞空间布置在居住单位边缘，考虑与城市道路和周边区域的连接，还可以将公共交通引入住区，公交站点的设置临近景观绿地；小面积的点状绿地同样应注重开放性，可通过生活性道路连接，提高可达性；对于一些沿道路布置的线型景观，应注重其功能的多样性和混合性，如非机动车道可以同时兼具环境优美的特点，来作为健身步道和散步用的园路。

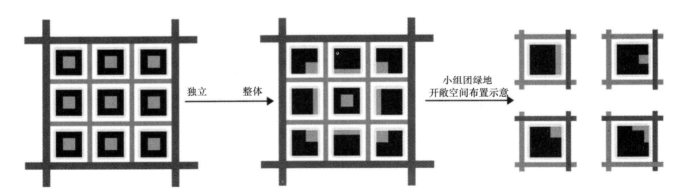

图9 绿化景观、开放体系整体构建及景观布置方式示意图（作者改绘）

4.5.2 噪声控制

（1）商业噪声——街区开放意味着居住与商业活动的混合，而两者发生的时间却存在一定的矛盾冲突。通过总结不同活动的时间规律，发现居住活动中大部分的室外活动与商业活动时间基本一致（表4），因此可以通过规划管理来排除掉那些在居民休息时段内产生噪声的活动，保证互不影响的同时将两者安排进同一空间，以此来保证居住品质并尽量创造最高的社会经济效益。

居住、商业活动时间表（来源：江山英，零售商业与社区 [D]，同济大学，2002）　　表 4

	6:00-8:00	8:00-11:30	11:30-14:00	14:00-17:00	17:00-19:00	19:00-21:00	21:00-23:00	23:00
居住	起床、早餐、晨练、上班、学前活动	工作时间、居住活动基本停止	午餐、午休、休闲活动	工作时间	下班回家、晚餐、购物消费、休息	室内居住活动、专业场所内消费、生活	逐渐休息、睡眠	睡眠
商业服务业	早餐餐饮、零售业开业前准备	商业正式营业	午餐餐饮、休闲场所、零售商业营业、值班	商业营业	餐饮、零售商业高峰、部分服务业高峰	部分商业活动结束、生活服务业高峰	逐渐结束营业	歇业

（2）车辆噪声——针对车辆噪声，可采取生活性道路分时段开放的措施，比如可以规定晚 22：00 到早 6：00 这一时段内禁止外来车辆进入。

4.5.3　安全管理

针对居民所担忧的开放街区的安全问题，住区管理方面建议采取以下措施来化解：

（1）在源头上明确住区安全的责任主体，促进全社会网格化管理理念的落实。依托社会治理网络，对街区合理划分，建立社区安全"多元供给"模式，政府主导、社会招标、企业运作，并联合商业组织、志愿组织、邻里等对小区进行综合管理，确保住区的干净整洁、路网畅通、规范有序。

（2）提倡警务进社区，在开放社区内部建立责任明确的社区警察服务制度，为社区提供完备的监控、警报系统等安全设施。

（3）优化建筑物的进出安全，加强巡逻、安防，有效利用智能管理手段提高安保能力。

5　结语

街区制是中国城市发展中的新生事物，其推广中必然会存在很大阻力。但是只要我们正视这些矛盾并采取积极的应对措施，街区制必将成为缓解城市交通拥堵，改善居住环境，增进居民间的交往，增强住区文化气氛，建设积极健康的活力城市的有效措施。

参考文献

[1] 高圣平 . 开放小区的现行法径路 [J]. 武汉大学学报（人文科学版），2016，（03）：19-22.

[2] 陈友华，佴莉 . 从封闭小区到街区制：可行性与实施路径 [J]. 江苏行政学院学报，2016（4）：50～55.

[3] 周岩，王学勇，苏婷，等 . 街区制与封闭社区制规划的对比研究 [J]. 道路交通与安全，2016（4）：18-23.

[4] 于泳，黎志涛 . "开放街区"规划理念及其对中国城市住宅 2006（02）：101～104.

[5] 顾大治，蔚丹 . 城市更新视角下的社区规划建设——国外街区制的实践与启示 [J]. 现代城市研究，2017（08）：121-129.

[6] 孙飞 . 街区制背景下苏州市住区空间开放性及发展策略研究 [D]. 苏州科技大学，2017

[7] 孙胜男，何峰 . 街区制住宅的交通应对措施 [J]. 综合运输，2017（2）：47-51.

[8] 陈龙，孙颖，李琼 . 由街区制引发的交通研究若干思考 [J]. 交通与运输，2016，32（3）：11-13.

[9] 沈莉芳，陈诚 . "小街区规制"——"街区制"的成都实践 [J]. 规划师，2017，33（07）：26-30.

科学·精准·动态：新时期国家级新区总体规划编制的实践与创新——以陕西省《西咸新区总体规划》编制为例

张军飞*

【摘　要】国家级新区是落实国家新型城镇化和创新发展的重要载体。新时期，为了更好的发挥国家级新区的创新引领作用，体现总体规划编制的科学、精准和动态特征，实现规划编制由"全能型"向"精准型"转变的编制思路。提出构建从编制到实施的全过程管控体系，突出规划编制过程的科学性、特色化与人本性；规划管控的体系化、精准化与法定化；规划实施的动态化检测、评估与反馈。加强规划编制过程的科学性、规划内容的准确性和规划管控的法律地位与刚性约束。在"认识、尊重、顺应新区发展规律"的基础上，努力提高规划的合理性，用更加理性的精神、更加科学的思维来进行新区总体规划的制定和实施，为新区规划在新区发展中刚性控制作用的发挥提供切实有效的依据，并真正实现"一张蓝图干到底"的总体部署。

【关键词】国家级新区，总体规划，科学编制，精准管控，动态实施

中央城市工作会议提出，要着力提高城市发展持续性、宜居性，要增强规划科学性、指导性。联合国"人居三"大会通过的《新城市议程》也强调通过规划更加公平、更加联通、更加包容的城市来引导可持续发展。中央《关于进一步加强城市规划建设管理工作的若干意见》提出新时期的城市工作要认识、尊重、顺应城市发展规律，更好发挥法治的引领和规范作用。城市规划在城市发展中将起到战略引领和刚性控制的重要作用。新时期的城市规划工作需要创新规划理念，改进规划方法，把以人为本、尊重自然、传承历史、绿色低碳等理念融入城市规划全过程，强调规划核心内容的"刚性传递"，特别是确保城市总体规划对下位规划的刚性控制作用，进一步增强规划的前瞻性、严肃性和连续性。

国家级新区是由国务院批准设立，以相关行政区和特殊功能区为基础，承担着国家重大发展和改革开放战略任务的大尺度、综合型城市功能区。新区总体规划作为新区城市发展的纲领性文件，在指导新区城市建设过程中起到了核心引领作用。通过对总体规划相关研究的梳理，学者主要集中在总体规划中面临的问题、演变以及改革创新方式探究等层面，对国家级新区总体规划的相关研究总体欠缺。区域研究方面，学者多侧重于区域规划和区域组织等"柔性"的空间研究，而对于中央政府渐次设立的国家级新区的"刚性"尺度的空间规划研究则缺乏理论化的探讨。现有国家级新区总体规划研究也多表现为新区发展脉络的梳理、空间生产策略研究、实践与目标的偏差等方面，对国家级新区规划制定中问题的梳理尚存在欠缺。本研究梳理了国内目前已经批复的18个国家级新区（不包括雄安新区）的规划编制内容，基本上还是照搬传统城市总体规划的编制体系，规划编制成果构成庞杂，针对性不强，关键问题不突出；规划缺乏弹性和严肃性，规划实施性差，具体表现为：一方面，规划内容丰富、全面，但缺乏关键概念主题提炼，重点不突出，与规划治理体系不匹配、难落实，更难评判比较；另一方面，规划管理体系在时间（年度、近期、远期、远景），空间（国家、省、市、新区、新城的事权分工）上不尽明确，和有关专业

---

* 张军飞（1986–），男，陕西省城乡规划设计研究院研究中心工程师。

衔接不到位。同时，规划内容法制建设滞后，依法行政推进缓慢。没有做到依法规划，实现"一张蓝图干到底"的要求，规划执行缺乏连续性和刚性约束；没有做到有法必依、执法必严、违法必究，现行法律法规的针对性、可操作性不强，执法体制权责脱节、执法司法不规范等现象较为突出。

以《西咸新区总体规划（2016–2030）》为例，探讨新时期国家级新区这一类特殊的城市总体规划，在实施与管控方式方面由"全能型"向"精准型"转变的研究思路与实践方法，旨在突出编制重点，强化体系构建，严格规划管控。规划结合西咸新区的现状规划管理与实施特点，提出在强化公众参与的基础上落实精准管控，突出动态检测，以更好的指导新区的规划编制与城市建设。

1 规划编制的科学性、特色化与人本性

1.1 从一般规律和国家政策研究入手，把握新区发展趋势

城市发展是一个自然历史过程，有其自身规律。国家级新区是一类特殊的城市功能区，具有相对独立性、系统性和综合型等典型特点，新区的发展也面临着农村人口向新区集聚、农业用地按相应规模转化为新区建设用地的过程，人口和用地要匹配，新区规模要同资源环境承载能力相适应。新区总体规划的编制必须认识、尊重、顺应城镇化发展规律，端正新区发展指导思想，切实做好新区规划工作。

中央城市工作会议指出，城市工作是一个系统工程。做好城市工作，要顺应城市工作新形势、改革发展新要求、人民群众新期待，坚持以人民为中心的发展思想，坚持人民城市为人民。新区总体规划是指导新区建设和发展的纲领性文件，新区总体规划的编制在尊重城市发展一般规律的基础上要积极对接研究国家相关政策和发展要求，要以发展的眼光看新区，新区发展有自身的自组织生长模式，同时，新区的发展更离不开国家和地区的发展趋势与政策引导。要立足国情、省情、市情，立足经济、社会发展，立足文化、风貌保护。新区总体规划要因势而为，因政施策，方能认准新区发展趋势、定位与目标。

西咸新区是首个以"创新城市发展"为主题的国家级新区，新区自成立以来经历了五年的基础设施建设阶段，当前已逐步进入功能完善阶段，城市建设重点也逐步由通过大量固定资产投资推进基础设施建设，而转向逐步通过创新引领，提升城市服务与品质，完善提高新区整体功能。结合《全国主体功能区规划》、《国家新型城镇化规划（2014—2020年）》、"一带一路"战略以及国家《关于进一步加强城市规划建设管理工作的若干意见》等一系列与新区发展相关的政策、规划和文件解读，明确西咸新区在国家发展大势下的角色定位和应该承担的主要功能，把准新区发展定位与发展目标。

1.2 从新区资源禀赋和发展问题入手，理清新区自身特色

亚里士多德说，"人们来到城市是为了生活，人们居住在城市是为了生活得更好。"从城市诞生时起，塑造城市之美、创造美好生活就一直是人类追求的主要目标之一。生态有保护、人文有特色、经济有活力、就业有保障、生活有盼头，才是一个国家级新区真正体现幸福、宜居与美丽的核心内容。建设美丽新区，彰显地域文化，突出新区特色的关键不是"最先进的就是最好的，而是最合适的才是最有生命力的"，最有生命力的就是当地的资源与自身的特色。认清楚新区自身特色，发挥新区自身优势，解决新区现存问题，是建设美丽宜居新区的关键。

西咸新区文化资源丰富，生态基础良好，交通条件优越。新区自成立以来，经济社会发展全面提速，但是城市发展仍然存在较多问题，现行总规提出了现代田园城市建设概念，但是当时并没有提出明确的田园城市建设路径。新区建设虽然全面铺开，但空间集聚尚不明显，现状用地多呈分散布局，整体上未

现初具规模的片区，具有特色形象的片区尚未完全形成。截至目前，西咸新区与西安、咸阳之间联系较为密切，但五大新城之间的交通、产业及经济联系较弱，未能形成发展共同体。为建成现代田园城市，规划需要进一步明确现代田园城市内涵，以此为基础提出具体的实现路径，并进一步增强现代田园城市内涵的规划管控，建立现代田园城市的控制体系。在未来的建设中，应充分突出核心板块，推进建设用地更加集聚，从"全面开花"到"以点突破"。建议在建设初期严格把控各高速公路、各城市组团、各重大市政设施所需的生态廊道，并提出廊道管控的具体要求及措施，确保新区"大开"格局的形成。

1.3 从"以人为本"到提升新区品质入手，做好规划编制"全民参与"

坚持以人为本，"情为民所系，利为民所谋"，真正让人民群众在新区规划工作中当家做主，做到政府引导与专家指导相结合；专家参与与公众参与相结合；政府管理与社区管理，专业管理与群众管理相结合，让公众参与新区规划工作的全过程。通过推进公众参与，增进了政府、规划部门、居民三者之间的沟通理解，使得政府领导和规划人员能真正了解居民的真实想法和愿望，通过共享规划成果，增强居民对所生活的城市、社区的认同感、自豪感和幸福感。

西咸新区总体规划编制从"以人为本"到提升新区品质入手，实现规划编制全过程公众参与，引导和鼓励市民、企业等多方利益主体主动参与规划制定和决策。多种公众参与方式相结合，采取专家咨询、市民座谈、发放调研问卷等多种方式征求专家和公众的意见，分阶段进行规划公众评价、规划方案公众咨询。同时，规划编制采取报批成果和宣传成果相结合的方式，形成"文本+图样+说明书+专题报告"和"公众咨询报告和多媒体展示文件"相结合的规划成果形式（图1）。

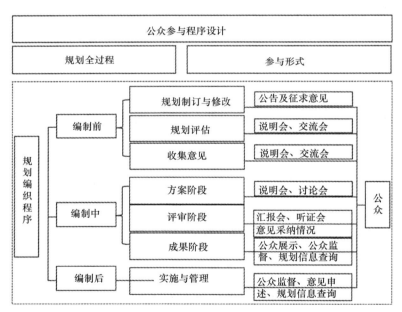

图 1 西咸新区公众参与程序设计图

2 规划管控的体系化、精准化与法定化

2.1 从空间、边界、指标和结构四个方面构建规划管控体系

在现实的规划实践中往往存在控规成果难以传递总规发展意图，或是在控规快速全覆盖的过程中，

存在控制的刚性不刚，弹性不弹等突出问题。

西咸新区总体规划在编制过程中试图探讨一种加强总规意图向下传递，构建新区－新城分层控制，刚弹结合的规划控制体系。规划控制从全能型向精准型转变，控制体系以建设"核心板块支撑、快捷交通连接、优美小镇点缀和都市农业衬托"现代田园城市建设为目标，明确重点，构建体系，严格控制。从空间管制、边界控制、指标控制和组团控制四个方面构建西咸新区规划控制体系。

通过"定格局－定边界－定指标－定结构"四个方面，理清新区总体规划阶段的生态田园格局。同时，在"五线控制"的基础上划定新区建设开发边界，并进一步明确新区总体规划阶段的生态城区和海绵城市建设核心指标。通过核心组团和中心体系控制落实现代田园城市基本骨架。结合"新区－新城"两级管理体系特征，通过"法定文本－法定图样－管理图则"三种法定文本和图样形式确定新区规划管理与控制的核心内容（图2）。

图2　西咸新区"现代田园城市"实施路径与控制体系

2.2　在传统规划体系的基础上，精简细化管控内容

传统总体规划内容庞杂，大而全，重点不突出。西咸新区总体规划提出"精简内容、强调底线管理"，结合"新区－新城"的规划管理特征，在新区规划控制体系的基础上，明确新区和新城在不同规划阶段的核心管控内容，建立"事权分级、权责对应"的规划管控体系。实现规划核心内容从"战略纲领—法定蓝图—控详规划—建设许可"的自上而下的刚性传递。并建立"从评估反馈到规划修编与管理审批"的动态机制，保障总体规划能够不断适应新区和新城的发展要求。

在新区总体规划阶段，从"规划结构、发展规模、边界控制、重大设施"等方面明确新区的核心管控内容，通过"文本＋图样＋图则"的控制方式进行严格控制，对于未纳入新区规划管控的内容提出规划管控意见，从而指导新城在分区规划编制中进行细化控制如图3和表1所示。

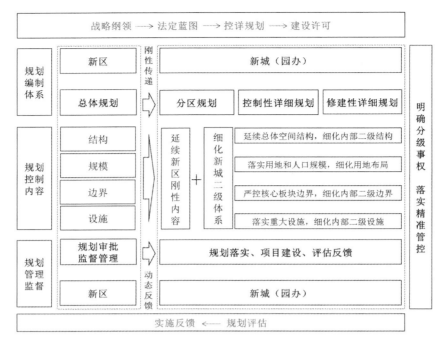

图3　西咸新区规划编制与管理体系

西咸新区"新区 - 新城"规划管控内容　　　　　　　　　　　　　　　　　　表1

规划管理内容		新区管控内容	新城管控内容	备注
规划结构		顺承关中城市群核心区的空间形态，以"大开大合"的空间发展模式，构建新区"一河、一心、一轴、两带、五组团"的空间结构	延续新区规划结构，落实五个一级单元，27 个二级单元，细化三级单元	文本图样图则
发展规模	人口规模	新区居住用地分为 5 个新城组团，共划分 41 个居住区组团，总人口容量 272 万人	严控人口规模，细化居住组团	文本图则
	用地规模	新区到规划期末总建设用地控制在 299.23km²	空港 42.73 km²；沣东 83.02 km²；秦汉 59.65 km²；沣西 59.37 km²；泾河 54.46 km²	
边界控制	开发边界	西咸新区城市开发边界规模 322.22 km²，板块 14 个；建设用地规模控制线 317.79 km²，片区约 70 个	延续新区刚性边界，细化新城弹性边界	文本图样图则
	红线	将城市快速路、城市主干路、组团间联系道路、跨渭河通道、区域物流通道等道路纳入红线管控。西咸新区路网总长约 2238km，纳入红线管控道路长度 604km，占新区道路总长的 27%	落实新区主要道路红线控制，细化新区未纳入的道路控制	
	绿线	采用生态控制线和绿线结合的方式，控制三分之一的建设用地，三分之二的绿色基底。通过生态敏感性分析，构建生态网络基底，保障田园城市绿色生态格局	落实新区生态控制线和绿线边界，细化新城绿线范围	
	蓝线	明确渭河、沣河、泾河、新河、皂河、太平河、沙河、昆明池、沣渭湿地公园、宝鸡峡干渠、泾惠渠南干渠、十支渠、退水渠、沣惠渠等河道、水库、湿地公园和排水渠的控制边界	落实新区蓝线边界，细化蓝线控制要求	
	紫线	明确新区范围内文物保护单位的建设控制范围（紫线）	严格控制	
	黄线	明确新区范围内重大基础设施的规模和用地边界，进行严格控制	落实新区重大设施布局，细化新城下一级设施的布局	
重大设施		给水、排水、燃气、供热、电力、环卫、消防等重大设施的规模、边界和四至坐标	落实新区重大设施布局，细化新城下一级设施的布局	文本图样图则

2.3　以法定管理图则的方式，强化核心内容的刚性约束与传导

城市总体规划与专项规划、详细规划之间的"刚性传递"不足，随意修改，缺乏严肃性等成为总体规划的最大诟病。西咸新区总体规划以编制法定管理图则的方式，试图从空间管制、边界控制、指标控制和组团控制四个方面构建规划控制体系，采用"边界＋指标"双向控制的模式对规划的核心内容进行严格控制。

2.3.1　边界控制

边界控制主要包括城市廊道控制、城市开发边界控制和五线控制三类。城市廊道控制将城市的主要廊道分成田园廊道、滨河廊道和交通廊道三个类别，分别对廊道的位置和宽度进行严格控制，落实新区核心板块支撑的发展理念。城市开发边界是控制新区无序发展的刚性边界，分为城市开发边界严格控制线和城市开发边界一般控制线两条控制线。严格控制线为新区各板块的建设边界，必须严格控制；一般控制线为新城内部各组团之间的建设边界，要求严格控制边界之间的宽度，边界的位置结合发展实际情况可进行局部调整。五线控制主要包括道路红线、绿线、黄线和紫线，重点控制新区内部主要的干线性主干道、新区级的核心绿地、重大基础设施，紫线分两级，文物保护范围界线必须严格控制，文物建设控制地带界线内部的建筑高度、色彩和形式进行规划引导。规划中廊道控制线、"五线"以及开发边界，一经确定和批准，需强制执行，不得随便变更，确因外部条件或发展政策发生重大变化需要变更时，应由原审批部门审批同意后方可变更。

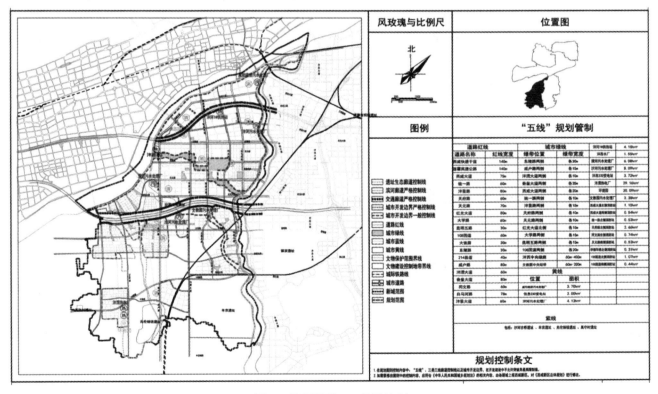

图4　管理图则——边界控制

2.3.2　指标控制

指标控制分级别分类型进行控制，西咸新区一共分三级重点控制新区内各个新城的建设规模和主要功能以及公益性设施和公共绿地。确保各类公益型设施规模，明确设施的布局区位，不限制设施具体位置，可结合相邻地块开发与其他项目进行联合建设。

一级控制单元主要控制新区级的中心体系职能和建设规模，公益性设施重点控制新区级的行政办公设施、文化设施、教育设施、体育设施和医疗卫生设施，公共绿地重点控制人均绿地与广场用地面积和人均公园绿地面积。二级控制单元主要控制各新城内部管理单元的个数、用地结构和公益性设施的数量与建设指标要求。三级控制单元主要控制各新城内部不同功能板块的数量和公益性设施的数量与建设标准（图5）。

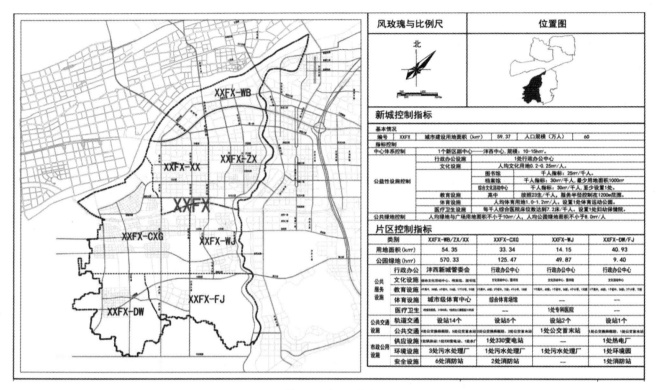

图5　管理图则——指标控制

3　规划实施过程的动态化检测、评估与反馈

实现对相关规划及现状信息的整合管理，西咸新区总体在编制之初，结合现状调研，利用GIS数据平台，将新区建设现状的相关状况以坐标点和矢量数据的方式输入地理信息平台，构建新区发展与城市建设现状数据平台。在现状数据平台的基础上，进行综合现状信息地理空间分析，修正新区空间规划布局，实现西咸新区"现代田园城市"空间规划的精准化和科学化。在编制后期，对已经完成的总体规划成果进行入库整合，结合新区控制性详细规划和相关专项规划内容，形成"总规 + 控规 + 专项规划"的完整的信息平台，服务于规划管理和项目审批，切实实现规划成果的动态检测、编制、修改、实施与评估的全过程动态数据操作。

3.1　规划过程动态检测、评估与反馈的体系构建

在"现状 + 规划（总规、控规、专项规划） + 实施（管理、检测、评估）"的完整信息平台的基础上，进一步完善"战略纲领—法定蓝图—控详规划—建设许可"的自上而下的规划体系，保证核心内容的刚性传递。建立"从评估到反馈"的动态机制，保障总体规划能够不断适应新区发展出现的新变化。

3.2 规划核心内容的数字化平台搭建

3.2.1 基础信息及相关规划整理

对西咸新区的用地综合现状、行政区信息、各专项规划、已批已建用地项目，以及国土的管控数据等内容进行数据入库管理，形成新区综合现状信息平台。

3.2.2 西咸新区地理空间分析

在综合现状信息平台的基础上，运用GIS的地理空间分析技术，结合前述的基础信息整理，对"现代田园城市"控制体系下的生态控制刚性要素及边界进行分析划定，结合用地进行适宜性评价，对新区进行空间管制分析；对形成的规划方案进行空间自集聚、可达性及设施优化布局分析，实现用地布局的综合优化。

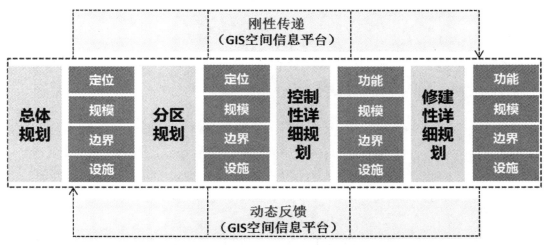

图6 规划过程动态检测、评估与反馈的体系

3.2.3 规划实施的动态检测、评估与反馈调整

通过"现状＋规划（总规、控规、专项规划）＋实施（管理、检测、评估）"的完整信息平台，实现新区规划信息管理的数据化一体化管理反馈平台，结合新区发展出现的新情况和新变化，实时更新优化综合数据平台，并结合规划信息化审批管理，实现规划成果的动态检测、方案编制、规划修改、实施管理与反馈评估的全过程一体化动态平台。

4 国家级新区总体规划编制、管控与实施总结与反思

2016年2月21日公布的中共中央、国务院《关于进一步加强城市规划建设管理工作的若干意见》（以下简称《意见》）提出了加强城市规划建设管理的八项重点任务。根据《意见》所说，新中国成立特别是改革开放以来，我国城市规划建设管理工作成就显著，但还存在一些突出问题。城市规划前瞻性、严肃性、强制性和公开性不够；城市建设盲目追求规模扩张，节约集约程度不高；城市建筑贪大、媚洋、求怪等乱象丛生，特色缺失，文化传承堪忧；依法治理城市力度不够，违法建设、大拆大建问题突出；基础设施依然欠账，公共产品和服务供给不足；环境污染、交通拥堵等"城市病"蔓延加重。国家级新区作为落

实国家重大战略，实现新时期改革创新任务的实验基地，在实现规划引领，高点定位，改革创新方面具有得天独厚的政策优势，通过编制高水平的规划实现新区的高品质建设意义重大。

　　新区总体规划是新区发展的"蓝图"，是新区政府指导和调控新区建设和发展的基本手段之一。新区总体规划是新区规划编制工作的第一阶段，是新区建设和管理的主要依据。新时期，国家级新区的总体规划编制，在落实国家重大发展战略和发展要求的基础上，必须强调严谨规划、严格实施、严肃监督的"三严"规划先行主线，实现向市场规制、公共政策转变。新区规划工作要从计划导向到市场规制转变，从规划技术到公共政策转变。规划改革既要体现战略性和科学性，也要体现政策性、合法性。文章结合《西咸新区总体规划（2016–2030）》编制，以西咸新区为例探讨了新时期国家级新区在总体规划编制过程中由"全能型"向"精准型"转变的研究思路与实践方法。可为其他新区总体规划的编制提供参考和借鉴意义，也是新时期针对国家级新区两级管理模式的"规划实施与管控体系"的重要探索。

参考文献

[1] 刘继华，荀春兵.国家级新区：实践与目标的偏差及政策反思 [J]. 城市发展研究，2017，24（01）：18–25.

[2] 晁恒，马学广，李贵才.尺度重构视角下国家战略区域的空间生产策略——基于国家级新区的探讨 [J]. 经济地理，2015，35（05）：1–8.

[3] 和朝东，石晓冬，赵峰，等.北京城市总体规划演变与总体规划编制创新 [J]. 城市规划，2014，38（10）：28–34.

[4] 李晓江，张菁，董珂，等.当前我国城市总体规划面临的问题与改革创新方向初探 [J]. 上海城市规划，2013，（03）:1–5.

[5] 郑德高，闫岩.实效性和前瞻性：关于总体规划评估的若干思考 [J]. 城市规划，2013，37（04）：37–42.

[6] 李强.从"激进式发展"到"转型式发展"——转型期浦东新区总体规划修编理念探析及实践 [J]. 上海城市规划，2012，（01）：27–31.

[7] 张庭伟.规划理论作为一种制度创新——论规划理论的多向性和理论发展轨迹的非线性 [J]. 城市规划，2006，30（8）：9–18.

[8] 张京祥.体制转型与中国城市空间重构——建立一种空间演化的制度分析框架 [J]. 城市规划，2008，32（6）：55–60.

[9] 徐超平，李昊，马赤宇.国家级新区兰州新区发展路径的再思考 [J]. 城市发展研究，2017，24（03）：148–152.

[10] 刘继华，荀春兵.国家级新区：实践与目标的偏差及政策反思 [J]. 城市发展研究，2017，24（01）：18–25.

[11] 李云新，贾东霖.国家级新区的时空分布、战略定位与政策特征——基于新区总体方案的政策文本分析 [J]. 北京行政学院学报，2016，（03）：22–31.

[12] 谢广靖，石郁萌.国家级新区发展的再认识 [J]. 城市规划，2016，40（05）：9–20.

[13] 郝寿义，曹清峰.论国家级新区 [J]. 贵州社会科学，2016，（02）：26–33.

[14] 刘涛.国家级新区的理论、实践及其未来研究方向 [J]. 城市观察，2015，（04）：67–73.

[15] 晁恒，马学广，李贵才.尺度重构视角下国家战略区域的空间生产策略——基于国家级新区的探讨 [J]. 经济地理，2015，35（05）：1–8.

[16] 胡俊.规划的变革与变革的规划——上海城市规划与土地利用规划"两规合一"的实践与思考 [J]. 城市规划，2010.

[17] 叶姮，李贵才，李莉，等.国家级新区功能定位及发展建议——基于GRNN潜力评价方法 [J].经济地理，2015，35（02）：92–99.

[18] 张文彤，殷毅.建立"一张图"平台，促进规划编制和管理一体化 [J]. 城市规划，2012.

[19] 彭小雷，刘剑锋.大战略、大平台、大作为——论西部国家级新区发展对新型城镇化的作用 [J]. 城市规划，2014，38（S2）：20–26.

[20] 牛慧恩，陈宏军.现实约束之下的"三规"协调发展——深圳的探索与实践 [J]. 现代城市研究，2012.

[21] 吴松涛.构建新体系 实现全覆盖——关于城乡规划编制问题的思考 [J]. 城市规划，2009.

基于互联网时间数据的园区交通规划实施评估——以上海张江科学城为例

邹 伟 徐 猛 秦 战*

【摘 要】研究以互联网地图数据为数据源，构建不同时长间隔的上海张江科学城时空圈面积测度数值以及特定交通道路节点的时空圈拥堵等级，从定性及定量的角度评估上海张江科学城区域道路交通规划实施效果。通过该方法，研究发现城市快速路下匝道和城市快速路立交转换处为主要的拥堵节点，并结合用地布局及交通设施现状，道路比例失衡、内外连通性较弱、园区路网特征明显等问题也制约上海张江科学城交通发展。

【关键词】互联网时间数据，交通规划，实施评估，上海张江科学城

1 引言

随着经济社会发展及技术进步，道路交通规划及实施可以实现更加有效的人流车流安排及疏导，显著推动了城市"快速"、"高效"的机动化发展，呈现出多元化、智能化等特点。工业园区、开发区、高新区等区域，作为工业生产活动的重要用地，是城市经济发展的支柱与动力，同时也是提供大量就业岗位、接纳劳动力的空间主体，园区的交通规划工作需兼顾材料与产品运输在内的货运交通以及以职工通勤为主的人流交通等内容。交通规划实施评估作为新一阶段交通规划工作的前置内容，是交通规划工作开展的重要依据，但在交通规划实施评估过程中存在着工作时间周期长、人力成本巨大、调查范围不详尽等问题，一定程度上影响了交通规划工作的推进。

近年来，大数据、云计算等新型技术手段的发展，交通规划工作中的基础资料获取、交通出行调查、现状交通分析等内容已朝着快速、便捷、有效的方向发展，尤其是互联网地图数据的开发及应用，为规划工作及普通人员出行提供了更加便捷的城市交通出行评估和预测途径。互联网时间数据是基于互联网地图运营商开放的地图 API 接口，实时计算获得的不同交通出行方式（步行、骑行、公交、出租车等）、不同起终点间的时间数据（出行时间、出行交通方式、出行费用、距离等信息）。该数据具备更新周期短、预测参数细致、使用操作成本低、公开获取便捷等特点，确保了数据使用的准确性、合理性及科学性等要求。

研究以互联网地图数据为数据源，构建不同时长间隔的上海张江科学城时空圈面积测度数值以及特定交通道路节点的时空圈拥堵等级，从定性及定量的角度评估上海张江科学城区域道路交通规划实施效果。

---

* 邹伟（1989–），男，上海市城市规划设计研究院工程师。

徐猛（1986–），男，上海市城市规划设计研究院工程师。

秦战（1983–），男，上海市城市规划设计研究院高级工程师。

2 评估方法及流程

2.1 评估方法

基于地理学时空压缩的理念城市规划领域常用"时空圈"、"通勤圈"等概念描述区域交通可达性的现状或者目标，一般以圆圈形态出现，作为可达性的意向表达和抽象表达。时空圈的辐射范围越大，研究对象（城市、枢纽等）区位、可达性地位越佳。研究将时空圈面积作为指标，分析研究对象在特定时间范围内的可达性覆盖腹地水平情况。

对于近似匀质的路网情况中，单位时间内出行距离越远，即时空圈面积越大（图1）。基于此，将研究对象区域分隔成一定距离的栅格，每个栅格的交点即为一个测试点，当设定单位时间内以理论通行速度通过的路程远大于栅格间距时，如果道路交通情况为理想状态，则生成的图形为一个近似匀质的平面（图2）。当不同道路交通情况产生了拥堵区域将会导致单个测试点的时空圈面积较小，将每个连续测试点的时空圈叠加，能在生成的图形上清晰分辨拥堵区域的范围和程度（图3），并形象的示意出拥堵路段和拥堵节点。在具体分析过程中，需对研究区域道路设置情况选择合适的栅格间距和测试时间，通过尝试多个时间长度测试，研究最终选取 3 ~ 5min 为合理值。

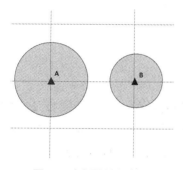

图1 时空圈面积含义

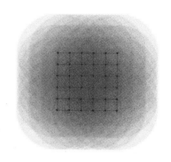

图2 理想状态下匀质时空圈

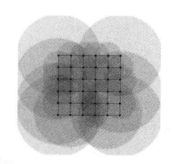

图3 实际交通状况时空圈

2.2 评估流程

研究以上海张江科学城主要路网走向为参考、500m 为间隔距离布置匀质网格，构建 572 个交通分析基本节点，选取 9 ~ 11 月中的 8d、早晚高峰（7:00-9:00、16:30-18:30）、平峰（10:00-12:00、13:00-15:00）等四个时段，通过导入百度地图开放 API 工具，对基本节点的机动车出行方式进行 3min、4min 及 5min 等三种时长间隔的出行距离分析，生成各个基本节点的时空圈，并进行基本节点时空圈叠置分析，形成上海张江科学城区域时空圈测度分析成果（图4）。

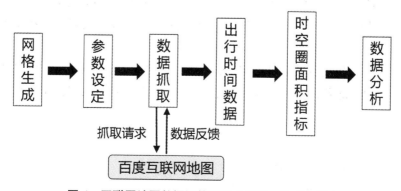

图4 互联网地图数据评估流程（来源：作者自绘）

3　上海张江科学城概况

作为上海张江科学城的前身，上海市张江高科技园区于 1992 年 7 月正式挂牌成立，是中央政府批准设立的国家级高新技术园区。2011 年上海市政府结合四个中心建设要求，扩大张江高新区核心园面积至 76km²，将原张江高科技园与孙桥高科技农业园、康桥工业园和生物医药研发中心全面结合，形成了跨越多条城市快速路的产业研发集群。2016 年，为加快推进上海建设成为国际著名的科创中心，其扩展范围东至外环 – 沪芦高速、南至下盐公路、西至罗山路 – 沪奉高速、北至龙东大道（图 5）。

图 5　上海张江科学城区位及范围

凭借优越的地理位置和周边发达的交通，张江科学城逐步成为与陆家嘴金融贸易区、外高桥保税区和金桥出口加工区协调发展的高新技术园区，园内与城市快速路内中外三条环线相连，具备较好的对外连通性。经过 20 多年的开发建设，多所高校、研发机构、高新技术企业集聚于此，形成了长三角地区产学研一条龙协调发展的高新技术开发区代表。

4　园区交通评估

4.1　时空圈测度分析

研究构建了 3min、4min、5min 等不同时长间隔的上海张江科学城交通出行时空圈，区域路段车流较高、红绿灯间隔、突发事故等因素，导致 3min 的拥堵节点与 5min 拥堵节点并不完全一致，如中西北部和中部孙桥社区等片区。为了避免单一因素的影响，研究通过多次对同类型时空圈叠加生成张江科学城常发性拥堵区域结果（图 6）。

根据时空圈测度分析结果，上海张江科学城常发性拥堵区域主要集中在北区大部分区域、中区中心区域、康桥工业园和南部医学园近 S32 高速路区域。其中，张江科学城北部区域（中环以北）常发性拥堵（4min 时空圈范围小于 15）栅格测试点共 90 个，占全部常发性拥堵测试点（共 134 个）的 67%，占

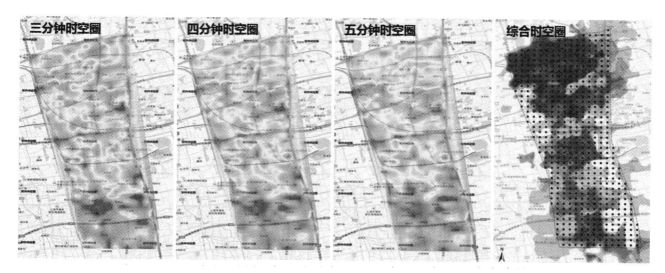

图6　上海张江科学城常发性拥堵区域时空圈测度结果
来源：作者自绘

全部 572 个测试点的 16%，超过北部区域 179 个测试点的半数以上；其余拥堵测试点则主要集中在中部区域（中外环间）共 25 个，康桥工业园南区（外环高速以南）共 12 个，南部区域（S32 高速路以南）7 个。通过与科学城实际交通出行拥堵实际调研对比，时空圈分布结果很好的反映了和张江科学城拥堵现状，尤其是张江科学城北部片区在出行高峰时期的交通出行拥堵较为严重。

研究进一步选取常发性拥堵区域相应的道路交叉口作为测试点（共 97 个），构建了科学城常发拥堵道路交叉点拥堵时空圈分布（图7），以 4min 时空圈面积值为计，97 个测试点的平均值为 19.25，并选取数值低于 20 的交叉点作为区域极度拥堵点（图8）。

上海张江科学城拥堵交叉点集中在科学城中环路以北片区，呈现"干路集中、支路分流"特点。东西向拥堵路段，以龙东大道、祖冲之路、高科中路全段以及川周公路（康新公路 – 申江南路）为甚；南北向则以景明路、碧波路全段，申江路（龙东大道 – 秀沿路）、金科路（龙东大道 – 高科中路）、哥白尼路（张江路 – 张衡路）、康新公路（沔北路 – 川周公路）为主。区域内最严重的拥堵点为编号为 22、25、34、39、86、93、94、96 的测试点，其对应位置分别为广兰路——龙东大道交叉点（编号 22）、罗山路——龙东大道交叉口（编号 25）、罗山路——高科中路交叉点（编号 34）、申江路——张衡路交叉点（编号 39）、S2 沪芦高速——下盐路交叉口（编号 86）、外环线——康新公路交叉口（编号 93）、外环线——申江路交叉口（编号 94）和华夏高架路——外环线交叉口（编号 96）。这些最拥堵交叉点基本为城市快速路下匝道和城市快速路立交转换处，与实际拥堵情况吻合。

上海张江科学城受建设条件限制，道路系统对外联系集中于少数高速路上，造成部分路段的常发性拥堵，尤其是城市快速路下匝道和城市快速路立交转换处为其主要的拥堵节点。科学城内部主次干道建设滞后，南北向贯通性不强，严重降低内部交通的疏导能力。此外科学城现状路网呈现典型产业园区特征，密度低、间距尺度大，对于日常出行及交通疏导存在较大的影响，无法有效对区域内交通实现高峰出行分流效果。

4.2　科学城交通评估分析

根据上海张江科学城交通出行时空圈测度分析结果，结合区域内用地分布及交通设施现状布局，研究发现上海张江科学城现有交通体系中存在问题。

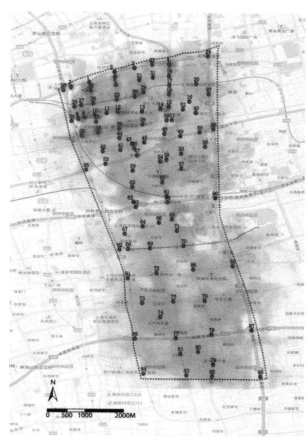

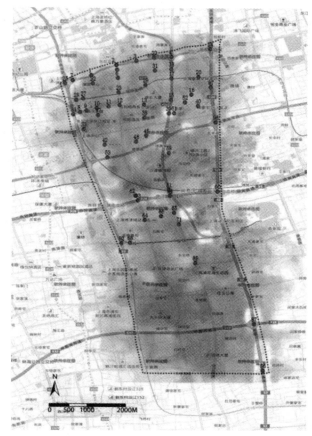

图7 常发性拥堵道路交叉点时空圈分布
来源：作者自绘

图8 科学城极度拥堵道路交叉点分布
来源：作者自绘

（1）道路比例失衡：区域内高速路基本建成，主干路除S3高速地面道路、周祝公路（申江路以东段）亦基本建成，但次干路及支路建成率总体偏低，致使区域内主干路与次干路及支路间的道路比例失衡。

（2）内外连通性较弱：区域现状交通主要集中在龙东大道–内环线立交节点及罗山路–高科中路（张衡路）立交节点，高速路出入匝道少，辅道与地面道路不衔接，造成道路枢纽及相应节点的拥堵。

（3）园区路网特征明显：区域现状用地分布借鉴产业用地布局，导致各地块占地规模较大，呈现出封闭性、独占性的特征，与之对应周边现状路网尺度也较大，不利于低碳高效的公共交通和以人为本的慢行交通快速发展。

故在下一阶段交通规划工作中，可能需在优化道路系统规划、完善轨道交通网络规划、分区域分类型加密路网等方面进行相应的规划及管理。

5 结语

研究以互联网地图数据为数据源，构建不同时长间隔的上海张江科学城时空圈面积测度数值以及特定交通道路节点的时空圈拥堵等级，从定性及定量的角度评估上海张江科学城区域道路交通规划实施效果。通过该方法，研究发现城市快速路下匝道和城市快速路立交转换处为主要的拥堵节点，并结合用地布局及交通设施现状，道路比例失衡、内外连通性较弱、园区路网特征明显等问题也制约上海张江科学城交通发展。

互联网时间数据具备更新周期短、预测参数细致、使用操作成本低、公开获取便捷等特点，确保了数据使用的准确性、合理性及科学性等要求，提供了更加便捷的城市交通出行评估和预测途径，有效的提高了城市交通规划实施评估工作效率。

参考文献

[1] 杜德斌，段德忠 . 全球科技创新中心的空间分布、发展类型及演化趋势 [J]. 上海城市规划，2015，01：76-81.

[2] 李玉江 . 区域人力资本 [M]. 北京：科学出版社，2005，（2）：30，254.

[3] 王志彦 . 张江科学城"一轴一带"宜居宜业 [N]. 解放日报，2016-07-14002.

[4] 甄峰，王波，秦萧，陈映雪等著 . 基于大数据的城市研究与规划方法创新 [M]. 北京：中国建筑工业出版社，2015.

[5] 牛强 . 城市规划大数据的空间化及利用之道 [J]. 上海城市规划，2014（5）：35-38.

[6] 刘淼，徐猛，陆巍等 . 基于互联网地图的"时空圈"测度研究及城市交通"供给侧"综合服务能力评估 [EB/OL]. http：// www.udparty.com/index.php/topic/1757.html，2016-04-04.

[7] 上海市第五次综合交通调查主要成果 [J]. 交通与运输，2015，（06）：15-18.

[8] 上海市规划和国土资源管理局，上海市浦东新区人民政府 .《张江科学城建设规划》（征求意见稿）[EB/OL]. ttp：//www.shanghai.gov.cn/nw2/nw2314/nw2319/nw10800/nw39220/nw41571/u26aw53232.html，2017-05-08.